U0211891

国防科技大学建校70周年系列著作

成像雷达极化旋转域解译：理论与应用

陈思伟　著

科学出版社

北京

内 容 简 介

成像雷达作为军民两用高技术，在诸多领域得到深入研究和广泛应用。极化作为电磁波的重要信息维度，在雷达探测中承载了目标丰富的物理属性信息。具备极化测量能力的极化雷达成像系统已经成为雷达探测领域的主流传感器。

目标电磁散射响应与视角、姿态等密切相关，即目标具有散射多样性。目标的散射多样性效应通常给雷达目标的探测识别带来诸多挑战。不同于消除目标散射多样性的研究思路，作者从目标散射多样性利用的角度，提出极化旋转域解译概念，其核心思想是将极化雷达获取的初始极化信息拓展至绕雷达视线的极化旋转域，并发展出一系列解译理论工具用于目标散射多样性的表征、挖掘和利用。本书重点介绍作者团队近十年来在成像雷达极化旋转域解译方面的新理论方法和应用研究成果。

本书适合雷达探测、微波遥感等领域的科技工作者以及高等院校相关专业的师生阅读使用。

图书在版编目(CIP)数据

成像雷达极化旋转域解译：理论与应用 / 陈思伟著. —北京：科学出版社，2024.9

ISBN 978-7-03-076247-4

Ⅰ. ①成… Ⅱ. ①陈… Ⅲ. ①雷达信号处理-研究 Ⅳ. ①TN957.51

中国国家版本馆CIP数据核字(2023)第162411号

责任编辑：张艳芬 李 娜 / 责任校对：崔向琳

责任印制：赵 博 / 封面设计：无极书装

科学出版社出版

北京东黄城根北街16号

邮政编码：100717

http://www.sciencep.com

三河市春园印刷有限公司印刷

科学出版社发行 各地新华书店经销

*

2024年9月第 一 版 开本：720 × 1000 1/16

2025年1月第二次印刷 印张：16 1/2 彩插：4

字数：333 000

定价：160.00 元

(如有印装质量问题，我社负责调换)

个人简介

陈思伟，国防科技大学教授，博士生导师，长期从事极化雷达成像识别与智能对抗领域科研和教学工作，获国家自然科学基金优秀青年科学基金和湖南省杰出青年科学基金资助，入选军队高层次科技创新人才工程和湖南省科技创新领军人才等，担任中国海洋湖沼学会信息技术专委会常务委员和多个国内外期刊的编委。主持完成国家级科研项目10余项，发表论文130余篇，出版中英文专著3部，授权专利30余项，获国家科学技术进步奖二等奖、国家级教学成果奖二等奖、湖南省自然科学奖一等奖、军队科学技术进步奖一等奖、中国发明协会发明创业奖创新奖一等奖和 IEEE 地球科学与遥感学会青年成就奖等，并荣立个人三等功。

总　　序

国防科技大学从 1953 年创办的著名“哈军工”一路走来，到今年正好建校 70 周年，也是习近平主席亲临学校视察 10 周年。

七十载栉风沐雨，学校初心如炬、使命如磐，始终以强军兴国为己任，奋战在国防和军队现代化建设最前沿，引领我国军事高等教育和国防科技的创新发展。坚持为党育人、为国育才、为军铸将，形成了“以工为主、理工军管文结合、加强基础、落实到工”的综合性学科专业体系，培养了一大批高素质新型军事人才。坚持勇攀高峰、攻坚克难、自主创新，突破了一系列关键核心技术，取得了以天河、北斗、高超、激光等为代表的一大批自主创新成果。

新时代的十年间，学校更是踔厉奋发、勇毅前行，不负党中央、中央军委和习近平主席的亲切关怀和殷切期盼，当好新型军事人才培养的领头骨干、高水平科技自立自强的战略力量、国防和军队现代化建设的改革先锋。

值此之年，学校以“为军向战、奋进一流”为主题，策划举办一系列具有时代特征、军校特色的学术活动。为提升学术品位、扩大学术影响，面向全校科技人员征集遴选了一批优秀学术著作，拟以“国防科技大学迎接建校 70 周年系列学术著作”名义出版。该系列著作成果来源于国防自主创新一线，是紧跟世界军事科技发展潮流取得的原创性、引领性成果，充分体现了学校应用引导的基础研究与基础支撑的技术创新相结合的科研学术特色，希望能为传播先进文化、推动科技创新、促进合作交流提供支撑和贡献力量。

在此，我代表全校师生衷心感谢社会各界人士对学校建设发展的大力支持！期待在世界一流高等教育院校奋斗路上，有您一如既往的关心和帮助！期待在国防和军队现代化建设征程中，与您携手同行、共赴未来！

国防科技大学校长

2023 年 6 月

前　言

随着硬件系统、成像技术、信号与信息处理理论方法的进步，近年来成像雷达得到了快速发展。极化作为电磁波的重要信息维度，在雷达探测中主要承载目标结构、目标材质等丰富的物理属性信息。当前，具备极化测量能力的极化雷达成像系统已经广泛应用于对地观测、减灾防灾、侦察监视、太空探测、精确制导等重要领域，并成为成像雷达探测的主流传感器。

极化雷达成像系统的总体发展趋势是从单极化向全极化、从窄带向宽带、从单波段向多波段、从单基线向多基线、从单视角向多视角等维度快速演进。随着不同极化、不同频率、不同成像模式等条件下星载、机载、弹载等极化雷达成像数据的大量获取，以及电磁散射解译理论与工具的快速发展，雷达目标极化信息的理解与利用也从定性阶段迈入定量阶段。然而，如何准确、稳健和高效地从雷达目标电磁散射响应中提取高价值信息，并利用这些信息指导应用研究，仍然是当前及今后一个时期本领域面临的主要科学问题和核心技术挑战。

值得指出的是，目标电磁散射响应与目标的姿态、取向等密切相关，即目标具有散射多样性。目标散射多样性效应主要包含两个层面：一是同一目标在不同视角下可能呈现极为不同的散射特性；二是不同目标在特定视角下可能呈现相似的散射特性。传统极化解译理论方法通常没有适配目标散射多样性，因此往往存在解译模糊性和多义性等不足。长期以来，如何消除或缓解目标散射多样性成为雷达极化领域的研究重点。然而，目标散射多样性效应以及不同目标具有不同散射多样性效应的物理机制，使得目标电磁散射信息在绕雷达视线的极化旋转域可以呈现出显著差异或者增强不同目标的散射特征差异。不同目标散射多样性的差异，本质上就是一种有价值的物理信息。因此，尽管目标散射多样性给电磁散射建模、解译和应用等带来了挑战，但是目标散射多样性中也蕴含了丰富信息。对目标散射多样性的开发利用，有望为揭示不同目标散射机理差异、提取新物理特征量等提供深刻见解。

作者于 2012 年提出了极化旋转域解译概念，其核心思想是将极化雷达获取的初始极化信息拓展至绕雷达视线的极化旋转域，并发展出一系列解译理论工具用于目标散射多样性的表征、挖掘和利用。经过作者及其研究团队 10 余年的发展积累，已初步形成一套极化旋转域解译框架，主要包括统一的极化矩阵旋转理论、二维极化相干方向图解译工具、二维/三维极化相关方向图解译工具等，并在地物分类、目标检测、结构辨识和灾害评估等领域开展了应用研究。本书是对上述研究工作的阶段性总结，主要包含 7 章内容：第 1 章概述，主要介绍雷达极化和成像雷达的发展概况及基础知识；第 2 章介绍极化旋转域解译理论；第 3 章介绍极化旋转域不变特征；第 4～7 章为极化旋转域解译理论方法的应用研究。其中，第 4 章介绍极化旋转域地物分类；第 5 章介绍极化旋转域目标检测；第 6 章介绍极化旋转域结构辨识；第 7 章介绍极化旋转域损毁评估。

本书的研究工作先后获得了国家自然科学基金优秀青年科学基金项目(62122091)、面上项目(61771480)、青年科学基金项目(41301490)，湖南省自然科学基金杰出青年项目(2020JJ2034)，军队高层次科技创新人才工程自主科研项目等的支持，特此致谢。

感谢江碧涛院士、李陟院士、张群教授、杨健教授、肖顺平教授、粟毅教授、匡纲要教授等诸位良师对作者的关心、支持和帮助，以及对本书的审阅和修改。特别感谢国防科技大学王雪松教授、日本东北大学佐藤源之教授两位导师对作者的悉心指导和鞭策勉励。在作者研究过程中，先后得到了美国伊利诺伊大学 Wolfgang-Martin Boerner 教授、美国海军研究院 Jong-Sen Lee 研究员、Thomas L. Ainsworth 研究员、日本新潟大学 Yoshio Yamaguchi 教授、加拿大自然资源中心 Ridha Touzi 研究员等的帮助，在此一并致谢。

本书主要章节的内容选自作者团队近年来发表的国内外期刊和会议论文，对相关出版社表示感谢。本书的研究中用到了多种星载和机载等极化雷达数据，对相关研究机构表示感谢。本书的中文版和英文版分别由科学出版社和 CRC 出版社出版，在此致谢。此外，感谢研究团队的长期支持，特别是陶臣嵩、崔兴超、李郝亮、李铭典等多位研究生参与了本书相关研究和章节内容的整理，在此一并致谢。

由于作者水平有限，书中难免存在不妥之处，恳请读者批评指正。

陈思伟

2023 年 9 月

目　　录

第1章 概 述

近年来，随着硬件系统、成像技术、信号与信息处理理论方法的进步，成像雷达得到了快速发展。成像雷达广泛应用于对地观测、减灾防灾、太空探测等重要领域，并发挥着越来越重要的作用。人类也广泛受益于以成像雷达技术为基础的成功应用。当前，具备成像能力的极化雷达已经成为成像雷达探测领域的主流传感器。本章简要介绍雷达极化和成像雷达的发展概况及基础知识，并概述本书的主要内容。

1.1 雷达极化发展概况

雷达(radar)这一术语最初是 radio detection and ranging 的简写[1]。根据传统定义，雷达是一种通过收发电磁波来对目标进行检测和定位的系统[1]。随着硬件技术和信号处理技术的快速发展和不断进步，现代雷达的定义早已不再局限于目标检测和定位，其功能得到了极大的拓展和革新。现代雷达通过获取多维高分辨图像，可以对目标进行全方位的探测和认知。

极化是电磁波的本质属性之一[2]，是雷达电磁波的一种偏振方式。通过对雷达发射电磁波进行调控，可以得到期望的极化状态。对极化的研究具有悠久的历史[3]，极化现象的发现可以追溯到大约公元 1000 年。然而，最早关于雷达极化问题的研究则始于 20 世纪 40 年代[4,5]。许多雷达极化先驱在该领域的杰出贡献促成了雷达极化这一专门研究领域的形成和发展。1950 年，Sinclair 引入了极化散射矩阵，用于联系发射和接收电磁波的 Jones 矢量，同时也用于表征相干散射体的全极化信息[4]。因此，极化散射矩阵通常也称为 Sinclair 矩阵。1952 年，Kennaugh 通过深入研究能够使雷达接收能量最大化和最小化的本征极化状态，提出了最优极化的概念[6]。与此同时，雷达极化先驱也提出了用于联系 Stokes 矢量的 Kennaugh 矩阵和 Mueller 矩阵表征方法[6,7]。此外，Graves 提出了适用于表征和优化散射场密度的极化功率矩阵[8]。1960 年，受限于极化雷达硬件系统的发展，雷达极化基础理论和应用研究经历了短暂的徘徊期。直到 1970 年，以 Huynen 的博士论文 *Phenomenological theory of radar targets*[9]发表为标志，雷达极化领域的发展开启了一个新篇章。同时，越来越多的研究人员加入雷达极化研究队伍。然而，对雷达极化信息独特性和重要性的充分理解，仍然缺乏先进极化雷达系统和实测数据的支撑。20 世纪 70 年代末和 80 年代初，雷达极化基础理论研究最主要的贡献来自 Boerner。Boerner 重新认识并指出极化这一维度信息在电磁散射理解与应用中的重要性。Boerner 带领研究人员深入发展了 Kennaugh 和 Huynen 等的研究工作，特别是拓展了最优极化理论[5,10-17]，并通过推动雷达极化研究人员的学术交流和科研合作促成了极化雷达系统以及雷达极化理论、技术与应用的向前发展。

此外，我国学者关于雷达极化的研究始于 20 世纪 60 年代，主要研究了雷达极化匹配接收问题[18]。20 世纪 90 年代前后，部分早期具有代表性的博士论文分别开展了雷达频域极化域目标识别的研究[19]、宽带极化雷达目标识别的理论与应用[20]、宽带极化信息处理的研究[21]以及雷达极化理论问题研究[22]。此外，文献[23]是国内关于雷达极化信息处理与应用的早期专著。

更详细的关于雷达极化领域的发展历程介绍，可以参考文献[5]、[24]和[25]。伴随着雷达极化先驱的卓越贡献，雷达极化的基础理论基本成型，并在文献中进行了综述[5,26,27]。当前，随着具有全极化测量能力的先进成像雷达系统的不断涌现和具有不同模式的实测极化雷达数据的大量获取，极化雷达成像、目标机理解译等基础理论和关键技术得到了快速发展，并在诸多关键领域得到了成功应用。

1.2　成像雷达发展概况

1.2.1　典型成像雷达体制

合成孔径雷达（synthetic aperture radar，SAR）是典型的成像雷达，其概念最初由美国 Goodyear 航空航天公司的 Wiley 提出[28]。Wiley 发现利用波束照射获取的垂直向多普勒信息可以用来提升方位向分辨率。这样，通过距离向的脉压处理和方位向的合成孔径处理，就可以得到成像区域聚焦的二维雷达图像。SAR 作为微波传感器可以全天时和几乎全天候工作，在遥感领域展现出独特的优越性。1978 年，第一颗星载合成孔径雷达 SEASAT 发射成功，标志着 SAR 逐步成为实用化的遥感系统[3]。

随着雷达极化理论的不断发展和 SAR 成像技术的不断进步，结合二者优势的极化 SAR 应运而生。同时，这种结合为雷达极化和微波遥感开启了一个全新的发展领域。1985 年，美国喷气推进实验室（Jet Propulsion Laboratory，JPL）成功研制出第一部实用化的具有全极化测量能力的机载合成孔径雷达（airborne synthetic aperture radar, AIRSAR）系统[3]。该系统具有在 P、L 和 C 三个波段同时获取全极化数据的独特性能。AIRSAR 系统获取的大量高质量成像数据直接推动了国际雷达界对极化 SAR 的研究，并催生了一大批极化 SAR 数据处理、分析和解译技术。此后，国内外不断涌现出大量新型极化 SAR 系统。其中，具有代表性的极化 SAR 系统是德国宇航研究中心研制的机载实验合成孔径雷达（experimental synthetic aperture radar, E-SAR)系统。此外，一些先进的星载极化SAR系统也在近年来成功研制并在轨运行。文献[3]对部分先进极化SAR系统的功能、参数等进行了详细介绍，这里不再赘述。

若极化SAR是在极化维度对基本SAR系统的延拓，则干涉SAR是在SAR收发天线的基线维度(空间维度和时间维度)对SAR系统的延拓。根据基线配置的不同，干涉SAR具有多种不同的功能和用途。当干涉基线配置为垂直航迹时，Graham证实了干涉SAR在地形高程反演方面的性能[29]。当干涉基线配置为平行航迹时，可以实现对地面运动目标的指示功能，即地面运动目标指示(ground moving target indication, GMTI)技术。此外，若利用多次同航迹观测形成具有不同时间基线的差分干涉模式，则可以实现对地形微小形变的监测和估计。该技术由Gabriel等在1989年利用SEASAT星载数据进行了成功验证[30]。对干涉SAR技术进展的综述可以参考文献[31]～[33]。

1994年4月和10月，美国航天飞机搭载的SIR-C/X-SAR(spaceborne imaging radar-C/X-band synthetic aperture radar)完成了多频段干涉观测实验，这是成像雷达发展历程中的又一里程碑。同时，在第二次实验任务中，该系统也获取了C和L波段的全极化SAR数据[34]。在分析干涉SAR中的极化效应时，文献[34]～[37]提出了极化干涉SAR概念，并利用上述数据成功进行了树高反演技术验证。

SAR将三维物体向二维成像平面投影，可以得到聚焦的二维雷达图像。垂直航迹干涉SAR在空间维度或者时间维度增加接收天线，能够获取地形高程信息和地物高度信息。极化干涉SAR作为极化SAR和干涉SAR的结合，能够有效分离高度向具有不同散射机理的散射中心，从而能够反演诸如树木等目标的垂直向结构。为了得到具有更高分辨率的三维图像，与方位向合成孔径类似，需要在高度向上进行多基线观测，进而拓展高度向有效孔径，这就是SAR层析成像的基本原理。SAR层析成像与极化的结合也是技术发展的必然。Reigber等报道了基于机载E-SAR系统实现的极化SAR层析技术[38,39]，即采用基于傅里叶分解技术的方法实现高度向高分辨。随着压缩感知技术的发展，基于压缩感知的SAR/极化SAR层析技术能够得到更高的成像质量。

为了更全面地获取目标信息，近年来诸如多视角SAR、圆迹SAR、双/多站SAR等成像模式不断涌现[40-43]。除了机载和星载SAR系统，具有更高灵活性的地基/轨道SAR系统也得到了快速发展，并适用于小区域的定点长时观测[44]。在地下目标探测方面，传统的探地雷达已经升级到具备典型地下目标的三维成像能力。

极化雷达成像的总体发展趋势是从单极化向全极化、从单波段向多波段、从窄带向宽带、从单基线向多基线等。此外，从应用角度考虑，从单站向双/多站、从单视角向多视角发展也是重要的趋势。成像雷达的发展同时得益于硬件技术和成像处理理论的进步。这些先进成像雷达特别是具有极化测量能力的成像雷达所获取的数据也极大地推动了相关理论的研究。在过去 20 年内，国内外在雷达极化、成像雷达方面取得了丰硕成果，如雷达极化信息处理及应用[23]、SAR 数字信号处理技术[45]、极化 SAR 基础与应用[3,46-51]、极化干涉 SAR[52]等。

与此同时，随着理论工具和成像数据的极大丰富，应用研究也正如火如荼地开展。许多先进的方法和技术已经催生出众多成功应用，如树高反演、生物量反演、地形沉降监测、农作物管理、地形测绘、数字高程模型生成、自然灾害评估等[3,33,35,46-50,52-61]。

1.2.2 SAR 成像原理

SAR 作为微波传感器，通常置于卫星、飞机等星载平台和机载平台。与光学传感器相比，SAR 可以全天候、全天时工作，基本不受天气和气象条件的影响。此外，对低波段(如 P 波段和 L 波段)系统，发射的电磁波还能够穿透森林和干沙地，进而具有生物量反演和地表下成像的能力。这些独特的优势使得 SAR 成为遥感领域的重要传感器。

SAR 的基本工作方式是，在其随平台运动时，以脉冲重复间隔为周期，不断向成像区域收发相位调制信号(如典型的线性调频信号)。这时，成像区域中每个散射点的能量在原始回波中是发散的。为了进行成像，必须对发散的能量进行聚焦处理。SAR 成像的基本原理是，在距离向收发大时宽带宽信号，经脉压处理得到距离向高分辨。同时，SAR 沿方位向随平台运动，通过方位向合成孔径处理得到方位向高分辨。通常，方位向的信号处理和成像原理更为复杂。对于实孔径雷达，方位向分辨率主要由发射信号的波束宽度决定。增大天线横向口径可以减小波束宽度。然而，天线尺寸受系统设计和装载平台等因素制约，为了在方位向得到高分辨，采用了合成孔径的处理办法，这也是 SAR 系统设计和信号处理的关键。根据不同的成像几何关系和系统参数，合成孔径长度可达几百米到几千米。同一散射体的回波在一个合成孔径内的多普勒频率是不同的。方位向成像的本质原理就是分析和利用这种多普勒调制现象。因此，SAR 成像的基本算法是距离-多普勒算法。更深入的关于 SAR 系统和信号处理方法的介绍可以参见文献[45]。图 1.2.1 给出了星载高分三号极化 SAR 数据的原始回波图和成像结果图。该数据获取于 2019 年 1 月 2 日，主要覆盖钱塘江入海口区域。可以看到，相比于 SAR 原始回波图，SAR 成像结果图具有丰富信息，能够清晰地呈现不同的地物类型。

(a) SAR原始回波图

(b) SAR成像结果图

图 1.2.1　星载高分三号极化 SAR 数据成像处理

1.2.3　极化 SAR 原理

全极化 SAR 是单极化 SAR 系统的进一步发展。通过收发极化状态正交的电磁波，全极化 SAR 能够获取目标的极化散射矩阵(定义见 1.3.2 节)。通常，单极化 SAR 简称为 SAR，而全极化 SAR 简称为极化 SAR，不失一般性地，本书也沿用这一惯例称谓。以水平和垂直极化基(H,V)为例，极化 SAR 成像示意图如图 1.2.2 所示。通常，有三种目标极化散射矩阵的测量模式。第一种测量模式是通过轮流发射水平极化和垂直极化电磁波，并利用水平极化和垂直极化天线轮流接收目标回波信号。这样，经过四个脉冲重复周期，可以获取目标的极化散射矩阵。由于能够降低硬件系统的复杂度，第一种测量模式在非常早期的极化 SAR 系统中得到采用。第二种测量模式是通过轮流发射水平极化和垂直极化电磁波，并利用水平极化和垂直极化天线同时接收目标回波信号，可以在两个脉冲重复周期内获取目标的极化散射矩阵，绝大多数极化 SAR 系统和几乎所有现役极化 SAR 系统都采用了这种测量模式。第三种测量模式是利用水平极化和垂直极化天线同时发射并同时接收目标回波信号，理论上，可以在一个脉冲重复周期内获取目标的极化散射矩阵。然而，第三种测量模式需要更为复杂的硬件系统、波形设计和信号处理等技术，用于分离两种极化状态下耦合的目标回波信号。目前，一些用于气象观测的极化雷达采用了第三种测量模式。从公开报道看，没有极化 SAR 系统采用第三种测量模式。

此外，在 SAR 的发展历程中，从极化信息获取维度来看，还有一些介于 SAR 和极化 SAR 之间的多极化 SAR 测量模式。广义的多极化 SAR 包括双极化 SAR、简缩极化 SAR 等测量模式。以水平和垂直极化基(H,V)为例，双极化 SAR 主要

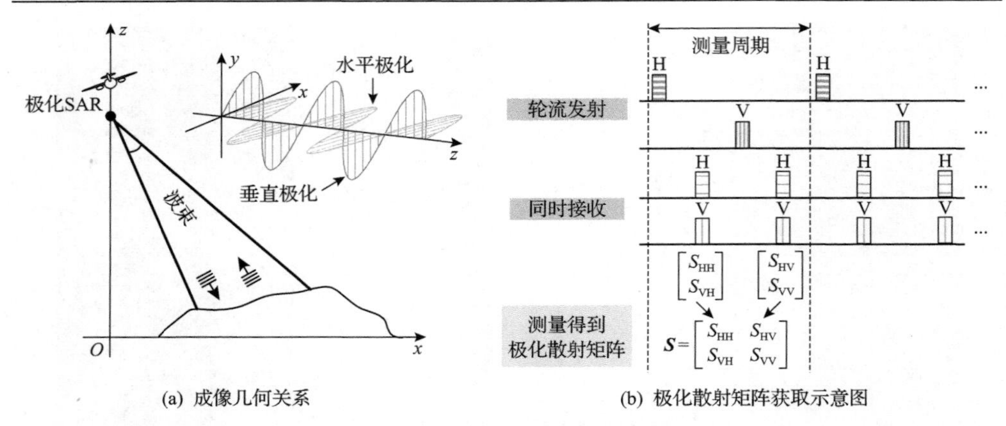

(a) 成像几何关系　　(b) 极化散射矩阵获取示意图

图 1.2.2　极化 SAR 成像示意图

有两种测量模式。第一种测量模式是只采用水平极化或垂直极化进行发射，并利用水平极化和垂直极化天线同时接收目标回波信号，这样可以获取极化散射矩阵的一列元素。第二种测量模式是轮流采用水平极化和垂直极化天线进行电磁波发射和回波信号接收，这样可以获取极化散射矩阵的对角线元素。相比于极化 SAR，双极化 SAR 获取的极化信息减少，但提高了成像幅宽，并降低了硬件系统成本。简缩极化 SAR 是另一种多极化 SAR 测量模式，其设计初衷是希望用双极化 SAR 系统的硬件代价获取接近极化 SAR 的极化信息容量。理论上，简缩极化 SAR 可以有非常多的测量模式和构型，实际简缩极化 SAR 系统主要采用了三种测量模式。第一种测量模式是采用 45°线极化发射，采用水平极化和垂直极化同时接收[62]。第二种测量模式是采用左旋或右旋圆极化发射，采用水平极化和垂直极化同时接收[63]。第三种测量模式是采用左旋或右旋圆极化发射，左旋和右旋圆极化同时接收[64]。在这三种测量模式中，发射电磁波的极化状态在正交的水平极化维和垂直极化维上具有非零的投影分量。这样，利用匀质自然地物的散射对称性等假设，简缩极化 SAR 能够部分重构全极化信息，也称为伪全极化信息。需要指出的是，散射对称性等假设一般不适用于人造目标，这是简缩极化 SAR 信息处理与利用面临的主要科学挑战。没有特别说明之处，本书提到的极化 SAR 均指全极化 SAR。

1.3　雷达极化基础知识

在雷达极化理论的发展历程中，雷达极化先驱先后提出了许多著名的用于描述电磁波和目标极化信息的表征量和表征工具。Sinclair 提出了极化散射矩阵，用于联系发射和接收电磁波的 Jones 矢量[4]。Graves 提出了极化功率矩阵[8]。此外，还有用于联系电磁波 Stokes 矢量的 Kennaugh 矩阵和 Mueller 矩阵[6,7]。从极化散射矩阵可以构建 Pauli 散射矢量和 Lexicographic 散射矢量，通过矢量积和集合平均处理，就可以分别得到极化相干矩阵和极化协方差矩阵等二阶统计量。此外，学者还建立了极化椭圆[3,11]、Poincaré 球[3,11]、极化特征曲线[47]等几何描述工具，用于表征极化信息。文献[3]和[11]对上述表征工具及其相互关系进行了系统总结和综述，本节重点介绍在极化雷达成像领域广泛使用的表征方式及其基本原理。

1.3.1 电磁波的极化

电磁场的基本理论建立在麦克斯韦方程组的基础上，其基本方程为[2]

$$\begin{cases} \nabla\times\boldsymbol{E}=-\dfrac{\partial\boldsymbol{B}}{\partial t}, & \nabla\times\boldsymbol{H}=\boldsymbol{J}+\dfrac{\partial\boldsymbol{D}}{\partial t} \\ \nabla\cdot\boldsymbol{B}=0, & \nabla\cdot\boldsymbol{D}=\rho_{\mathrm{v}} \end{cases} \tag{1.3.1}$$

其中，$\boldsymbol{E}$、$\boldsymbol{H}$、$\boldsymbol{B}$ 和 $\boldsymbol{D}$ 分别为电磁波的电场强度、磁场强度、磁通密度和电通密度；$\boldsymbol{J}$ 和 ρ_{v} 分别为体电流密度和体电荷密度。

对于单频 $\omega=2\pi f$ 的时谐电磁场，距离 r 处的电场 $\boldsymbol{E}$ 和磁场 $\boldsymbol{H}$ 可以表示为

$$\boldsymbol{E}=\boldsymbol{E}(r)\exp(\mathrm{j}\omega t),\quad \boldsymbol{H}=\boldsymbol{H}(r)\exp(\mathrm{j}\omega t) \tag{1.3.2}$$

若电磁场在自由空间中由一个区域内的源 $\boldsymbol{J}$ 和 ρ_{v} 激励，而在该区域外满足 $\boldsymbol{J}=0$ 和 $\rho_{\mathrm{v}}=0$，则对应的麦克斯韦方程组为

$$\begin{cases} \nabla\times\boldsymbol{E}=-\mathrm{j}\omega\boldsymbol{B}, & \nabla\times\boldsymbol{H}=\mathrm{j}\omega\boldsymbol{D} \\ \nabla\cdot\boldsymbol{B}=0, & \nabla\cdot\boldsymbol{D}=0 \end{cases} \tag{1.3.3}$$

此外，自由空间中的连续性方程为

$$\boldsymbol{D}=\varepsilon_0\boldsymbol{E},\quad \boldsymbol{B}=\mu_0\boldsymbol{H} \tag{1.3.4}$$

其中，ε_0 和 μ_0 分别为自由空间中的介电常数和磁导率。

将式(1.3.3)和式(1.3.4)代入恒等式 $\nabla\times(\nabla\times\boldsymbol{E})=\nabla(\nabla\cdot\boldsymbol{E})-\nabla^2\boldsymbol{E}$，则可以得到波动方程为

$$\nabla^2\boldsymbol{E}+k^2\boldsymbol{E}=0,\quad \nabla^2\boldsymbol{H}+k^2\boldsymbol{H}=0 \tag{1.3.5}$$

其中，k 为波数，定义为 $k^2=\omega^2\mu_0\varepsilon_0$。

通常，时谐电磁场的电场矢量 $\boldsymbol{E}$ 在空间给定点处随时间按正弦曲线变化。电磁波的极化表征了电场矢端随时间变化的空间轨迹及旋向。对于平面电磁波，电场和磁场相互垂直，同时垂直于波的传播方向。如果电磁波沿 z 轴正向传播，则式(1.3.5)中的电场矢量可以写为

$$\frac{\partial^2 \boldsymbol{E}(z,t)}{\partial z^2} + k^2 \boldsymbol{E}(z,t) = 0 \tag{1.3.6}$$

式(1.3.6)在 x 轴和 y 轴方向的瞬时电场为

$$\boldsymbol{E}(z,t) = \begin{bmatrix} E_x(z,t) \\ E_y(z,t) \end{bmatrix} = \begin{bmatrix} a_x \cos(\omega t - kz + \phi_x) \\ a_y \cos(\omega t - kz + \phi_y) \end{bmatrix} \tag{1.3.7}$$

其中，a_x 和 a_y 分别代表 x 轴和 y 轴方向的幅度；ϕ_x 和 ϕ_y 分别代表 x 轴和 y 轴方向的相位。

对于一个给定的空间位置 $z = z_0$，电磁波的轨迹可以描述为

$$\left[\frac{E_x(z_0,t)}{a_x}\right]^2 - 2\frac{E_x(z_0,t)E_y(z_0,t)}{a_x a_y}\cos\phi + \left[\frac{E_y(z_0,t)}{a_y}\right]^2 = \sin^2\phi \tag{1.3.8}$$

其中，$\phi = \phi_y - \phi_x$ 是相位差。

对于绝大多数情形，式(1.3.8)对应一个椭圆方程，描述具有椭圆极化状态的电磁波。当 $\phi = 0$ 或者 $\phi = \pm\pi$ 时，该椭圆收缩为一条直线，对应的是线极化。当 $\phi = \pm\frac{\pi}{2}$ 和 $\frac{a_x}{a_y} = 1$ 时，式(1.3.8)对应一个圆方程，描述的是圆极化状态。因此，通常将式(1.3.8)对应的几何曲线称为极化椭圆(polarization ellipse)，用于描述电磁波的极化状态。极化椭圆的形状可以由三个参数进行刻画，如图 1.3.1 所示。

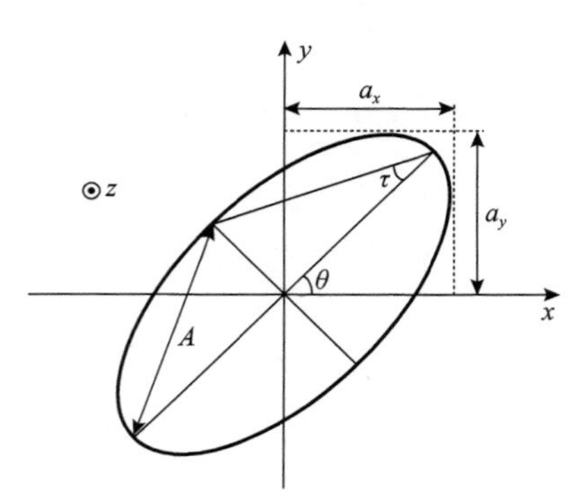

图 1.3.1　极化椭圆

(1) A 为椭圆幅度，表达式为

$$A = \sqrt{a_x^2 + a_y^2} \tag{1.3.9}$$

(2) θ 为椭圆方位角(也称为极化方位角)，定义为椭圆主轴与 x 轴之间的夹角，且 $\theta \in \left[-\frac{\pi}{2}, \frac{\pi}{2}\right]$，表达式为

$$\tan(2\theta) = \frac{2a_x a_y \cos\phi}{a_x^2 - a_y^2} \tag{1.3.10}$$

(3) τ 为椭圆率角，$|\tau| \in \left[0, \frac{\pi}{4}\right]$，表达式为

$$|\sin(2\tau)| = \frac{2a_x a_y |\sin\phi|}{a_x^2 + a_y^2} \tag{1.3.11}$$

1.3.2 极化散射矩阵

对主动雷达而言，发射的电磁波到达目标后，会与目标发生相互作用。通常，目标会吸收部分入射电磁波能量，同时在调制目标自身信息后，将剩余能量以电磁波的形式重新辐射出去。为了从能量转化的观点描述目标在这一过程中的作用，雷达工程师引入了称为雷达散射截面(radar cross section，RCS)的参数 σ 。对于尺寸小于雷达波束宽度的点目标，σ 可以定义为[1]

$$\sigma = 4\pi r^2 \frac{|\boldsymbol{E}_\mathrm{S}|^2}{|\boldsymbol{E}_\mathrm{I}|^2} \tag{1.3.12}$$

其中，$\boldsymbol{E}_\mathrm{I}$ 为到达目标的入射电磁波矢量；$\boldsymbol{E}_\mathrm{S}$ 为由目标散射的电磁波矢量；r 为雷达和目标之间的径向距离。

对于尺寸大于雷达波束宽度的扩展式目标或者分布式目标，可以类似地引入散射系数 σ^0 进行描述[1]，即

$$\sigma^0 = \frac{\langle\sigma\rangle}{A_0} = \frac{4\pi r^2}{A_0} \frac{\left\langle |\boldsymbol{E}_\mathrm{S}|^2 \right\rangle}{|\boldsymbol{E}_\mathrm{I}|^2} \tag{1.3.13}$$

散射系数 σ^0 是单位面积 A_0 上的平均 RCS。从统计的观点来看，其物理含义是半径为 r 的球面上平均散射能量密度与平均入射能量密度的比值。

RCS 和散射系数承载了目标和散射体的特征信息，如介电特性、几何结构特性等。极化雷达通过收发一组极化状态正交的电磁波能够额外获得目标的极化散射信息。单色平面电磁波的极化状态可以由 Jones 矢量进行描述。如果入射电磁

波和散射电磁波的 Jones 矢量分别为 $\boldsymbol{E}_{\mathrm{I}}$ 和 $\boldsymbol{E}_{\mathrm{S}}$，在远场条件下，目标的散射过程可以由式(1.3.14)进行描述[4]：

$$\boldsymbol{E}_{\mathrm{S}}=\frac{\mathrm{e}^{-\mathrm{j}kr}}{r}\boldsymbol{S}\boldsymbol{E}_{\mathrm{I}}=\frac{\mathrm{e}^{-\mathrm{j}kr}}{r}\begin{bmatrix}S_{\mathrm{XX}} & S_{\mathrm{XY}}\\ S_{\mathrm{YX}} & S_{\mathrm{YY}}\end{bmatrix}\boldsymbol{E}_{\mathrm{I}} \tag{1.3.14}$$

其中，$\dfrac{\mathrm{e}^{-\mathrm{j}kr}}{r}$ 的绝对值和相位分别是电磁波传播过程中的幅度和相位因子；$\boldsymbol{S}=\begin{bmatrix}S_{\mathrm{XX}} & S_{\mathrm{XY}}\\ S_{\mathrm{YX}} & S_{\mathrm{YY}}\end{bmatrix}$是目标极化散射矩阵，也称为 Sinclair 矩阵。

水平和垂直极化基(H,V)下的目标极化散射矩阵为

$$\boldsymbol{S}=\begin{bmatrix}S_{\mathrm{HH}} & S_{\mathrm{HV}}\\ S_{\mathrm{VH}} & S_{\mathrm{VV}}\end{bmatrix} \tag{1.3.15}$$

其中，S_{VH} 是在水平极化天线发射并以垂直极化天线接收条件下的目标散射系数。矩阵中的其他元素可以类似定义。

目标的后向散射总能量SPAN为

$$\mathrm{SPAN}=\left|S_{\mathrm{HH}}\right|^2+\left|S_{\mathrm{HV}}\right|^2+\left|S_{\mathrm{VH}}\right|^2+\left|S_{\mathrm{VV}}\right|^2 \tag{1.3.16}$$

1.3.3　极化基变换

为了有效地理解极化散射矩阵并从中提取需要的信息，通常可以进行极化基变换。利用极化基变换，水平和垂直极化基(H,V)下的极化散射矩阵可以变换得到任意极化基(X,Y)下的极化散射矩阵，变换公式为[3]

$$\begin{bmatrix}S_{\mathrm{XX}} & S_{\mathrm{XY}}\\ S_{\mathrm{YX}} & S_{\mathrm{YY}}\end{bmatrix}=\frac{1}{1+|\rho|^2}\begin{bmatrix}\mathrm{e}^{\mathrm{j}\alpha} & 0\\ 0 & \mathrm{e}^{-\mathrm{j}\alpha}\end{bmatrix}\begin{bmatrix}1 & \rho\\ -\rho^* & 1\end{bmatrix}\begin{bmatrix}S_{\mathrm{HH}} & S_{\mathrm{HV}}\\ S_{\mathrm{VH}} & S_{\mathrm{VV}}\end{bmatrix}\begin{bmatrix}1 & -\rho^*\\ \rho & 1\end{bmatrix}\begin{bmatrix}\mathrm{e}^{-\mathrm{j}\alpha} & 0\\ 0 & \mathrm{e}^{\mathrm{j}\alpha}\end{bmatrix} \tag{1.3.17}$$

其中，$\rho=\dfrac{\tan\phi+\mathrm{j}\tan\tau}{1-\mathrm{j}\tan\phi\tan\tau}$，是极化比；$\rho^*$ 是 ρ 的共轭；$\alpha=\arctan(\tan\theta\tan\tau)$，是相位，$\theta$ 和 τ 分别是描述极化椭圆的极化方位角和椭圆率角。

对于左旋和右旋圆极化基(L,R)，可以得到 $\rho=\mathrm{j}$ 和 $\theta=0$，对应的极化散射矩阵为[3]

$$\begin{bmatrix} S_{\mathrm{LL}} & S_{\mathrm{LR}} \\ S_{\mathrm{RL}} & S_{\mathrm{RR}} \end{bmatrix} = \frac{1}{2}\begin{bmatrix} 1 & \mathrm{j} \\ \mathrm{j} & 1 \end{bmatrix}\begin{bmatrix} S_{\mathrm{HH}} & S_{\mathrm{HV}} \\ S_{\mathrm{VH}} & S_{\mathrm{VV}} \end{bmatrix}\begin{bmatrix} 1 & \mathrm{j} \\ \mathrm{j} & 1 \end{bmatrix}$$

$$= \frac{1}{2}\begin{bmatrix} S_{\mathrm{HH}} + \mathrm{j}(S_{\mathrm{HV}} + S_{\mathrm{VH}}) - S_{\mathrm{VV}} & \mathrm{j}(S_{\mathrm{HH}} + S_{\mathrm{VV}}) + S_{\mathrm{HV}} - S_{\mathrm{VH}} \\ \mathrm{j}(S_{\mathrm{HH}} + S_{\mathrm{VV}}) - S_{\mathrm{HV}} + S_{\mathrm{VH}} & -S_{\mathrm{HH}} + \mathrm{j}(S_{\mathrm{HV}} + S_{\mathrm{VH}}) + S_{\mathrm{VV}} \end{bmatrix} \tag{1.3.18}$$

在左旋和右旋圆极化基(L,R)下，极化散射矩阵的元素为

$$\begin{cases} S_{\mathrm{LL}} = \dfrac{1}{2}\left[S_{\mathrm{HH}} - S_{\mathrm{VV}} + \mathrm{j}(S_{\mathrm{HV}} + S_{\mathrm{VH}})\right] \\ S_{\mathrm{LR}} = \dfrac{1}{2}\left[\mathrm{j}(S_{\mathrm{HH}} + S_{\mathrm{VV}}) + S_{\mathrm{HV}} - S_{\mathrm{VH}}\right] \\ S_{\mathrm{RL}} = \dfrac{1}{2}\left[\mathrm{j}(S_{\mathrm{HH}} + S_{\mathrm{VV}}) - S_{\mathrm{HV}} + S_{\mathrm{VH}}\right] \\ S_{\mathrm{RR}} = \dfrac{1}{2}\left[-(S_{\mathrm{HH}} - S_{\mathrm{VV}}) + \mathrm{j}(S_{\mathrm{HV}} + S_{\mathrm{VH}})\right] \end{cases} \tag{1.3.19}$$

1.3.4　极化相干矩阵

为了更好地理解目标散射机理，极化散射矩阵可以向具有明确物理含义的Pauli 矩阵进行投影。在水平和垂直极化基(H,V)下，在双站测量条件下，四个 Pauli 矩阵分别为

$$\boldsymbol{P}_1 = \frac{1}{\sqrt{2}}\begin{bmatrix} 1 & 0 \\ 0 & 1 \end{bmatrix},\ \boldsymbol{P}_2 = \frac{1}{\sqrt{2}}\begin{bmatrix} 1 & 0 \\ 0 & -1 \end{bmatrix},\ \boldsymbol{P}_3 = \frac{1}{\sqrt{2}}\begin{bmatrix} 0 & 1 \\ 1 & 0 \end{bmatrix},\ \boldsymbol{P}_4 = \frac{1}{\sqrt{2}}\begin{bmatrix} 0 & -\mathrm{j} \\ \mathrm{j} & 0 \end{bmatrix} \tag{1.3.20}$$

这样，极化散射矩阵在 Pauli 矩阵上的投影表达式为

$$\boldsymbol{S} = k_1\boldsymbol{P}_1 + k_2\boldsymbol{P}_2 + k_3\boldsymbol{P}_3 + k_4\boldsymbol{P}_4 \tag{1.3.21}$$

投影系数 $k_1 \sim k_4$ 可以构建 Pauli 散射矢量 $\boldsymbol{k}_{\mathrm{P}_{(\mathrm{H,V})}}$，为

$$\boldsymbol{k}_{\mathrm{P}_{(\mathrm{H,V})}} = \frac{1}{\sqrt{2}}\left[S_{\mathrm{HH}} + S_{\mathrm{VV}} \quad S_{\mathrm{HH}} - S_{\mathrm{VV}} \quad S_{\mathrm{HV}} + S_{\mathrm{VH}} \quad \mathrm{j}(S_{\mathrm{HV}} - S_{\mathrm{VH}})\right]^{\mathrm{T}} \tag{1.3.22}$$

其中，下标(H,V)代表极化基。通常，水平和垂直极化基(H,V)为默认极化基，在不混淆时，可省略该下标。

对满足互易条件(即 $S_{\mathrm{HV}} \approx S_{\mathrm{VH}}$)的单站测量(本书后续分析均基于单站测量

情形)，Pauli 矩阵缩减为三个，分别为

$$\boldsymbol{P}_1 = \frac{1}{\sqrt{2}}\begin{bmatrix} 1 & 0 \\ 0 & 1 \end{bmatrix}, \quad \boldsymbol{P}_2 = \frac{1}{\sqrt{2}}\begin{bmatrix} 1 & 0 \\ 0 & -1 \end{bmatrix}, \quad \boldsymbol{P}_3 = \frac{1}{\sqrt{2}}\begin{bmatrix} 0 & 1 \\ 1 & 0 \end{bmatrix} \tag{1.3.23}$$

同时，对应的 Pauli 散射矢量 $\boldsymbol{k}_{\mathrm{P}_{(\mathrm{H,V})}}$ 为

$$\boldsymbol{k}_{\mathrm{P}_{(\mathrm{H,V})}} = \frac{1}{\sqrt{2}}\begin{bmatrix} S_{\mathrm{HH}} + S_{\mathrm{VV}} & S_{\mathrm{HH}} - S_{\mathrm{VV}} & 2S_{\mathrm{HV}} \end{bmatrix}^{\mathrm{T}} \tag{1.3.24}$$

采用 Pauli 散射矢量的优势在于其分量直接对应一些基本散射机理，例如，Pauli 矩阵 $\boldsymbol{P}_1$、$\boldsymbol{P}_2$ 和 $\boldsymbol{P}_3$ 分别代表奇次散射机理、偶次散射机理和体散射机理。这样，Pauli 散射矢量 $\boldsymbol{k}_{\mathrm{P}_{(\mathrm{H,V})}}$ 的元素就代表这三种基本散射机理对应的系数。

利用 Pauli 散射矢量可以构建二阶矩表征矩阵，即极化相干矩阵。极化相干矩阵继承了 Pauli 散射矢量在散射机理表征方面的优势。对于水平和垂直极化基 $(\mathrm{H,V})$，极化相干矩阵 $\boldsymbol{T}_{(\mathrm{H,V})}$ 定义为

$$\begin{aligned}
\boldsymbol{T}_{(\mathrm{H,V})} &= \left\langle \boldsymbol{k}_{\mathrm{P}_{(\mathrm{H,V})}} \boldsymbol{k}_{\mathrm{P}_{(\mathrm{H,V})}}^{\mathrm{H}} \right\rangle = \begin{bmatrix} T_{11} & T_{12} & T_{13} \\ T_{21} & T_{22} & T_{23} \\ T_{31} & T_{32} & T_{33} \end{bmatrix} \\
&= \frac{1}{2}\begin{bmatrix} \left\langle |S_{\mathrm{HH}} + S_{\mathrm{VV}}|^2 \right\rangle & \left\langle (S_{\mathrm{HH}} + S_{\mathrm{VV}})(S_{\mathrm{HH}} - S_{\mathrm{VV}})^* \right\rangle & \left\langle 2(S_{\mathrm{HH}} + S_{\mathrm{VV}}) S_{\mathrm{HV}}^* \right\rangle \\ \left\langle (S_{\mathrm{HH}} + S_{\mathrm{VV}})^* (S_{\mathrm{HH}} - S_{\mathrm{VV}}) \right\rangle & \left\langle |S_{\mathrm{HH}} - S_{\mathrm{VV}}|^2 \right\rangle & \left\langle 2(S_{\mathrm{HH}} - S_{\mathrm{VV}}) S_{\mathrm{HV}}^* \right\rangle \\ \left\langle 2(S_{\mathrm{HH}} + S_{\mathrm{VV}})^* S_{\mathrm{HV}} \right\rangle & \left\langle 2(S_{\mathrm{HH}} - S_{\mathrm{VV}})^* S_{\mathrm{HV}} \right\rangle & \left\langle 4|S_{\mathrm{HV}}|^2 \right\rangle \end{bmatrix}
\end{aligned} \tag{1.3.25}$$

其中，$\langle\cdot\rangle$ 代表样本平均；$\boldsymbol{k}_{\mathrm{P}_{(\mathrm{H,V})}}^{\mathrm{H}}$ 代表 $\boldsymbol{k}_{\mathrm{P}_{(\mathrm{H,V})}}$ 的共轭转置；$T_{ij}\,(i,j=1,2,3)$ 代表极化相干矩阵 $\boldsymbol{T}_{(\mathrm{H,V})}$ 索引为 (i,j) 的元素。

1.3.5　极化协方差矩阵

在水平和垂直极化基 $(\mathrm{H,V})$ 下，当满足互易性条件时，另一种常用的极化散

射矢量(称为 Lexicographic 散射矢量)可以构造为

$$\boldsymbol{k}_{\mathrm{L}_{(\mathrm{H,V})}}=\begin{bmatrix}S_{\mathrm{HH}} & \sqrt{2}S_{\mathrm{HV}} & S_{\mathrm{VV}}\end{bmatrix}^{\mathrm{T}} \tag{1.3.26}$$

利用Lexicographic散射矢量也可以构建二阶矩表征矩阵,即极化协方差矩阵。对于水平和垂直极化基(H,V),极化协方差矩阵$\boldsymbol{C}_{(\mathrm{H,V})}$定义为

$$\begin{aligned}\boldsymbol{C}_{(\mathrm{H,V})}&=\left\langle \boldsymbol{k}_{\mathrm{L}_{(\mathrm{H,V})}}\boldsymbol{k}_{\mathrm{L}_{(\mathrm{H,V})}}^{\mathrm{H}}\right\rangle=\begin{bmatrix}C_{11} & C_{12} & C_{13}\\ C_{21} & C_{22} & C_{23}\\ C_{31} & C_{32} & C_{33}\end{bmatrix}\\ &=\begin{bmatrix}\left\langle |S_{\mathrm{HH}}|^2\right\rangle & \sqrt{2}\left\langle S_{\mathrm{HH}}S_{\mathrm{HV}}^*\right\rangle & \left\langle S_{\mathrm{HH}}S_{\mathrm{VV}}^*\right\rangle\\ \sqrt{2}\left\langle S_{\mathrm{HH}}^*S_{\mathrm{HV}}\right\rangle & 2\left\langle |S_{\mathrm{HV}}|^2\right\rangle & \sqrt{2}\left\langle S_{\mathrm{HV}}S_{\mathrm{VV}}^*\right\rangle\\ \left\langle S_{\mathrm{HH}}^*S_{\mathrm{VV}}\right\rangle & \sqrt{2}\left\langle S_{\mathrm{HV}}^*S_{\mathrm{VV}}\right\rangle & \left\langle |S_{\mathrm{VV}}|^2\right\rangle\end{bmatrix}\end{aligned} \tag{1.3.27}$$

Lexicographic 散射矢量$\boldsymbol{k}_{\mathrm{L}_{(\mathrm{H,V})}}$和 Pauli 散射矢量$\boldsymbol{k}_{\mathrm{P}_{(\mathrm{H,V})}}$可以通过一个酉矩阵进行变换:

$$\boldsymbol{k}_{\mathrm{L}_{(\mathrm{H,V})}}=\boldsymbol{U}_{\mathrm{P}_{(\mathrm{H,V})}2\mathrm{L}_{(\mathrm{H,V})}}\boldsymbol{k}_{\mathrm{P}_{(\mathrm{H,V})}} \tag{1.3.28}$$

其中,$\boldsymbol{U}_{\mathrm{P}_{(\mathrm{H,V})}2\mathrm{L}_{(\mathrm{H,V})}}$是将 Pauli 散射矢量变换为 Lexicographic 散射矢量的酉矩阵,定义为

$$\boldsymbol{U}_{\mathrm{P}_{(\mathrm{H,V})}2\mathrm{L}_{(\mathrm{H,V})}}=\frac{1}{\sqrt{2}}\begin{bmatrix}1 & 1 & 0\\ 0 & 0 & \sqrt{2}\\ 1 & -1 & 0\end{bmatrix} \tag{1.3.29}$$

因此,极化协方差矩阵$\boldsymbol{C}_{(\mathrm{H,V})}$和极化相干矩阵$\boldsymbol{T}_{(\mathrm{H,V})}$两者由一个相似变换进行联系:

$$\begin{aligned}\boldsymbol{C}_{(\mathrm{H,V})}&=\boldsymbol{U}_{\mathrm{P}_{(\mathrm{H,V})}2\mathrm{L}_{(\mathrm{H,V})}}\boldsymbol{T}_{(\mathrm{H,V})}\boldsymbol{U}_{\mathrm{P}_{(\mathrm{H,V})}2\mathrm{L}_{(\mathrm{H,V})}}^{\mathrm{H}}=\boldsymbol{U}_{\mathrm{P}_{(\mathrm{H,V})}2\mathrm{L}_{(\mathrm{H,V})}}\boldsymbol{T}_{(\mathrm{H,V})}\boldsymbol{U}_{\mathrm{P}_{(\mathrm{H,V})}2\mathrm{L}_{(\mathrm{H,V})}}^{-1}\\ &=\frac{1}{2}\begin{bmatrix}T_{11}+T_{22}+2\mathrm{Re}[T_{12}] & \sqrt{2}(T_{13}+T_{23}) & T_{11}-T_{22}-\mathrm{j}2\mathrm{Im}[T_{12}]\\ \sqrt{2}(T_{13}+T_{23})^* & 2T_{33} & \sqrt{2}(T_{13}-T_{23})^*\\ T_{11}-T_{22}+\mathrm{j}2\mathrm{Im}[T_{12}] & \sqrt{2}(T_{13}-T_{23}) & T_{11}+T_{22}-2\mathrm{Re}[T_{12}]\end{bmatrix}\end{aligned} \tag{1.3.30}$$

其中，$\boldsymbol{U}_{\mathrm{P}_{(\mathrm{H,V})}2\mathrm{L}_{(\mathrm{H,V})}}^{-1}$ 是 $\boldsymbol{U}_{\mathrm{P}_{(\mathrm{H,V})}2\mathrm{L}_{(\mathrm{H,V})}}$ 的逆矩阵。对酉矩阵而言，可以得到 $\boldsymbol{U}_{\mathrm{P}_{(\mathrm{H,V})}2\mathrm{L}_{(\mathrm{H,V})}}^{-1}=\boldsymbol{U}_{\mathrm{P}_{(\mathrm{H,V})}2\mathrm{L}_{(\mathrm{H,V})}}^{\mathrm{H}}$。

在成像雷达极化信息处理中，也常利用圆极化基下的极化协方差矩阵。在左旋和右旋圆极化基$(\mathrm{L,R})$下，当满足互易性条件$(S_{\mathrm{LR}}\approx S_{\mathrm{RL}})$时，对应的极化散射矢量 $\boldsymbol{k}_{\mathrm{L}_{(\mathrm{L,R})}}$ 为

$$\boldsymbol{k}_{\mathrm{L}_{(\mathrm{L,R})}}=\begin{bmatrix}S_{\mathrm{LL}}\\ \sqrt{2}S_{\mathrm{LR}}\\ S_{\mathrm{RR}}\end{bmatrix}=\frac{1}{2}\begin{bmatrix}S_{\mathrm{HH}}-S_{\mathrm{VV}}+\mathrm{j}2S_{\mathrm{HV}}\\ \mathrm{j}\sqrt{2}\left(S_{\mathrm{HH}}+S_{\mathrm{VV}}\right)\\ -\left(S_{\mathrm{HH}}-S_{\mathrm{VV}}\right)+\mathrm{j}2S_{\mathrm{HV}}\end{bmatrix} \tag{1.3.31}$$

Lexicographic 散射矢量 $\boldsymbol{k}_{\mathrm{L}_{(\mathrm{L,R})}}$ 和 Pauli 散射矢量 $\boldsymbol{k}_{\mathrm{P}_{(\mathrm{H,V})}}$ 也可以通过一个酉矩阵进行变换：

$$\boldsymbol{k}_{\mathrm{L}_{(\mathrm{L,R})}}=\boldsymbol{U}_{\mathrm{P}_{(\mathrm{H,V})}2\mathrm{L}_{(\mathrm{L,R})}}\boldsymbol{k}_{\mathrm{P}_{(\mathrm{H,V})}} \tag{1.3.32}$$

其中，$\boldsymbol{U}_{\mathrm{P}_{(\mathrm{H,V})}2\mathrm{L}_{(\mathrm{L,R})}}$ 是将 Pauli 散射矢量变换为左旋和右旋圆极化基下散射矢量的酉矩阵，定义为

$$\boldsymbol{U}_{\mathrm{P}_{(\mathrm{H,V})}2\mathrm{L}_{(\mathrm{L,R})}}=\frac{\sqrt{2}}{2}\begin{bmatrix}0 & 1 & \mathrm{j}\\ \mathrm{j}\sqrt{2} & 0 & 0\\ 0 & -1 & \mathrm{j}\end{bmatrix} \tag{1.3.33}$$

同理，在左旋和右旋圆极化基$(\mathrm{L,R})$下，极化协方差矩阵 $\boldsymbol{C}_{(\mathrm{L,R})}$ 定义为

$$\begin{aligned}\boldsymbol{C}_{(\mathrm{L,R})}&=\left\langle\boldsymbol{k}_{\mathrm{L}_{(\mathrm{L,R})}}\boldsymbol{k}_{\mathrm{L}_{(\mathrm{L,R})}}^{\mathrm{H}}\right\rangle\\ &=\begin{bmatrix}\left\langle\left|S_{\mathrm{LL}}\right|^2\right\rangle & \sqrt{2}\left\langle S_{\mathrm{LL}}S_{\mathrm{LR}}^*\right\rangle & \left\langle S_{\mathrm{LL}}S_{\mathrm{RR}}^*\right\rangle\\ \sqrt{2}\left\langle S_{\mathrm{LL}}^*S_{\mathrm{LR}}\right\rangle & 2\left\langle\left|S_{\mathrm{LR}}\right|^2\right\rangle & \sqrt{2}\left\langle S_{\mathrm{LR}}S_{\mathrm{RR}}^*\right\rangle\\ \left\langle S_{\mathrm{LL}}^*S_{\mathrm{RR}}\right\rangle & \sqrt{2}\left\langle S_{\mathrm{LR}}^*S_{\mathrm{RR}}\right\rangle & \left\langle\left|S_{\mathrm{RR}}\right|^2\right\rangle\end{bmatrix}\end{aligned} \tag{1.3.34}$$

因此，极化协方差矩阵 $\boldsymbol{C}_{(\mathrm{L,R})}$ 和极化相干矩阵 $\boldsymbol{T}_{(\mathrm{H,V})}$ 二者之间也由一个相似变换进行联系：

$$
\begin{aligned}
\boldsymbol{C}_{(\mathrm{L,R})} &= \boldsymbol{U}_{\mathrm{P}_{(\mathrm{H,V})}2\mathrm{L}_{(\mathrm{L,R})}} \boldsymbol{T}_{(\mathrm{H,V})} \boldsymbol{U}^{\mathrm{H}}_{\mathrm{P}_{(\mathrm{H,V})}2\mathrm{L}_{(\mathrm{L,R})}} = \boldsymbol{U}_{\mathrm{P}_{(\mathrm{H,V})}2\mathrm{L}_{(\mathrm{L,R})}} \boldsymbol{T}_{(\mathrm{H,V})} \boldsymbol{U}^{-1}_{\mathrm{P}_{(\mathrm{H,V})}2\mathrm{L}_{(\mathrm{L,R})}} \\
&= \frac{1}{2}\begin{bmatrix} T_{22}+T_{33}+2\,\mathrm{Im}[T_{23}] & \sqrt{2}(T_{13}+\mathrm{j}T_{12})^* & T_{33}-T_{22}-\mathrm{j}2\,\mathrm{Re}[T_{23}] \\ \sqrt{2}(T_{13}+\mathrm{j}T_{12}) & 2T_{11} & \sqrt{2}(T_{13}-\mathrm{j}T_{12}) \\ T_{33}-T_{22}+\mathrm{j}2\,\mathrm{Re}[T_{23}] & \sqrt{2}(T_{13}-\mathrm{j}T_{12})^* & T_{22}+T_{33}-2\,\mathrm{Im}[T_{23}] \end{bmatrix}
\end{aligned} \tag{1.3.35}
$$

其中，$\boldsymbol{U}^{-1}_{\mathrm{P}_{(\mathrm{H,V})}2\mathrm{L}_{(\mathrm{L,R})}}$ 是 $\boldsymbol{U}_{\mathrm{P}_{(\mathrm{H,V})}2\mathrm{L}_{(\mathrm{L,R})}}$ 的逆矩阵。对酉矩阵而言，可以得到 $\boldsymbol{U}^{-1}_{\mathrm{P}_{(\mathrm{H,V})}2\mathrm{L}_{(\mathrm{L,R})}} = \boldsymbol{U}^{\mathrm{H}}_{\mathrm{P}_{(\mathrm{H,V})}2\mathrm{L}_{(\mathrm{L,R})}}$。

1.3.6　极化功率矩阵

从极化雷达接收功率优化角度，Graves 提出了极化功率矩阵 $\boldsymbol{G}_{(\mathrm{H,V})}$（也称为 Graves 矩阵）的表征形式[8]，定义为

$$
\begin{aligned}
\boldsymbol{G}_{(\mathrm{H,V})} &= \boldsymbol{S}^{\mathrm{H}}_{(\mathrm{H,V})}\boldsymbol{S}_{(\mathrm{H,V})} \\
&= \begin{bmatrix} |S_{\mathrm{HH}}|^2+|S_{\mathrm{VH}}|^2 & S^*_{\mathrm{HH}}S_{\mathrm{HV}}+S^*_{\mathrm{VH}}S_{\mathrm{VV}} \\ S^*_{\mathrm{HV}}S_{\mathrm{HH}}+S^*_{\mathrm{VV}}S_{\mathrm{VH}} & |S_{\mathrm{VV}}|^2+|S_{\mathrm{HV}}|^2 \end{bmatrix}
\end{aligned} \tag{1.3.36}
$$

此外，目标后向散射信息也可由其他形式的极化功率矩阵进行表征。其中，Kennaugh 矩阵 $\boldsymbol{K}_{(\mathrm{H,V})}$ 定义为[7]

$$
\boldsymbol{K}_{(\mathrm{H,V})} = \boldsymbol{A}^*\left(\boldsymbol{S}_{(\mathrm{H,V})} \otimes \boldsymbol{S}^*_{(\mathrm{H,V})}\right)\boldsymbol{A}^{-1} \tag{1.3.37}
$$

其中，上标*代表共轭；运算符 $\otimes$ 代表 Kronecher 积。变换矩阵 $\boldsymbol{A}$ 为

$$
\boldsymbol{A} = \begin{bmatrix} 1 & 0 & 0 & 1 \\ 1 & 0 & 0 & -1 \\ 0 & 1 & 1 & 0 \\ 0 & \mathrm{j} & -\mathrm{j} & 0 \end{bmatrix} \tag{1.3.38}
$$

对于前向散射坐标系，Kennaugh 矩阵 $\boldsymbol{K}_{(\mathrm{H,V})}$ 可以变换为另一种极化功率矩阵，即 Mueller 矩阵 $\boldsymbol{M}_{(\mathrm{H,V})}$[7]：

$$
\boldsymbol{M}_{(\mathrm{H,V})} = \boldsymbol{A}\left(\boldsymbol{S}_{(\mathrm{H,V})} \otimes \boldsymbol{S}^*_{(\mathrm{H,V})}\right)\boldsymbol{A}^{-1} \tag{1.3.39}
$$

以极化散射矩阵元素为基础，Kennaugh 矩阵 $\boldsymbol{K}_{(\mathrm{H,V})}$ 和 Mueller 矩阵 $\boldsymbol{M}_{(\mathrm{H,V})}$ 的表达式分别为

$$
\boldsymbol{K}_{(\mathrm{H,V})}=\begin{bmatrix}
\frac{1}{2}\left(|S_{\mathrm{HH}}|^2+|S_{\mathrm{HV}}|^2+|S_{\mathrm{VH}}|^2+|S_{\mathrm{VV}}|^2\right) & \frac{1}{2}\left(|S_{\mathrm{HH}}|^2-|S_{\mathrm{HV}}|^2+|S_{\mathrm{VH}}|^2-|S_{\mathrm{VV}}|^2\right) & \mathrm{Re}\left[S_{\mathrm{HH}}S_{\mathrm{HV}}^*+S_{\mathrm{VH}}S_{\mathrm{VV}}^*\right] & \mathrm{Im}\left[S_{\mathrm{HH}}S_{\mathrm{HV}}^*+S_{\mathrm{VH}}S_{\mathrm{VV}}^*\right] \\
\frac{1}{2}\left(|S_{\mathrm{HH}}|^2-|S_{\mathrm{HV}}|^2+|S_{\mathrm{VH}}|^2-|S_{\mathrm{VV}}|^2\right) & \frac{1}{2}\left(|S_{\mathrm{HH}}|^2-|S_{\mathrm{HV}}|^2-|S_{\mathrm{VH}}|^2+|S_{\mathrm{VV}}|^2\right) & \mathrm{Re}\left[S_{\mathrm{HH}}S_{\mathrm{HV}}^*-S_{\mathrm{VH}}S_{\mathrm{VV}}^*\right] & \mathrm{Im}\left[S_{\mathrm{HH}}S_{\mathrm{HV}}^*-S_{\mathrm{VH}}S_{\mathrm{VV}}^*\right] \\
\mathrm{Re}\left[S_{\mathrm{HH}}S_{\mathrm{HV}}^*+S_{\mathrm{VH}}S_{\mathrm{VV}}^*\right] & \mathrm{Re}\left[S_{\mathrm{HH}}S_{\mathrm{HV}}^*-S_{\mathrm{VH}}S_{\mathrm{VV}}^*\right] & \mathrm{Re}\left[S_{\mathrm{HH}}S_{\mathrm{VV}}^*+S_{\mathrm{HV}}S_{\mathrm{VH}}^*\right] & \mathrm{Re}\left[S_{\mathrm{HH}}S_{\mathrm{VV}}^*+S_{\mathrm{VH}}S_{\mathrm{HV}}^*\right] \\
\mathrm{Im}\left[S_{\mathrm{HH}}S_{\mathrm{HV}}^*+S_{\mathrm{VH}}S_{\mathrm{VV}}^*\right] & \mathrm{Im}\left[S_{\mathrm{HH}}S_{\mathrm{HV}}^*-S_{\mathrm{VH}}S_{\mathrm{VV}}^*\right] & \mathrm{Re}\left[S_{\mathrm{HH}}S_{\mathrm{VV}}^*+S_{\mathrm{VH}}S_{\mathrm{HV}}^*\right] & -\mathrm{Re}\left[S_{\mathrm{HH}}S_{\mathrm{VV}}^*-S_{\mathrm{HV}}S_{\mathrm{VH}}^*\right]
\end{bmatrix}
\tag{1.3.40}
$$

$$
\boldsymbol{M}_{(\mathrm{H,V})}=\begin{bmatrix}
\frac{1}{2}\left(|S_{\mathrm{HH}}|^2+|S_{\mathrm{HV}}|^2+|S_{\mathrm{VH}}|^2+|S_{\mathrm{VV}}|^2\right) & \frac{1}{2}\left(|S_{\mathrm{HH}}|^2-|S_{\mathrm{HV}}|^2+|S_{\mathrm{VH}}|^2-|S_{\mathrm{VV}}|^2\right) & \mathrm{Re}\left[S_{\mathrm{HH}}S_{\mathrm{HV}}^*+S_{\mathrm{VH}}S_{\mathrm{VV}}^*\right] & \mathrm{Im}\left[S_{\mathrm{HH}}S_{\mathrm{HV}}^*+S_{\mathrm{VH}}S_{\mathrm{VV}}^*\right] \\
\frac{1}{2}\left(|S_{\mathrm{HH}}|^2+|S_{\mathrm{HV}}|^2-|S_{\mathrm{VH}}|^2-|S_{\mathrm{VV}}|^2\right) & \frac{1}{2}\left(|S_{\mathrm{HH}}|^2-|S_{\mathrm{HV}}|^2-|S_{\mathrm{VH}}|^2+|S_{\mathrm{VV}}|^2\right) & \mathrm{Re}\left[S_{\mathrm{HH}}S_{\mathrm{HV}}^*-S_{\mathrm{VH}}S_{\mathrm{VV}}^*\right] & \mathrm{Im}\left[S_{\mathrm{HH}}S_{\mathrm{HV}}^*-S_{\mathrm{VH}}S_{\mathrm{VV}}^*\right] \\
\mathrm{Re}\left[S_{\mathrm{HH}}S_{\mathrm{VH}}^*+S_{\mathrm{HV}}S_{\mathrm{VV}}^*\right] & \mathrm{Re}\left[S_{\mathrm{HH}}S_{\mathrm{VH}}^*-S_{\mathrm{HV}}S_{\mathrm{VV}}^*\right] & \mathrm{Re}\left[S_{\mathrm{HH}}S_{\mathrm{VV}}^*+S_{\mathrm{HV}}S_{\mathrm{VH}}^*\right] & \mathrm{Re}\left[S_{\mathrm{HH}}S_{\mathrm{VV}}^*+S_{\mathrm{VH}}S_{\mathrm{HV}}^*\right] \\
-\mathrm{Im}\left[S_{\mathrm{HH}}S_{\mathrm{VH}}^*+S_{\mathrm{HV}}S_{\mathrm{VV}}^*\right] & -\mathrm{Im}\left[S_{\mathrm{HH}}S_{\mathrm{VH}}^*-S_{\mathrm{HV}}S_{\mathrm{VV}}^*\right] & -\mathrm{Im}\left[S_{\mathrm{HH}}S_{\mathrm{VV}}^*-S_{\mathrm{VH}}S_{\mathrm{HV}}^*\right] & \mathrm{Re}\left[S_{\mathrm{HH}}S_{\mathrm{VV}}^*-S_{\mathrm{HV}}S_{\mathrm{VH}}^*\right]
\end{bmatrix}
\tag{1.3.41}
$$

其中，$\mathrm{Re}[\cdot]$和$\mathrm{Im}[\cdot]$分别代表取实部和虚部。

1.4　本书内容概要

随着不同极化、不同频率、不同成像模式下机载和星载极化 SAR 数据的大量获取，同时随着电磁散射解译基本理论与工具的快速发展，目前正处于成像雷达以及微波遥感的黄金时代。微波遥感信息的理解与利用也正从定性阶段迈向定量阶段。然而，如何准确、稳健和高效地提取目标的高价值信息，如何利用这些信息指导应用研究，仍然是当前面临的主要科学问题和技术挑战。与此同时，这些重大需求又促进了研究人员在电磁波辐射与传播、目标散射表征、建模和刻画等基础领域的深入研究和创新发展。

从前面的分析可以看到，成像雷达中 SAR 的发展最为迅速，应用也最为广泛。因此，本书主要以极化 SAR 为例，介绍雷达极化领域的新发展，即极化旋转域解译这一新理论方法在成像雷达目标散射理解与应用方面的新进展。当然，除极化 SAR 外，极化旋转域解译理论方法也可以拓展应用于其他典型极化雷达成像体制。

总体而言，本书不求面面俱到，重点介绍极化旋转域解译这一雷达极化领域的新理论方法及其在诸多领域的应用成效，以期为相关领域的科研人员和院校师生提供参考和借鉴，共同推动成像雷达极化信息处理与应用的新发展。

参 考 文 献

[1] Skolnik M L. Introduction to Radar Systems[M]. New York: McGraw-Hill, 2001.

[2] Shen L C, Kong J A. Applied Electromagnetism[M]. 3rd ed. Monterey: CL-Engineering, 1995.

[3] Lee J S, Pottier E. Polarimetric Radar Imaging: From Basics to Applications[M]. Boca Raton: CRC Press, 2009.

[4] Sinclair G. The transmission and reception of elliptically polarized waves[J]. Proceedings of the Institute of Radio Engineers, 1950, 38(2): 148-151.

[5] Boerner W M. Historical Development of Radar Polarimetry, Incentives for this Workshop, and Overview of Contributions to These Proceedings[M]. Amsterdam: Kluwer Academic Publisher, 1992.

[6] Kennaugh E M. Polarization properterties of radar reflection[D]. Columbus: The Ohio State University, 1952.

[7] Guissard A. Mueller and Kennaugh matrices in radar polarimetry[J]. IEEE Transactions on Geoscience and Remote Sensing, 1994, 32(3): 590-597.

[8] Graves C D. Radar polarization power scattering matrix[J]. Proceedings of the IRE, 1956, 44(2): 248-252.

[9] Huynen J R. Phenomenological theory of radar targets[D]. Netherlands: Technical University of Delft, 1970.

[10] Kostinski A B, Boerner W M. On foundations of radar polarimetry[J]. IEEE Transactions on Antennas and Propagation, 1986, 34(12): 1395-1404.

[11] Boerner W M, Yan W L, Xi A Q, et al. On the basic principles of radar polarimetry-the target characteristic polarization state theory of Kennaugh, Huynen's polarization fork concept, and its extension to the partially polarized case[J]. Proceedings of the IEEE, 1991, 79(10): 1538-1550.

[12] Boerner M, Elarini M B, Saatchi S S. Utilization of the optimal polarization concept in radar meteorology[J]. Bulletin of the American Meteorological Society, 1981, 62(6): 941.

[13] Boerner W M. Use of polarization in electromagnetic inverse scattering[J]. Radio Science, 1981, 16(6): 1037-1045.

[14] Boerner W M, el-Arini M B, Chan C Y, et al. Polarization dependence in electromagnetic inverse problems[J]. IEEE Transactions on Antennas and Propagation, 1981, 29(2): 262-271.

[15] Boerner W M, Xi A Q. The characteristic radar target polarization state theory for the coherent monostatic and reciprocal case using the generalized polarization transformation ratio formulation[J]. International Journal of Electronics and Communications, 1990, 44(4): 273-281.

[16] Agrawal A P, Boerner W M. Redevelopment of Kennaugh's target characteristic polarization state theory using the polarization transformation ration formalism for the coherent case[J]. IEEE Transactions on Geoscience and Remote Sensing, 1989, 27(1): 2-14.

[17] Davidovitz M, Boerner W M. Extension of Kennaugh's optimal polarization concept to the asymmetric scattering matrix case[J]. IEEE Transactions on Antennas and Propagation, 1986, 34(4): 569-574.

[18] 柯有安. 雷达散射矩阵与极化匹配接收[J]. 电子学报, 1963, (3): 1-11.

[19] 庄钊文. 雷达频域极化域目标识别的研究[D]. 北京: 北京理工大学, 1989.

[20] 肖顺平. 宽带极化雷达目标识别的理论与应用[D]. 长沙: 国防科学技术大学, 1995.

[21] 王雪松. 宽带极化信息处理的研究[D]. 长沙: 国防科学技术大学, 1999.

[22] Yang J. On theoretical problems in radar polarimetry[D]. Niigata: Niigata University, 1999.

[23] 庄钊文, 肖顺平, 王雪松. 雷达极化信息处理及应用[M]. 北京: 国防工业出版社, 1999.

[24] Pottier E, Dr J R. Huynen's main contributions in the development of polarimetric radar techniques and how the radar targets phenomenological concept becomes a theory[J]. Proceedings of the SPIE, 1993, (1748): 72-85.

[25] Boerner W M. Recent advances in extra-wide-band polarimetry, interferometry and polarimetric interferometry in synthetic aperture remote sensing and its applications[J]. IEE Proceedings-Radar Sonar and Navigation, 2003, 150(3): 113-124.

[26] Giuli D. Polarization diversity in radars[J]. Proceedings of the IEEE, 1986, 74(2): 245-269.

[27] Zebker H A, van Zyl J J. Imaging radar polarimetry: A review[J]. Proceedings of the IEEE, 1991, 79(11): 1583-1606.

[28] Wiley C. Pulse Doppler radar method and means: USA, US44955954[P]. [1965-07-20].

[29] Graham L C. Synthetic interferometer radar for topographic mapping[J]. Proceedings of the IEEE, 1974, 62(6): 763-768.

[30] Gabriel A K, Goldstein R M, Zebker H A. Mapping small elevation changes over large areas:

Differential radar interferometry[J]. Journal of Geophysical Research: Solid Earth and Planets, 1989, 94(B7): 9183-9191.

[31] Bamler R, Hartl P. Synthetic aperture radar interferometry[J]. Inverse Problems, 1998, 14(4): R1-R54.

[32] Rosen P A, Hensley S, Joughin I R, et al. Synthetic aperture radar interferometry-Invited paper[J]. Proceedings of the IEEE, 2000, 88(3): 333-382.

[33] Krieger G, Hajnsek I, Papathanassiou K P, et al. Interferometric synthetic aperture radar (SAR) missions employing formation flying[J]. Proceedings of the IEEE, 2010, 98(5): 816-843.

[34] Papathanassiou K P. Polarimetric SAR interferometry[D]. Graz: Technique University of Graz, 1999.

[35] Cloude S R, Papathanassiou K P. Polarimetric SAR interferometry[J]. IEEE Transactions on Geoscience and Remote Sensing, 1998, 36(5): 1551-1565.

[36] Papathanassiou K P, Cloude S R. Single-baseline polarimetric SAR interferometry[J]. IEEE Transactions on Geoscience and Remote Sensing, 2001, 39(11): 2352-2363.

[37] Cloude S R, Papathanassiou K P. Three-stage inversion process for polarimetric SAR interferometry[J]. IEE Proceedings-Radar Sonar and Navigation, 2003, 150(3): 125-134.

[38] Reigber A, Moreira A. First demonstration of airborne SAR tomography using multibaseline L-band data[J]. IEEE Transactions on Geoscience and Remote Sensing, 2000, 38(5): 2142-2152.

[39] Reigber A. Airborne polarimetric SAR tomography[D]. Stuttgart: University of Stuttgart, 2001.

[40] Xu F, Jin Y Q. Automatic reconstruction of building objects from multiaspect meter-resolution SAR images[J]. IEEE Transactions on Geoscience and Remote Sensing, 2007, 45(7): 2336-2353.

[41] Rodriguez-Cassola M, Prats P, Schulze D, et al. First bistatic spaceborne SAR experiments with TanDEM-X[J]. IEEE Geoscience and Remote Sensing Letters, 2012, 9(1): 33-37.

[42] Ponce O, Prats P, Rodriguez-Cassola M, et al. Processing of circular SAR trajectories with fast factorized back-projection[C]. IEEE International Geoscience and Remote Sensing Symposium, Vancouver, 2011: 3692-3695.

[43] 吴一戎. 多维度合成孔径雷达成像概念[J]. 雷达学报, 2013, 2(2): 135-142.

[44] Zhou Z S, Boerner W M, Sato M. Development of a ground-based polarimetric broadband SAR system for noninvasive ground-truth validation in vegetation monitoring[J]. IEEE Transactions on Geoscience and Remote Sensing, 2004, 42(9): 1803-1810.

[45] Cumming I G, Wong F H. Digital Processing of Synthetic Aperture Radar Data: Algorithms and Implementation[M]. Boston: Artech House, 2005.

[46] Chen S W, Wang X S, Xiao S P, et al. Target Scattering Mechanism in Polarimetric Synthetic

Aperture Radar: Interpretation and Application[M]. Singapore: Springer, 2018.
[47] van Zyl J J, Kim Y. Synthetic Aperture Radar Polarimetry[M]. Hoboken: Wiley, 2011.
[48] 金亚秋，徐丰. 极化散射与 SAR 遥感信息理论与方法[M]. 北京：科学出版社, 2008.
[49] 张红，王超，刘萌，等. 极化 SAR 理论、方法与应用[M]. 北京：科学出版社, 2015.
[50] 杨健，殷君君. 极化雷达理论与遥感应用[M]. 北京：科学出版社, 2020.
[51] Yamaguchi Y. Polarimetric SAR Imaging: Theory and Applications[M]. Boca Raton: CRC Press, 2020.
[52] Cloude S R. Polarisation: Application in Remote Sensing[M]. Oxford: Oxford University Press, 2009.
[53] Schuler D L, Ainsworth T L, Lee J S, et al. Topographic mapping using polarimetric SAR data[J]. International Journal of Remote Sensing, 1998, 19(1): 141-160.
[54] Garestier F, Dubois-Fernandez P, Dupuis X, et al. PolInSAR analysis of X-band data over vegetated and urban areas[J]. IEEE Transactions on Geoscience and Remote Sensing, 2006, 44(2): 356-364.
[55] Lopez-Martínez C, Papathanassiou K P. Cancellation of scattering mechanisms in PolInSAR: Application to underlying topography estimation[J]. IEEE Transactions on Geoscience and Remote Sensing, 2013, 51(2): 953-965.
[56] Hajnsek I, Pottier E, Cloude S R. Inversion of surface parameters from polarimetric SAR[J]. IEEE Transactions on Geoscience and Remote Sensing, 2003, 41(4): 727-744.
[57] Akbari V, Brekke C. Iceberg detection in open and ice-infested waters using C-band polarimetric synthetic aperture radar[J]. IEEE Transactions on Geoscience and Remote Sensing, 2018, 56(1): 407-421.
[58] Sato M, Chen S W, Satake M. Polarimetric SAR analysis of tsunami damage following the March 11, 2011 East Japan earthquake[J]. Proceedings of the IEEE, 2012, 100(10): 2861-2875.
[59] Chen S W, Sato M. Tsunami damage investigation of built-up areas using multitemporal spaceborne full polarimetric SAR images[J]. IEEE Transactions on Geoscience and Remote Sensing, 2013, 51(4): 1985-1997.
[60] Chen S W, Wang X S, Sato M. Urban damage level mapping based on scattering mechanism investigation using fully polarimetric SAR data for the 3.11 East Japan earthquake[J]. IEEE Transactions on Geoscience and Remote Sensing, 2016, 54(12): 6919-6929.
[61] Cigna F, Osmanoglu B, Cabral-Cano E, et al. Monitoring land subsidence and its induced geological hazard with synthetic aperture radar interferometry: A case study in Morelia, Mexico[J]. Remote Sensing of Environment, 2012, 117: 146-161.
[62] Souyris J C, Imbo P, Fjortoft R, et al. Compact polarimetry based on symmetry properties of geophysical media: The Pi/4 mode[J]. IEEE Transactions on Geoscience and Remote Sensing,

2005, 43(3): 634-646.

[63] Raney R K. Hybrid-polarity SAR architecture[J]. IEEE Transactions on Geoscience and Remote Sensing, 2007, 45(11): 3397-3404.

[64] Stacy N. Compact polarimetric analysis of X-band SAR data[C]. European Conference on Synthetic Aperture Radar, Dresden, 2006: 1-4.

第 2 章　极化旋转域解译理论

2.1　引　　言

极化雷达能够获取目标全极化信息，已成为微波遥感领域的主流传感器[1]。有效开发和利用微波遥感中的极化多样性，能够更好地解译目标散射机理，并促成诸多应用研究，包括农作物监测[2-4]、目标检测分类[1,5-11]、自然灾害评估[12-16]等。

目标极化散射响应与目标的姿态、取向等密切相关[17,18]，即目标具有散射多样性。目标散射多样性效应主要包含两个层面：一是同一目标在不同视角下可能呈现极为不同的散射特性；二是不同目标在特定视角下可能呈现相似的散射特性。对传统基于模型的极化目标分解方法，散射模型通常没有适配目标散射多样性[19]。因此，极化目标分解结果往往存在解译模糊性和解译多义性等不足[19]。对于地物分类等应用，由于能够导出极化旋转不变特征，基于特征值-特征矢量分解的极化目标分解方法得到了更广泛的应用[1,8,20]。为应对目标散射多样性带来的机理解译挑战，国内外学者提出了对极化矩阵进行方位向补偿处理的思路，使交叉极化能量最小化，从而改进传统基于模型的极化目标分解方法在人造目标区域的解译精度。常用的方位向补偿方法是将极化矩阵旋转一个特定角度，使交叉极化能量最小化。理论上，这个旋转角等价于极化方位角[18,21,22]，极化方位角有多种估计方法[17]。尽管结合方位向补偿方法的极化目标分解取得了解译性能的提高，但正如文献[18]指出的，对于具有大取向角的人造目标，传统极化目标分解方法的解译模糊性和解译多义性仍然严重。

另外，尽管目标散射多样性给极化雷达数据建模、解译等带来了困难和挑战，但目标散射多样性中蕴含了丰富的高价值信息。因此，与其采用方位向补偿方法来缓解目标散射多样性效应，不如探索、挖掘和利用目标散射多样性中蕴含的高价值信息。与此同时，对目标散射多样性的开发利用，有望为揭示不同目标散射机理的差异并提取新的极化特征量等提供深刻洞见和研究途径。这也是提出并发展极化旋转域解译理论方法的主要动机。

极化旋转域解译理论方法的核心思想是将极化雷达获取的初始极化信息拓展到绕雷达视线的极化旋转域，并提出一系列解译理论工具用于目标散射多样性的表征、挖掘和利用。从数学处理角度，极化旋转域解译理论方法就是将极化雷达在旋转角 $\theta=0$ 处获取的极化矩阵，通过矩阵旋转变换拓展到 $\theta\in[-\pi,\pi)$ 的整个极化旋转域。极化矩阵旋转变换这一数学处理自身不会带来信息增量，然而，从电磁散射角度，目标散射多样性效应以及不同目标具有不同散射多样性效应的物理机制，使得目标电磁散射信息在极化旋转域可以呈现显著差异或者增强不同目标的散射特征差异。不同目标散射多样性的差异本质上就是一种有价值的信息，可通过适当方式进行挖掘并利用。这就是极化旋转域解译理论方法的物理基础。自 2012 年提出该研究工作[23]以来，经过作者及其研究团队 10 余年的发展积累，已形成一套比较完整的极化旋转域解译框架，主要包括统一的极化矩阵旋转理论[24-26]、二维极化相干方向图解译工具[26-29]、二维极化相关方向图解译工具[30,31]和三维极化相关方向图解译工具[32,33]等，并在地物分类[4,34-38]、目标检测[9,30,31,39-45]、结构辨识[46-55]和灾害评估[56-58]等领域获得了成功应用。本章重点介绍极化旋转域解译的理论方法和理论工具。

2.2　极化矩阵旋转处理

为了研究目标散射多样性，作者于 2012 年提出了极化旋转域解译的概念和研究思路[23]。极化旋转域解译的核心思想是将特定几何条件下获得的极化矩阵拓展到绕雷达视线的极化旋转域，通过建立适当的极化旋转域解译工具，挖掘极化旋转域中蕴含的目标散射多样性信息，为诸多极化雷达的应用研究提供新的理论工具和技术途径。

2.2.1　极化矩阵的旋转

在极化旋转域，极化散射矩阵为

$$\boldsymbol{S}(\theta)=\boldsymbol{R}_2(\theta)\boldsymbol{S}\boldsymbol{R}_2^{\mathrm{T}}(\theta),\quad \theta\in[-\pi,\pi) \tag{2.2.1}$$

其中，$\boldsymbol{R}_2(\theta)=\begin{bmatrix}\cos\theta & \sin\theta\\ -\sin\theta & \cos\theta\end{bmatrix}$，为旋转矩阵。

对于水平和垂直极化基(H,V)，极化散射矩阵$\boldsymbol{S}(\theta)$的元素为

$$S_{\mathrm{HH}}(\theta)=S_{\mathrm{HH}}\cos^2\theta+S_{\mathrm{HV}}\cos\theta\sin\theta+S_{\mathrm{VH}}\cos\theta\sin\theta+S_{\mathrm{VV}}\sin^2\theta \tag{2.2.2}$$

$$S_{\mathrm{HV}}(\theta)=-S_{\mathrm{HH}}\cos\theta\sin\theta+S_{\mathrm{HV}}\cos^2\theta-S_{\mathrm{VH}}\sin^2\theta+S_{\mathrm{VV}}\cos\theta\sin\theta \tag{2.2.3}$$

$$S_{\mathrm{VH}}(\theta)=-S_{\mathrm{HH}}\cos\theta\sin\theta-S_{\mathrm{HV}}\sin^2\theta+S_{\mathrm{VH}}\cos^2\theta+S_{\mathrm{VV}}\cos\theta\sin\theta \tag{2.2.4}$$

$$S_{\mathrm{VV}}(\theta)=S_{\mathrm{HH}}\sin^2\theta-S_{\mathrm{HV}}\cos\theta\sin\theta-S_{\mathrm{VH}}\cos\theta\sin\theta+S_{\mathrm{VV}}\cos^2\theta \tag{2.2.5}$$

同理，在极化旋转域中，极化相干矩阵为

$$\boldsymbol{T}(\theta)=\boldsymbol{R}_3(\theta)\boldsymbol{T}\boldsymbol{R}_3^{\mathrm{T}}(\theta),\quad \theta\in[-\pi,\pi) \tag{2.2.6}$$

其中，$\boldsymbol{R}_3(\theta)=\begin{bmatrix}1 & 0 & 0\\ 0 & \cos(2\theta) & \sin(2\theta)\\ 0 & -\sin(2\theta) & \cos(2\theta)\end{bmatrix}$，为旋转矩阵。

极化相干矩阵$\boldsymbol{T}(\theta)$的元素为

$$T_{11}(\theta)=T_{11} \tag{2.2.7}$$

$$T_{12}(\theta)=T_{12}\cos(2\theta)+T_{13}\sin(2\theta) \tag{2.2.8}$$

$$T_{13}(\theta)=-T_{12}\sin(2\theta)+T_{13}\cos(2\theta) \tag{2.2.9}$$

$$T_{23}(\theta)=\frac{1}{2}(T_{33}-T_{22})\sin(4\theta)+\mathrm{Re}[T_{23}]\cos(4\theta)+\mathrm{j}\,\mathrm{Im}[T_{23}] \tag{2.2.10}$$

$$T_{22}(\theta)=T_{22}\cos^2(2\theta)+T_{33}\sin^2(2\theta)+\mathrm{Re}[T_{23}]\sin(4\theta) \tag{2.2.11}$$

$$T_{33}(\theta)=T_{22}\sin^2(2\theta)+T_{33}\cos^2(2\theta)-\mathrm{Re}[T_{23}]\sin(4\theta) \tag{2.2.12}$$

极化相干矩阵$\boldsymbol{T}(\theta)$的非对角线项的能量为

$$|T_{12}(\theta)|^2=|T_{12}|^2\cos^2(2\theta)+|T_{13}|^2\sin^2(2\theta)+\mathrm{Re}\left[T_{12}T_{13}^*\right]\sin(4\theta) \tag{2.2.13}$$

$$|T_{13}(\theta)|^2=|T_{12}|^2\sin^2(2\theta)+|T_{13}|^2\cos^2(2\theta)-\mathrm{Re}\left[T_{12}T_{13}^*\right]\sin(4\theta) \tag{2.2.14}$$

$$\begin{aligned}|T_{23}(\theta)|^2=&\frac{1}{4}(T_{33}-T_{22})^2\sin^2(4\theta)+\mathrm{Re}^2[T_{23}]\cos^2(4\theta)\\&+\frac{1}{2}(T_{33}-T_{22})\mathrm{Re}[T_{23}]\sin(8\theta)+\mathrm{Im}^2[T_{23}]\end{aligned} \tag{2.2.15}$$

其中，$\mathrm{Re}\left[T_{ij}\right]$和$\mathrm{Im}\left[T_{ij}\right]$分别是$T_{ij}(i,j=1,2,3)$的实部和虚部。

2.2.2　级联旋转特性

旋转矩阵$\boldsymbol{R}_3(\theta)$具有级联旋转特性，表达式为

$$\boldsymbol{R}_3(\theta_1+\theta_2)=\boldsymbol{R}_3(\theta_1)\boldsymbol{R}_3(\theta_2)=\boldsymbol{R}_3(\theta_2)\boldsymbol{R}_3(\theta_1) \tag{2.2.16}$$

旋转矩阵$\boldsymbol{R}_3(\theta)$属于特殊的酉矩阵，其级联旋转特性在群论和极化代数中也有研究[1,59]。同时，式(2.2.16)的证明是容易的。

这样，极化相干矩阵也具有类似的级联旋转特性，表达式为

$$\begin{aligned}\boldsymbol{T}(\theta_1+\theta_2)&=\boldsymbol{R}_3(\theta_1+\theta_2)\boldsymbol{T}\boldsymbol{R}_3^{\mathrm{T}}(\theta_1+\theta_2)\\&=\boldsymbol{R}_3(\theta_1)\boldsymbol{T}(\theta_2)\boldsymbol{R}_3^{\mathrm{T}}(\theta_1)\\&=\boldsymbol{R}_3(\theta_2)\boldsymbol{T}(\theta_1)\boldsymbol{R}_3^{\mathrm{T}}(\theta_2)\end{aligned}\tag{2.2.17}$$

由式(2.2.17)可知，将极化相干矩阵 $\boldsymbol{T}$ 旋转角度 $\theta_1+\theta_2$，等价于先将其旋转角度 θ_1（θ_2），再旋转角度 θ_2（θ_1）。这一性质表明，对极化相干矩阵 $\boldsymbol{T}(\theta_1)$（$\boldsymbol{T}(\theta_2)$）进一步旋转角度 θ_2（θ_1），得到的极化相干矩阵 $\boldsymbol{T}(\theta_1+\theta_2)$ 不再完整保有极化相干矩阵 $\boldsymbol{T}(\theta_1)$（$\boldsymbol{T}(\theta_2)$）的特性。例如，如果对极化相干矩阵 $\boldsymbol{T}$ 旋转角度 θ_1，则得到的极化相干矩阵 $\boldsymbol{T}(\theta_1)$ 在极化旋转域具有最小的交叉极化项。在此基础上，如果进一步以角度 θ_2 旋转极化相干矩阵 $\boldsymbol{T}(\theta_1)$，则此时得到的极化相干矩阵 $\boldsymbol{T}(\theta_1+\theta_2)$ 的交叉极化项不再取最小值。换言之，在极化旋转域，每一极化相干矩阵 $\boldsymbol{T}(\theta)$ 的特性都是相对独立的。

2.3　统一的极化矩阵旋转理论

目标散射多样性效应使得散射机理的建模和解译更加困难。为了降低对目标姿态、取向等的依赖性并试图消除散射机理的模糊性，方位向补偿处理[17,60,61]也称为去取向处理[18,62,63]，已被纳入多种基于模型的极化目标分解方法，并可以得到更优的解译性能[18,19,22,64,65]。常用的方位向补偿处理是将极化相干矩阵旋转到一个特定的角度，使交叉极化能量最小化。因此，方位向补偿处理和极化方位角获取均可以统一于极化相干矩阵旋转处理框架。

方位向补偿处理对极化相干矩阵和极化目标分解的作用机理得到了深入研究[18,21,22]。方位向补偿处理使用的旋转角度可通过极化相干矩阵旋转处理并使交叉极化项最小得到。值得思考的问题是：若采用其他旋转角对极化相干矩阵进行旋转处理，极化相干矩阵每个元素的变化规律是什么？如何揭示、表征和利用这种变化规律？这些思考促成了统一的极化矩阵旋转理论方法的提出和发展，其核心思想是将极化矩阵拓展至极化旋转域，得到极化旋转域统一表达式，并提取一系列的新极化特征集。本节以极化相干矩阵为例，介绍统一的极化矩阵旋转理论方法[24-26]。

2.3.1　极化旋转域统一表达式

对式(2.2.7)～式(2.2.15)进行数学变换，可以发现，极化相干矩阵 $\boldsymbol{T}(\theta)$ 的每个元素在极化旋转域都可由正弦函数统一表征：

$$f(\theta)=A\sin\left[\omega\left(\theta+\theta_0\right)\right]+B \tag{2.3.1}$$

其中，A是极化振荡幅度；B是极化振荡中心；ω是角频率；θ_0是初始角。这些特征可以构成一个新极化特征集$\{A,B,\omega,\theta_0\}$。

更进一步地，从数学角度，式(2.2.7)～式(2.2.15)可以分为两类。其中，式(2.2.7)～式(2.2.10)属于第一类，式(2.2.11)～式(2.2.15)属于第二类。

对于第一类，式(2.2.7)～式(2.2.10)的一般表达式为

$$f(\theta)=a\sin(\omega_0\theta)+b\cos(\omega_0\theta)+c \tag{2.3.2}$$

因此，新极化特征集$\{A,B,\omega,\theta_0\}$中每个特征的表达式为

$$\begin{cases}A=\sqrt{a^2+b^2},B=c\\ \omega=\omega_0,\theta_0=\dfrac{1}{\omega}\mathrm{Angle}\left(a+\mathrm{j}b\right)\end{cases} \tag{2.3.3}$$

其中，$\mathrm{Angle}(\cdot)$是相位算子，用于获取相位信息。$\mathrm{Angle}(\cdot)$的值域为$[-\pi,\pi)$。相比于反三角函数，相位算子$\mathrm{Angle}(\cdot)$能够避免相位混叠。

对于第二类，式(2.2.11)～式(2.2.15)的一般表达式为

$$f(\theta)=a\sin^2(\omega_0\theta)+b\cos^2(\omega_0\theta)+c\sin(2\omega_0\theta)+d \tag{2.3.4}$$

因此，新极化特征集$\{A,B,\omega,\theta_0\}$中每个特征的表达式为

$$\begin{cases}A=\sqrt{c^2+\dfrac{1}{4}\left(b-a\right)^2},\quad B=\dfrac{1}{2}\left(a+b\right)+d\\ \omega=2\omega_0,\theta_0=\dfrac{1}{\omega}\mathrm{Angle}\left[c+\mathrm{j}\dfrac{1}{2}\left(b-a\right)\right]\end{cases} \tag{2.3.5}$$

利用三角函数和差变换，式(2.3.2)和式(2.3.4)都可由式(2.3.1)统一表征。这样，极化相干矩阵$\boldsymbol{T}(\theta)$每个元素在极化旋转域的特性可由新极化特征集$\{A,B,\omega,\theta_0\}$进行完整描述。具体而言，极化旋转域中极化相干矩阵$\boldsymbol{T}(\theta)$每个元素的显著特性就是振荡效应。因此，新极化特征集$\{A,B,\omega,\theta_0\}$可命名为极化旋转域振荡特征集。表2.3.1总结了从极化相干矩阵$\boldsymbol{T}(\theta)$导出的极化旋转域振荡特征集$\{A,B,\omega,\theta_0\}$。

2.3.2　极化旋转域振荡特征

极化旋转域振荡特征集蕴含了与极化相干矩阵旋转效应相关的丰富信息。从

表 2.3.1　极化旋转域振荡特征集

极化相干矩阵 $\boldsymbol{T}(\theta)$ 的元素	幅值类特征		角度类特征	
	$A=\sqrt{(\cdot)}$	B	ω	$\theta_0=\frac{1}{\omega}\mathrm{Angle}(\cdot)$
$\mathrm{Re}\left[T_{12}(\theta)\right]$	$\mathrm{Re}^2[T_{12}]+\mathrm{Re}^2[T_{13}]$	0	2	$\mathrm{Re}[T_{13}]+\mathrm{j}\,\mathrm{Re}[T_{12}]$
$\mathrm{Re}\left[T_{13}(\theta)\right]$	$\mathrm{Re}^2[T_{12}]+\mathrm{Re}^2[T_{13}]$	0	2	$-\mathrm{Re}[T_{12}]+\mathrm{j}\,\mathrm{Re}[T_{13}]$
$\mathrm{Im}\left[T_{12}(\theta)\right]$	$\mathrm{Im}^2[T_{12}]+\mathrm{Im}^2[T_{13}]$	0	2	$\mathrm{Im}[T_{13}]+\mathrm{j}\,\mathrm{Im}[T_{12}]$
$\mathrm{Im}\left[T_{13}(\theta)\right]$	$\mathrm{Im}^2[T_{12}]+\mathrm{Im}^2[T_{13}]$	0	2	$-\mathrm{Im}[T_{12}]+\mathrm{j}\,\mathrm{Im}[T_{13}]$
$\mathrm{Re}\left[T_{23}(\theta)\right]$	$\frac{1}{4}(T_{33}-T_{22})^2+\mathrm{Re}^2[T_{23}]$	0	4	$\frac{1}{2}(T_{33}-T_{22})+\mathrm{j}\,\mathrm{Re}[T_{23}]$
$T_{22}(\theta)$	$\frac{1}{4}(T_{33}-T_{22})^2+\mathrm{Re}^2[T_{23}]$	$\frac{1}{2}(T_{22}+T_{33})$	4	$\mathrm{Re}[T_{23}]+\mathrm{j}\frac{1}{2}(T_{22}-T_{33})$
$T_{33}(\theta)$	$\frac{1}{4}(T_{33}-T_{22})^2+\mathrm{Re}^2[T_{23}]$	$\frac{1}{2}(T_{22}+T_{33})$	4	$-\mathrm{Re}[T_{23}]+\mathrm{j}\frac{1}{2}(T_{33}-T_{22})$
$\left\|T_{12}(\theta)\right\|^2$	$\mathrm{Re}^2\left[T_{12}T_{13}^*\right]+\frac{1}{4}\left(\|T_{13}\|^2-\|T_{12}\|^2\right)^2$	$\frac{1}{2}\left(\|T_{12}\|^2+\|T_{13}\|^2\right)$	4	$\mathrm{Re}\left[T_{12}T_{13}^*\right]+\mathrm{j}\frac{1}{2}\left(\|T_{12}\|^2-\|T_{13}\|^2\right)$
$\left\|T_{13}(\theta)\right\|^2$	$\mathrm{Re}^2\left[T_{12}T_{13}^*\right]+\frac{1}{4}\left(\|T_{13}\|^2-\|T_{12}\|^2\right)^2$	$\frac{1}{2}\left(\|T_{12}\|^2+\|T_{13}\|^2\right)$	4	$-\mathrm{Re}\left[T_{12}T_{13}^*\right]+\mathrm{j}\frac{1}{2}\left(\|T_{13}\|^2-\|T_{12}\|^2\right)$
$\left\|T_{23}(\theta)\right\|^2$	$\frac{1}{4}\left\{\frac{1}{4}(T_{33}-T_{22})^2+\mathrm{Re}^2[T_{23}]\right\}^2$	$\frac{1}{2}\left\{\frac{1}{4}(T_{33}-T_{22})^2+\mathrm{Re}^2[T_{23}]\right\}+\mathrm{Im}^2[T_{23}]$	8	$\frac{1}{2}(T_{33}-T_{22})\mathrm{Re}[T_{23}]+\mathrm{j}\frac{1}{2}\left[\mathrm{Re}^2[T_{23}]-\frac{1}{4}(T_{33}-T_{22})^2\right]$

本质上讲，这些特征刻画了目标在极化旋转域的散射特性，也部分表征了目标散射多样性效应。从表 2.3.1 可知，根据极化旋转域振荡特征表达式，极化相干矩阵 $\boldsymbol{T}(\theta)$ 的元素可分为以下五组：

(1) $\mathrm{Re}\left[T_{12}(\theta)\right]$ 和 $\mathrm{Re}\left[T_{13}(\theta)\right]$；

(2) $\mathrm{Im}\left[T_{12}(\theta)\right]$ 和 $\mathrm{Im}\left[T_{13}(\theta)\right]$；

(3) $\mathrm{Re}\left[T_{23}(\theta)\right]$、$T_{22}(\theta)$ 和 $T_{33}(\theta)$；

(4) $\left|T_{12}(\theta)\right|^2$ 和 $\left|T_{13}(\theta)\right|^2$；

(5) $\left|T_{23}(\theta)\right|^2$。

在每一组中，极化旋转域振荡特征表达式相同或信息等价。在此基础上，可以得到以下等价关系式：

$$\mathrm{Re}\left[T_{12}(\theta)\right]=\mathrm{Re}\left[T_{13}(\theta+\pi/4)\right] \tag{2.3.6}$$

$$\mathrm{Im}\left[T_{12}(\theta)\right]=\mathrm{Im}\left[T_{13}(\theta+\pi/4)\right] \tag{2.3.7}$$

$$T_{22}(\theta)=T_{33}(\theta+\pi/4)=\mathrm{Re}\left[T_{23}(\theta+\pi/8)\right]+B\_T_{22} \tag{2.3.8}$$

$$\left|T_{12}(\theta)\right|^2=\left|T_{13}(\theta+\pi/4)\right|^2 \tag{2.3.9}$$

其中，B_T_{ij} 表示 $T_{ij}(\theta)$ 的极化振荡中心 B，其他项 A_T_{ij}、ω_T_{ij} 和 $\theta_0\_T_{ij}$ 可类似定义。

在后面的研究中，可只考虑从 $\mathrm{Re}\left[T_{12}(\theta)\right]$、$\mathrm{Im}\left[T_{12}(\theta)\right]$、$T_{22}(\theta)$、$\left|T_{12}(\theta)\right|^2$ 和 $\left|T_{23}(\theta)\right|^2$ 中导出极化旋转域振荡特征集。

1）极化振荡幅度特征 A

从表 2.3.1 可知，极化振荡幅度特征 $A\_\left|T_{23}\right|^2$ 和 A_T_{22} 具有如下变换关系：

$$A\_\left|T_{23}\right|^2=\frac{1}{4}\left(A\_T_{22}\right)^2 \tag{2.3.10}$$

因此，表 2.3.1 中共有四种独立的极化振荡幅度特征。

利用极化散射矩阵的元素表征极化振荡幅度特征 A_T_{22}，可以看到该特征十分敏感于散射对称性条件，即同极化和交叉极化项之间的相关性趋近于零 $\left(\left\langle S_{\mathrm{HH}}S_{\mathrm{HV}}^*\right\rangle\approx\left\langle S_{\mathrm{VV}}S_{\mathrm{HV}}^*\right\rangle\approx 0\right)$。极化振荡幅度特征 A_T_{22} 的展开表达式为

$$\begin{aligned}A\_T_{22}&=\frac{1}{4}\left(T_{33}-T_{22}\right)^2+\mathrm{Re}^2\left[T_{23}\right]\\&=\frac{1}{4}\left(\left\langle\left|S_{\mathrm{HH}}-S_{\mathrm{VV}}\right|^2-4\left|S_{\mathrm{HV}}\right|^2\right\rangle\right)^2+4\left\{\mathrm{Re}\left[\left\langle\left(S_{\mathrm{HH}}-S_{\mathrm{VV}}\right)S_{\mathrm{HV}}^*\right\rangle\right]\right\}^2\end{aligned} \tag{2.3.11}$$

理论上，对草地、森林、农作物等大尺度分布式自然地物，散射对称性条件通常是成立的。此时，$\left\{\mathrm{Re}\left[\left\langle\left(S_{\mathrm{HH}}-S_{\mathrm{VV}}\right)S_{\mathrm{HV}}^*\right\rangle\right]\right\}^2$ 项的取值趋于零，则极化振荡幅度特征 A_T_{22} 可简化为

$$A\_T_{22}\approx\frac{1}{4}\left(\left\langle\left|S_{\mathrm{HH}}-S_{\mathrm{VV}}\right|^2-4\left|S_{\mathrm{HV}}\right|^2\right\rangle\right)^2 \tag{2.3.12}$$

然而，舰船、飞机、建筑物等人造目标通常不满足散射对称性条件。此时，$\left\{\mathrm{Re}\left[\left\langle\left(S_{\mathrm{HH}}-S_{\mathrm{VV}}\right)S_{\mathrm{HV}}^*\right\rangle\right]\right\}^2$ 项的取值可能较大，不能忽略。因此，理论上，极化振荡幅度特征 A_T_{22} 就具备区分人造目标和自然地物的潜力。此外，从式(2.3.11)

可知，极化振荡幅度特征 A_T_{22} 还具备极化旋转不变特性，并与左旋和右旋圆极化基 (L, R) 下的共极化相关系数相关联。

2) 极化振荡中心特征 B

由于取值从负值到正值对称变化，$\mathrm{Re}\left[T_{12}(\theta)\right]$ 和 $\mathrm{Im}\left[T_{12}(\theta)\right]$ 的振荡中心为零，其极化振荡中心特征也为零。只有能量项 $T_{22}(\theta)$、$\left|T_{12}(\theta)\right|^2$ 和 $\left|T_{23}(\theta)\right|^2$ 具有取正值的极化振荡中心特征。从表 2.3.1 可得到如下变换关系式：

$$B\_\left|T_{12}\right|^2=\frac{1}{2}\left(\left|T_{12}\right|^2+\left|T_{13}\right|^2\right)=\frac{1}{2}\left(A\_\mathrm{Re}\left[T_{12}\right]+A\_\mathrm{Im}\left[T_{12}\right]\right) \tag{2.3.13}$$

因此，表 2.3.1 中共有两个独立且取正值的极化振荡中心特征。

3) 角频率特征 ω

角频率特征是常数，共有三组取值，分别为 $\omega\_\mathrm{Re}\left[T_{12}\right]=\omega\_\mathrm{Im}\left[T_{12}\right]=2$、$\omega\_T_{22}=\omega\_\left|T_{12}\right|^2=4$ 和 $\omega\_\left|T_{23}\right|^2=8$。相应地，极化振荡周期 $2\pi/\omega$ 分别为 π、$\pi/2$ 和 $\pi/4$。因此，角频率特征独立于目标散射机理。

4) 初始角特征 θ_0

从表 2.3.1 可知，一共有五种独立的初始角特征。在全极化测量模式下，共极化通道或交叉极化通道之间的相位信息十分敏感于目标散射机理。2.3.3 节将进一步研究并总结极化旋转域角特征。

2.3.3　极化旋转域角特征

在极化旋转域，有几组有趣的角特征值得进一步研究，包括不动角特征 θ_{sta}、最小化角特征 $\theta_{\min}$、最大化角特征 $\theta_{\max}$ 和极化零角特征 θ_{null}。从统一表达式 (2.3.1) 可知，所有这些极化旋转域角特征都可以利用初始角特征 θ_0 和角频率特征 ω 导出。考虑到正弦函数的周期性，可将极化旋转域角特征限定于主值区间 $\left[-\pi/\omega, \pi/\omega\right)$。

1) 不动角特征 θ_{sta}

不动角特征 θ_{sta} 定义为使极化旋转域中极化矩阵特定元素与不旋转时取值相等的非零旋转角，即 $f\left(\theta_{\mathrm{sta}}\right)=f(0)$。因此，不动角特征 θ_{sta} 的表达式为

$$\theta_{\mathrm{sta}}=\begin{cases}\pi/\omega-\theta_0, & 0\leqslant\theta_0<\pi/\omega\\ -\pi/\omega-\theta_0, & -\pi/\omega\leqslant\theta_0<0\end{cases} \tag{2.3.14}$$

2) 最小化角特征 $\theta_{\min}$ 和最大化角特征 $\theta_{\max}$

最小化角特征 $\theta_{\min}$ 和最大化角特征 $\theta_{\max}$ 是另外两组重要的极化旋转域角特征，可分别使极化矩阵特定元素在极化旋转域中的取值最小或最大，即

$f(\theta_{\min}) = -A + B$ 和 $f(\theta_{\max}) = A + B$ 。这样，最小化角特征 $\theta_{\min}$ 和最大化角特征 $\theta_{\max}$ 的表达式分别为

$$\theta_{\min} = \begin{cases} 3\pi/2\omega - \theta_0, & \pi/2\omega \leqslant \theta_0 < \pi/\omega \\ -\pi/2\omega - \theta_0, & -\pi/\omega \leqslant \theta_0 < \pi/2\omega \end{cases} \tag{2.3.15}$$

$$\theta_{\max} = \begin{cases} \pi/2\omega - \theta_0, & \pi/2\omega \leqslant \theta_0 < \pi/\omega \\ -3\pi/2\omega - \theta_0, & -\pi/\omega \leqslant \theta_0 < \pi/2\omega \end{cases} \tag{2.3.16}$$

当给定初始角特征 θ_0 和角频率特征 ω 时，可以得到相应的最小化角特征 $\theta_{\min}$ 和最大化角特征 $\theta_{\max}$ 。通过进一步分析可得到如下性质：①由于 $T_{22}(\theta) + T_{33}(\theta)$ 和 $|T_{12}(\theta)|^2 + |T_{13}(\theta)|^2$ 是极化旋转不变特征（第 3 章将详细介绍），$T_{22}(\theta)$ 和 $|T_{12}(\theta)|^2$ 的最小化角特征 $\theta_{\min}$ 分别是 $T_{33}(\theta)$ 和 $|T_{13}(\theta)|^2$ 的最大化角特征 $\theta_{\max}$ ，反之亦然；② $\mathrm{Im}[T_{23}]$ 是极化旋转不变特征，同时 $T_{33}(\theta)$ 的最小化角特征 $\theta_{\min}$ 等于 $\mathrm{Re}[T_{23}]$ 的极化零角特征 θ_{null} ，因此 $T_{33}(\theta)$ 的最小化角特征 $\theta_{\min}$ 可以同时最小化 $T_{33}(\theta)$ 和 $|T_{23}(\theta)|^2$ 。

此外，最小化角特征 $\theta_{\min}\_T_{33}$ 等价于经典的极化方位角特征。极化方位角特征最初是由左旋和右旋圆极化基下极化协方差矩阵的共极化通道相位差进行估计的[17,60,61]。同时，使用去取向理论方法[63]，在交叉极化能量最小化过程中得到的旋转角即为最小化角特征 $\theta_{\min}\_T_{33}$ 。因此，从极化旋转域解译视角，极化方位向补偿处理[17,60,61]和去取向处理[63]得到的旋转角都可纳入统一的极化矩阵旋转理论框架。

3）极化零角特征 θ_{null}

极化零角特征 θ_{null} 是指极化旋转域中能将极化矩阵的相应元素置零的旋转角，即 $f(\theta_{\text{null}}) = 0$ 。极化振荡中心特征（$B > 0$）对极化相干矩阵所有的能量项均成立，因此只有极化相干矩阵非对角线项的实部和虚部具有极化零角特征 θ_{null} ，为

$$\theta_{\text{null}} = -\theta_0 \tag{2.3.17}$$

从式（1.3.25）可知，副对角线元素 T_{12} 和 T_{13} 的展开表达式分别为

$$\begin{aligned} T_{12} &= \frac{1}{2}\left\langle (S_{\text{HH}} + S_{\text{VV}})(S_{\text{HH}} - S_{\text{VV}})^* \right\rangle \\ &= \frac{1}{2}\left(\left\langle |S_{\text{HH}}|^2 - |S_{\text{VV}}|^2 \right\rangle\right) + \mathrm{j}\,\mathrm{Im}\left[\left\langle S_{\text{HH}}^* S_{\text{VV}} \right\rangle\right] \end{aligned} \tag{2.3.18}$$

$$T_{13} = \left\langle (S_{\mathrm{HH}} + S_{\mathrm{VV}}) S_{\mathrm{HV}}^* \right\rangle \tag{2.3.19}$$

因此，$\mathrm{Re}\left[T_{12}(\theta)\right]$和$\mathrm{Im}\left[T_{12}(\theta)\right]$的极化零角特征的表达式分别为

$$\begin{aligned}\theta_{\mathrm{null}}\_\mathrm{Re}\left[T_{12}\right] &= -\frac{1}{2}\mathrm{Angle}\left\{\mathrm{Re}\left[T_{13}\right] + \mathrm{j}\,\mathrm{Re}\left[T_{12}\right]\right\} \\ &= \frac{1}{2}\mathrm{Angle}\left\{\mathrm{Re}\left[\left\langle (S_{\mathrm{HH}} + S_{\mathrm{VV}}) S_{\mathrm{HV}}^* \right\rangle\right] + \mathrm{j}\frac{1}{2}\left(\left\langle |S_{\mathrm{VV}}|^2 - |S_{\mathrm{HH}}|^2 \right\rangle\right)\right\}\end{aligned} \tag{2.3.20}$$

$$\begin{aligned}\theta_{\mathrm{null}}\_\mathrm{Im}\left[T_{12}\right] &= -\frac{1}{2}\mathrm{Angle}\left\{\mathrm{Im}\left[T_{13}\right] + \mathrm{j}\,\mathrm{Im}\left[T_{12}\right]\right\} \\ &= \frac{1}{2}\mathrm{Angle}\left\{\mathrm{Im}\left[\left\langle (S_{\mathrm{HH}} + S_{\mathrm{VV}}) S_{\mathrm{HV}}^* \right\rangle\right] + \mathrm{j}\,\mathrm{Im}\left[\left\langle S_{\mathrm{HH}} S_{\mathrm{VV}}^* \right\rangle\right]\right\}\end{aligned} \tag{2.3.21}$$

其中，$\theta_{\mathrm{null}}_\mathrm{Re}\left[T_{12}\right]$和$\theta_{\mathrm{null}}_\mathrm{Im}\left[T_{12}\right]$的主值区间为$[-\pi/2, \pi/2)$。

当以极化零角$\theta_{\mathrm{null}}_\mathrm{Re}\left[T_{12}\right]$旋转极化相干矩阵时，可得到极化旋转域中一个特殊的旋转状态，在该旋转状态下，可满足$\mathrm{Re}\left[T_{12}\right]=0$。从式(2.3.18)可知，此时两个共极化通道的能量相等，即$|S_{\mathrm{HH}}|^2 = |S_{\mathrm{VV}}|^2$。这种旋转状态非常适用于基于模型的极化目标分解。例如，Yamaguchi 分解[66]引入了一个分支条件，以$|S_{\mathrm{HH}}|^2$和$|S_{\mathrm{VV}}|^2$的相对幅度关系作为选取垂直或水平偶极子模型的判据，进而用于自适应选择体散射模型。因此，如果在$\mathrm{Re}\left[T_{12}\right]=0$这种旋转状态下进行极化目标分解，则有望消除上述人工分支判决条件。

此外，当以极化零角$\theta_{\mathrm{null}}_\mathrm{Im}\left[T_{12}\right]$旋转极化相干矩阵时，可得到极化旋转域中另一个有趣的旋转状态，在该旋转状态下，满足$\mathrm{Im}\left(\left\langle S_{\mathrm{HH}}^* S_{\mathrm{VV}} \right\rangle\right)=0$。$\mathrm{Im}\left(\left\langle S_{\mathrm{HH}}^* S_{\mathrm{VV}} \right\rangle\right)=0$与共极化通道相位差$\mathrm{Angle}\left(\left\langle S_{\mathrm{HH}} S_{\mathrm{VV}}^* \right\rangle\right)$密切相关，可以很好地指示奇次或偶次散射机理，同时也是 Huynen 提出的一种目标 Euler 特征[62,67,68]。对传统基于模型的极化目标分解方法，在体散射分量贡献确定后，奇次或偶次散射机理能量占比的主导性可由共极化通道相位差$\mathrm{Angle}\left(\left\langle S_{\mathrm{HH}} S_{\mathrm{VV}}^* \right\rangle\right)$的正负性决定[66,69]。当$\mathrm{Re}\left[\left\langle S_{\mathrm{HH}} S_{\mathrm{VV}}^* \right\rangle\right] \geqslant 0$，即$\mathrm{Angle}\left(\left\langle S_{\mathrm{HH}} S_{\mathrm{VV}}^* \right\rangle\right)$取值趋于零时，奇次散射机理占主导地位。当$\mathrm{Re}\left[\left\langle S_{\mathrm{HH}} S_{\mathrm{VV}}^* \right\rangle\right] < 0$，即$\mathrm{Angle}\left(\left\langle S_{\mathrm{HH}} S_{\mathrm{VV}}^* \right\rangle\right)$取值趋于$\pi$时，偶次散射机理占主导地位。然而，当$\mathrm{Angle}\left(\left\langle S_{\mathrm{HH}} S_{\mathrm{VV}}^* \right\rangle\right)$取值接近$\pm\pi/2$时，对应的$\mathrm{Re}\left[\left\langle S_{\mathrm{HH}} S_{\mathrm{VV}}^* \right\rangle\right] \approx 0$且$\mathrm{Im}\left[\left\langle S_{\mathrm{HH}} S_{\mathrm{VV}}^* \right\rangle\right] \neq 0$，采用这种判决策略得到的分解结果是不

稳健的。因此，若首先对极化相干矩阵进行旋转处理，使 $\mathrm{Im}\left(\left\langle S_{\mathrm{HH}}^{*}S_{\mathrm{VV}}\right\rangle\right)$ 取值归零，则可以有效避免这种判决策略引起的不稳健情况。

在后续章节中，将进一步研究并挖掘极化零角特征 $\theta_{\text{null}}\_\mathrm{Re}[T_{12}]$ 和 $\theta_{\text{null}}\_\mathrm{Im}[T_{12}]$ 的应用价值。由于与初始角特征 θ_0 和角频率特征 ω 密切有关，广义上讲，这些进一步导出的极化旋转域角特征也可纳入极化旋转域振荡特征集。

2.3.4　极化旋转域极化协方差矩阵

在目标散射机理建模解译研究中，也经常采用极化协方差矩阵表征形式。在水平和垂直极化基 $(\mathrm{H,V})$ 下，极化协方差矩阵 $\boldsymbol{C}_{(\mathrm{H,V})}$ 和极化相干矩阵 $\boldsymbol{T}$ 可通过相似变换来相互转换，即

$$
\begin{aligned}
\boldsymbol{C}_{(\mathrm{H,V})} &= \boldsymbol{U}_{\mathrm{P}_{(\mathrm{H,V})}2\mathrm{L}_{(\mathrm{H,V})}}\boldsymbol{T}_{(\mathrm{H,V})}\boldsymbol{U}_{\mathrm{P}_{(\mathrm{H,V})}2\mathrm{L}_{(\mathrm{H,V})}}^{\mathrm{H}} = \boldsymbol{U}_{\mathrm{P}_{(\mathrm{H,V})}2\mathrm{L}_{(\mathrm{H,V})}}\boldsymbol{T}_{(\mathrm{H,V})}\boldsymbol{U}_{\mathrm{P}_{(\mathrm{H,V})}2\mathrm{L}_{(\mathrm{H,V})}}^{-1} \\
&= \frac{1}{2}\begin{bmatrix} T_{11}+T_{22}+2\,\mathrm{Re}[T_{12}] & \sqrt{2}(T_{13}+T_{23}) & T_{11}-T_{22}-\mathrm{j}2\,\mathrm{Im}[T_{12}] \\ \sqrt{2}(T_{13}+T_{23})^{*} & 2T_{33} & \sqrt{2}(T_{13}-T_{23})^{*} \\ T_{11}-T_{22}+\mathrm{j}2\,\mathrm{Im}[T_{12}] & \sqrt{2}(T_{13}-T_{23}) & T_{11}+T_{22}-2\,\mathrm{Re}[T_{12}] \end{bmatrix}
\end{aligned} \tag{2.3.22}
$$

其中，$\boldsymbol{U}_{\mathrm{P}_{(\mathrm{H,V})}2\mathrm{L}_{(\mathrm{H,V})}}$ 是 Pauli 散射矢量和 Lexicographic 散射矢量之间的变换矩阵，为

$$
\boldsymbol{U}_{\mathrm{P}_{(\mathrm{H,V})}2\mathrm{L}_{(\mathrm{H,V})}} = \frac{1}{\sqrt{2}}\begin{bmatrix} 1 & 1 & 0 \\ 0 & 0 & \sqrt{2} \\ 1 & -1 & 0 \end{bmatrix} \tag{2.3.23}
$$

根据相似变换，极化旋转域中的极化协方差矩阵 $\boldsymbol{C}_{(\mathrm{H,V})}(\theta)$ 也可以从相应的极化相干矩阵 $\boldsymbol{T}_{(\mathrm{H,V})}(\theta)$ 变换得到。根据极化协方差矩阵 $\boldsymbol{C}_{(\mathrm{H,V})}(\theta)$ 和极化相干矩阵的线性变换关系，可知 $\boldsymbol{C}_{(\mathrm{H,V})}(\theta)$ 的元素也可以用正弦函数进行表征。值得注意的是，$\boldsymbol{C}_{(\mathrm{H,V})}(\theta)$ 的元素均是极化旋转变化的。

此外，在左旋和右旋圆极化基 $(\mathrm{L,R})$ 下，极化协方差矩阵也非常适用于极化雷达数据解译。对于左旋和右旋圆极化基 $(\mathrm{L,R})$，当其满足互易性条件 $(S_{\mathrm{LR}}\approx S_{\mathrm{RL}})$ 时，相应的圆极化散射矢量 $\boldsymbol{k}_{\mathrm{L}_{(\mathrm{L,R})}}$ 为[1]

$$
\begin{aligned}
\boldsymbol{k}_{\mathrm{L}_{(\mathrm{L,R})}} &= \begin{bmatrix} S_{\mathrm{LL}} & \sqrt{2}S_{\mathrm{LR}} & S_{\mathrm{RR}} \end{bmatrix}^{\mathrm{T}} \\
&= \frac{1}{2}\begin{bmatrix} S_{\mathrm{HH}}-S_{\mathrm{VV}}+\mathrm{j}2S_{\mathrm{HV}} & \mathrm{j}\sqrt{2}(S_{\mathrm{HH}}+S_{\mathrm{VV}}) & -(S_{\mathrm{HH}}-S_{\mathrm{VV}})+\mathrm{j}2S_{\mathrm{HV}} \end{bmatrix}^{\mathrm{T}}
\end{aligned} \tag{2.3.24}
$$

左旋和右旋圆极化基(L,R)下的极化协方差矩阵 $\boldsymbol{C}_{(\mathrm{L,R})}$ 为

$$\boldsymbol{C}_{(\mathrm{L,R})}=\left\langle \boldsymbol{k}_{\mathrm{L}_{(\mathrm{L,R})}}\boldsymbol{k}_{\mathrm{L}_{(\mathrm{L,R})}}^{\mathrm{H}}\right\rangle \tag{2.3.25}$$

极化协方差矩阵 $\boldsymbol{C}_{(\mathrm{L,R})}$ 和极化相干矩阵 $\boldsymbol{T}$ 之间也可通过相似变换来相互转换，即

$$\begin{aligned}\boldsymbol{C}_{(\mathrm{L,R})}&=\boldsymbol{U}_{\mathrm{P}_{(\mathrm{H,V})}2\mathrm{L}_{(\mathrm{L,R})}}\boldsymbol{T}\boldsymbol{U}_{\mathrm{P}_{(\mathrm{H,V})}2\mathrm{L}_{(\mathrm{L,R})}}^{\mathrm{H}}=\boldsymbol{U}_{\mathrm{P}_{(\mathrm{H,V})}2\mathrm{L}_{(\mathrm{L,R})}}\boldsymbol{T}\boldsymbol{U}_{\mathrm{P}_{(\mathrm{H,V})}2\mathrm{L}_{(\mathrm{L,R})}}^{-1}\\&=\frac{1}{2}\begin{bmatrix}T_{22}+T_{33}+2\,\mathrm{Im}[T_{23}] & \sqrt{2}(T_{13}+\mathrm{j}T_{12})^{*} & T_{33}-T_{22}-\mathrm{j}2\,\mathrm{Re}[T_{23}]\\ \sqrt{2}(T_{13}+\mathrm{j}T_{12}) & 2T_{11} & \sqrt{2}(T_{13}-\mathrm{j}T_{12})\\ T_{33}-T_{22}+\mathrm{j}2\,\mathrm{Re}[T_{23}] & \sqrt{2}(T_{13}-\mathrm{j}T_{12})^{*} & T_{22}+T_{33}-2\,\mathrm{Im}[T_{23}]\end{bmatrix}\end{aligned} \tag{2.3.26}$$

其中，$\boldsymbol{U}_{\mathrm{P}_{(\mathrm{H,V})}2\mathrm{L}_{(\mathrm{L,R})}}$ 是 Pauli 散射矢量和圆极化散射矢量之间的变换矩阵，为

$$\boldsymbol{U}_{\mathrm{P}_{(\mathrm{H,V})}2\mathrm{L}_{(\mathrm{L,R})}}=\begin{bmatrix}0 & -1 & \mathrm{j}\sqrt{2}\\ \mathrm{j}\sqrt{2} & 0 & 0\\ 1 & 0 & \mathrm{j}\sqrt{2}\end{bmatrix} \tag{2.3.27}$$

容易验证，极化协方差矩阵 $\boldsymbol{C}_{(\mathrm{L,R})}$ 的对角线元素是极化旋转不变特征，非对角线元素的振幅也是极化旋转不变特征。因此，只有非对角线元素的实部和虚部是极化旋转变化的。

另外，利用式(2.2.1)可以得到极化旋转域的圆极化散射矢量 $\boldsymbol{k}_{\mathrm{L}_{(\mathrm{L,R})}}(\theta)$，为

$$\boldsymbol{k}_{\mathrm{L}_{(\mathrm{L,R})}}(\theta)=\begin{bmatrix}S_{\mathrm{LL}}\mathrm{e}^{\mathrm{j}2\theta} & \sqrt{2}S_{\mathrm{LR}} & S_{\mathrm{RR}}\mathrm{e}^{-\mathrm{j}2\theta}\end{bmatrix}^{\mathrm{T}} \tag{2.3.28}$$

这样，极化旋转域中左旋和右旋圆极化基(L,R)下的极化协方差矩阵 $\boldsymbol{C}_{(\mathrm{L,R})}(\theta)$ 为

$$\begin{aligned}\boldsymbol{C}_{(\mathrm{L,R})}(\theta)&=\left\langle \boldsymbol{k}_{\mathrm{L}_{(\mathrm{L,R})}}(\theta)\boldsymbol{k}_{\mathrm{L}_{(\mathrm{L,R})}}^{\mathrm{H}}(\theta)\right\rangle\\&=\begin{bmatrix}\langle|S_{\mathrm{LL}}|^{2}\rangle & \sqrt{2}\langle(S_{\mathrm{LL}}S_{\mathrm{LR}}^{*})\mathrm{e}^{\mathrm{j}2\theta}\rangle & \langle(S_{\mathrm{LL}}S_{\mathrm{RR}}^{*})\mathrm{e}^{\mathrm{j}4\theta}\rangle\\ \sqrt{2}\langle(S_{\mathrm{LL}}^{*}S_{\mathrm{LR}})\mathrm{e}^{-\mathrm{j}2\theta}\rangle & 2\langle|S_{\mathrm{LR}}|^{2}\rangle & \sqrt{2}\langle(S_{\mathrm{LR}}S_{\mathrm{RR}}^{*})\mathrm{e}^{\mathrm{j}2\theta}\rangle\\ \langle(S_{\mathrm{LL}}^{*}S_{\mathrm{RR}})\mathrm{e}^{-\mathrm{j}4\theta}\rangle & \sqrt{2}\langle(S_{\mathrm{LR}}^{*}S_{\mathrm{RR}})\mathrm{e}^{-\mathrm{j}2\theta}\rangle & \langle|S_{\mathrm{RR}}|^{2}\rangle\end{bmatrix}\end{aligned} \tag{2.3.29}$$

根据左旋和右旋圆极化基$(\mathrm{L,R})$下极化方位角估计方法[17]，当极化散射矢量$\boldsymbol{k}_{\mathrm{L}_{(\mathrm{L,R})}}$没有进行任何旋转处理或其取向效应已被完全补偿时，其共极化相关项的相位为零，即$\mathrm{Angle}\left\langle S_{\mathrm{LL}}S_{\mathrm{RR}}^{*}\right\rangle=0$。因此，$\boldsymbol{C}_{(\mathrm{L,R})}(\theta)$中元素的相位项$\mathrm{e}^{\mathrm{j}4\theta}$完全由目标变极化效应对电磁波极化状态的旋转调制决定。这就是利用左旋和右旋圆极化基$(\mathrm{L,R})$下的极化协方差矩阵$\boldsymbol{C}_{(\mathrm{L,R})}(\theta)$估计极化方位角的物理原理。与从式(2.3.26)得到的极化旋转不变特征一致，从式(2.3.29)易知，$\boldsymbol{C}_{(\mathrm{L,R})}(\theta)$的对角线元素$\left(\left\langle|S_{\mathrm{LL}}|^2\right\rangle、\left\langle|S_{\mathrm{LR}}|^2\right\rangle 和 \left\langle|S_{\mathrm{RR}}|^2\right\rangle\right)$和非对角线元素的幅度$\left(\left|\left\langle S_{\mathrm{LL}}S_{\mathrm{LR}}^{*}\right\rangle\right|、\left|\left\langle S_{\mathrm{LR}}S_{\mathrm{RR}}^{*}\right\rangle\right| 和 \left|\left\langle S_{\mathrm{LL}}S_{\mathrm{RR}}^{*}\right\rangle\right|\right)$均为极化旋转不变特征，其解析表达式也可直接由式(2.3.29)得到。

此外，根据式(2.3.11)和式(2.3.26)可以得到一个有趣的关系式，可将左旋和右旋圆极化基$(\mathrm{L,R})$下的极化协方差矩阵元素$C_{13(\mathrm{L,R})}$与极化振荡幅度特征A_T_{22}建立联系，即

$$A\_T_{22}=\frac{1}{4}(T_{33}-T_{22})^2+\mathrm{Re}^2[T_{23}]=\left|C_{13(\mathrm{L,R})}\right|^2 \tag{2.3.30}$$

同时，$C_{13(\mathrm{L,R})}$还是共极化相干特征$\rho_{\mathrm{RR\text{-}LL}}$的分子项，即

$$\rho_{\mathrm{RR\text{-}LL}}=\frac{\left\langle S_{\mathrm{LL}}S_{\mathrm{RR}}^{*}\right\rangle}{\sqrt{\left\langle S_{\mathrm{LL}}S_{\mathrm{LL}}^{*}\right\rangle}\sqrt{\left\langle S_{\mathrm{RR}}S_{\mathrm{RR}}^{*}\right\rangle}}=\frac{C_{13(\mathrm{L,R})}}{\sqrt{C_{11(\mathrm{L,R})}}\sqrt{C_{33(\mathrm{L,R})}}} \tag{2.3.31}$$

共极化相干特征$\rho_{\mathrm{RR\text{-}LL}}$已用于人造目标散射特性刻画与人造目标提取[70,71]。因此，极化振荡幅度特征A_T_{22}在人造目标和自然地物辨识方面的潜能得到了进一步印证。

2.3.5 极化旋转域幅值类特征性能分析

本节使用多频段极化干涉合成孔径雷达(polarimetric interferometric synthetic aperture radar, PiSAR)的极化SAR数据分析从极化相干矩阵中导出的极化振荡幅度特征和极化振荡中心特征等幅值类特征，并开展对比实验研究。

1. 多频段PiSAR极化SAR数据介绍

本节将机载PiSAR系统在日本仙台获取的L和X波段极化SAR数据用于极化旋转域振荡特征分析，该数据获取于2005年2月12日。研究区域主要为日本东北大学的川内校区，包含建筑物、森林、棒球场、足球场、网球场、道路、河流等丰富地物类型。其中，网球场被金属围栏包围。研究区域对应的光学图像和

极化 SAR 图像如图 2.3.1 所示。其中，极化 SAR 的 Pauli 彩图由 Pauli 散射分量 HH-VV、HV 和 HH+VV 经过 RGB 合成得到。利用 SimiTest 相干斑滤波器[72]对 L 和 X 波段极化 SAR 数据进行了相干斑滤波处理。为开展定量分析，从图 2.3.1 中分别选取了相对于 PiSAR 飞行方向平行的建筑物(简记为平行建筑物)A、有非零夹角的倾斜建筑物(简记为倾斜建筑物)B 和森林 C，并用矩形框进行了标记。

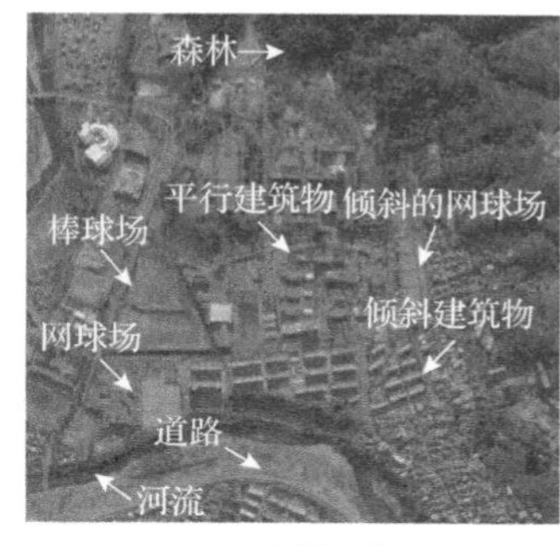

(a) 光学图像

(b) X波段极化SAR图像

(c) L波段极化SAR图像

图 2.3.1　研究区域对应的光学图像和极化 SAR 图像

2. 对比分析

如前所述，极化相干矩阵共有六种独立的极化振荡幅度特征和极化振荡中心特征，分别为 $A\_\mathrm{Re}[T_{12}]$、$A\_\mathrm{Im}[T_{12}]$、A_T_{22}、B_T_{22}、$A\_|T_{12}|^2$ 和 $B\_|T_{23}|^2$。从 L 和 X 波段 PiSAR 的极化 SAR 数据中导出的这六种极化旋转域振荡特征分别如图 2.3.2 和图 2.3.3 所示。同时，选取后向散射总能量特征 SPAN 和极化相干矩阵对角线元素 T_{11}、T_{22} 和 T_{33} 等传统极化特征作为对比，分别如图 2.3.2 和图 2.3.3 所示。可以看到，与 PiSAR 飞行方向平行的建筑物和网球场(周围有金属围栏)呈现出很强的后向散射特性。这是由于地面-墙体和地面-围栏形成的二面角结构将大部分入射电磁波能量散射回 PiSAR 系统，从而形成强散射。然而，对于倾斜建筑物和网球场，其后向散射能量明显减弱。在 SPAN、T_{11} 和 T_{33} 的特征图中，这些倾斜人造目标表现出与森林等自然地物非常相似的散射特性。这种不同目标表现出相似散射特性的现象(即目标散射多样性的第二层面)，也容易导致目标散射机理解译的模糊性。然而，自然地物通常满足散射对称性，而倾斜人造目标则不满足散射对称性。在极化旋转域中，导出的极化振荡幅度特征敏感于目标散射对称性，因此能够反映森林和倾斜人造目标之间的散射差异。从图 2.3.2 和图 2.3.3 可以看到，对于 L 和 X 波段极化 SAR 数据，极化振荡幅度特征都能明显区分人造目标和森林。

此外，对平行建筑物 A 和森林 C、倾斜建筑物 B 和森林 C 之间的极化特征比

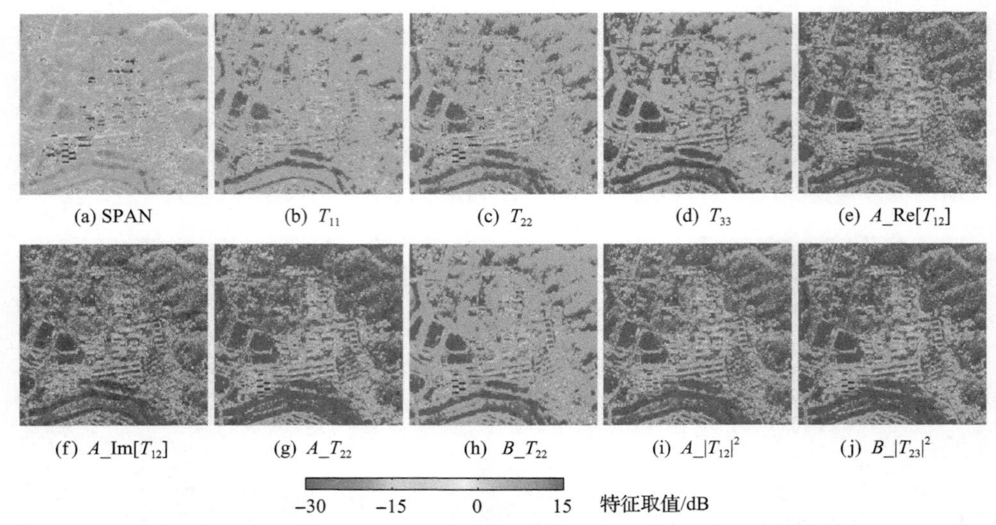

图 2.3.2　传统极化特征和极化旋转域幅值类特征（L 波段 PiSAR 数据）

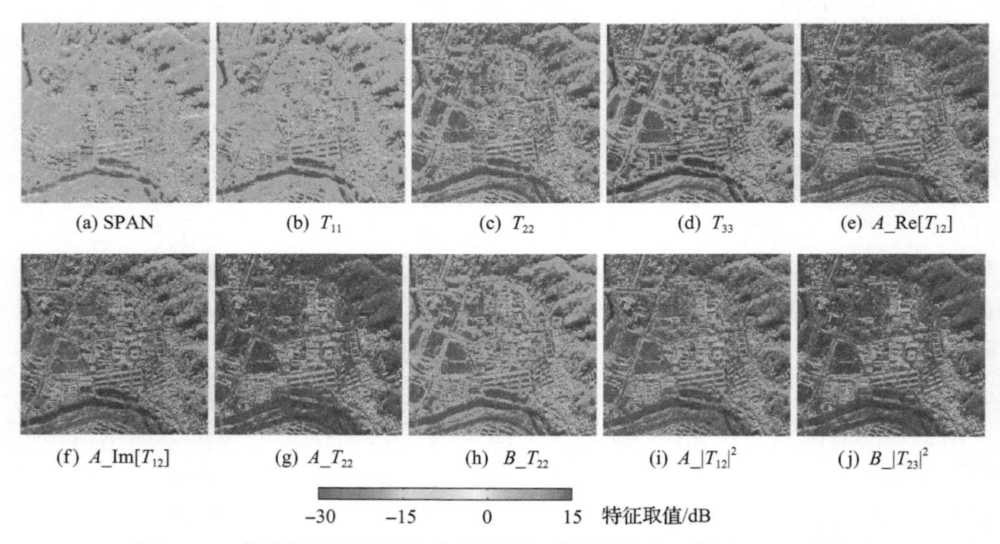

图 2.3.3　传统极化特征和极化旋转域幅值类特征（X 波段 PiSAR 数据）

值进行了定量分析，结果如图 2.3.4 所示。总体而言，倾斜建筑物的后向散射能量低于平行建筑物，因此，平行建筑物 A 与森林 C 的散射能量之比远高于倾斜建筑物 B 和森林 C。在这些极化特征中，交叉极化项 T_{33} 在这两种情形下得到的比值均为最低，即 T_{33} 对建筑物和森林的可区分度较小。在传统极化特征 T_{11}、T_{22}、T_{33} 和 SPAN 中，代表偶次散射机理的 T_{22} 取得了最大的比值。同时，极化振荡幅度特征 A_T_{22} 在上述所有极化特征中获得了最大的比值，即 A_T_{22} 能够使建筑物和森林的对比度最大化。具体而言，对 L 和 X 波段数据，极化振荡幅度特征 A_T_{22} 得到的平行建筑物 A 与森林 C 的散射能量比值分别比极化特征 T_{22} 高 2.9dB 和 3.2dB。此外，对用到的 PiSAR 数据和图 2.3.4 中的 10 种极化特征，L 波段森林 C 的后向散射能量始终高于 X 波段。同时，除 T_{33} 外，L 波段平行建筑物 A 和倾斜建筑物 B 的后向散射能量始终低于 X 波段。因此，L 波段建筑物与森林的后向散射能量比值始终低于 X 波段。该现象反映了目标后向散射的频率依赖特性。其中，一个可能的原因为：对于森林区域，相比于 X 波段，L 波段的电磁波具有更强的穿透特性。因此，可以预见，会有更多的后向散射直接来自树枝和地面-树干所形成的二面角结构。与此同时，X 波段的后向散射主要来自树冠的体散射。这样，对于森林区域，L 波段的后向散射强于 X 波段。对于建筑物区域，后向散射的频率依赖特性则更为复杂，需要更深入的研究才能彻底解释。

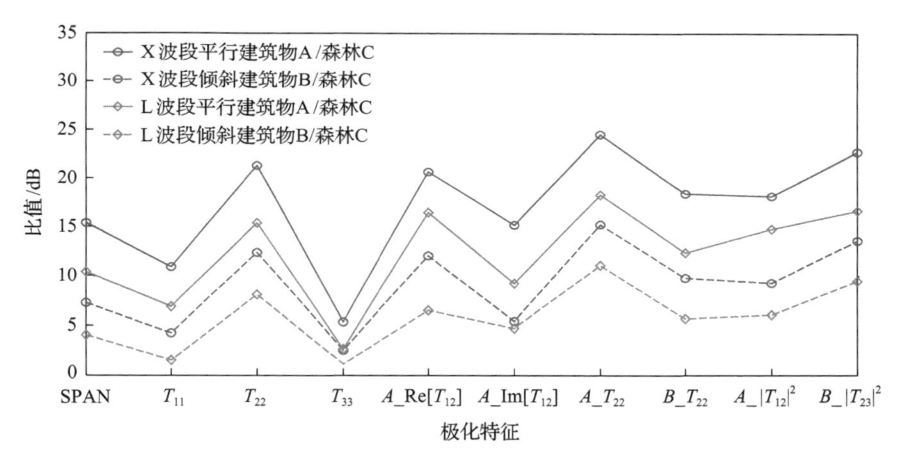

图 2.3.4　建筑物与森林的极化特征比值对比结果图

因此，理论分析和对比实验均验证了极化振荡幅度特征 A_T_{22} 对人造目标具有明显的增强性能。利用极化振荡幅度特征 A_T_{22}，可进一步开发人造目标检测与提取方法。

2.3.6　极化旋转域角度类特征性能分析

本节利用多频段 AIRSAR 极化 SAR 数据开展极化旋转域角度类特征性能研究与验证。

1. 多频段 AIRSAR 极化 SAR 数据介绍

本节利用机载 AIRSAR 在荷兰 Flevoland 区域获取的 P、L 和 C 波段极化 SAR 数据，验证导出的极化旋转域角度类特征性能。极化 SAR 数据的距离向分辨率和方位向分辨率分别为 6.7m 和 12.2m，入射角度范围为 23.0°～62.1°。同时，利用 SimiTest 滤波器[72]抑制相干斑，相干斑滤波后的极化 SAR 图像如图 2.3.5（a）～（c）

所示。该研究区域包含多种地物，如农作物、森林、海洋、道路等。农作物区域主要包括茎豆、油菜籽、豌豆、土豆、苜蓿、小麦和甜菜等。这些农作物的部分真值分布图如图 2.3.5(d)所示。可以看到，在不同频率的电磁波激励下，不同地物会呈现明显不同的极化散射响应。

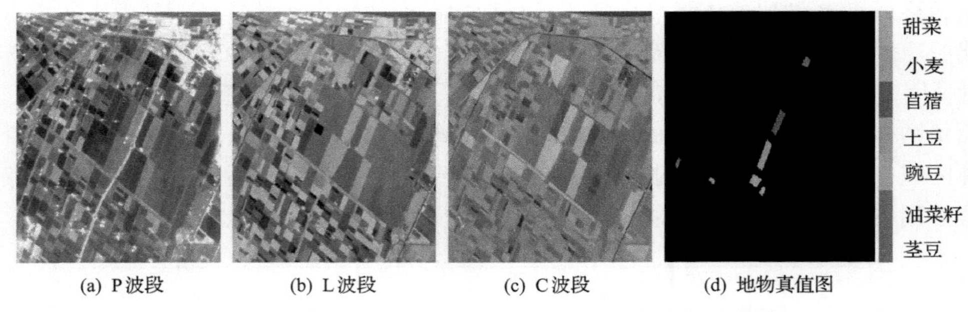

(a) P波段 (b) L波段 (c) C波段 (d) 地物真值图

图 2.3.5 荷兰 Flevoland 区域的 AIRSAR 极化 SAR 图像

2. 对比分析

2.3.3 节导出了一系列极化旋转域角特征。本节针对最小化角特征 $\theta_{\min}\_T_{33}$、极化零角特征 $\theta_{\text{null}}\_\text{Re}[T_{12}]$ 和 $\theta_{\text{null}}\_\text{Im}[T_{12}]$ 开展研究。从多频段 AIRSAR 极化 SAR 数据中得到的这三种角特征如图 2.3.6 所示。同时，选取基于特征值-特征向量分解[8]中得到的平均 $\bar{\alpha}$ 角特征作为对比，如图 2.3.6 所示。对于 L 波段数据，平均 $\bar{\alpha}$ 角特征的取值主要集中在 π/4 附近，表明此时体散射机理占主导。P 波段电磁波具有更强的穿透特性，因此平均 $\bar{\alpha}$ 角特征的取值更多集中在 π/2 附近，表明此时有更多的偶次散射分量。与 P 波段和 L 波段相比，在 C 波段得到的平均 $\bar{\alpha}$ 角特征则指示该成像区域主要表现为奇次散射机理。最小化角特征 $\theta_{\min}\_T_{33}$ 与经典的极化方位角特征等价。极化方位角特征的特性及其在地形测绘和建筑物方位角估计等方面的应用已有详细研究[1,18,21,22]。极化方位角特征能够部分反映散射体相对雷达视线的取向信息。不同频段的电磁波具有不同的穿透特性，此时极化 SAR 接收到的后向散射能量可能来自农作物的顶部、中部和底部。因此，从图 2.3.6(b1)～(b3)可以看到，极化方位角特征是随着入射电磁波频率的不同而显著变化的。此外，对取向均匀的农作物区域，估计得到的极化方位角特征也是匀质的。与 P 波段和 L 波段数据相比，从 C 波段数据中得到的极化方位角特征起伏特性更加明显。此外，相比于平均 $\bar{\alpha}$ 角特征和极化方位角特征，极化零角特征 $\theta_{\text{null}}\_\text{Re}[T_{12}]$ 和 $\theta_{\text{null}}\_\text{Im}[T_{12}]$ 更加敏感于不同地物的散射特性。正如 2.3.3 节的分析所示，这两个极化零角特征能够表征散射对称性条件 $\left(\left\langle (S_{\text{HH}}+S_{\text{VV}})S_{\text{HV}}^{*}\right\rangle\right)$、共极化通道能量的相对大小 $\left(\left\langle |S_{\text{VV}}|^{2}-|S_{\text{HH}}|^{2}\right\rangle\right)$ 和共极化分量的相位差 $\left(\text{Im}\left[\left\langle S_{\text{HH}}S_{\text{VV}}^{*}\right\rangle\right]\right)$ 等。因此，这

两个极化零角特征的取值具有明确的物理含义，可以进一步用于发展新的地物分类方法。

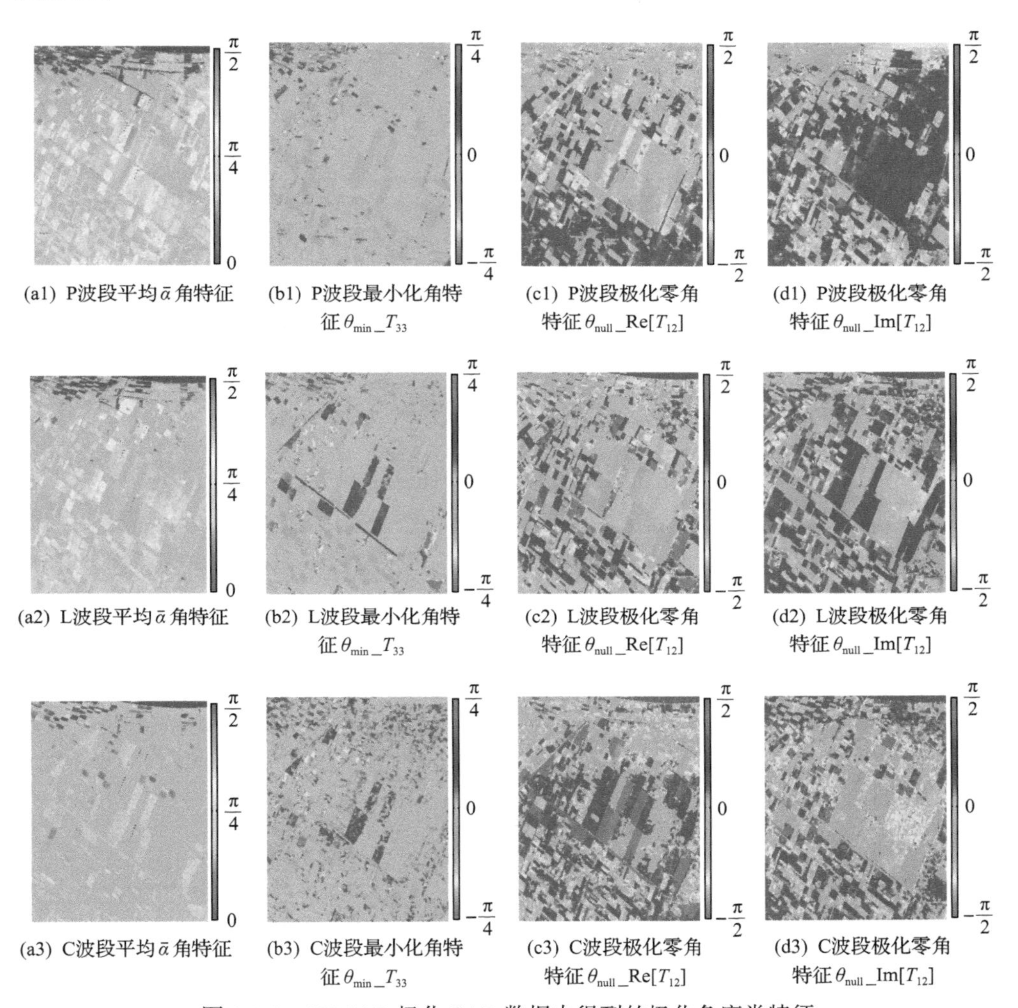

图 2.3.6　AIRSAR 极化 SAR 数据中得到的极化角度类特征

2.4　二维极化相干方向图解译工具

不同极化通道之间的极化相干特征也具备揭示目标散射特性的潜能，是极化雷达目标解译的重要信息源。目标结构以及目标与极化雷达的相对几何关系是影响极化相干特征取值的关键因素。在极化旋转域中，目标与极化雷达的相对几何关系可以通过极化矩阵旋转处理进行调整和优化，从而获取特定状态下的极化相干特征。为充分理解、挖掘和利用极化相干特征在极化旋转域的丰富信息，作者于2016年提出了极化相干方向图解译思想[27,28]，其核心原理就是将旋转角$\theta=0$处的极化相干特征拓展到$\theta\in[-\pi,\pi)$的整个极化旋转域。极化相干方向图能够可视化地表征任意两个极化通道之间的极化相干特征。在此基础上，提出一系列极化特征来刻画极化相干方向图的特性，也即极化相干特征在极化旋转域的演化特性，为目标散射解译与应用提供支撑。

2.4.1 二维极化相干方向图

理论上，对于任意两个极化通道s_1和s_2，极化相干特征的定义为

$$|\gamma_{1\text{-}2}|=\frac{\left|E\left(s_1 s_2^*\right)\right|}{\sqrt{E\left(|s_1|^2\right)E\left(|s_2|^2\right)}} \tag{2.4.1}$$

其中，s_2^*是s_2的共轭；$E(\cdot)$是期望值。$|\gamma_{1\text{-}2}|$的值域为$[0,1]$。

当具有足够多的相似样本时，可以将样本集合平均作为极化相干特征的无偏估计[72,73]，即

$$|\gamma_{1\text{-}2}|=\frac{\left|\left\langle s_1 s_2^*\right\rangle\right|}{\sqrt{\left\langle|s_1|^2\right\rangle\left\langle|s_2|^2\right\rangle}} \tag{2.4.2}$$

其中，$\langle\cdot\rangle$表示样本集合平均。

极化相干方向图解译的核心思想是将极化相干特征$|\gamma_{1\text{-}2}|$拓展到整个极化旋转域。因此，二维极化相干方向图$|\gamma_{1\text{-}2}(\theta)|$(后续简记为极化相干方向图)的定义为

$$|\gamma_{1\text{-}2}(\theta)|=\frac{\left|\left\langle s_1(\theta)s_2^*(\theta)\right\rangle\right|}{\sqrt{\left\langle|s_1(\theta)|^2\right\rangle\left\langle|s_2(\theta)|^2\right\rangle}},\quad \theta\in[-\pi,\pi) \tag{2.4.3}$$

当相干斑得到很好的抑制时，极化相干特征在极化旋转域的变化效应完全由两个极化通道$s_1(\theta)$和$s_2(\theta)$决定。极化相干方向图$|\gamma_{1\text{-}2}(\theta)|$可以十分方便地分析极化旋转域中任意旋转角度下极化相干特征的取值，并能够以可视化方式观察其在极化旋转域的变化规律。

对于水平和垂直极化基$(\mathrm{H,V})$，当其满足互易性条件时，结合 Lexicographic 散射矢量$\boldsymbol{k}_{\mathrm{L}_{(\mathrm{H,V})}}=\begin{bmatrix}S_{\mathrm{HH}} & \sqrt{2}S_{\mathrm{HV}} & S_{\mathrm{VV}}\end{bmatrix}^{\mathrm{T}}$和 Pauli 散射矢量$\boldsymbol{k}_{\mathrm{P}_{(\mathrm{H,V})}}=\frac{1}{\sqrt{2}}[S_{\mathrm{HH}}+S_{\mathrm{VV}}$

$S_{\mathrm{HH}}-S_{\mathrm{VV}} \quad 2S_{\mathrm{HV}}]^{\mathrm{T}}$，可以得到六种典型的极化相干特征，即$|\gamma_{\text{HH-VV}}|$、$|\gamma_{\text{HH-HV}}|$、$|\gamma_{\text{VV-HV}}|$、$|\gamma_{(\text{HH+VV})\text{-}(\text{HH-VV})}|$、$|\gamma_{(\text{HH+VV})\text{-}(\text{HV})}|$和$|\gamma_{(\text{HH-VV})\text{-}(\text{HV})}|$。同理，可以得到六种极化相干方向图，分别为$|\gamma_{\text{HH-VV}}(\theta)|$、$|\gamma_{\text{HH-HV}}(\theta)|$、$|\gamma_{\text{VV-HV}}(\theta)|$、$|\gamma_{(\text{HH+VV})\text{-}(\text{HH-VV})}(\theta)|$、$|\gamma_{(\text{HH+VV})\text{-}(\text{HV})}(\theta)|$和$|\gamma_{(\text{HH-VV})\text{-}(\text{HV})}(\theta)|$。此外，容易验证如下两个等价关系式，即

$$|\gamma_{\text{HH-HV}}(\theta)|=|\gamma_{\text{VV-HV}}(\theta+\pi/2)| \tag{2.4.4}$$

$$|\gamma_{(\text{HH+VV})\text{-}(\text{HH-VV})}(\theta)|=|\gamma_{(\text{HH+VV})\text{-}(\text{HV})}(\theta+\pi/4)| \tag{2.4.5}$$

因此，极化相干方向图$|\gamma_{\text{HH-HV}}(\theta)|$和$|\gamma_{\text{VV-HV}}(\theta)|$以及$|\gamma_{(\text{HH+VV})\text{-}(\text{HH-VV})}(\theta)|$和$|\gamma_{(\text{HH+VV})\text{-}(\text{HV})}(\theta)|$分别是等价的。在后续研究中，将主要考虑$|\gamma_{\text{HH-VV}}(\theta)|$、$|\gamma_{\text{HH-HV}}(\theta)|$、$|\gamma_{(\text{HH+VV})\text{-}(\text{HH-VV})}(\theta)|$和$|\gamma_{(\text{HH-VV})\text{-}(\text{HV})}(\theta)|$这四种独立的极化相干方向图。此外，这四种独立的极化相干方向图在极化旋转域中的周期性不同。其中，极化相干方向图$|\gamma_{(\text{HH+VV})\text{-}(\text{HH-VV})}(\theta)|$和$|\gamma_{\text{HH-VV}}(\theta)|$的主值区间为$[-\pi/4,\pi/4)$，极化相干方向图$|\gamma_{(\text{HH-VV})\text{-}(\text{HV})}(\theta)|$和$|\gamma_{\text{HH-HV}}(\theta)|$的主值区间分别为$[-\pi/8,\pi/8)$和$[-\pi/2,\pi/2)$。

2.4.2　可视化和特征表征

极化相干方向图的解译工具可以可视化地表征极化相干特征在极化旋转域中的变化规律或变化模式。图 2.4.1 给出了共极化通道极化相干方向图$|\gamma_{\text{HH-VV}}(\theta)|$的示例。其中，方向图圆周外部的数字刻度代表角度取值(°)，本书中省略了单位标识，方向图内部的数字刻度代表方向图特征取值。可以看到，由于具有周期性，极化相干方向图在$\theta\in[-\pi,\pi)$具有对称性。同时，极化相干特征在极化旋转域的变化模式是多样的。本质上，在极化雷达和电磁波传播环境确定后，这种变化模式主要由目标结构、材质等物理属性决定。因此，极化相干特征在极化旋转域的变化模式包含了丰富的目标散射信息，为目标散射多样性的理解、表征和利用提供了新视角和重要信息源。为定量地刻画极化相干方向图，文献[27]～[29]提出了一组新极化特征集。以$|\gamma_{1\text{-}2}(\theta)|$为例，这些极化特征分别如下。

(1) 极化相干初始值特征$|\gamma_{1\text{-}2}(\theta)|_{\text{org}}$：定义为没有经过任何旋转处理，在$\theta=0^{\circ}$处的极化相干特征取值，即

$$\left|\gamma_{1\text{-}2}(\theta)\right|_{\text{org}}=\left|\gamma_{1\text{-}2}(0)\right|=\left|\gamma_{1\text{-}2}\right| \tag{2.4.6}$$

极化相干初始值特征$\left|\gamma_{1\text{-}2}(\theta)\right|_{\text{org}}$即为文献中最常使用的极化相干特征，表示在原始成像几何条件下两个极化通道的目标去相干效应。

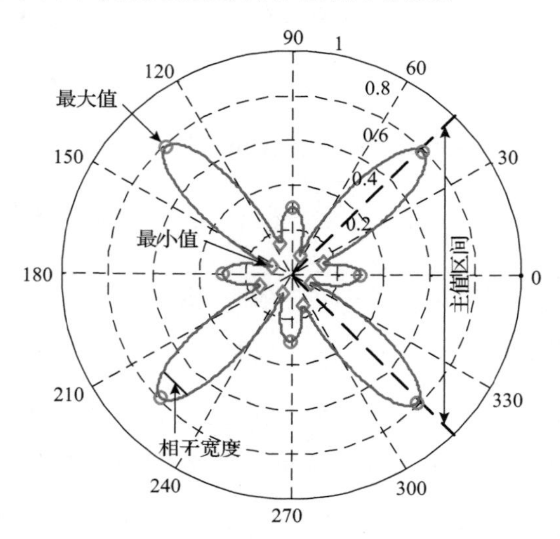

图 2.4.1　共极化通道极化相干方向图$\left|\gamma_{\text{HH-VV}}(\theta)\right|$的示例(见彩图)

图中内圈数字为无量纲的特征取值，外圈旋转角的单位为度(°)

(2)极化相干度特征$\left|\gamma_{1\text{-}2}(\theta)\right|_{\text{mean}}$：定义为在极化旋转域极化相干特征取值的均值，即

$$\left|\gamma_{1\text{-}2}(\theta)\right|_{\text{mean}}=\frac{1}{2\pi}\int_{-\pi}^{\pi}\left|\gamma_{1\text{-}2}(\theta)\right|\mathrm{d}\theta \tag{2.4.7}$$

极化相干度特征$\left|\gamma_{1\text{-}2}(\theta)\right|_{\text{mean}}$是衡量目标在极化旋转域中平均去相干效应的指标。极化相干度越大，去相干效应越弱。

(3)极化相干起伏度特征$\left|\gamma_{1\text{-}2}(\theta)\right|_{\text{std}}$：定义为极化旋转域中极化相干特征取值的标准差，即

$$\left|\gamma_{1\text{-}2}(\theta)\right|_{\text{std}}=\sqrt{\frac{1}{2\pi}\int_{-\pi}^{\pi}\left(\left|\gamma_{1\text{-}2}(\theta)\right|-\left|\gamma_{1\text{-}2}(\theta)\right|_{\text{mean}}\right)^2\mathrm{d}\theta} \tag{2.4.8}$$

极化相干起伏度特征$\left|\gamma_{1\text{-}2}(\theta)\right|_{\text{std}}$能够表示极化相干性的起伏程度。极化相干起

伏度特征可以有效衡量极化旋转域中的目标散射多样性。一般而言，极化相干起伏度特征越大，极化旋转域中的目标散射多样性越显著。对满足极化旋转不变特征的散射体，极化相干起伏度特征 $\left|\gamma_{1\text{-}2}(\theta)\right|_{\text{std}}$ 的取值将缩减为零。

(4) 极化相干最大值特征 $\left|\gamma_{1\text{-}2}(\theta)\right|_{\max}$：定义为极化旋转域中极化相干特征的最大值，即

$$\left|\gamma_{1\text{-}2}(\theta)\right|_{\max}=\max\left(\left|\gamma_{1\text{-}2}(\theta)\right|\right) \tag{2.4.9}$$

极化相干最大值特征 $\left|\gamma_{1\text{-}2}(\theta)\right|_{\max}$ 表示通过极化旋转域角度旋转调整可以得到的两个极化通道间相干性取值的上限。由于能够显著增强因严重去相干效应导致的取值较低的极化相干初始值特征 $\left|\gamma_{1\text{-}2}(\theta)\right|_{\text{org}}$，极化相干最大值特征 $\left|\gamma_{1\text{-}2}(\theta)\right|_{\max}$ 对农作物等自然地物区域和倾斜人造目标区域特别重要。

(5) 极化相干最小值特征 $\left|\gamma_{1\text{-}2}(\theta)\right|_{\min}$：定义为极化旋转域中极化相干特征的最小值，即

$$\left|\gamma_{1\text{-}2}(\theta)\right|_{\min}=\min\left(\left|\gamma_{1\text{-}2}(\theta)\right|\right) \tag{2.4.10}$$

极化相干最小值特征 $\left|\gamma_{1\text{-}2}(\theta)\right|_{\min}$ 给出了通过极化旋转域角度旋转调整可以得到的两个极化通道间相干性取值的下限。

(6) 极化相干对比度特征 $\left|\gamma_{1\text{-}2}(\theta)\right|_{\text{contrast}}$：定义为极化相干最大值特征与极化相干最小值特征之差，即

$$\left|\gamma_{1\text{-}2}(\theta)\right|_{\text{contrast}}=\left|\gamma_{1\text{-}2}(\theta)\right|_{\max}-\left|\gamma_{1\text{-}2}(\theta)\right|_{\min} \tag{2.4.11}$$

极化相干对比度特征 $\left|\gamma_{1\text{-}2}(\theta)\right|_{\text{contrast}}$ 反映了极化旋转域极化相干特征的绝对对比度。极化相干对比度特征 $\left|\gamma_{1\text{-}2}(\theta)\right|_{\text{contrast}}$ 还可以部分表征极化旋转域中的目标散射多样性。对于没有方位依赖性的极化旋转不变散射体，其极化相干对比度特征 $\left|\gamma_{1\text{-}2}(\theta)\right|_{\text{contrast}}$ 取值为零。

(7) 极化相干反熵特征 $\left|\gamma_{1\text{-}2}(\theta)\right|_{\text{A}}$：定义为极化相干最大值特征与极化相干最小值特征之差和极化相干最大值特征与极化相干最小值特征之和的比值，即

$$\left|\gamma_{1\text{-}2}(\theta)\right|_{\text{A}}=\frac{\left|\gamma_{1\text{-}2}(\theta)\right|_{\max}-\left|\gamma_{1\text{-}2}(\theta)\right|_{\min}}{\left|\gamma_{1\text{-}2}(\theta)\right|_{\max}+\left|\gamma_{1\text{-}2}(\theta)\right|_{\min}} \tag{2.4.12}$$

极化相干反熵特征 $\left|\gamma_{1\text{-}2}(\theta)\right|_{\text{A}}$ 反映了极化旋转域极化相干特征的相对对比度。

极化相干反熵特征$\left|\gamma_{1\text{-}2}(\theta)\right|_{\mathrm{A}}$是极化相干对比度特征的补充。对于极化相干度$\left|\gamma_{1\text{-}2}(\theta)\right|_{\mathrm{mean}}$相对较低的极化旋转变化目标，相比于极化相干对比度特征$\left|\gamma_{1\text{-}2}(\theta)\right|_{\mathrm{contrast}}$，极化相干反熵特征$\left|\gamma_{1\text{-}2}(\theta)\right|_{\mathrm{A}}$具有更优的辨别性能。

(8) 极化相干宽度特征$\left|\gamma_{1\text{-}2}(\theta)\right|_{\mathrm{bw0.95}}$：定义为极化相干方向图主值区间内极化相干特征取值不低于$0.95\times\left|\gamma_{1\text{-}2}(\theta)\right|_{\max}$的旋转角度范围，即

$$\left|\gamma_{1\text{-}2}(\theta)\right|_{\mathrm{bw0.95}}=\left\{\theta\middle|\left|\gamma_{1\text{-}2}(\theta)\right|_{\max}\geqslant\left|\gamma_{1\text{-}2}(\theta)\right|\geqslant 0.95\times\left|\gamma_{1\text{-}2}(\theta)\right|_{\max}\right\} \tag{2.4.13}$$

极化相干宽度特征反映了目标散射对方位角的敏感性，其取值越小，目标去相干性和方位角依赖性越大。

(9) 最大化旋转角特征$\theta_{\left|\gamma_{1\text{-}2}(\theta)\right|_{\max}}$：定义为极化相干方向图主值区间内极化相干最大值特征$\left|\gamma_{1\text{-}2}(\theta)\right|_{\max}$对应的旋转角，即

$$\theta_{\left|\gamma_{1\text{-}2}(\theta)\right|_{\max}}=\left\{\theta\middle|\left|\gamma_{1\text{-}2}(\theta)\right|=\left|\gamma_{1\text{-}2}(\theta)\right|_{\max}\right\} \tag{2.4.14}$$

最大化旋转角特征$\theta_{\left|\gamma_{1\text{-}2}(\theta)\right|_{\max}}$指示了极化旋转域的一种特殊状态，能够使两个给定极化通道的目标去相干效应最小。

(10) 最小化旋转角特征$\theta_{\left|\gamma_{1\text{-}2}(\theta)\right|_{\min}}$：定义为极化相干方向图主值区间内极化相干最小值特征$\left|\gamma_{1\text{-}2}(\theta)\right|_{\min}$对应的旋转角，即

$$\theta_{\left|\gamma_{1\text{-}2}(\theta)\right|_{\min}}=\left\{\theta\middle|\left|\gamma_{1\text{-}2}(\theta)\right|=\left|\gamma_{1\text{-}2}(\theta)\right|_{\min}\right\} \tag{2.4.15}$$

最小化旋转角特征$\theta_{\left|\gamma_{1\text{-}2}(\theta)\right|_{\min}}$也指示了极化旋转域的一种特殊状态，能够使两个给定极化通道的目标去相干效应最大。

2.4.3 特征解译与讨论

根据上述分析，可以从两个给定极化通道的极化相干方向图中导出十种极化相干方向图特征。根据定义，这些特征具有明确的物理含义，可以表征极化旋转域中两个极化通道之间的目标散射多样性。具体而言，极化相干初始值特征$\left|\gamma_{1\text{-}2}(\theta)\right|_{\mathrm{org}}$表示在极化雷达和目标的初始成像几何条件下，两个给定极化通道之间的相干性。极化相干度特征$\left|\gamma_{1\text{-}2}(\theta)\right|_{\mathrm{mean}}$度量极化旋转域中的平均相干值，而极化相干起伏度特征$\left|\gamma_{1\text{-}2}(\theta)\right|_{\mathrm{std}}$表示所考虑的两个极化通道之间相干特征取值的标准

偏差。对于具有极化旋转不变性的散射结构，极化相干度特征$\left|\gamma_{1\text{-}2}(\theta)\right|_{\text{mean}}$的取值将接近极化相干初始值特征$\left|\gamma_{1\text{-}2}(\theta)\right|_{\text{org}}$，而极化相干起伏度特征$\left|\gamma_{1\text{-}2}(\theta)\right|_{\text{std}}$的取值将趋于零。然而，对于极化旋转变化的散射结构，极化相干度特征$\left|\gamma_{1\text{-}2}(\theta)\right|_{\text{mean}}$与极化相干初始值特征$\left|\gamma_{1\text{-}2}(\theta)\right|_{\text{org}}$的取值差异明显，而极化相干起伏度特征$\left|\gamma_{1\text{-}2}(\theta)\right|_{\text{std}}$将显著增强。因此，这三个极化特征能够描述散射结构的旋转变化程度。极化相干最大值特征$\left|\gamma_{1\text{-}2}(\theta)\right|_{\max}$和极化相干最小值特征$\left|\gamma_{1\text{-}2}(\theta)\right|_{\min}$分别表示两个极化通道相干特征取值的最大值和最小值。对于极化旋转不变的散射结构，极化相干最大值特征$\left|\gamma_{1\text{-}2}(\theta)\right|_{\max}$和极化相干最小值特征$\left|\gamma_{1\text{-}2}(\theta)\right|_{\min}$取值接近。因此，极化相干对比度特征$\left|\gamma_{1\text{-}2}(\theta)\right|_{\text{contrast}}$和极化相干反熵特征$\left|\gamma_{1\text{-}2}(\theta)\right|_{\text{A}}$取值较小。对于实际场景中常见的极化旋转变化的散射结构，这些特征则能反映不同目标之间的内在差异禀赋，有助于目标检测、分类与识别。极化相干宽度特征$\left|\gamma_{1\text{-}2}(\theta)\right|_{\text{bw}0.95}$的定义类似于天线辐射模式的 3dB 波束宽度，能够确定极化相干特征取值不低于最大值的 95%的旋转角度范围。同时，极化相干宽度特征$\left|\gamma_{1\text{-}2}(\theta)\right|_{\text{bw}0.95}$也表明了散射结构极化相干性的稳定范围。最大化旋转角特征$\theta_{\left|\gamma_{1\text{-}2}(\theta)\right|_{\max}}$和最小化旋转角特征$\theta_{\left|\gamma_{1\text{-}2}(\theta)\right|_{\min}}$是指在极化旋转域中使得极化相干特征取值为最大值和最小值的特定旋转角。这两个旋转角特征依赖目标类型和它们相对于极化雷达视角的方向，进而具备区分不同结构目标的潜能。同时，这些特征也可以区分具有相同类型但具有不同取向的目标。例如，对于平行建筑物，其极化相干初始值特征$\left|\gamma_{1\text{-}2}(\theta)\right|_{\text{org}}$的取值接近于极化相干最大值特征$\left|\gamma_{1\text{-}2}(\theta)\right|_{\max}$。对于倾斜建筑物，极化相干最大值特征$\left|\gamma_{1\text{-}2}(\theta)\right|_{\max}$在极化旋转域中可以得到明显增强。

对四种独立的极化相干方向图$\left|\gamma_{\text{HH-VV}}(\theta)\right|$、$\left|\gamma_{\text{HH-HV}}(\theta)\right|$、$\left|\gamma_{(\text{HH+VV})\text{-}(\text{HH-VV})}(\theta)\right|$和$\left|\gamma_{(\text{HH-VV})\text{-}(\text{HV})}(\theta)\right|$，将累计得到 40 种极化旋转域特征，如表 2.4.1 所示。这些新极化旋转域特征能够完整描述极化相干方向图中蕴含的丰富信息。

表 2.4.1 极化相干方向图特征集

极化特征	极化相干方向图			
	$\left\|\gamma_{\text{HH-HV}}(\theta)\right\|$	$\left\|\gamma_{\text{HH-VV}}(\theta)\right\|$	$\left\|\gamma_{(\text{HH+VV})\text{-}(\text{HH-VV})}(\theta)\right\|$	$\left\|\gamma_{(\text{HH-VV})\text{-}(\text{HV})}(\theta)\right\|$
极化相干初始值特征	$\left\|\gamma_{\text{HH-HV}}(\theta)\right\|_{\text{org}}$	$\left\|\gamma_{\text{HH-VV}}(\theta)\right\|_{\text{org}}$	$\left\|\gamma_{(\text{HH+VV})\text{-}(\text{HH-VV})}(\theta)\right\|_{\text{org}}$	$\left\|\gamma_{(\text{HH-VV})\text{-}(\text{HV})}(\theta)\right\|_{\text{org}}$

续表

极化特征	极化相干方向图			
	$\lvert\gamma_{\text{HH-HV}}(\theta)\rvert$	$\lvert\gamma_{\text{HH-VV}}(\theta)\rvert$	$\lvert\gamma_{\text{(HH+VV)-(HH-VV)}}(\theta)\rvert$	$\lvert\gamma_{\text{(HH-VV)-(HV)}}(\theta)\rvert$
极化相干度特征	$\lvert\gamma_{\text{HH-HV}}(\theta)\rvert_{\text{mean}}$	$\lvert\gamma_{\text{HH-VV}}(\theta)\rvert_{\text{mean}}$	$\lvert\gamma_{\text{(HH+VV)-(HH-VV)}}(\theta)\rvert_{\text{mean}}$	$\lvert\gamma_{\text{(HH-VV)-(HV)}}(\theta)\rvert_{\text{mean}}$
极化相干起伏度特征	$\lvert\gamma_{\text{HH-HV}}(\theta)\rvert_{\text{std}}$	$\lvert\gamma_{\text{HH-VV}}(\theta)\rvert_{\text{std}}$	$\lvert\gamma_{\text{(HH+VV)-(HH-VV)}}(\theta)\rvert_{\text{std}}$	$\lvert\gamma_{\text{(HH-VV)-(HV)}}(\theta)\rvert_{\text{std}}$
极化相干最大值特征	$\lvert\gamma_{\text{HH-HV}}(\theta)\rvert_{\text{max}}$	$\lvert\gamma_{\text{HH-VV}}(\theta)\rvert_{\text{max}}$	$\lvert\gamma_{\text{(HH+VV)-(HH-VV)}}(\theta)\rvert_{\text{max}}$	$\lvert\gamma_{\text{(HH-VV)-(HV)}}(\theta)\rvert_{\text{max}}$
极化相干最小值特征	$\lvert\gamma_{\text{HH-HV}}(\theta)\rvert_{\text{min}}$	$\lvert\gamma_{\text{HH-VV}}(\theta)\rvert_{\text{min}}$	$\lvert\gamma_{\text{(HH+VV)-(HH-VV)}}(\theta)\rvert_{\text{min}}$	$\lvert\gamma_{\text{(HH-VV)-(HV)}}(\theta)\rvert_{\text{min}}$
极化相干对比度特征	$\lvert\gamma_{\text{HH-HV}}(\theta)\rvert_{\text{contrast}}$	$\lvert\gamma_{\text{HH-VV}}(\theta)\rvert_{\text{contrast}}$	$\lvert\gamma_{\text{(HH+VV)-(HH-VV)}}(\theta)\rvert_{\text{contrast}}$	$\lvert\gamma_{\text{(HH-VV)-(HV)}}(\theta)\rvert_{\text{contrast}}$
极化相干反熵特征	$\lvert\gamma_{\text{HH-HV}}(\theta)\rvert_{\text{A}}$	$\lvert\gamma_{\text{HH-VV}}(\theta)\rvert_{\text{A}}$	$\lvert\gamma_{\text{(HH+VV)-(HH-VV)}}(\theta)\rvert_{\text{A}}$	$\lvert\gamma_{\text{(HH-VV)-(HV)}}(\theta)\rvert_{\text{A}}$
极化相干宽度特征	$\theta_{\lvert\gamma_{\text{HH-HV}}(\theta)\rvert_{\text{bw0.95}}}$	$\theta_{\lvert\gamma_{\text{HH-VV}}(\theta)\rvert_{\text{bw0.95}}}$	$\theta_{\lvert\gamma_{\text{(HH+VV)-(HH-VV)}}(\theta)\rvert_{\text{bw0.95}}}$	$\theta_{\lvert\gamma_{\text{(HH+VV)-(HV)}}(\theta)\rvert_{\text{bw0.95}}}$
最大化旋转角特征	$\theta_{\lvert\gamma_{\text{HH-HV}}(\theta)\rvert_{\text{max}}}$	$\theta_{\lvert\gamma_{\text{HH-VV}}(\theta)\rvert_{\text{max}}}$	$\theta_{\lvert\gamma_{\text{(HH+VV)-(HH-VV)}}(\theta)\rvert_{\text{max}}}$	$\theta_{\lvert\gamma_{\text{(HH+VV)-(HV)}}(\theta)\rvert_{\text{max}}}$
最小化旋转角特征	$\theta_{\lvert\gamma_{\text{HH-HV}}(\theta)\rvert_{\text{min}}}$	$\theta_{\lvert\gamma_{\text{HH-VV}}(\theta)\rvert_{\text{min}}}$	$\theta_{\lvert\gamma_{\text{(HH+VV)-(HH-VV)}}(\theta)\rvert_{\text{min}}}$	$\theta_{\lvert\gamma_{\text{(HH+VV)-(HV)}}(\theta)\rvert_{\text{min}}}$

最后需要指出的是，尽管如式(2.4.3)所示，极化相干方向图的定义有解析表达式，但从中导出的极化特征并不都有解析表达式。因此，通常可采用数值计算方法求取这些极化特征。

2.4.4　极化相干方向图性能分析

为大范围农业监测提供及时信息已成为极化 SAR 在民用领域的主要应用之一。目前，已有文献使用 X 波段和 C 波段极化雷达数据对水稻进行物候监测和估计[2,74]。研究表明，极化 SAR 可以识别水稻的物候学阶段。对于大多数农业监测系统，作物类型识别是其中的关键步骤[75,76]。作物类型识别能力对作物栽培、管理和产量估计等具有重要价值。本节主要介绍极化相干方向图在农作物类型识别等方面的应用进展。

1. UAVSAR 极化 SAR 数据介绍

本节利用美国 JPL 机载无人飞行器合成孔径雷达(uninhabited aerial vehicle synthetic aperture radar, UAVSAR)在加拿大 Manitoba 南部获取的 L 波段极化 SAR 数据[77]开展极化相干方向图分析。该极化 SAR 数据已在距离向进行了 3 视处理，在方位向进行了 12 视处理，距离向分辨率和方位向分辨率分别为 5m 和 7m。选取一个包含阔叶林、草料、大豆、玉米、小麦、油菜籽和燕麦等多种地物的区域开展研究。采用 SimiTest 相干斑滤波器[72]进行相干斑滤波，相干斑滤波后的极化 SAR 数据 Pauli 彩图如图 2.4.2(a) 所示，七种已知地物类型的真值图如图 2.4.2(b) 所示。

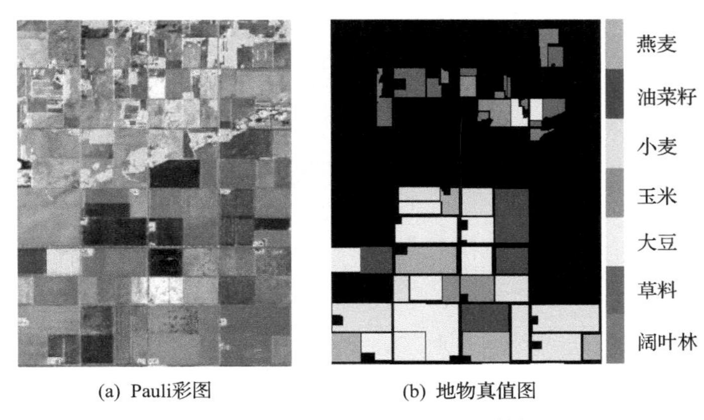

(a) Pauli彩图　(b) 地物真值图

图 2.4.2　UAVSAR 极化 SAR 数据

2. 极化相干方向图可视化分析

对于七种已知地物，从中随机选取一个样本像素，得到的四种极化相干方向图 $\left|\gamma_{\text{HH-VV}}(\theta)\right|$、$\left|\gamma_{\text{HH-HV}}(\theta)\right|$、$\left|\gamma_{(\text{HH+VV})\text{-}(\text{HH-VV})}(\theta)\right|$ 和 $\left|\gamma_{(\text{HH-VV})\text{-}(\text{HV})}(\theta)\right|$ 分别如图 2.4.3 所示。可以看到，不同极化通道的极化相干方向图差异明显。例如，所有这些地物的极化相干方向图 $\left|\gamma_{(\text{HH+VV})\text{-}(\text{HH-VV})}(\theta)\right|$ 和 $\left|\gamma_{(\text{HH-VV})\text{-}(\text{HV})}(\theta)\right|$ 均没有旁瓣效应，其极化相干特征取值的极大值即对应于最大值，而极小值则对应于最小值。由于极化相干方向图 $\left|\gamma_{(\text{HH+VV})\text{-}(\text{HH-VV})}(\theta)\right|$ 和 $\left|\gamma_{(\text{HH-VV})\text{-}(\text{HV})}(\theta)\right|$ 的周期分别为 $\pi/2$ 和 $\pi/4$，其在整个极化旋转域 $[-\pi,\pi)$ 范围内一般呈现四叶形和八叶形。相比之下，极化相干方向图 $\left|\gamma_{\text{HH-VV}}(\theta)\right|$ 和 $\left|\gamma_{\text{HH-HV}}(\theta)\right|$ 呈现的形状更加复杂多变，并具有一定的旁瓣效应，如图 2.4.3(d1) 和图 2.4.3(d2) 所示的玉米区域。此外，对于给定的极化通道组合，不同地物的极化相干方向图也表现出不同的响应特性，特别是极化相干方向图 $\left|\gamma_{\text{HH-VV}}(\theta)\right|$ 和 $\left|\gamma_{\text{HH-HV}}(\theta)\right|$ 具有显著不同的形状。即使对于具有相对确定形状的极化相干方向图 $\left|\gamma_{(\text{HH+VV})\text{-}(\text{HH-VV})}(\theta)\right|$ 和 $\left|\gamma_{(\text{HH-VV})\text{-}(\text{HV})}(\theta)\right|$，不同地物的极化相干方向图特征(如极化相干最大值特征和极化相干最小值特征)也是不同的。从这七种地物样本还可看到，极化相干最大值特征 $\left|\gamma_{\text{HH-VV}}(\theta)\right|_{\max}$ 对应的最大化旋转角特征

$\theta_{\left|\gamma_{\text{HH-VV}}(\theta)\right|_{\max}}$ 接近于 $\pm\frac{\pi}{4}$，而 $\left|\gamma_{(\text{HH-VV})\text{-}(\text{HV})}(\theta)\right|_{\max}$ 对应的最大化旋转角特征 $\theta_{\left|\gamma_{(\text{HH-VV})\text{-}(\text{HV})}(\theta)\right|_{\max}}$ 接近于 $\pm\frac{\pi}{8}$。尽管这些样本像素是随机选取的，但是在其他样本上也能观察到类似现象。

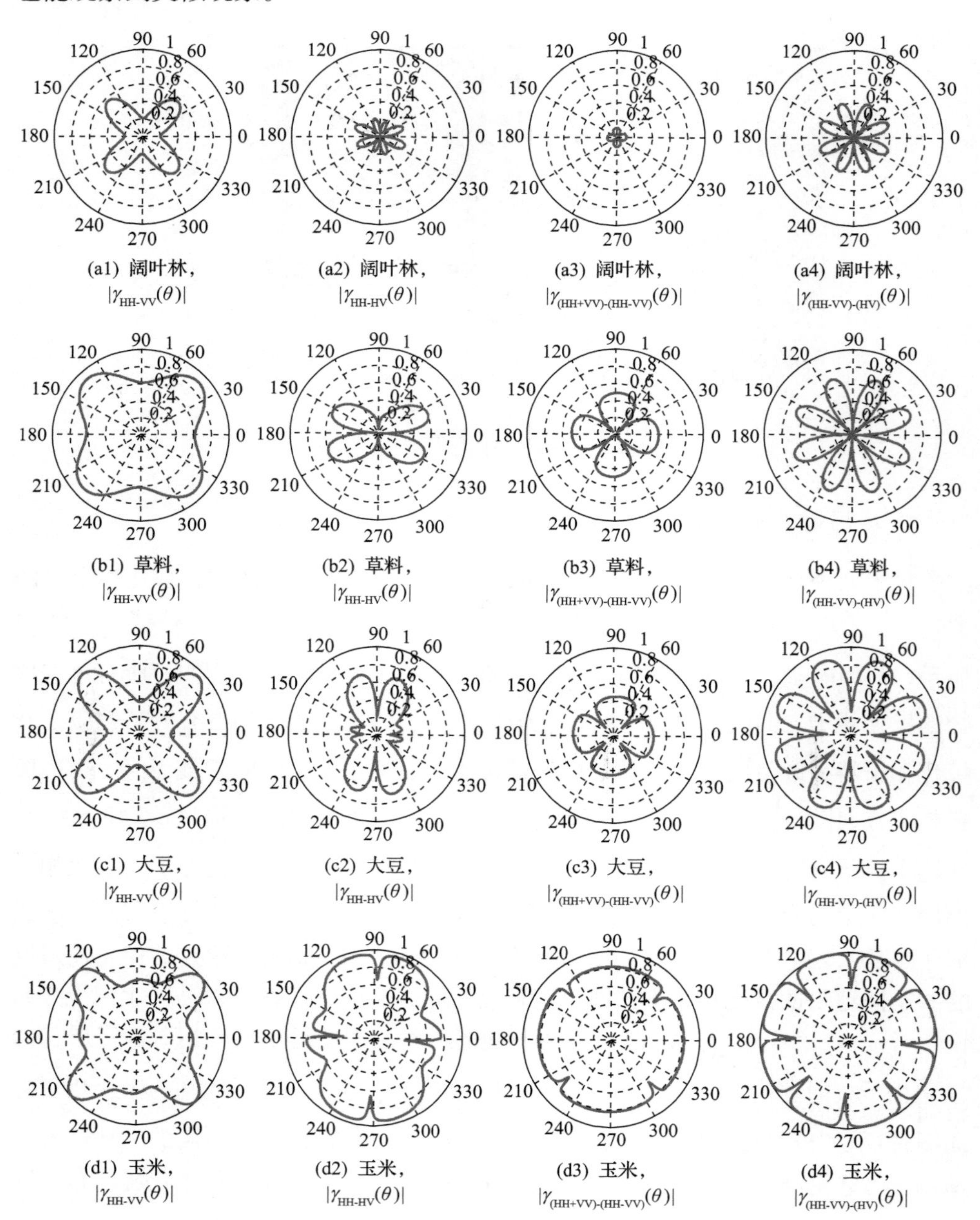

(a1) 阔叶林，$|\gamma_{\text{HH-VV}}(\theta)|$　(a2) 阔叶林，$|\gamma_{\text{HH-HV}}(\theta)|$　(a3) 阔叶林，$|\gamma_{(\text{HH+VV})\text{-}(\text{HH-VV})}(\theta)|$　(a4) 阔叶林，$|\gamma_{(\text{HH-VV})\text{-}(\text{HV})}(\theta)|$

(b1) 草料，$|\gamma_{\text{HH-VV}}(\theta)|$　(b2) 草料，$|\gamma_{\text{HH-HV}}(\theta)|$　(b3) 草料，$|\gamma_{(\text{HH+VV})\text{-}(\text{HH-VV})}(\theta)|$　(b4) 草料，$|\gamma_{(\text{HH-VV})\text{-}(\text{HV})}(\theta)|$

(c1) 大豆，$|\gamma_{\text{HH-VV}}(\theta)|$　(c2) 大豆，$|\gamma_{\text{HH-HV}}(\theta)|$　(c3) 大豆，$|\gamma_{(\text{HH+VV})\text{-}(\text{HH-VV})}(\theta)|$　(c4) 大豆，$|\gamma_{(\text{HH-VV})\text{-}(\text{HV})}(\theta)|$

(d1) 玉米，$|\gamma_{\text{HH-VV}}(\theta)|$　(d2) 玉米，$|\gamma_{\text{HH-HV}}(\theta)|$　(d3) 玉米，$|\gamma_{(\text{HH+VV})\text{-}(\text{HH-VV})}(\theta)|$　(d4) 玉米，$|\gamma_{(\text{HH-VV})\text{-}(\text{HV})}(\theta)|$

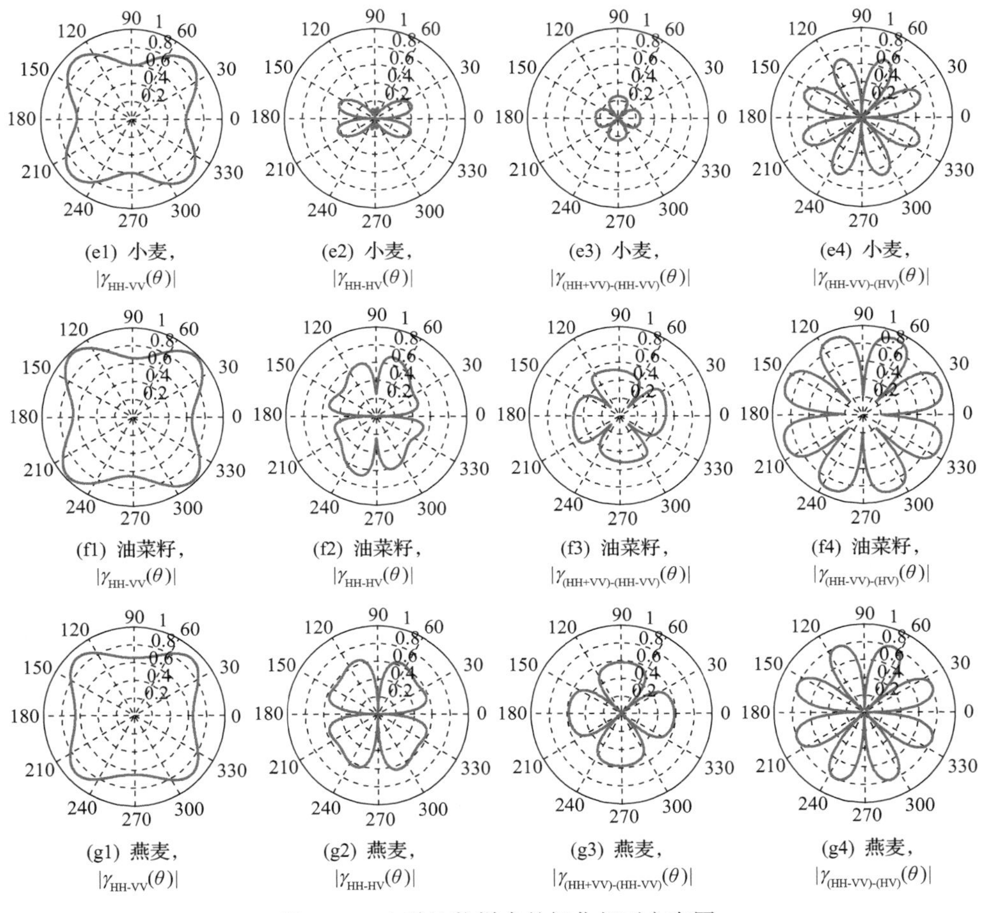

(e1) 小麦，$|\gamma_{\text{HH-VV}}(\theta)|$　(e2) 小麦，$|\gamma_{\text{HH-HV}}(\theta)|$　(e3) 小麦，$|\gamma_{\text{(HH+VV)-(HH-VV)}}(\theta)|$　(e4) 小麦，$|\gamma_{\text{(HH-VV)-(HV)}}(\theta)|$

(f1) 油菜籽，$|\gamma_{\text{HH-VV}}(\theta)|$　(f2) 油菜籽，$|\gamma_{\text{HH-HV}}(\theta)|$　(f3) 油菜籽，$|\gamma_{\text{(HH+VV)-(HH-VV)}}(\theta)|$　(f4) 油菜籽，$|\gamma_{\text{(HH-VV)-(HV)}}(\theta)|$

(g1) 燕麦，$|\gamma_{\text{HH-VV}}(\theta)|$　(g2) 燕麦，$|\gamma_{\text{HH-HV}}(\theta)|$　(g3) 燕麦，$|\gamma_{\text{(HH+VV)-(HH-VV)}}(\theta)|$　(g4) 燕麦，$|\gamma_{\text{(HH-VV)-(HV)}}(\theta)|$

图 2.4.3　七种地物样本的极化相干方向图

这些极化相干方向图的组合在地物类型分类和识别方面显示出很好的应用潜力。对于七种已知的地物类型，总共有 21 个类型对。通过目视分析可以利用这些极化相干方向图区分大部分地物类型对。以阔叶林和草料这一类型对为例，其极化相干方向图 $\left|\gamma_{\text{HH-VV}}(\theta)\right|$、$\left|\gamma_{\text{HH-HV}}(\theta)\right|$ 和 $\left|\gamma_{\text{(HH+VV)-(HH-VV)}}(\theta)\right|$ 的形状明显不同，分别如图 2.4.3(a1)～图 2.4.3(a3)和图 2.4.3(b1)～图 2.4.3(b3)所示。尽管该类型对的极化相干方向图 $\left|\gamma_{\text{(HH-VV)-(HV)}}(\theta)\right|$ 形状相似，但极化相干最大值特征 $\left|\gamma_{\text{(HH-VV)-(HV)}}(\theta)\right|_{\max}$ 的取值分别为 0.4148 和 0.6948，仍具有显著可分性。只有草料和小麦、油菜籽和燕麦这两个类型对，每个类型对的所有四种极化相干方向图的形状都很相似。即便如此，利用极化相干方向图中导出的极化特征仍然可以将这两类型对区分开。其中，草料的极化相干最大值特征 $\left|\gamma_{\text{HH-HV}}(\theta)\right|_{\max}$ 和

$\left|\gamma_{(\mathrm{HH+VV})\text{-}(\mathrm{HH\text{-}VV})}(\theta)\right|_{\max}$ 的取值分别为 0.6047 和 0.4922，远高于小麦的 0.4309 和 0.2475。此外，油菜籽的极化相干最小值特征 $\left|\gamma_{(\mathrm{HH+VV})\text{-}(\mathrm{HH\text{-}VV})}(\theta)\right|_{\min}$ 和 $\left|\gamma_{(\mathrm{HH\text{-}VV})\text{-}(\mathrm{HV})}(\theta)\right|_{\min}$ 的取值分别为 0.1344 和 0.2149，而燕麦的取值接近 0，分别为 0.0061 和 0.0355。因此，草料和小麦以及油菜籽和燕麦这两个类型对也可以利用极化相干方向图特征进行区分。因此，极化相干方向图能够反映地物之间的细微差异，导出的极化特征适用于地物分类与识别。

3. 极化相干方向图特征分析

对于整个 UAVSAR 极化 SAR 数据区域，从极化相干方向图 $\left|\gamma_{\mathrm{HH\text{-}VV}}(\theta)\right|$、$\left|\gamma_{\mathrm{HH\text{-}HV}}(\theta)\right|$、$\left|\gamma_{(\mathrm{HH+VV})\text{-}(\mathrm{HH\text{-}VV})}(\theta)\right|$ 和 $\left|\gamma_{(\mathrm{HH\text{-}VV})\text{-}(\mathrm{HV})}(\theta)\right|$ 导出的极化相干特征分别如图 2.4.4～图 2.4.7 所示。可以看到，这些特征敏感于不同的地物类型。对于极化相干方向图 $\left|\gamma_{\mathrm{HH\text{-}VV}}(\theta)\right|$，相比于极化相干初始值特征 $\left|\gamma_{\mathrm{HH\text{-}VV}}(\theta)\right|_{\mathrm{org}}$，极化相干最大值特征 $\left|\gamma_{\mathrm{HH\text{-}VV}}(\theta)\right|_{\max}$ 得到明显增强。极化相干最小值特征 $\left|\gamma_{\mathrm{HH\text{-}VV}}(\theta)\right|_{\min}$ 则表现出与极化相干初始值特征 $\left|\gamma_{\mathrm{HH\text{-}VV}}(\theta)\right|_{\mathrm{org}}$ 类似的特性。对于极化相干初始值特征 $\left|\gamma_{\mathrm{HH\text{-}VV}}(\theta)\right|_{\mathrm{org}}$ 和极化相干最小值特征 $\left|\gamma_{\mathrm{HH\text{-}VV}}(\theta)\right|_{\min}$ 取值接近的地物类型，其最小化旋转角特征 $\theta_{\left|\gamma_{\mathrm{HH\text{-}VV}}(\theta)\right|_{\min}}$ 的取值接近 0。同时，最小化旋转角特征 $\theta_{\left|\gamma_{\mathrm{HH\text{-}VV}}(\theta)\right|_{\min}}$ 的最大值都接近于 $\pm\frac{\pi}{4}$，这使得极化相干方向图 $\left|\gamma_{\mathrm{HH\text{-}VV}}(\theta)\right|$ 对应的最小化旋转角特征 $\theta_{\left|\gamma_{\mathrm{HH\text{-}VV}}(\theta)\right|_{\min}}$ 不敏感于这些地物类型。与极化相干初始值特征 $\left|\gamma_{\mathrm{HH\text{-}VV}}(\theta)\right|_{\mathrm{org}}$ 类似，从极化相干方向图 $\left|\gamma_{\mathrm{HH\text{-}HV}}(\theta)\right|$ 中导出的其他极化相干特征 $\left|\gamma_{\mathrm{HH\text{-}HV}}(\theta)\right|_{\mathrm{mean}}$、$\left|\gamma_{\mathrm{HH\text{-}HV}}(\theta)\right|_{\mathrm{std}}$、$\left|\gamma_{\mathrm{HH\text{-}HV}}(\theta)\right|_{\max}$、$\left|\gamma_{\mathrm{HH\text{-}HV}}(\theta)\right|_{\mathrm{A}}$ 以及 $\left|\gamma_{\mathrm{HH\text{-}HV}}(\theta)\right|_{\mathrm{bw0.95}}$ 也敏感于这些地物类型。对于极化相干方向图 $\left|\gamma_{(\mathrm{HH+VV})\text{-}(\mathrm{HH\text{-}VV})}(\theta)\right|$，可以观察到，极化特征 $\left|\gamma_{(\mathrm{HH+VV})\text{-}(\mathrm{HH\text{-}VV})}(\theta)\right|_{\mathrm{org}}$、$\left|\gamma_{(\mathrm{HH+VV})\text{-}(\mathrm{HH\text{-}VV})}(\theta)\right|_{\mathrm{mean}}$ 和 $\left|\gamma_{(\mathrm{HH+VV})\text{-}(\mathrm{HH\text{-}VV})}(\theta)\right|_{\max}$ 的取值非常接近。尽管极化相干初始值特征的取值有所减小，但对于大多数样本，极化相干起伏度特征 $\left|\gamma_{(\mathrm{HH+VV})\text{-}(\mathrm{HH\text{-}VV})}(\theta)\right|_{\mathrm{std}}$ 的取值仍然较小。这可以通过极化相干宽度特征 $\left|\gamma_{(\mathrm{HH+VV})\text{-}(\mathrm{HH\text{-}VV})}(\theta)\right|_{\mathrm{bw0.95}}$ 进一步验证，因为大多数样本的极化相干特征取值的稳定范围较大。此外，大多数最小化旋转角特征 $\theta_{\left|\gamma_{(\mathrm{HH+VV})\text{-}(\mathrm{HH\text{-}VV})}(\theta)\right|_{\min}}$ 的取值都接

近于 $\pm\frac{\pi}{4}$，使得极化相干方向图 $\left|\gamma_{(\mathrm{HH+VV})\text{-}(\mathrm{HH\text{-}VV})}(\theta)\right|$ 对应的最小化旋转角特征 $\theta_{\left|\gamma_{(\mathrm{HH+VV})\text{-}(\mathrm{HH\text{-}VV})}(\theta)\right|_{\min}}$ 对这些地物的敏感性偏低。对于极化相干方向图 $\left|\gamma_{(\mathrm{HH\text{-}VV})\text{-}(\mathrm{HV})}(\theta)\right|$，相对于极化相干初始值特征 $\left|\gamma_{(\mathrm{HH\text{-}VV})\text{-}(\mathrm{HV})}(\theta)\right|_{\mathrm{org}}$，极化相干最大值特征 $\left|\gamma_{(\mathrm{HH\text{-}VV})\text{-}(\mathrm{HV})}(\theta)\right|_{\max}$ 和极化相干最小值特征 $\left|\gamma_{(\mathrm{HH\text{-}VV})\text{-}(\mathrm{HV})}(\theta)\right|_{\min}$ 的增强和减弱都很明显。同时，如图 2.4.7 所示，最大化旋转角特征 $\theta_{\left|\gamma_{(\mathrm{HH\text{-}VV})\text{-}(\mathrm{HV})}(\theta)\right|_{\max}}$ 的取值接近于 $\pm\frac{\pi}{8}$，而最小化旋转角特征 $\theta_{\left|\gamma_{(\mathrm{HH\text{-}VV})\text{-}(\mathrm{HV})}(\theta)\right|_{\min}}$ 的取值接近于 0 。极化相干宽度特征

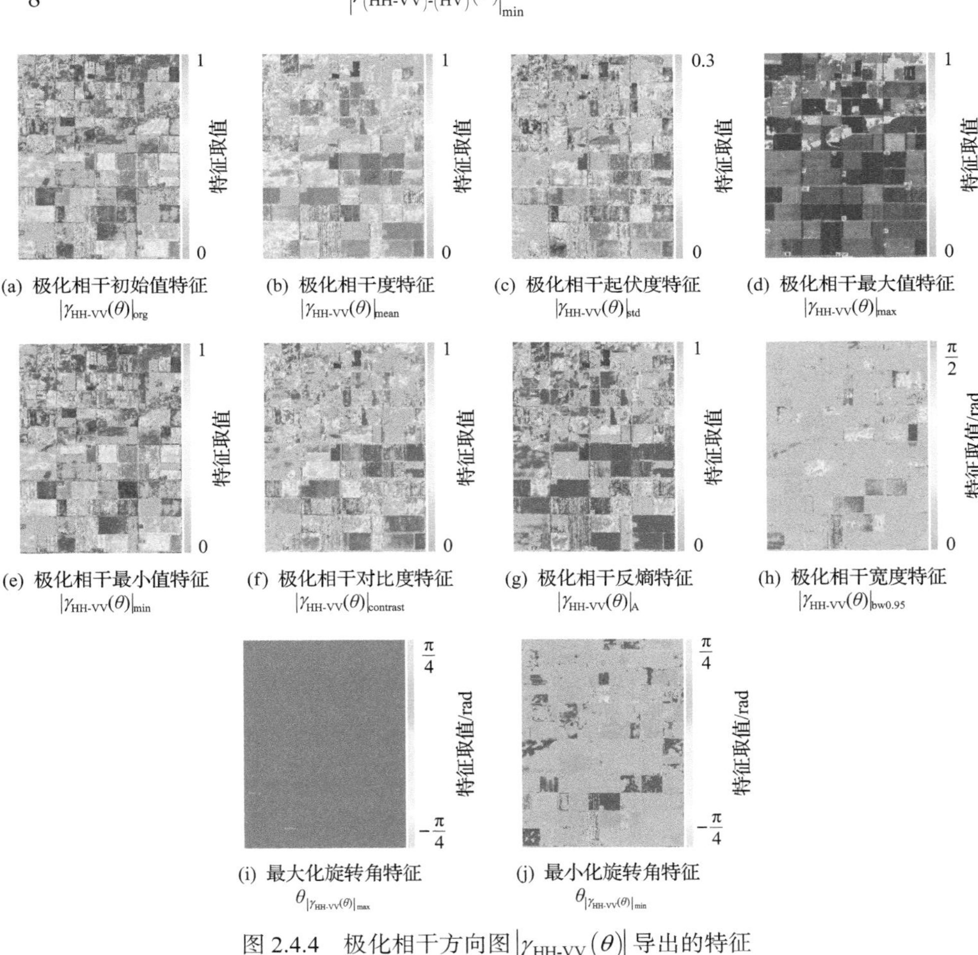

(a) 极化相干初始值特征 $\left|\gamma_{\mathrm{HH\text{-}VV}}(\theta)\right|_{\mathrm{org}}$　(b) 极化相干度特征 $\left|\gamma_{\mathrm{HH\text{-}VV}}(\theta)\right|_{\mathrm{mean}}$　(c) 极化相干起伏度特征 $\left|\gamma_{\mathrm{HH\text{-}VV}}(\theta)\right|_{\mathrm{std}}$　(d) 极化相干最大值特征 $\left|\gamma_{\mathrm{HH\text{-}VV}}(\theta)\right|_{\max}$

(e) 极化相干最小值特征 $\left|\gamma_{\mathrm{HH\text{-}VV}}(\theta)\right|_{\min}$　(f) 极化相干对比度特征 $\left|\gamma_{\mathrm{HH\text{-}VV}}(\theta)\right|_{\mathrm{contrast}}$　(g) 极化相干反熵特征 $\left|\gamma_{\mathrm{HH\text{-}VV}}(\theta)\right|_{\mathrm{A}}$　(h) 极化相干宽度特征 $\left|\gamma_{\mathrm{HH\text{-}VV}}(\theta)\right|_{\mathrm{bw0.95}}$

(i) 最大化旋转角特征 $\theta_{\left|\gamma_{\mathrm{HH\text{-}VV}}(\theta)\right|_{\max}}$　(j) 最小化旋转角特征 $\theta_{\left|\gamma_{\mathrm{HH\text{-}VV}}(\theta)\right|_{\min}}$

图 2.4.4　极化相干方向图 $\left|\gamma_{\mathrm{HH\text{-}VV}}(\theta)\right|$ 导出的特征

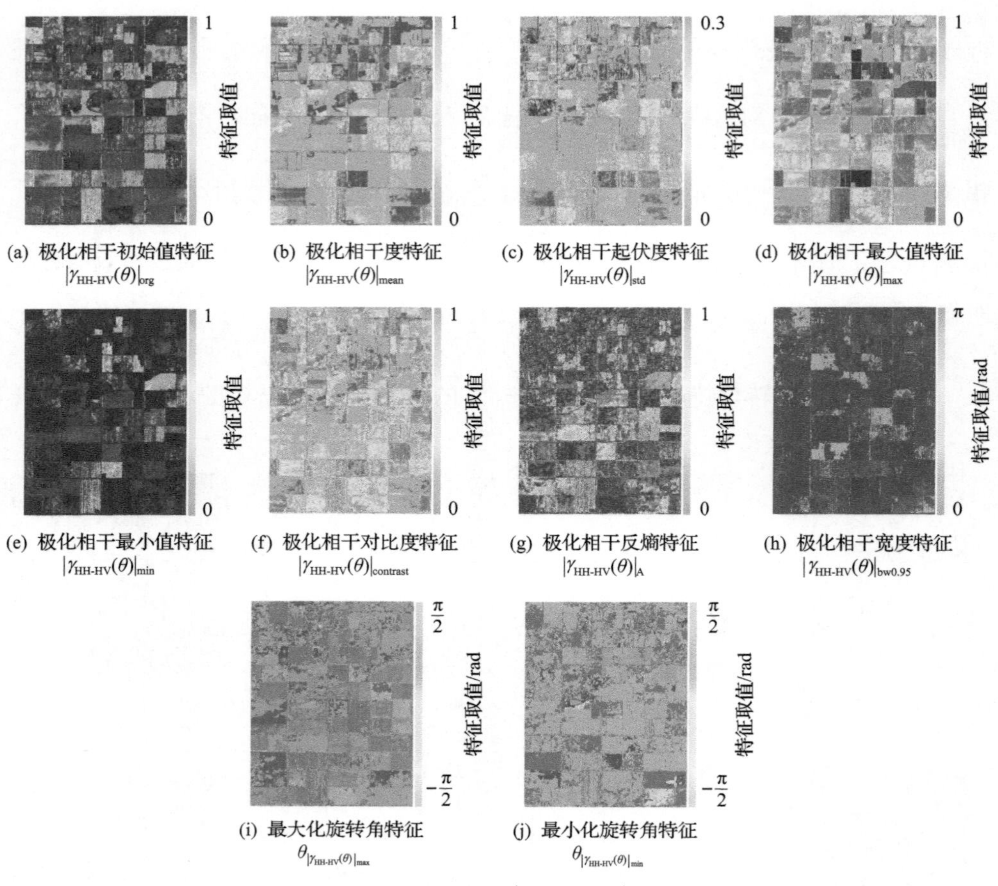

图 2.4.5　极化相干方向图 $|\gamma_{\text{HH-HV}}(\theta)|$ 导出的特征

$\left|\gamma_{\text{(HH-VV)-(HV)}}(\theta)\right|_{\text{bw0.95}}$ 的取值基本恒定为 $\dfrac{\pi}{8}$，约为极化相干方向图 $\left|\gamma_{\text{(HH-VV)-(HV)}}(\theta)\right|$ 的半周期。因此，一般而言，这三种极化特征不适合用于地物分类。

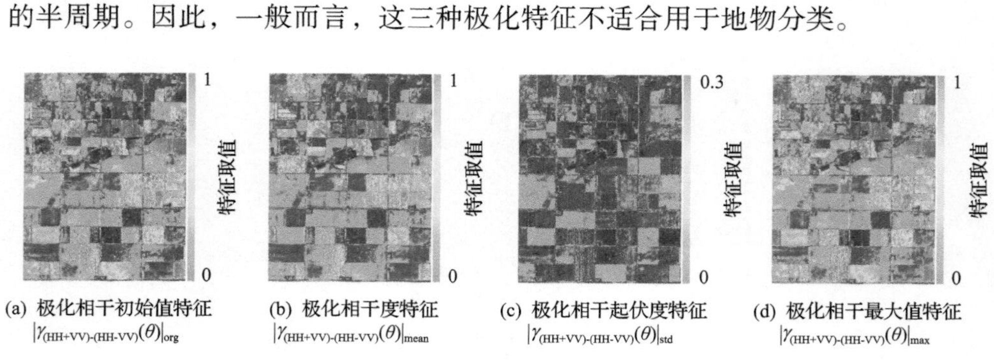

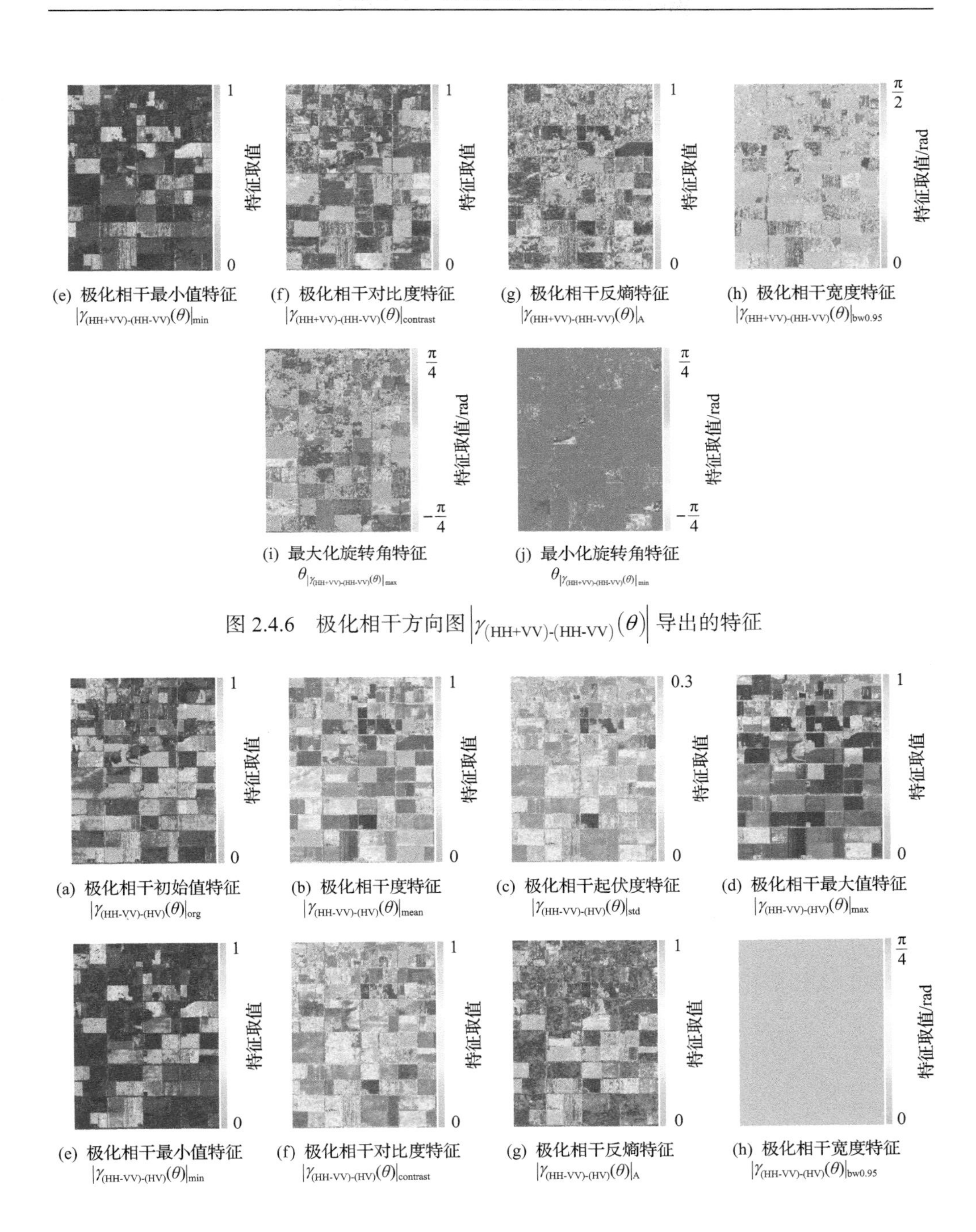

(e) 极化相干最小值特征 $\left|\gamma_{(\mathrm{HH+VV})\text{-}(\mathrm{HH-VV})}(\theta)\right|_{\min}$　(f) 极化相干对比度特征 $\left|\gamma_{(\mathrm{HH+VV})\text{-}(\mathrm{HH-VV})}(\theta)\right|_{\mathrm{contrast}}$　(g) 极化相干反熵特征 $\left|\gamma_{(\mathrm{HH+VV})\text{-}(\mathrm{HH-VV})}(\theta)\right|_{\mathrm{A}}$　(h) 极化相干宽度特征 $\left|\gamma_{(\mathrm{HH+VV})\text{-}(\mathrm{HH-VV})}(\theta)\right|_{\mathrm{bw}0.95}$

(i) 最大化旋转角特征 $\theta_{\left|\gamma_{(\mathrm{HH+VV})\text{-}(\mathrm{HH-VV})}(\theta)\right|_{\max}}$　(j) 最小化旋转角特征 $\theta_{\left|\gamma_{(\mathrm{HH+VV})\text{-}(\mathrm{HH-VV})}(\theta)\right|_{\min}}$

图 2.4.6　极化相干方向图 $\left|\gamma_{(\mathrm{HH+VV})\text{-}(\mathrm{HH-VV})}(\theta)\right|$ 导出的特征

(a) 极化相干初始值特征 $\left|\gamma_{(\mathrm{HH-VV})\text{-}(\mathrm{HV})}(\theta)\right|_{\mathrm{org}}$　(b) 极化相干度特征 $\left|\gamma_{(\mathrm{HH-VV})\text{-}(\mathrm{HV})}(\theta)\right|_{\mathrm{mean}}$　(c) 极化相干起伏度特征 $\left|\gamma_{(\mathrm{HH-VV})\text{-}(\mathrm{HV})}(\theta)\right|_{\mathrm{std}}$　(d) 极化相干最大值特征 $\left|\gamma_{(\mathrm{HH-VV})\text{-}(\mathrm{HV})}(\theta)\right|_{\max}$

(e) 极化相干最小值特征 $\left|\gamma_{(\mathrm{HH-VV})\text{-}(\mathrm{HV})}(\theta)\right|_{\min}$　(f) 极化相干对比度特征 $\left|\gamma_{(\mathrm{HH-VV})\text{-}(\mathrm{HV})}(\theta)\right|_{\mathrm{contrast}}$　(g) 极化相干反熵特征 $\left|\gamma_{(\mathrm{HH-VV})\text{-}(\mathrm{HV})}(\theta)\right|_{\mathrm{A}}$　(h) 极化相干宽度特征 $\left|\gamma_{(\mathrm{HH-VV})\text{-}(\mathrm{HV})}(\theta)\right|_{\mathrm{bw}0.95}$

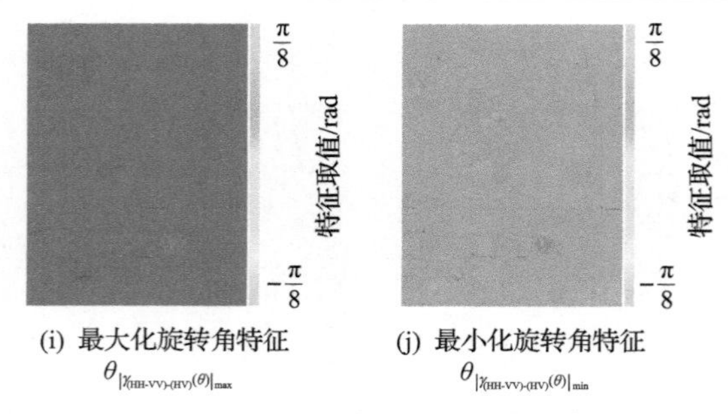

(i) 最大化旋转角特征 $\theta_{\left|\gamma_{\text{(HH-VV)-(HV)}}(\theta)\right|_{\max}}$　(j) 最小化旋转角特征 $\theta_{\left|\gamma_{\text{(HH-VV)-(HV)}}(\theta)\right|_{\min}}$

图 2.4.7　极化相干方向图 $\left|\gamma_{\text{(HH-VV)-(HV)}}(\theta)\right|$ 导出的特征

此外，常用的后向散射总能量SPAN、极化熵 H 、平均 $\bar{\alpha}$ 角和极化反熵特征 Ani 等传统极化旋转不变特征如图 2.4.8 所示。可以看到，传统极化特征和极化相干方向图特征这两种类型的特征对全面了解地物的散射机理具有互补性。

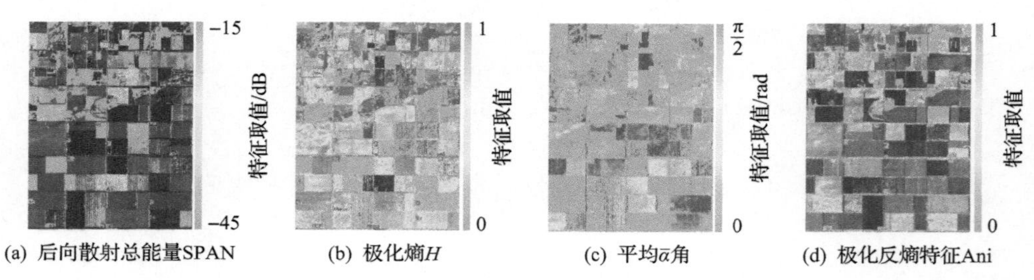

(a) 后向散射总能量SPAN　(b) 极化熵H　(c) 平均$\bar{\alpha}$角　(d) 极化反熵特征Ani

图 2.4.8　传统极化旋转不变特征

4. 极化旋转域最优极化相干特征分析

极化相干特征与散射体结构的类型和取向密切相关。本节介绍如何在极化旋转域增强地物的极化相干性，并利用 AIRSAR 在荷兰 Flevoland 区域获取的 P 波段、L 波段和 C 波段极化 SAR 数据进行分析。多频段 AIRSAR 数据的详细信息见 2.3.6 节。与文献[4]保持一致，对于四种独立的极化相干方向图，P 波段、L 波段和C波段极化SAR数据的极化相干初始值特征 $\left|\gamma_{\text{HH-VV}}(\theta)\right|_{\text{org}}$、$\left|\gamma_{\text{HH-HV}}(\theta)\right|_{\text{org}}$、$\left|\gamma_{\text{(HH+VV)-(HV)}}(\theta)\right|_{\text{org}}$ 和 $\left|\gamma_{\text{(HH-VV)-(HV)}}(\theta)\right|_{\text{org}}$ 以及极化相干最大值特征 $\left|\gamma_{\text{HH-VV}}(\theta)\right|_{\max}$、$\left|\gamma_{\text{HH-HV}}(\theta)\right|_{\max}$、$\left|\gamma_{\text{(HH+VV)-(HV)}}(\theta)\right|_{\max}$ 和 $\left|\gamma_{\text{(HH-VV)-(HV)}}(\theta)\right|_{\max}$ 分别如图 2.4.9～图 2.4.11 所示。同时，这些极化相干特征的直方图分别如图 2.4.12～图 2.4.14 所示。可以看到，这些农作物区域的极化相干初始值特征取值均较低，大部分低于 0.5。在四种极化相干方向图中，只有共极化通道的极化相干初始值特征 $\left|\gamma_{\text{HH-VV}}(\theta)\right|_{\text{org}}$ 的取值相对较高。这种现象可以从两个方面进行解释。首先，与

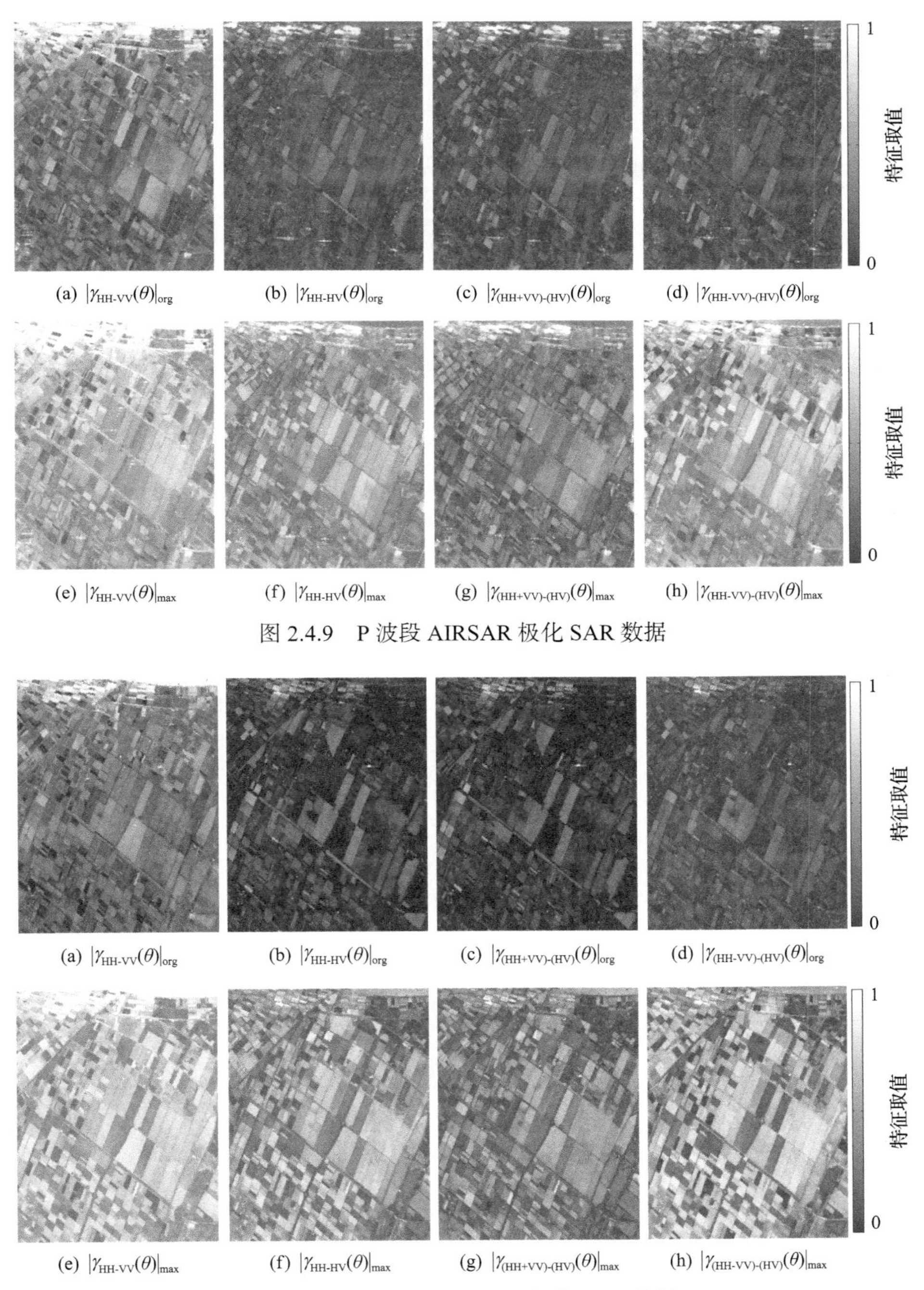

图 2.4.9　P 波段 AIRSAR 极化 SAR 数据

图 2.4.10　L 波段 AIRSAR 极化 SAR 数据

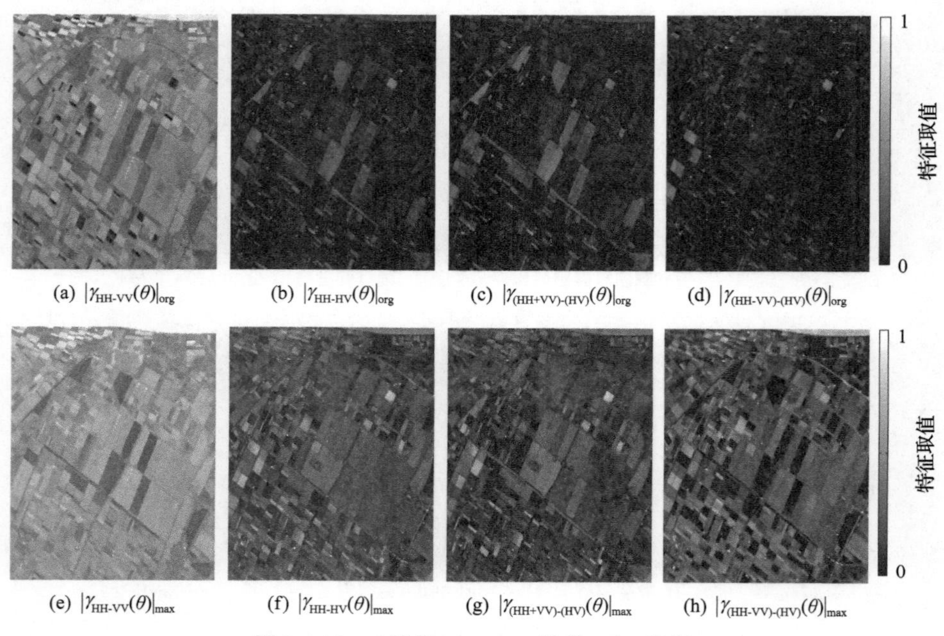

图 2.4.11　C 波段 AIRSAR 极化 SAR 数据

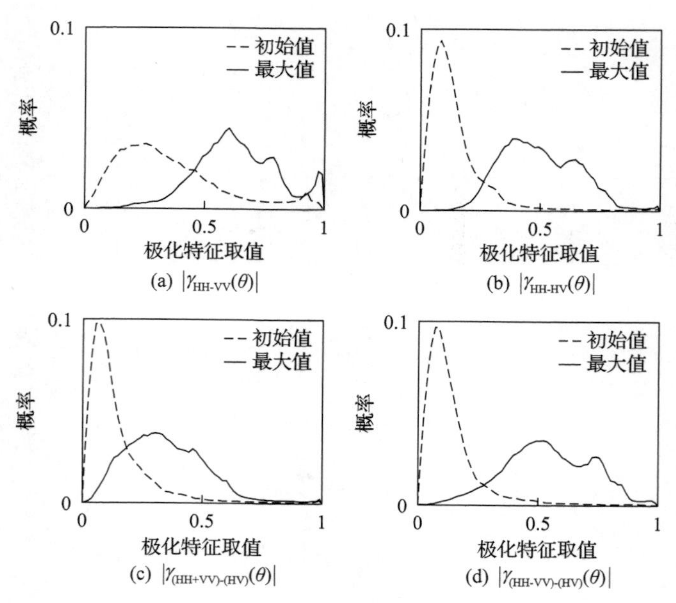

图 2.4.12　P 波段 AIRSAR 极化 SAR 数据，极化相干初始值特征和极化相干最大值特征的直方图对比结果

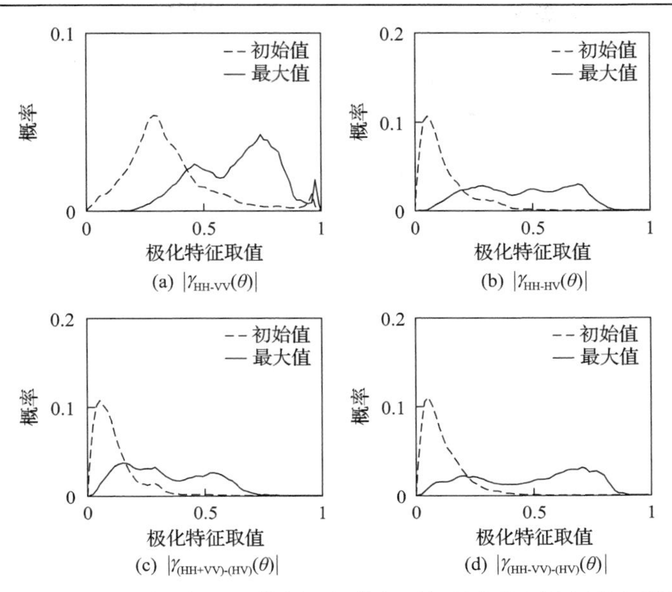

(a) $|\gamma_{\text{HH-VV}}(\theta)|$ (b) $|\gamma_{\text{HH-HV}}(\theta)|$

(c) $|\gamma_{\text{(HH+VV)-(HV)}}(\theta)|$ (d) $|\gamma_{\text{(HH-VV)-(HV)}}(\theta)|$

图 2.4.13 L 波段 AIRSAR 极化 SAR 数据，极化相干初始值特征和极化相干最大值特征的直方图对比结果

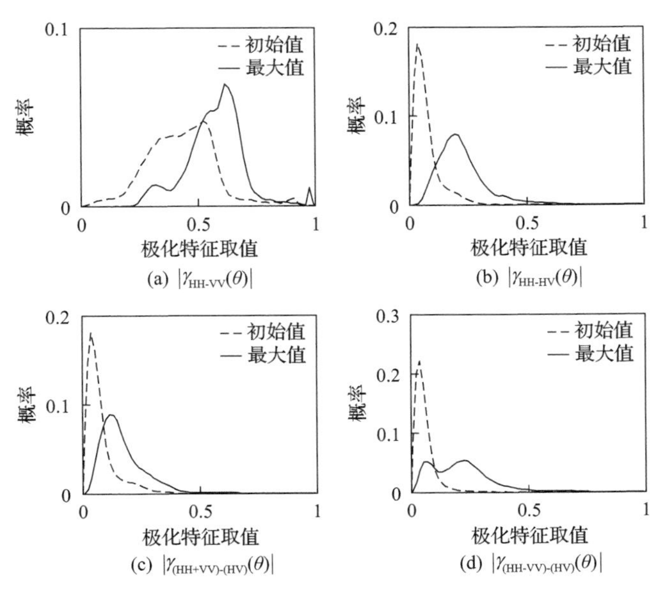

(a) $|\gamma_{\text{HH-VV}}(\theta)|$ (b) $|\gamma_{\text{HH-HV}}(\theta)|$

(c) $|\gamma_{\text{(HH+VV)-(HV)}}(\theta)|$ (d) $|\gamma_{\text{(HH-VV)-(HV)}}(\theta)|$

图 2.4.14 C 波段 AIRSAR 极化 SAR 数据，极化相干初始值特征和极化相干最大值特征的直方图对比结果

建筑物区域不同，农作物区域通常满足散射对称性假设，即 $\left\langle S_{\text{HH}}S_{\text{HV}}^{*}\right\rangle \approx 0$ 和 $\left\langle S_{\text{VV}}S_{\text{HV}}^{*}\right\rangle \approx 0$，这样两个极化通道之间的相干性较低。然后，农作物区域后向散

射中通常包含大量的体散射成分，使得极化相干性较低。因此，文献中较少研究和利用农作物区域的极化相干特征。

对于三个波段极化 SAR 数据和四种极化相干方向图，相比于极化相干初始值特征，极化相干最大值特征都得到了显著增强，如图 2.4.9～图 2.4.14 所示。此外，相比于 C 波段，P 波段和 L 波段相应的极化相干初始值特征和极化相干最大值特征的取值整体更高。产生这种现象的原因为，P、L 和 C 三种波段对地物具有不同的穿透深度。相比于 C 波段，P 波段和 L 波段的电磁波穿透能力更强。地面和农作物茎部可以形成偶次散射，并且受到时间和体散射的影响较小。此外，直接来自土壤的面散射在 P 波段和 L 波段中也较为显著。另一现象是，相比于其他三种极化相干方向图，极化相干方向图 $\left|\gamma_{\text{HH-VV}}(\theta)\right|$ 的极化相干初始值特征 $\left|\gamma_{\text{HH-VV}}(\theta)\right|_{\text{org}}$ 和极化相干最大值特征 $\left|\gamma_{\text{HH-VV}}(\theta)\right|_{\max}$ 的取值通常更大。该现象的原因主要有两方面：一是散射对称性会大大降低极化相干性，而共极化通道的极化相干方向图 $\left|\gamma_{\text{HH-VV}}(\theta)\right|$ 基本不受散射对称性的影响；二是 HH 和 VV 共极化通道通常具有更高的信噪比，其噪声去相干效应没有交叉极化通道显著。此外，从图 2.4.9～图 2.4.11 可知，极化相干初始值特征和极化相干最大值特征都对目标和极化组态具有较强的依赖性，这就为地物类型的分类与识别奠定了物理基础。

此外，分别对 P 波段、L 波段和 C 波段极化 SAR 数据的极化相干初始值特征和极化相干最大值特征的均值进行定量比较，如表 2.4.2～表 2.4.4 所示。对于 P 波段，极化相干方向图 $\left|\gamma_{\text{HH-VV}}(\theta)\right|$、$\left|\gamma_{\text{HH-HV}}(\theta)\right|$、$\left|\gamma_{(\text{HH+VV})\text{-}(\text{HV})}(\theta)\right|$ 和 $\left|\gamma_{(\text{HH-VV})\text{-}(\text{HV})}(\theta)\right|$ 的极化相干初始值特征的均值分别为 0.35、0.15、0.14 和 0.14，而极化相干最大值特征的均值则分别增强至 0.64、0.50、0.35 和 0.54，相应的增强百分比分别为 82.86%、233.33%、150.00%和 285.71%。L 波段的情况与 P 波段非常接近，极化相干方向图 $\left|\gamma_{\text{HH-VV}}(\theta)\right|$、$\left|\gamma_{\text{HH-HV}}(\theta)\right|$、$\left|\gamma_{(\text{HH+VV})\text{-}(\text{HV})}(\theta)\right|$ 和 $\left|\gamma_{(\text{HH-VV})\text{-}(\text{HV})}(\theta)\right|$ 的极化相干初始值特征的均值分别为 0.35、0.13、0.12 和 0.11，而极化相干最大值特征的均值相应地达到了 0.64、0.45、0.33 和 0.48，对应的增强百分比分别为 82.86%、246.15%、175.00%和 336.36%。与 P 波段和 L 波段相比，除了极化相干方向图 $\left|\gamma_{\text{HH-VV}}(\theta)\right|$，C 波段数据得到的极化相干初始值特征的均值和极化相干最大值特征的均值均偏低。对于 C 波段，极化相干方向图 $\left|\gamma_{\text{HH-VV}}(\theta)\right|$、$\left|\gamma_{\text{HH-HV}}(\theta)\right|$、$\left|\gamma_{(\text{HH+VV})\text{-}(\text{HV})}(\theta)\right|$ 和 $\left|\gamma_{(\text{HH-VV})\text{-}(\text{HV})}(\theta)\right|$ 的极化相干初始值特征的均值分别为 0.43、0.07、0.08 和 0.06，而极化相干最大值特征的均值分别为 0.57、0.22、0.17 和 0.22，增强百分比分别为 32.56%、214.29%、112.50%和 266.67%。因此，对于多波段数据、不同极化通道组合和不同地物类型，在极化旋转域进行极化相

干特征最大化处理，均可有效增强地物的极化相干性。

表 2.4.2　P 波段 AIRSAR 数据极化相干初始值特征和极化相干最大值特征的均值对比

极化相干方向图	极化相干初始值特征的均值	极化相干最大值特征的均值	增强百分比/%
$\left\|\gamma_{\mathrm{HH\text{-}VV}}(\theta)\right\|$	0.35	0.64	82.86
$\left\|\gamma_{\mathrm{HH\text{-}HV}}(\theta)\right\|$	0.15	0.50	233.33
$\left\|\gamma_{\mathrm{(HH+VV)\text{-}(HV)}}(\theta)\right\|$	0.14	0.35	150.00
$\left\|\gamma_{\mathrm{(HH-VV)\text{-}(HV)}}(\theta)\right\|$	0.14	0.54	285.71

表 2.4.3　L 波段 AIRSAR 数据极化相干初始值特征和极化相干最大值特征的均值对比

极化相干方向图	极化相干初始值特征的均值	极化相干最大值特征的均值	增强百分比/%
$\left\|\gamma_{\mathrm{HH\text{-}VV}}(\theta)\right\|$	0.35	0.64	82.86
$\left\|\gamma_{\mathrm{HH\text{-}HV}}(\theta)\right\|$	0.13	0.45	246.15
$\left\|\gamma_{\mathrm{(HH+VV)\text{-}(HV)}}(\theta)\right\|$	0.12	0.33	175.00
$\left\|\gamma_{\mathrm{(HH-VV)\text{-}(HV)}}(\theta)\right\|$	0.11	0.48	336.36

表 2.4.4　C 波段 AIRSAR 数据极化相干初始值特征和极化相干最大值特征的均值对比

极化相干方向图	极化相干初始值特征的均值	极化相干最大值特征的均值	增强百分比/%
$\left\|\gamma_{\mathrm{HH\text{-}VV}}(\theta)\right\|$	0.43	0.57	32.56
$\left\|\gamma_{\mathrm{HH\text{-}HV}}(\theta)\right\|$	0.07	0.22	214.29
$\left\|\gamma_{\mathrm{(HH+VV)\text{-}(HV)}}(\theta)\right\|$	0.08	0.17	112.50
$\left\|\gamma_{\mathrm{(HH-VV)\text{-}(HV)}}(\theta)\right\|$	0.06	0.22	266.67

2.5　二维极化相关方向图解译工具

2.5.1　二维极化相关方向图

对于极化雷达，两个极化通道的相关性也包含目标的丰富信息。类似于极化相干方向图[26-29]，两个极化通道的相关特征也可以拓展至极化旋转域，得到二维极化相关方向图解译工具[30,31]，为

$$\left|\hat{\gamma}_{1\text{-}2}(\theta)\right| = \left|\left\langle s_1(\theta)s_2^*(\theta)\right\rangle\right|, \quad \theta \in [-\pi, \pi) \tag{2.5.1}$$

其中，$\hat{\gamma}_{1\text{-}2}(\theta)$ 的取值范围为 $[0,\infty)$。

基于Lexicographic散射矢量 $\boldsymbol{k}_\mathrm{L} = [S_\mathrm{HH} \quad \sqrt{2}S_\mathrm{HV} \quad S_\mathrm{VV}]^\mathrm{T}$ 和Pauli散射矢量 $\boldsymbol{k}_\mathrm{P} = \frac{1}{\sqrt{2}}[S_\mathrm{HH}+S_\mathrm{VV} \quad S_\mathrm{HH}-S_\mathrm{VV} \quad 2S_\mathrm{HV}]^\mathrm{T}$，有六种典型的二维极化相关方向图，分别为 $\left|\hat{\gamma}_\text{HH-HV}(\theta)\right|$、$\left|\hat{\gamma}_\text{HH-VV}(\theta)\right|$、$\left|\hat{\gamma}_\text{VV-HV}(\theta)\right|$、$\left|\hat{\gamma}_\text{(HH+VV)-(HH-VV)}(\theta)\right|$、$\left|\hat{\gamma}_\text{(HH+VV)-(HV)}(\theta)\right|$ 和 $\left|\hat{\gamma}_\text{(HH-VV)-(HV)}(\theta)\right|$。其中，有两组二维极化相关方向图是分别等价的，即

$$\left|\hat{\gamma}_\text{(HH+VV)-(HH-VV)}(\theta)\right| = \left|\hat{\gamma}_\text{(HH+VV)-(HV)}(\theta+\pi/4)\right| \tag{2.5.2}$$

$$\left|\hat{\gamma}_\text{HH-VV}(\theta)\right| = \left|\hat{\gamma}_\text{VV-HV}(\theta+\pi/2)\right| \tag{2.5.3}$$

因此，后续可只考虑四种独立的二维极化相关方向图 $\left|\hat{\gamma}_\text{HH-HV}(\theta)\right|$、$\left|\hat{\gamma}_\text{HH-VV}(\theta)\right|$、$\left|\hat{\gamma}_\text{(HH+VV)-(HH-VV)}(\theta)\right|$ 和 $\left|\hat{\gamma}_\text{(HH-VV)-(HV)}(\theta)\right|$。图 2.5.1 给出了一个舰船像素和一个海杂波像素的二维极化相关方向图示例。可以看到，二者的二维极化相关方向图具有明显不同的特性。类似于极化相干方向图解译工具，也可定义十种极化特征描述二维极化相关方向图特性。以 $\left|\hat{\gamma}_{1\text{-}2}(\theta)\right|$ 为例，这些极化特征分别如下。

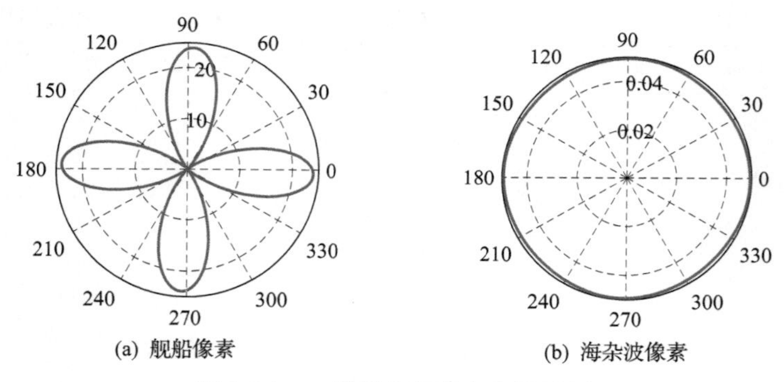

图 2.5.1　二维极化相关方向图示例

(1) 极化相关初始值特征 $\left|\hat{\gamma}_{1\text{-}2}(\theta)\right|_\text{org}$：定义为没有经过任何旋转处理，在 $\theta = 0^\circ$ 处的极化相关特征取值，即

$$\left|\hat{\gamma}_{1\text{-}2}(\theta)\right|_\text{org} = \left|\hat{\gamma}_{1\text{-}2}(0)\right| = \left|\hat{\gamma}_{1\text{-}2}\right| \tag{2.5.4}$$

(2) 极化相关度特征 $\left|\hat{\gamma}_{1\text{-}2}(\theta)\right|_\text{mean}$：定义为在极化旋转域中极化相关特征取值

的均值，即

$$\left|\hat{\gamma}_{1\text{-}2}(\theta)\right|_{\text{mean}} = \frac{1}{2\pi}\int_{-\pi}^{\pi}\left|\hat{\gamma}_{1\text{-}2}(\theta)\right|\mathrm{d}\theta \tag{2.5.5}$$

极化相关度特征$\left|\hat{\gamma}_{1\text{-}2}(\theta)\right|_{\text{mean}}$是衡量目标在极化旋转域中平均去相关效应的指标。极化相关度特征值越大，去相关效应越弱。

(3) 极化相关起伏度特征$\left|\hat{\gamma}_{1\text{-}2}(\theta)\right|_{\text{std}}$：定义为极化旋转域中极化相关特征取值的标准差，即

$$\left|\hat{\gamma}_{1\text{-}2}(\theta)\right|_{\text{std}} = \sqrt{\frac{1}{2\pi}\int_{-\pi}^{\pi}\left(\left|\hat{\gamma}_{1\text{-}2}(\theta)\right| - \left|\hat{\gamma}_{1\text{-}2}(\theta)\right|_{\text{mean}}\right)^2\mathrm{d}\theta} \tag{2.5.6}$$

极化相关起伏度特征$\left|\hat{\gamma}_{1\text{-}2}(\theta)\right|_{\text{std}}$表示极化相关性的起伏程度。极化相关起伏度特征$\left|\hat{\gamma}_{1\text{-}2}(\theta)\right|_{\text{std}}$可以有效衡量极化旋转域中的目标散射多样性。对满足极化旋转不变性的散射体，极化相关起伏度特征$\left|\gamma_{1\text{-}2}(\theta)\right|_{\text{std}}$的取值将缩减为零。

(4) 极化相关最大值特征$\left|\hat{\gamma}_{1\text{-}2}(\theta)\right|_{\max}$：定义为极化旋转域中极化相关特征的最大值，即

$$\left|\hat{\gamma}_{1\text{-}2}(\theta)\right|_{\max} = \max\left(\left|\hat{\gamma}_{1\text{-}2}(\theta)\right|\right) \tag{2.5.7}$$

极化相关最大值特征$\left|\hat{\gamma}_{1\text{-}2}(\theta)\right|_{\max}$表示通过极化旋转域角度旋转调整能够得到的两个极化通道间相关性取值的上限。

(5) 极化相关最小值特征$\left|\hat{\gamma}_{1\text{-}2}(\theta)\right|_{\min}$：定义为极化旋转域中极化相关特征的最小值，即

$$\left|\hat{\gamma}_{1\text{-}2}(\theta)\right|_{\min} = \min\left(\left|\hat{\gamma}_{1\text{-}2}(\theta)\right|\right) \tag{2.5.8}$$

极化相关最小值特征$\left|\hat{\gamma}_{1\text{-}2}(\theta)\right|_{\min}$表示通过极化旋转域角度旋转调整能够得到的两个极化通道间相关性取值的下限。

(6) 极化相关对比度特征$\left|\hat{\gamma}_{1\text{-}2}(\theta)\right|_{\text{contrast}}$：定义为极化相关最大值特征与极化相关最小值特征之差，即

$$\left|\hat{\gamma}_{1\text{-}2}(\theta)\right|_{\text{contrast}} = \left|\hat{\gamma}_{1\text{-}2}(\theta)\right|_{\max} - \left|\hat{\gamma}_{1\text{-}2}(\theta)\right|_{\min} \tag{2.5.9}$$

极化相关对比度特征 $\left|\hat{\gamma}_{1\text{-}2}(\theta)\right|_{\text{contrast}}$ 反映了极化旋转域极化相关特征的绝对对比度。

(7) 极化相关反熵特征 $\left|\hat{\gamma}_{1\text{-}2}(\theta)\right|_{\text{A}}$：定义为极化相关最大值特征与极化相关最小值特征之差和极化相关最大值特征与极化相关最小值特征之和的比值，即

$$\left|\hat{\gamma}_{1\text{-}2}(\theta)\right|_{\text{A}}=\frac{\left|\hat{\gamma}_{1\text{-}2}(\theta)\right|_{\max}-\left|\hat{\gamma}_{1\text{-}2}(\theta)\right|_{\min}}{\left|\hat{\gamma}_{1\text{-}2}(\theta)\right|_{\max}+\left|\hat{\gamma}_{1\text{-}2}(\theta)\right|_{\min}} \tag{2.5.10}$$

极化相关反熵特征 $\left|\hat{\gamma}_{1\text{-}2}(\theta)\right|_{\text{A}}$ 反映了极化旋转域极化相关特征的相对对比度。极化相关反熵特征 $\left|\hat{\gamma}_{1\text{-}2}(\theta)\right|_{\text{A}}$ 是极化相关对比度特征的补充。

(8) 极化相关宽度特征 $\left|\hat{\gamma}_{1\text{-}2}(\theta)\right|_{\text{bw0.95}}$：定义为极化相关方向图主值区间中极化相关特征取值不低于 $0.95\times\left|\hat{\gamma}_{1\text{-}2}(\theta)\right|_{\max}$ 的旋转角度范围，即

$$\left|\hat{\gamma}_{1\text{-}2}(\theta)\right|_{\text{bw0.95}}=\left\{\theta\,\middle|\,\left|\hat{\gamma}_{1\text{-}2}(\theta)\right|_{\max}\geqslant\left|\hat{\gamma}_{1\text{-}2}(\theta)\right|\geqslant 0.95\times\left|\hat{\gamma}_{1\text{-}2}(\theta)\right|_{\max}\right\} \tag{2.5.11}$$

极化相关宽度特征 $\left|\hat{\gamma}_{1\text{-}2}(\theta)\right|_{\text{bw0.95}}$ 反映了目标散射对方位角的敏感性，其取值越小，目标去相关性和方位角依赖性越大。

(9) 最大化旋转角特征 $\theta_{\left|\hat{\gamma}_{1\text{-}2}(\theta)\right|_{\max}}$：定义为极化相关方向图主值区间中极化相关最大值特征 $\left|\hat{\gamma}_{1\text{-}2}(\theta)\right|_{\max}$ 对应的旋转角，即

$$\theta_{\left|\hat{\gamma}_{1\text{-}2}(\theta)\right|_{\max}}=\left\{\theta\,\middle|\,\left|\hat{\gamma}_{1\text{-}2}(\theta)\right|=\left|\hat{\gamma}_{1\text{-}2}(\theta)\right|_{\max}\right\} \tag{2.5.12}$$

最大化旋转角特征 $\theta_{\left|\hat{\gamma}_{1\text{-}2}(\theta)\right|_{\max}}$ 指示了极化旋转域的一种特殊状态，能够使两个给定极化通道的目标去相关效应最小。

(10) 最小化旋转角特征 $\theta_{\left|\hat{\gamma}_{1\text{-}2}(\theta)\right|_{\min}}$：定义为极化相关方向图主值区间中极化相关最小值特征 $\left|\hat{\gamma}_{1\text{-}2}(\theta)\right|_{\min}$ 对应的旋转角，即

$$\theta_{\left|\hat{\gamma}_{1\text{-}2}(\theta)\right|_{\min}}=\left\{\theta\,\middle|\,\left|\hat{\gamma}_{1\text{-}2}(\theta)\right|=\left|\hat{\gamma}_{1\text{-}2}(\theta)\right|_{\min}\right\} \tag{2.5.13}$$

最小化旋转角特征 $\theta_{\left|\hat{\gamma}_{1\text{-}2}(\theta)\right|_{\min}}$ 也指示了极化旋转域的一种特殊状态，能够使两个给定极化通道的目标去相关效应最大。

从四种独立的二维极化相关方向图 $\left|\hat{\gamma}_{\text{HH-HV}}(\theta)\right|$、$\left|\hat{\gamma}_{\text{HH-VV}}(\theta)\right|$、$\left|\hat{\gamma}_{(\text{HH+VV})\text{-}}\right.$

$_{\text{(HH-VV)}}(\theta)|$ 和 $|\hat{\gamma}_{\text{(HH-VV)-(HV)}}(\theta)|$ 中导出的极化特征如表 2.5.1 所示。

表 2.5.1 二维极化相关方向图特征集

极化特征	二维极化相关方向图			
	$\|\hat{\gamma}_{\text{HH-HV}}(\theta)\|$	$\|\hat{\gamma}_{\text{HH-VV}}(\theta)\|$	$\|\hat{\gamma}_{\text{(HH+VV)-(HH-VV)}}(\theta)\|$	$\|\hat{\gamma}_{\text{(HH-VV)-(HV)}}(\theta)\|$
极化相关初始值特征	$\|\hat{\gamma}_{\text{HH-HV}}(\theta)\|_{\text{org}}$	$\|\hat{\gamma}_{\text{HH-VV}}(\theta)\|_{\text{org}}$	$\|\hat{\gamma}_{\text{(HH+VV)-(HH-VV)}}(\theta)\|_{\text{org}}$	$\|\hat{\gamma}_{\text{(HH-VV)-(HV)}}(\theta)\|_{\text{org}}$
极化相关度特征	$\|\hat{\gamma}_{\text{HH-HV}}(\theta)\|_{\text{mean}}$	$\|\hat{\gamma}_{\text{HH-VV}}(\theta)\|_{\text{mean}}$	$\|\hat{\gamma}_{\text{(HH+VV)-(HH-VV)}}(\theta)\|_{\text{mean}}$	$\|\hat{\gamma}_{\text{(HH-VV)-(HV)}}(\theta)\|_{\text{mean}}$
极化相关起伏度特征	$\|\hat{\gamma}_{\text{HH-HV}}(\theta)\|_{\text{std}}$	$\|\hat{\gamma}_{\text{HH-VV}}(\theta)\|_{\text{std}}$	$\|\hat{\gamma}_{\text{(HH+VV)-(HH-VV)}}(\theta)\|_{\text{std}}$	$\|\hat{\gamma}_{\text{(HH-VV)-(HV)}}(\theta)\|_{\text{std}}$
极化相关最大值特征	$\|\hat{\gamma}_{\text{HH-HV}}(\theta)\|_{\text{max}}$	$\|\hat{\gamma}_{\text{HH-VV}}(\theta)\|_{\text{max}}$	$\|\hat{\gamma}_{\text{(HH+VV)-(HH-VV)}}(\theta)\|_{\text{max}}$	$\|\hat{\gamma}_{\text{(HH-VV)-(HV)}}(\theta)\|_{\text{max}}$
极化相关最小值特征	$\|\hat{\gamma}_{\text{HH-HV}}(\theta)\|_{\text{min}}$	$\|\hat{\gamma}_{\text{HH-VV}}(\theta)\|_{\text{min}}$	$\|\hat{\gamma}_{\text{(HH+VV)-(HH-VV)}}(\theta)\|_{\text{min}}$	$\|\hat{\gamma}_{\text{(HH-VV)-(HV)}}(\theta)\|_{\text{min}}$
极化相关对比度特征	$\|\hat{\gamma}_{\text{HH-HV}}(\theta)\|_{\text{contrast}}$	$\|\hat{\gamma}_{\text{HH-VV}}(\theta)\|_{\text{contrast}}$	$\|\hat{\gamma}_{\text{(HH+VV)-(HH-VV)}}(\theta)\|_{\text{contrast}}$	$\|\hat{\gamma}_{\text{(HH-VV)-(HV)}}(\theta)\|_{\text{contrast}}$
极化相关反熵特征	$\|\hat{\gamma}_{\text{HH-HV}}(\theta)\|_{\text{A}}$	$\|\hat{\gamma}_{\text{HH-VV}}(\theta)\|_{\text{A}}$	$\|\hat{\gamma}_{\text{(HH+VV)-(HH-VV)}}(\theta)\|_{\text{A}}$	$\|\hat{\gamma}_{\text{(HH-VV)-(HV)}}(\theta)\|_{\text{A}}$
极化相关宽度特征	$\theta_{\|\hat{\gamma}_{\text{HH-HV}}(\theta)\|_{\text{bw0.95}}}$	$\theta_{\|\hat{\gamma}_{\text{HH-VV}}(\theta)\|_{\text{bw0.95}}}$	$\theta_{\|\hat{\gamma}_{\text{(HH+VV)-(HH-VV)}}(\theta)\|_{\text{bw0.95}}}$	$\theta_{\|\hat{\gamma}_{\text{(HH-VV)-(HV)}}(\theta)\|_{\text{bw0.95}}}$
最大化旋转角特征	$\theta_{\|\hat{\gamma}_{\text{HH-HV}}(\theta)\|_{\text{max}}}$	$\theta_{\|\hat{\gamma}_{\text{HH-VV}}(\theta)\|_{\text{max}}}$	$\theta_{\|\hat{\gamma}_{\text{(HH+VV)-(HH-VV)}}(\theta)\|_{\text{max}}}$	$\theta_{\|\hat{\gamma}_{\text{(HH-VV)-(HV)}}(\theta)\|_{\text{max}}}$
最小化旋转角特征	$\theta_{\|\hat{\gamma}_{\text{HH-HV}}(\theta)\|_{\text{min}}}$	$\theta_{\|\hat{\gamma}_{\text{HH-VV}}(\theta)\|_{\text{min}}}$	$\theta_{\|\hat{\gamma}_{\text{(HH+VV)-(HH-VV)}}(\theta)\|_{\text{min}}}$	$\theta_{\|\hat{\gamma}_{\text{(HH-VV)-(HV)}}(\theta)\|_{\text{min}}}$

2.5.2 可视化分析

对于平板、二面角、偶极子、圆柱体、窄二面角、四分之一波器件和螺旋体等典型散射结构，其极化散射矩阵和二维极化相关方向图如表 2.5.2 所示。需要指出的是，为便于显示，每种二维极化相关方向图已经用其极化相关最大值特征进行了归一化处理。可以看到，不同的典型散射结构之间的二维极化相关方向图差异明显。以二维极化相关方向图 $|\hat{\gamma}_{\text{HH-HV}}(\theta)|$ 为例，平板结构在不同旋转角度下的极化相关特征取值均为零，而螺旋体在不同旋转角度下的取值均为 1。偶极子、圆柱体和四分之一波器件的二维极化相关方向图 $|\hat{\gamma}_{\text{HH-HV}}(\theta)|$ 均呈现四叶形，但是这三种结构的极化相关波束宽度依次变大。二面角的二维极化相关方向图 $|\hat{\gamma}_{\text{HH-HV}}(\theta)|$ 呈现八叶形，而窄二面角的二维极化相关方向图 $|\hat{\gamma}_{\text{HH-HV}}(\theta)|$ 呈现双四叶形。对于二维极化相关方向图 $|\hat{\gamma}_{\text{HH-VV}}(\theta)|$，不同典型散射结构的二维极化相关方向图同样具有显著差异。二面角、圆柱体、四分之一波器件和螺旋体分别呈现四叶形、方形、十字形和圆形等不同形状。二面角和偶极子的二维极化相关方向

表 2.5.2　典型结构的二维极化相关方向图

典型结构	极化散射矩阵	$\left\|\hat{\gamma}_{\text{HH-HV}}(\theta)\right\|$	$\left\|\hat{\gamma}_{\text{HH-VV}}(\theta)\right\|$	$\left\|\hat{\gamma}_{\text{(HH+VV)-(HH-VV)}}(\theta)\right\|$	$\left\|\hat{\gamma}_{\text{(HH-VV)-(HV)}}(\theta)\right\|$
平板	$\begin{bmatrix}1 & 0\\0 & 1\end{bmatrix}$	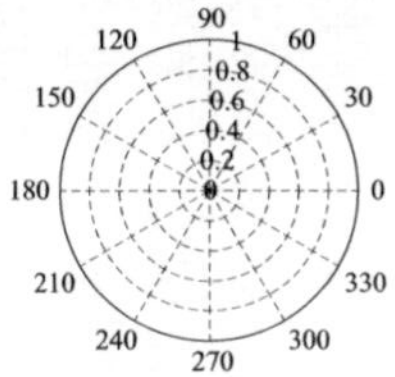	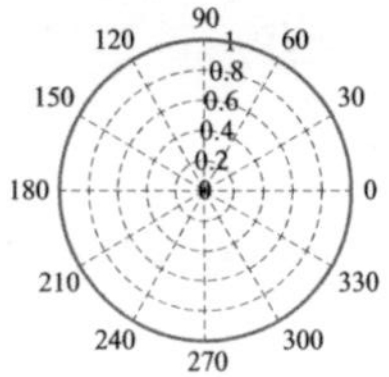	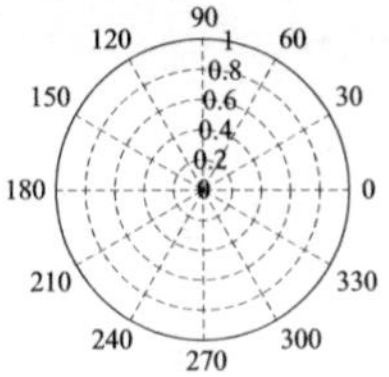	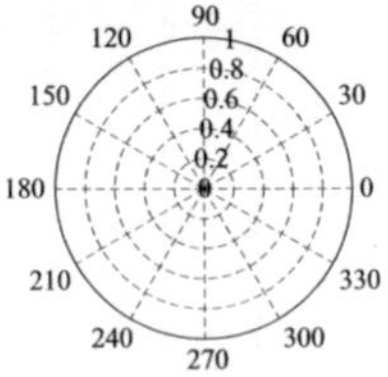
二面角	$\begin{bmatrix}1 & 0\\0 & -1\end{bmatrix}$	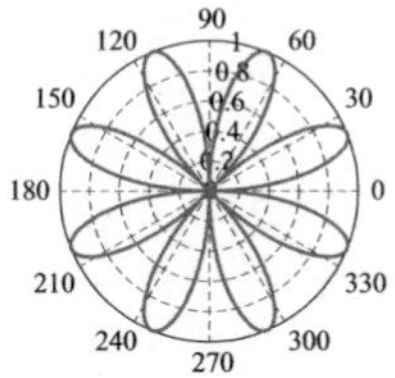	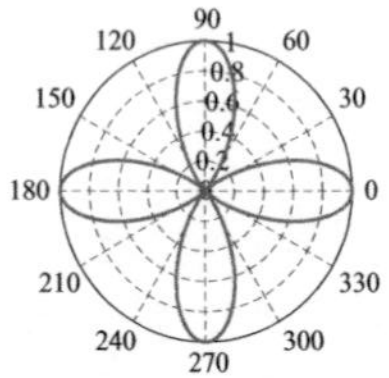	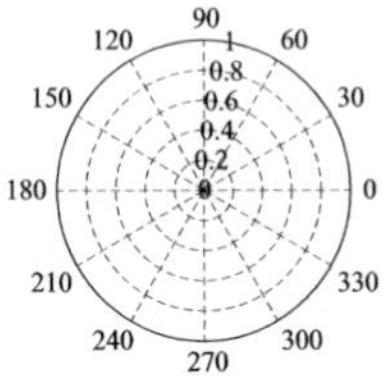	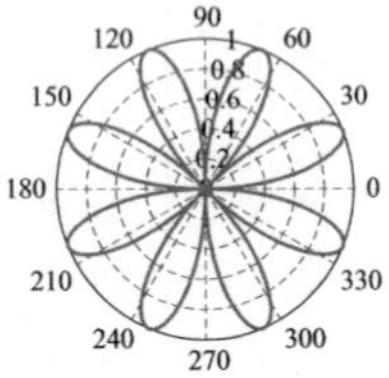
偶极子	$\begin{bmatrix}1 & 0\\0 & 0\end{bmatrix}$	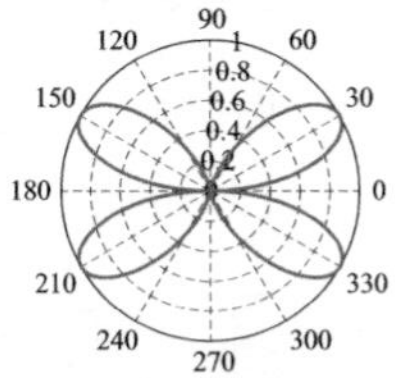	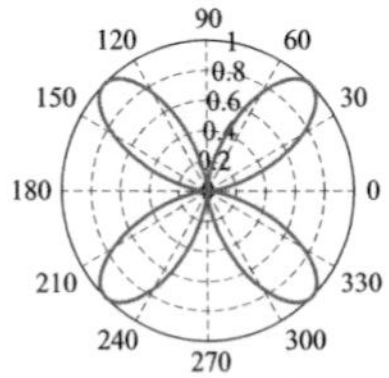	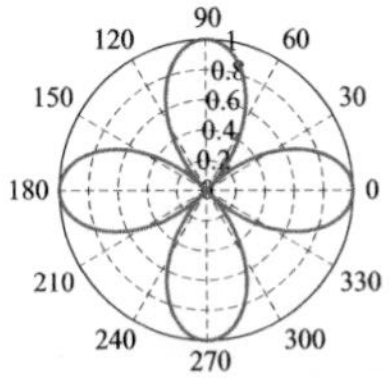	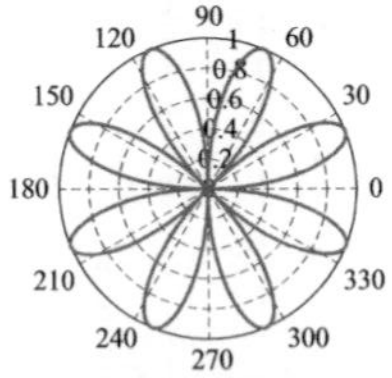
圆柱体	$\begin{bmatrix}1 & 0\\0 & \frac{1}{2}\end{bmatrix}$	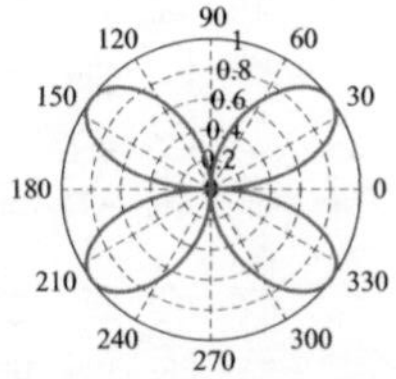	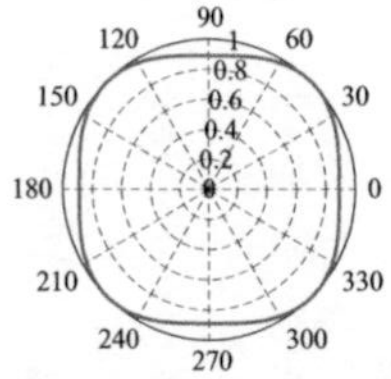	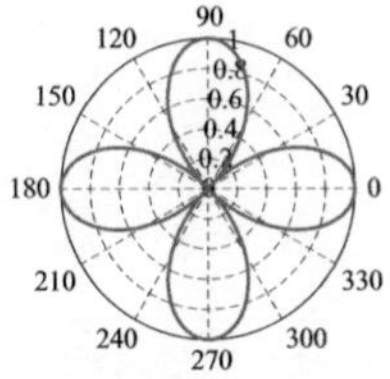	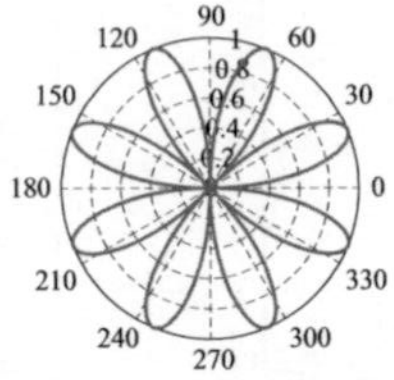

续表

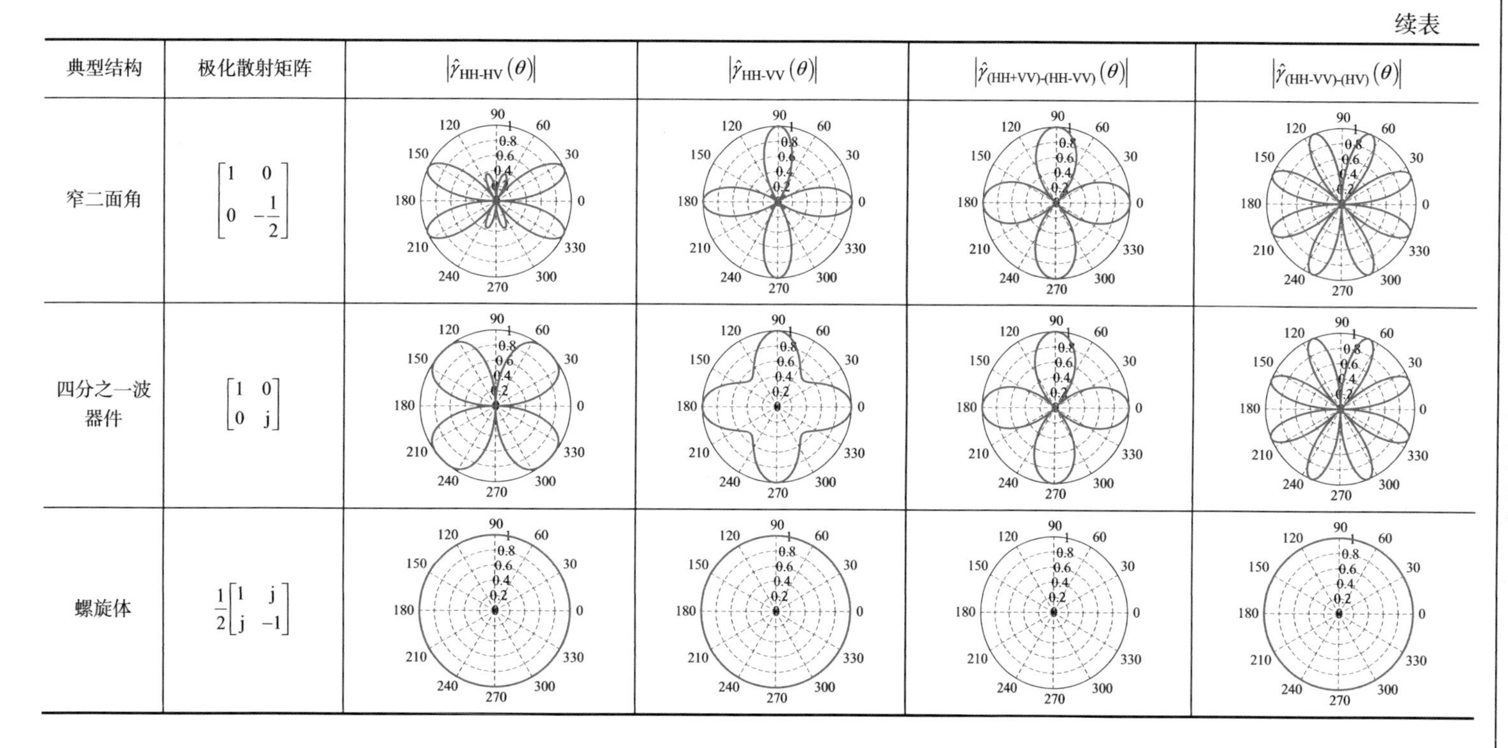

典型结构	极化散射矩阵	$\left\|\hat{\gamma}_{\text{HH-HV}}(\theta)\right\|$	$\left\|\hat{\gamma}_{\text{HH-VV}}(\theta)\right\|$	$\left\|\hat{\gamma}_{\text{(HH+VV)-(HH-VV)}}(\theta)\right\|$	$\left\|\hat{\gamma}_{\text{(HH-VV)-(HV)}}(\theta)\right\|$
窄二面角	$\begin{bmatrix}1 & 0\\ 0 & -\frac{1}{2}\end{bmatrix}$				
四分之一波器件	$\begin{bmatrix}1 & 0\\ 0 & \mathrm{j}\end{bmatrix}$				
螺旋体	$\frac{1}{2}\begin{bmatrix}1 & \mathrm{j}\\ \mathrm{j} & -1\end{bmatrix}$				

图$\left|\hat{\gamma}_{\text{HH-VV}}(\theta)\right|$均呈现四叶形，但是其最大化旋转角和最小化旋转角有明显差异。因此，二维极化相关方向图解译工具可以有效表征典型散射结构的不同散射特性，为人造目标结构辨识奠定了理论基础。

在此基础上，进一步利用 C 波段高分三号极化 SAR 数据进行研究。该极化 SAR 数据获取于 2017 年 3 月 30 日，主要覆盖香港海域，距离向分辨率和方位向分辨率均为 8m，用于研究的图像大小为 1000 像素×1000 像素，其 Pauli 彩图和舰船真值图分别如图 2.5.2(a)和(b)所示。随机选取四个包含不同取向舰船目标的感兴趣区域(region of interest，ROI)，用于二维极化相关方向图分析，如图 2.5.2(c)所示。

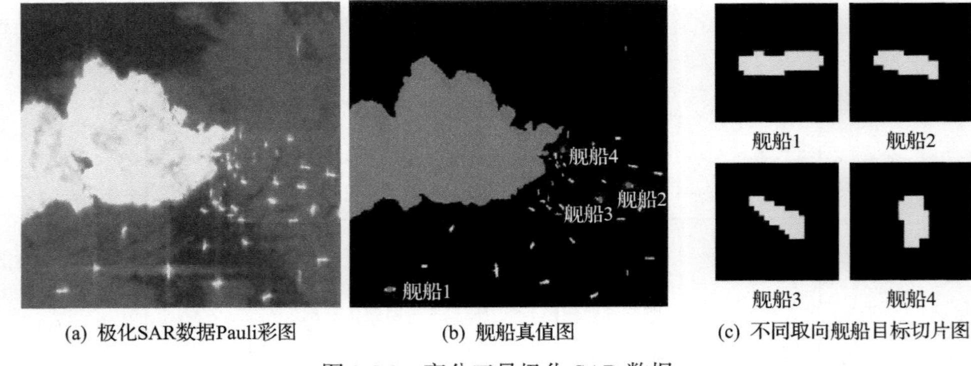

(a) 极化SAR数据Pauli彩图　(b) 舰船真值图　(c) 不同取向舰船目标切片图

图 2.5.2　高分三号极化 SAR 数据

以二维极化相关方向图$\left|\hat{\gamma}_{\text{HH-VV}}(\theta)\right|$为例，四个 ROI 中每个像素的二维极化相关方向图分别如图 2.5.3 所示。其中，红色和蓝色分别代表舰船像素和海杂波像素的二维极化相关方向图。可以看到，海杂波像素的二维极化相关方向图通常为圆形，与表 2.5.2 中的平板结构(即面散射机理)相对应。舰船像素的二维极化相关方向图基本呈现四叶形，主要对应舰船目标中的二面角结构和舰船与海面形成的二面角结构。结合实测极化 SAR 数据的分析与表 2.5.2 中的理论结果一致。因此，二维极化相关方向图解译工具能够很好地区分舰船目标和海杂波背景，为极化旋转域舰船目标检测奠定了基础。

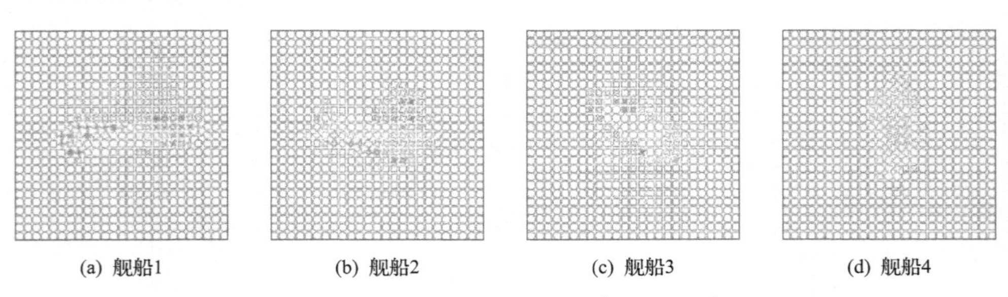

(a) 舰船1　(b) 舰船2　(c) 舰船3　(d) 舰船4

图 2.5.3　舰船 ROI 的二维极化相关方向图$\left|\hat{\gamma}_{\text{HH-VV}}(\theta)\right|$示例(见彩图)

2.6　三维极化相关方向图解译工具

极化雷达可以获得目标的完整极化信息，因此得到了广泛应用。在雷达极化信息处理中，目标散射多样性效应同时受极化方位角和极化椭圆率角的影响。通过将极化旋转域解译理论方法拓展至极化椭圆率角维度，则可探索和利用更为完整的目标散射多样性效应。本节将介绍三维极化相关方向图解译工具[32,33]。该解译工具可同时在极化方位角和极化椭圆率角维度可视化地刻画目标的极化旋转域特征。

2.6.1　极化基变换

利用极化基变换，水平和垂直极化基(H,V)下的极化散射矩阵 $\boldsymbol{S}_{(\mathrm{H,V})}$ 可变换到任意极化基(X,Y)下的极化散射矩阵 $\boldsymbol{S}_{(\mathrm{X,Y})}$。极化基变换是一种酉变换，为

$$\boldsymbol{S}_{(\mathrm{X,Y})}=\boldsymbol{U}_2^{\mathrm{T}}(\theta,\tau)\boldsymbol{S}_{(\mathrm{H,V})}\boldsymbol{U}_2(\theta,\tau) \tag{2.6.1}$$

其中，θ 是极化方位角；τ 是极化椭圆率角；$\boldsymbol{U}_2(\theta,\tau)$ 是酉矩阵，为极化方位角矩阵 $\boldsymbol{U}_2(\theta)$ 与极化椭圆率角矩阵 $\boldsymbol{U}_2(\tau)$ 的乘积，即

$$\begin{aligned}\boldsymbol{U}_2(\theta,\tau)&=\boldsymbol{U}_2(\theta)\boldsymbol{U}_2(\tau)\\&=\begin{bmatrix}\cos\theta & -\sin\theta\\ \sin\theta & \cos\theta\end{bmatrix}\begin{bmatrix}\cos\tau & \mathrm{j}\sin\tau\\ \mathrm{j}\sin\tau & \cos\tau\end{bmatrix}\end{aligned} \tag{2.6.2}$$

对于水平和垂直极化基(H,V)，Pauli 散射矢量 $\boldsymbol{k}_{\mathrm{P}_{(\mathrm{H,V})}}$ 和 Lexicographic 散射矢量 $\boldsymbol{k}_{\mathrm{L}_{(\mathrm{H,V})}}$ 分别为

$$\boldsymbol{k}_{\mathrm{P}_{(\mathrm{H,V})}}=\frac{1}{\sqrt{2}}\begin{bmatrix}S_{\mathrm{HH}}+S_{\mathrm{VV}} & S_{\mathrm{HH}}-S_{\mathrm{VV}} & 2S_{\mathrm{HV}}\end{bmatrix}^{\mathrm{T}} \tag{2.6.3}$$

$$\boldsymbol{k}_{\mathrm{L}_{(\mathrm{H,V})}}=\begin{bmatrix}S_{\mathrm{HH}} & \sqrt{2}S_{\mathrm{HV}} & S_{\mathrm{HV}}\end{bmatrix}^{\mathrm{T}} \tag{2.6.4}$$

利用极化散射矩阵 $\boldsymbol{S}_{(\mathrm{X,Y})}$ 中的元素，可以得到任意极化基下的 Pauli 散射矢量 $\boldsymbol{k}_{\mathrm{P}_{(\mathrm{X,Y})}}(\theta,\tau)$ 和 Lexicographic 散射矢量 $\boldsymbol{k}_{\mathrm{L}_{(\mathrm{X,Y})}}(\theta,\tau)$。以 Pauli 散射矢量 $\boldsymbol{k}_{\mathrm{P}_{(\mathrm{H,V})}}(\theta,\tau)$ 为例，其表达式为

$$
\begin{aligned}
&\boldsymbol{k}_{\mathrm{P}_{(\mathrm{H,V})}}(\theta,\tau)\\
&=\frac{1}{\sqrt{2}}\left[S_{\mathrm{HH}}(\theta,\tau)+S_{\mathrm{VV}}(\theta,\tau)\quad S_{\mathrm{HH}}(\theta,\tau)-S_{\mathrm{VV}}(\theta,\tau)\quad 2S_{\mathrm{HV}}(\theta,\tau)\right]\\
&=\frac{1}{\sqrt{2}}\begin{bmatrix}\cos(2\tau)(S_{\mathrm{HH}}+S_{\mathrm{VV}})-\mathrm{j}\sin(2\tau)\sin(2\theta)(S_{\mathrm{HH}}-S_{\mathrm{VV}})+2\mathrm{j}\cos(2\theta)\sin(2\tau)S_{\mathrm{HV}}\\ \cos(2\theta)(S_{\mathrm{HH}}-S_{\mathrm{VV}})+2\sin(2\theta)S_{\mathrm{HV}}\\ \mathrm{j}\sin(2\tau)(S_{\mathrm{HH}}+S_{\mathrm{VV}})-\cos(2\tau)\sin(2\theta)(S_{\mathrm{HH}}-S_{\mathrm{VV}})+2\cos(2\tau)\cos(2\theta)S_{\mathrm{HV}}\end{bmatrix}
\end{aligned}
\tag{2.6.5}
$$

此外，Pauli 散射矢量$\boldsymbol{k}_{\mathrm{P}_{(\mathrm{X,Y})}}(\theta,\tau)$和$\boldsymbol{k}_{\mathrm{P}_{(\mathrm{H,V})}}$可通过变换矩阵$\boldsymbol{U}_{\mathrm{P}_{(\mathrm{H,V})}2\mathrm{P}_{(\mathrm{X,Y})}}(\theta,\tau)$进行联系，即

$$
\boldsymbol{k}_{\mathrm{P}_{(\mathrm{X,Y})}}(\theta,\tau)=\boldsymbol{U}_{\mathrm{P}_{(\mathrm{H,V})}2\mathrm{P}_{(\mathrm{X,Y})}}(\theta,\tau)\boldsymbol{k}_{\mathrm{P}_{(\mathrm{H,V})}}
\tag{2.6.6}
$$

其中，变换矩阵$\boldsymbol{U}_{\mathrm{P}_{(\mathrm{H,V})}2\mathrm{P}_{(\mathrm{X,Y})}}(\theta,\tau)$为

$$
\begin{aligned}
\boldsymbol{U}_{\mathrm{P}_{(\mathrm{H,V})}2\mathrm{P}_{(\mathrm{X,Y})}}(\theta,\tau)&=\boldsymbol{U}_{\mathrm{P}_{(\mathrm{H,V})}2\mathrm{P}_{(\mathrm{X,Y})}}(\tau)\boldsymbol{U}_{\mathrm{P}_{(\mathrm{H,V})}2\mathrm{P}_{(\mathrm{X,Y})}}(\theta)\\
&=\begin{bmatrix}\cos(2\tau)&0&\mathrm{j}\sin(2\tau)\\0&1&0\\\mathrm{j}\sin(2\tau)&0&\cos(2\tau)\end{bmatrix}\begin{bmatrix}1&0&0\\0&\cos(2\theta)&\sin(2\theta)\\0&-\sin(2\theta)&\cos(2\theta)\end{bmatrix}\\
&=\begin{bmatrix}\cos(2\tau)&-\mathrm{j}\sin(2\tau)\sin(2\theta)&\mathrm{j}\cos(2\theta)\sin(2\tau)\\0&\cos(2\theta)&\sin(2\theta)\\\mathrm{j}\sin(2\tau)&-\cos(2\tau)\sin(2\theta)&\cos(2\tau)\cos(2\theta)\end{bmatrix}
\end{aligned}
\tag{2.6.7}
$$

这样，任意极化基下的极化相干矩阵$\boldsymbol{T}(\theta,\tau)$为

$$
\boldsymbol{T}(\theta,\tau)=\boldsymbol{U}_{\mathrm{P}_{(\mathrm{H,V})}2\mathrm{P}_{(\mathrm{X,Y})}}(\theta,\tau)\boldsymbol{T}\boldsymbol{U}^{\mathrm{H}}_{\mathrm{P}_{(\mathrm{H,V})}2\mathrm{P}_{(\mathrm{X,Y})}}(\theta,\tau)
\tag{2.6.8}
$$

值得注意的是，式(2.6.7)中的变换矩阵$\boldsymbol{U}_{\mathrm{P}_{(\mathrm{H,V})}2\mathrm{P}_{(\mathrm{X,Y})}}(\theta,\tau)$与文献[1]中的变换矩阵定义不同。文献[1]中的变换矩阵为$\tilde{\boldsymbol{U}}_{\mathrm{P}_{(\mathrm{H,V})}2\mathrm{P}_{(\mathrm{X,Y})}}(\theta,\tau)=\boldsymbol{U}_{\mathrm{P}_{(\mathrm{H,V})}2\mathrm{P}_{(\mathrm{X,Y})}}(\theta)\boldsymbol{U}_{\mathrm{P}_{(\mathrm{H,V})}2\mathrm{P}_{(\mathrm{X,Y})}}(\tau)$，即两个矩阵$\boldsymbol{U}_{\mathrm{P}_{(\mathrm{H,V})}2\mathrm{P}_{(\mathrm{X,Y})}}(\theta)$和$\boldsymbol{U}_{\mathrm{P}_{(\mathrm{H,V})}2\mathrm{P}_{(\mathrm{X,Y})}}(\tau)$的顺序与式(2.6.7)中变换矩阵$\boldsymbol{U}_{\mathrm{P}_{(\mathrm{H,V})}2\mathrm{P}_{(\mathrm{X,Y})}}(\theta,\tau)$不同。实际上，极化相干矩阵也可由极化散射矩阵导出。对于任意极化基(X,Y)，从极化散射矩阵$\boldsymbol{S}_{(\mathrm{X,Y})}$中导出的极化相干矩阵$\boldsymbol{T}(\theta,\tau)$与本书采用的变换矩阵$\boldsymbol{U}_{\mathrm{P}_{(\mathrm{H,V})}2\mathrm{P}_{(\mathrm{X,Y})}}(\theta,\tau)$得到的结果一致。因此，本书均采用式(2.6.7)中的

变换矩阵 $\boldsymbol{U}_{\mathrm{P}_{(\mathrm{H,V})}2\mathrm{P}_{(\mathrm{X,Y})}}(\theta,\tau)$ 作为极化相干矩阵的极化基变换矩阵。

根据极化相干矩阵与极化协方差矩阵的相似变换关系(2.3.22)，任意极化基 $(\mathrm{X,Y})$ 下的极化协方差矩阵 $\boldsymbol{C}(\theta,\tau)$ 为

$$\boldsymbol{C}(\theta,\tau)=\boldsymbol{U}_{\mathrm{P}_{(\mathrm{H,V})}2\mathrm{L}_{(\mathrm{H,V})}}\boldsymbol{T}(\theta,\tau)\boldsymbol{U}_{\mathrm{P}_{(\mathrm{H,V})}2\mathrm{L}_{(\mathrm{H,V})}}^{\mathrm{H}} \tag{2.6.9}$$

其中，变换矩阵 $\boldsymbol{U}_{\mathrm{P}_{(\mathrm{H,V})}2\mathrm{L}_{(\mathrm{H,V})}}$ 为

$$\boldsymbol{U}_{\mathrm{P}_{(\mathrm{H,V})}2\mathrm{L}_{(\mathrm{H,V})}}=\frac{1}{\sqrt{2}}\begin{bmatrix}1 & 1 & 0\\ 0 & 0 & \sqrt{2}\\ 1 & -1 & 0\end{bmatrix} \tag{2.6.10}$$

2.6.2　三维极化相关方向图

将二维极化相关方向图 $|\hat{\gamma}_{1\text{-}2}(\theta)|$ 进一步拓展至极化椭圆率角维度，可以得到三维极化相关方向图 $|\hat{\gamma}_{1\text{-}2}(\theta,\tau)|$ 为

$$|\hat{\gamma}_{1\text{-}2}(\theta,\tau)|=\left|\left\langle s_1(\theta,\tau)s_2^*(\theta,\tau)\right\rangle\right|,\quad \theta\in[-\pi,\pi),\quad \tau\in[-\pi/4,\pi/4) \tag{2.6.11}$$

对于六种典型的三维极化相关方向图 $|\hat{\gamma}_{\mathrm{HH\text{-}HV}}(\theta,\tau)|$、$|\hat{\gamma}_{\mathrm{HH\text{-}VV}}(\theta,\tau)|$、$|\hat{\gamma}_{\mathrm{VV\text{-}HV}}(\theta,\tau)|$、$|\hat{\gamma}_{\mathrm{(HH+VV)\text{-}(HH\text{-}VV)}}(\theta,\tau)|$、$|\hat{\gamma}_{\mathrm{(HH\text{-}VV)\text{-}(HV)}}(\theta,\tau)|$ 和 $|\hat{\gamma}_{\mathrm{(HH+VV)\text{-}(HV)}}(\theta,\tau)|$，进一步地，可以得到典型三维极化相关方向图的三个恒等式分别为

$$|\hat{\gamma}_{\mathrm{(HH+VV)\text{-}(HH\text{-}VV)}}(\theta,\tau)|=|\hat{\gamma}_{\mathrm{(HH+VV)\text{-}(HV)}}(\theta+\pi/4,\tau)| \tag{2.6.12}$$

$$|\hat{\gamma}_{\mathrm{HH\text{-}HV}}(\theta,\tau)|=|\hat{\gamma}_{\mathrm{VV\text{-}HV}}(\theta+\pi/2,\tau)| \tag{2.6.13}$$

$$|\hat{\gamma}_{\mathrm{(HH\text{-}VV)\text{-}(HV)}}(\theta,\tau)|=|\hat{\gamma}_{\mathrm{(HH+VV)\text{-}(HH\text{-}VV)}}(\theta,\tau+\pi/4)| \tag{2.6.14}$$

因此，不失一般性地，后续重点考虑 $|\hat{\gamma}_{\mathrm{HH\text{-}HV}}(\theta,\tau)|$、$|\hat{\gamma}_{\mathrm{HH\text{-}VV}}(\theta,\tau)|$ 和 $|\hat{\gamma}_{\mathrm{(HH+VV)\text{-}(HH\text{-}VV)}}(\theta,\tau)|$ 这三种独立的三维极化相关方向图。为直观理解三维极化相关方向图的特性，可采用柱坐标系对三维极化相关方向图 $|\hat{\gamma}_{1\text{-}2}(\theta,\tau)|$ 进行可视化表征。偶极子的三维极化相关方向图 $|\hat{\gamma}_{\mathrm{(HH+VV)\text{-}(HH\text{-}VV)}}(\theta,\tau)|$ 示例如图 2.6.1 (a) 所示。三维图形的表面颜色代表极化相关特征的取值，表面颜色越浅，极化相关特征的取值越大。在该柱坐标系中，一个维度代表极化椭圆率角。在极化椭圆率角给定后，三维极

化相关方向图的另两个维度退化为二维极化相关方向图。典型极化椭圆率角上的三维极化相关方向图的剖面图可定义为极化相关方向图的剖面图，如图 2.6.1(b) 所示。可以看到，三维极化相关方向图可以更完整地刻画极化相关特征的特性。

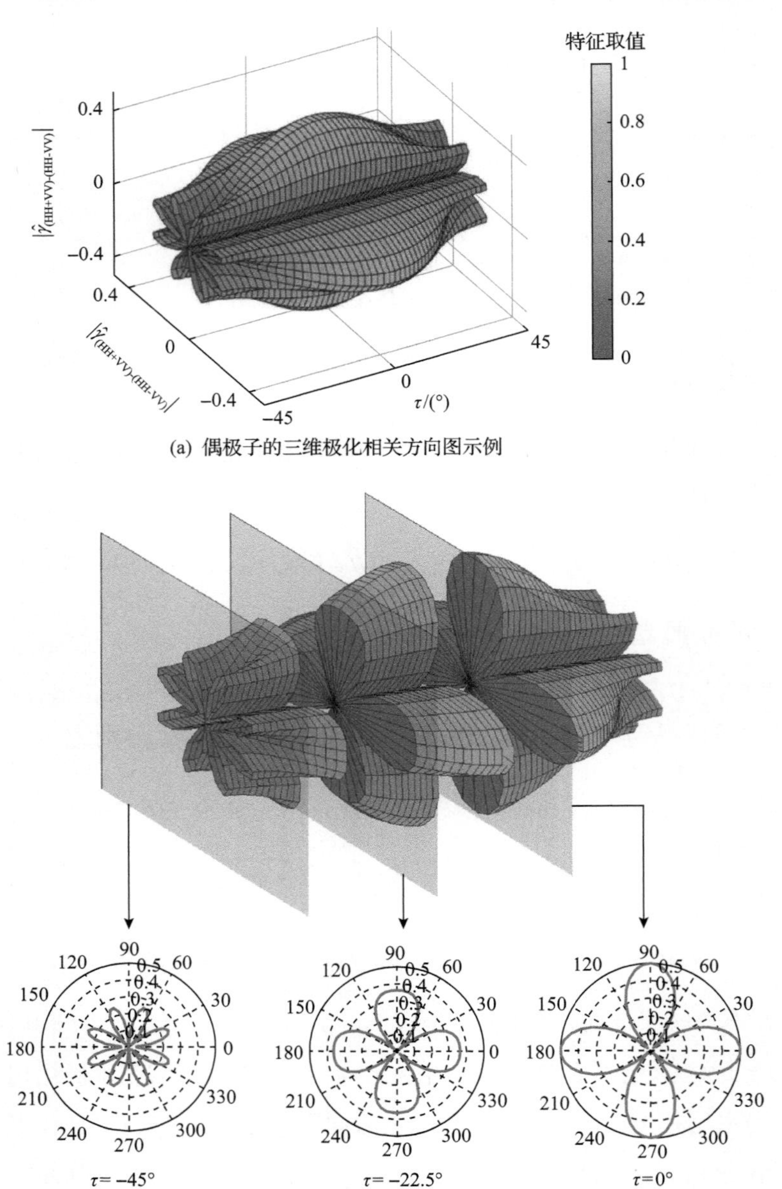

(a) 偶极子的三维极化相关方向图示例

(b) 典型极化椭圆率角取值下三维极化相关方向图的剖面图

图 2.6.1　三维极化相关方向图示例

2.6.3　典型散射结构的三维极化相关方向图

本节分析平板、二面角、偶极子和螺旋体等典型散射结构的三维极化相关方向图，其对应的极化散射矩阵分别为

$$\boldsymbol{S}_{\text{Plate}} = \begin{bmatrix} 1 & 0 \\ 0 & 1 \end{bmatrix} \tag{2.6.15}$$

$$\boldsymbol{S}_{\text{Dihedral}} = \begin{bmatrix} 1 & 0 \\ 0 & -1 \end{bmatrix} \tag{2.6.16}$$

$$\boldsymbol{S}_{\text{Dipole}} = \begin{bmatrix} 1 & 0 \\ 0 & 1 \end{bmatrix} \tag{2.6.17}$$

$$\boldsymbol{S}_{\text{Helix}} = \frac{1}{2}\begin{bmatrix} 1 & \text{j} \\ \text{j} & -1 \end{bmatrix} \tag{2.6.18}$$

这四种典型散射结构的三维极化相关方向图如图 2.6.2 所示。可以看到，不同散射结构的三维极化相关方向图的特性具有显著差异。同时，除螺旋体结构外，三维极化相关方向图 $\left|\hat{\gamma}_{\text{HH-HV}}(\theta,\tau)\right|$ 中极化椭圆率角 τ 的主值区间均为 $[-45°,45°]$。因此，后续分析中将极化椭圆率角的取值区间均限定为 $\tau \in [-45°,45°]$。

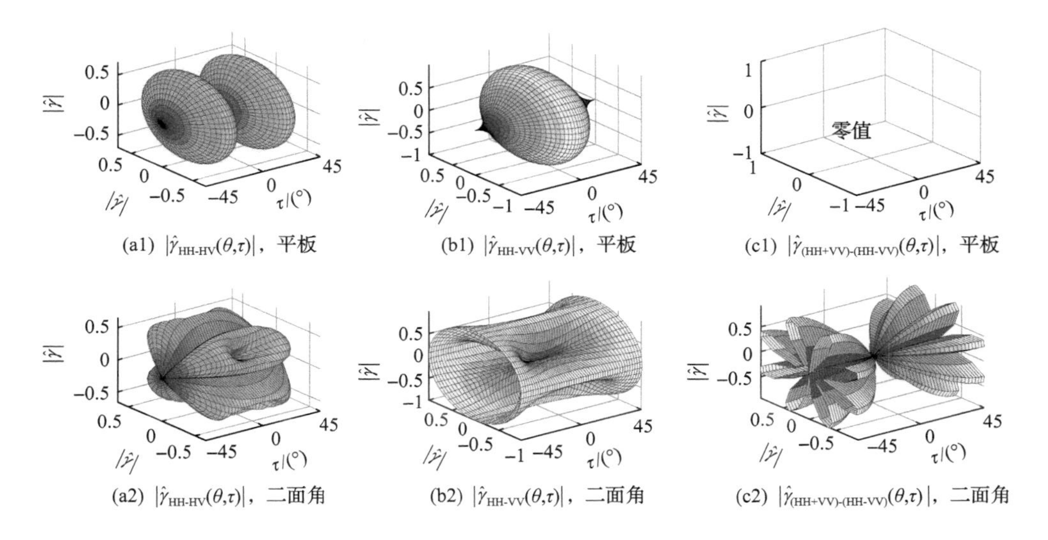

(a1) $\left|\hat{\gamma}_{\text{HH-HV}}(\theta,\tau)\right|$，平板　(b1) $\left|\hat{\gamma}_{\text{HH-VV}}(\theta,\tau)\right|$，平板　(c1) $\left|\hat{\gamma}_{\text{(HH+VV)-(HH-VV)}}(\theta,\tau)\right|$，平板

(a2) $\left|\hat{\gamma}_{\text{HH-HV}}(\theta,\tau)\right|$，二面角　(b2) $\left|\hat{\gamma}_{\text{HH-VV}}(\theta,\tau)\right|$，二面角　(c2) $\left|\hat{\gamma}_{\text{(HH+VV)-(HH-VV)}}(\theta,\tau)\right|$，二面角

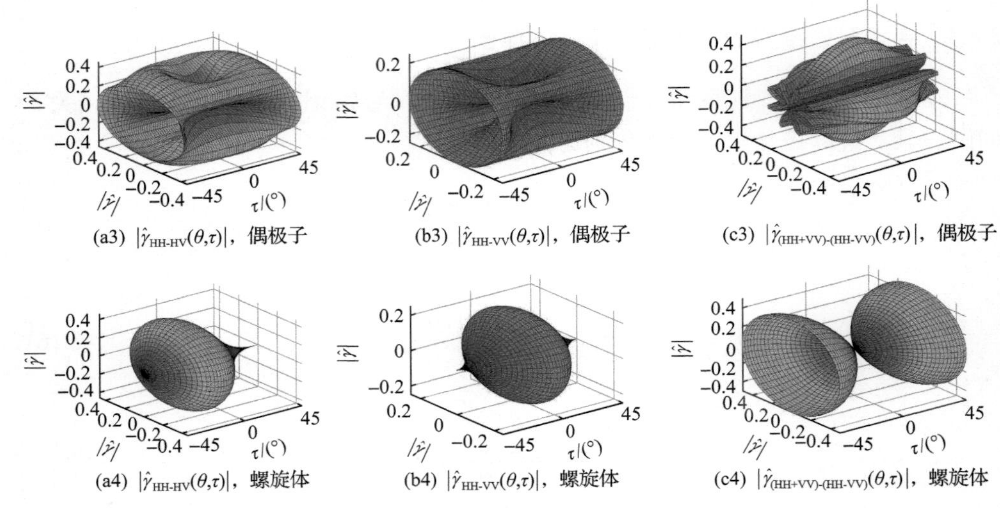

(a3) $|\hat{\gamma}_{\text{HH-HV}}(\theta,\tau)|$，偶极子　(b3) $|\hat{\gamma}_{\text{HH-VV}}(\theta,\tau)|$，偶极子　(c3) $|\hat{\gamma}_{\text{(HH+VV)-(HH-VV)}}(\theta,\tau)|$，偶极子

(a4) $|\hat{\gamma}_{\text{HH-HV}}(\theta,\tau)|$，螺旋体　(b4) $|\hat{\gamma}_{\text{HH-VV}}(\theta,\tau)|$，螺旋体　(c4) $|\hat{\gamma}_{\text{(HH+VV)-(HH-VV)}}(\theta,\tau)|$，螺旋体

图 2.6.2　典型散射结构的三维极化相关方向图(见彩图)

1. 周期性与对称性

当给定极化椭圆率角时，三维极化相关方向图通常具有周期性。下面以三维极化相关方向图 $\left|\hat{\gamma}_{\text{HH-HV}}(\theta,\tau)\right|$ 为例进行分析。对于平板和螺旋体结构，其三维极化相关方向图 $\left|\hat{\gamma}_{\text{HH-HV}}(\theta,\tau)\right|$ 沿极化椭圆率角维度始终保持圆形，表明这两种散射结构具有很好的极化旋转不变特征。对于二面角结构，其三维极化相关方向图 $\left|\hat{\gamma}_{\text{HH-HV}}(\theta,\tau)\right|$ 在 $\tau=0^\circ$ 时的周期为 45°，而在其他极化椭圆率角情况下的周期为 90°。对于偶极子结构，其三维极化相关方向图 $\left|\hat{\gamma}_{\text{HH-HV}}(\theta,\tau)\right|$ 在 $\tau=\pm45^\circ$ 时具有极化旋转不变性，而在其他极化椭圆率角时的周期为 90°。此外，除螺旋体结构外，平板、偶极子和二面角结构的三维极化相关方向图 $\left|\hat{\gamma}_{\text{HH-HV}}(\theta,\tau)\right|$ 在 $\tau\in\left[-45^\circ,45^\circ\right]$ 具有对称性。对于螺旋体结构，其三维极化相关方向图 $\left|\hat{\gamma}_{\text{HH-HV}}(\theta,\tau)\right|$ 则在 $\tau\in\left[-45^\circ,135^\circ\right]$ 具有对称性，如图 2.6.3 所示。

2. 极值分布

不同散射结构的三维极化相关方向图的极值分布也存在显著差异。以三维极化相关方向图 $\left|\hat{\gamma}_{\text{HH-HV}}(\theta,\tau)\right|$ 为例，典型散射结构的三维极化相关方向图的解析表达式如表 2.6.1 所示。在 $\theta\in[-90^\circ,90^\circ]$ 和 $\tau\in[-45^\circ,45^\circ]$ 的主值区间，平板结构的三维极化相关方向图 $\left|\hat{\gamma}_{\text{HH-HV}}(\theta,\tau)\right|$ 的最大值分布在 $\tau=\pm22.5^\circ$ 的圆形区域内，而其最小值则位于 $\tau=0^\circ,\pm45^\circ$ 的三维极化相关方向图剖面上。对于二面角结构，尽管三维极化相关方向图 $\left|\hat{\gamma}_{\text{HH-HV}}(\theta,\tau)\right|$ 的最大值所在曲线的解析表达式难以直接给

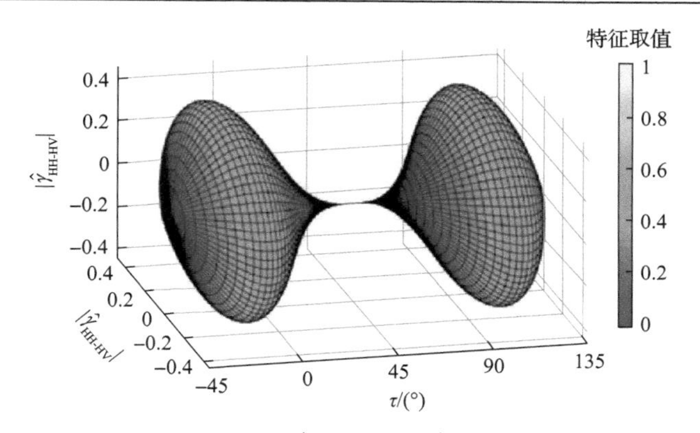

图 2.6.3　螺旋体三维极化相关方向图 $\left|\hat{\gamma}_{\text{HH-HV}}(\theta,\tau)\right|$ 在 $\tau\in[-45°,135°]$ 范围内的示意图

表 2.6.1　典型散射结构的三维极化相关方向图 $\left|\hat{\gamma}_{\text{HH-HV}}(\theta,\tau)\right|$ 的解析表达式

典型散射结构	解析表达式
平板	$\frac{1}{2}\lvert\sin(4\tau)\rvert$
二面角	$\left\lvert\cos(2\tau)\sin(2\theta)\sqrt{\cos^2(2\theta)+\sin^2(2\theta)\sin^2(2\tau)}\right\rvert$
偶极子	$\frac{1}{2}\left[\sin^2\tau\sin^2\theta+\cos^2\theta\cos^2\tau\right]\sqrt{\cos^2(2\tau)\sin^2(2\theta)+\sin^2(2\tau)}$
螺旋体	$\frac{\lvert\cos(2\tau)[\sin(2\tau)-1]\rvert}{4}$

出，但从图 2.6.2(a2)可知，其位于一个椭圆弧区域。与此同时，二面角结构的三维极化相关方向图 $\left|\hat{\gamma}_{\text{HH-HV}}(\theta,\tau)\right|$ 的最小值分布在 $\tau=\pm45°$ 的三维极化相关方向图剖面以及 $\tau=0°$ 且 $\theta=0°/\pm45°/\pm90°$ 等区域。对于偶极子结构，三维极化相关方向图 $\left|\hat{\gamma}_{\text{HH-HV}}(\theta,\tau)\right|$ 的最大值所在曲线的解析表达式同样难以推导，从图 2.6.2(a3)可知，其也位于一个椭圆弧区域。偶极子结构三维极化相关方向图 $\left|\hat{\gamma}_{\text{HH-HV}}(\theta,\tau)\right|$ 的最小值则分布在 $\tau=0°$ 且 $\theta=0°/\pm90°$ 等区域。对于螺旋体结构，三维极化相关方向图 $\left|\hat{\gamma}_{\text{HH-HV}}(\theta,\tau)\right|$ 的最大值分布在 $\tau=-15°$ 的三维极化相关方向图剖面内，而其最小值则分布在 $\tau=\pm45°$ 的三维极化相关方向图剖面内。此外，当 $\tau=\pm45°$ 时，除偶极子外，其他散射结构的三维极化相关方向图 $\left|\hat{\gamma}_{\text{HH-HV}}(\theta,\tau)\right|$ 的取值均为零。当 $\tau=0°$ 时，平板结构的三维极化相关方向图 $\left|\hat{\gamma}_{\text{HH-HV}}(\theta,\tau)\right|$ 的取值不随极化方位角变化，始终为零。

2.6.4　三维极化相关方向图特征提取

三维极化相关方向图作为另一种可视化解译工具，可以直接观察目标极化相关特征随极化椭圆率角和极化方位角的演化特性。为便于定量刻画和描述，下面介绍包括全局特征、局部特征和相互特征三种新极化特征的特征集。

1. 曲率概念

在微分几何中，曲率是描述空间曲面特性的重要理论工具。目前，有主曲率(principal curvature，PC)、平均曲率(mean curvature，MC)和高斯曲率(Gaussian curvature，GC)等三种曲面曲率。对于曲面上每一点，都可以有无数条曲线穿过。对于每条曲线，可定义曲率取值。其中，最大曲率和最小曲率分别表示为κ_1和κ_2，即主曲率。主曲率代表曲面最大弯曲度。κ_1和κ_2的平均值为平均曲率，用于描述曲面的局部弯曲情况。只要曲面上有一个点向某个方向弯曲，就存在非零的平均曲率。当然，鞍点除外，其主曲率满足$\kappa_1=-\kappa_2$，则平均曲率为零。κ_1和κ_2的乘积定义为高斯曲率，可以衡量局部范围内的整体弯曲程度以及曲面是否有各个方向的弯曲。

对于曲面曲率，欧氏空间中的坐标矢量定义为$\begin{bmatrix} x & y & z \end{bmatrix}^{\mathrm{T}}$，则曲面$\mathcal{S}$的法向量可表示为

$$\boldsymbol{n}=\left[\frac{\partial \mathcal{S}}{\partial x}\times\frac{\partial \mathcal{S}}{\partial y}\right]\Big/\left|\frac{\partial \mathcal{S}}{\partial x}\times\frac{\partial \mathcal{S}}{\partial y}\right| \tag{2.6.19}$$

其中，$\times$为交叉积运算。

曲面的一阶基本形式$\boldsymbol{I}(\mathcal{S})$和二阶基本形式$\boldsymbol{\Pi}(\mathcal{S})$分别为[78]

$$\boldsymbol{I}(\mathcal{S})=\begin{bmatrix} \frac{\partial \mathcal{S}}{\partial x}\frac{\partial \mathcal{S}}{\partial x}, & \frac{\partial \mathcal{S}}{\partial x}\frac{\partial \mathcal{S}}{\partial y} \\ \frac{\partial \mathcal{S}}{\partial y}\frac{\partial \mathcal{S}}{\partial x}, & \frac{\partial \mathcal{S}}{\partial y}\frac{\partial \mathcal{S}}{\partial y} \end{bmatrix} \tag{2.6.20}$$

$$\boldsymbol{\Pi}(\mathcal{S})=\begin{bmatrix} \frac{\partial^2 \mathcal{S}}{\partial x^2}\boldsymbol{n}, \frac{\partial^2 \mathcal{S}}{\partial x \partial y}\boldsymbol{n} \\ \frac{\partial^2 \mathcal{S}}{\partial y \partial x}\boldsymbol{n}, \frac{\partial^2 \mathcal{S}}{\partial y^2}\boldsymbol{n} \end{bmatrix} \tag{2.6.21}$$

高斯曲率GC和平均曲率MC的表达式分别为[78]

$$\mathrm{GC}=\kappa_1\kappa_2=\frac{\mathrm{Det}(\boldsymbol{\Pi})}{\mathrm{Det}(\boldsymbol{I})} \tag{2.6.22}$$

$$\mathrm{MC}=\frac{1}{2}(\kappa_1+\kappa_2)=\frac{1}{2}\mathrm{Tr}\left(\frac{\boldsymbol{\Pi}}{\boldsymbol{I}}\right) \tag{2.6.23}$$

其中，$\mathrm{Det}(\cdot)$ 和 $\mathrm{Tr}(\cdot)$ 分别为矩阵的行列式和矩阵的迹。

主曲率 PC 包含最大曲率 κ_1 和最小曲率 κ_2，其分别为[78]

$$\kappa_1 = \mathrm{MC} + \sqrt{\mathrm{MC}^2 - \mathrm{GC}} \tag{2.6.24}$$

$$\kappa_2 = \mathrm{MC} - \sqrt{\mathrm{MC}^2 - \mathrm{GC}} \tag{2.6.25}$$

此外，对于曲面上的一条曲线 L，曲线曲率(curve curvature, CC)可以表示这种二维情况下曲线的弯曲程度。曲线曲率的表达式为[78]

$$\mathrm{CC} = \frac{\left|L^{(2)}\right|}{\left[1 + \left(L^{(1)}\right)^2\right]^{\frac{3}{2}}} \tag{2.6.26}$$

其中，上标(1)和(2)分别代表一阶导数和二阶导数。

2. 典型散射结构三维极化相关方向图表面曲率分析

从图 2.6.2 可以观察到，三维极化相关方向图的表面是起伏变化的。在一些区域，三维极化相关方向图可凹陷形成山谷结构或凸起形成山峰结构。曲率特征能够有效刻画三维极化相关方向图在极化椭圆率角和极化方位角维度的空间变化特性。四种典型散射结构的三维极化相关方向图 $\left|\hat{\gamma}_{\text{HH-HV}}(\theta,\tau)\right|$ 的高斯曲率、平均曲率以及两个主曲率特征的分布情况分别如图 2.6.4～图 2.6.6 所示。

在图 2.6.4 中，平板结构的高斯曲率特征不随极化椭圆率角和极化方位角而变化，始终为零。这一结论也可从图 2.6.2(a1)获知。随着极化方位角的变化，平板结构的三维极化相关方向图 $\left|\hat{\gamma}_{\text{HH-HV}}(\theta,\tau)\right|$ 的取值在极化椭圆率角剖面始终为定值，则其高斯曲率特征为零。对于二面角结构，高斯曲率特征在 $\{\theta = \pm 45°, \tau = 0°\}$ 位置处有两个峰值，为三维极化相关方向图 $\left|\hat{\gamma}_{\text{HH-HV}}(\theta,\tau)\right|$ 最小值所处位置。此外，与平板和螺旋体结构相比，二面角和偶极子结构的高斯曲率特征分别在 $\{\theta = \pm 45°, \tau = 0°\}$ 和 $\{\theta = 0°, \tau = 0°\}$ 位置处的三维极化相关方向图 $\left|\hat{\gamma}_{\text{HH-HV}}(\theta,\tau)\right|$ 取值变化剧烈。因此，高斯曲率特征的最大值及其所在位置能够表征不同的散射机理。

对于图 2.6.5 所示的平均曲率特征，可以观察到面状凸起和多个尖峰等特点。以平板结构为例，其平均曲率特征在 $\tau = 0°$ 和 $\tau = \pm 45°$ 变化明显，并存在三个面状凸起。二面角结构则在 $\{\theta = \pm 45°, \tau = 0°\}$ 有两个尖峰。偶极子结构只有一个位于 $\{\theta = 0°, \tau = 0°\}$ 的尖峰，即其极值点位置。主曲率特征图与平均曲率特征图的形状非常相似，只是特征取值有所不同，如图 2.6.5 和图 2.6.6 所示。

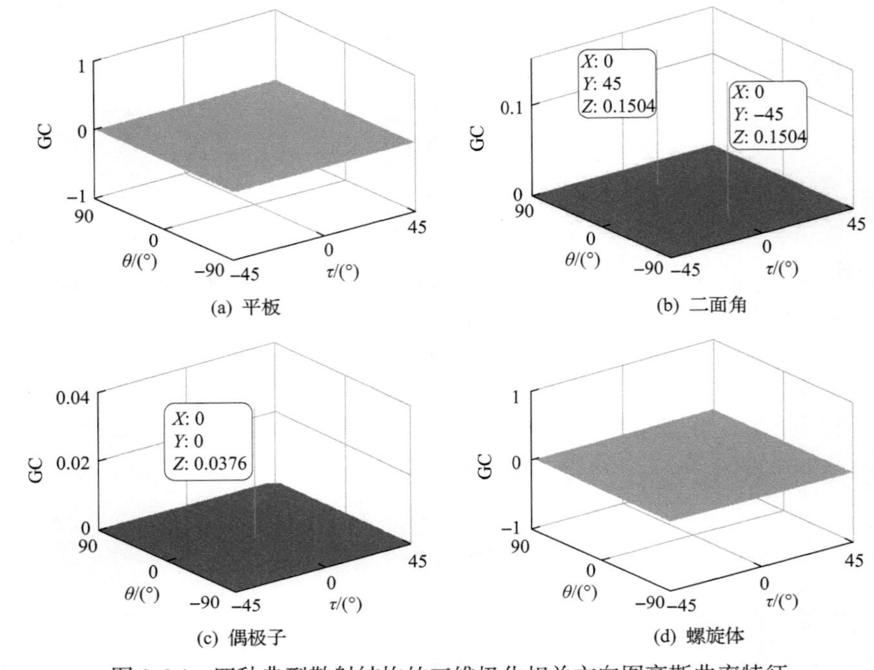

图 2.6.4　四种典型散射结构的三维极化相关方向图高斯曲率特征

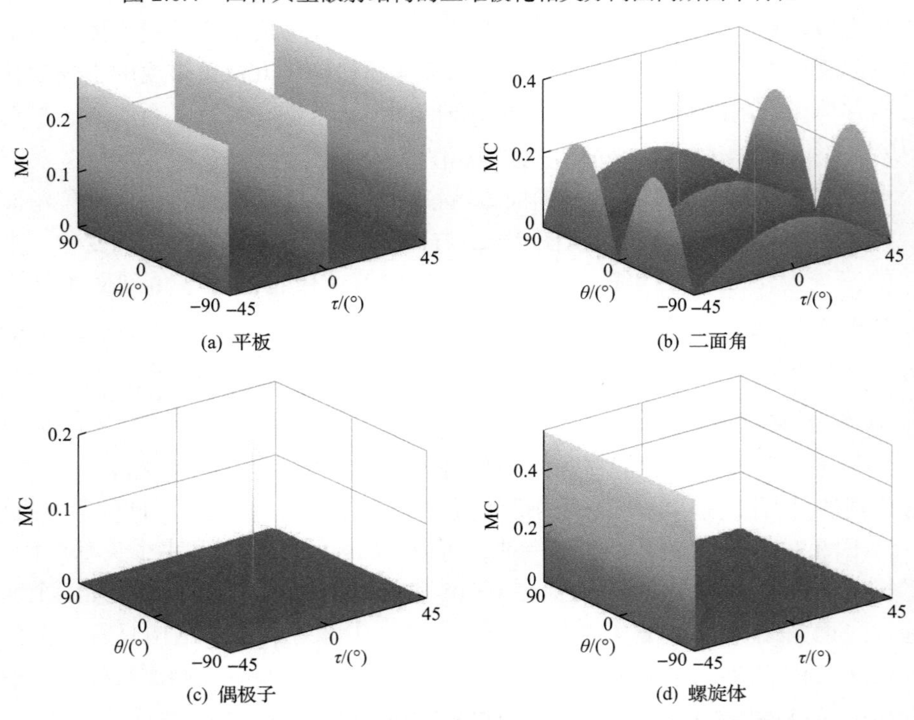

图 2.6.5　四种典型散射结构的三维极化相关方向图平均曲率特征

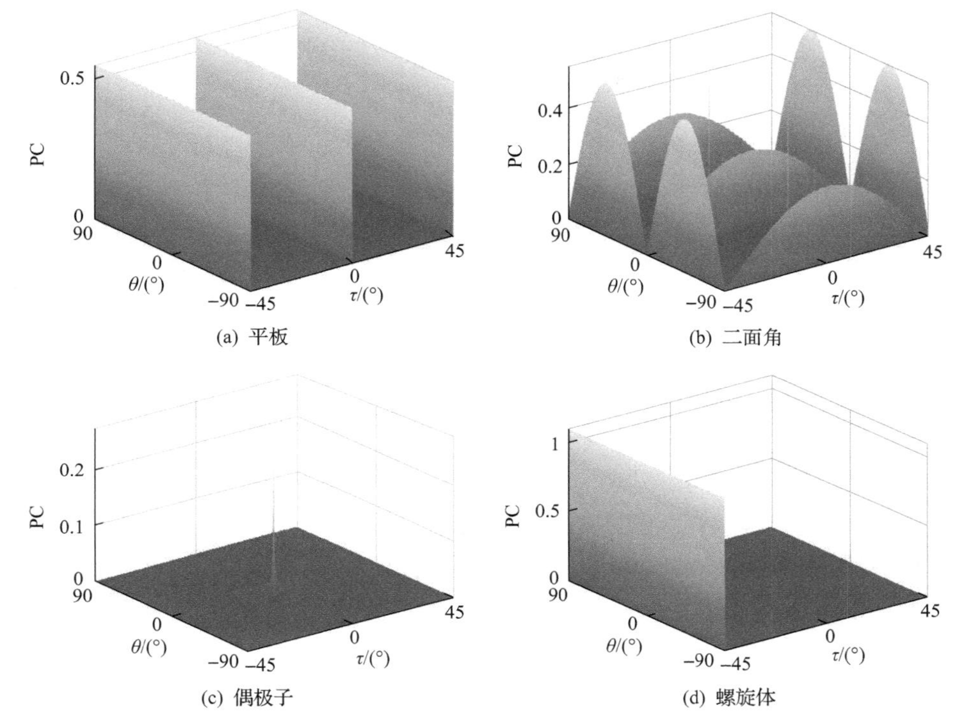

图 2.6.6　四种典型散射结构的三维极化相关方向图主曲率特征

总之，与平均曲率特征和主曲率特征相比，高斯曲率特征的取值更为纯净，因为高斯曲率特征取非零值需要满足曲面在所有方向都存在弯曲。另外，高斯曲率特征可以表征三维极化相关方向图表面随极化椭圆率角和极化方位角变化时的整体变化程度。高斯曲率特征取值越大，极化椭圆率角和极化方位角剖面中极化相关特征的取值变化越显著。平均曲率特征表征三维极化相关方向图随极化椭圆率角和极化方位角变化的平均程度，而主曲率特征表征三维极化相关方向图上点的最大弯曲程度。此外，曲线曲率能够表征极化椭圆率角剖面或者极化方位角剖面中曲线上某点的弯曲程度。因此，这些曲率类特征为表征、挖掘和利用三维极化相关方向图中蕴含的丰富信息提供了有效途径。

3. 三维极化相关方向图特征

为定量表征与描述三维极化相关方向图，对于每种三维极化相关方向图，可定义全局特征、局部特征和相互特征等三类新极化特征集。

1) 全局特征

全局特征源自三维极化相关方向图的三维流形。全局特征主要包括全局极化相关最大值特征、全局极化相关最小值特征、曲面曲率特征（如最大高斯曲率特征、最大平均曲率特征和最大主曲率特征)等，其示例图如图 2.6.7 所示。这些全局特征的定义如下。

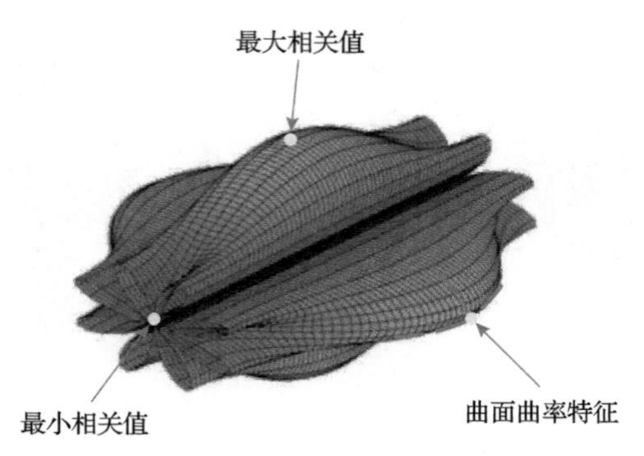

图 2.6.7　全局特征示例图

(1) 全局极化相关最大值特征 $\left|\hat{\gamma}_{1\text{-}2}(\theta,\tau)\right|_{\text{all-max}}$：定义为三维极化相关方向图中极化相关特征的全局最大值，即

$$\left|\hat{\gamma}_{1\text{-}2}(\theta,\tau)\right|_{\text{all-max}}=\max\left(\left|\hat{\gamma}_{1\text{-}2}(\theta,\tau)\right|\right) \tag{2.6.27}$$

全局极化相关最大值特征 $\left|\hat{\gamma}_{1\text{-}2}(\theta,\tau)\right|_{\text{all-max}}$ 表示目标极化相关特性的取值上限。

(2) 全局极化相关最小值特征 $\left|\hat{\gamma}_{1\text{-}2}(\theta,\tau)\right|_{\text{all-min}}$：定义为三维极化相关方向图中极化相关特征的全局最小值，即

$$\left|\hat{\gamma}_{1\text{-}2}(\theta,\tau)\right|_{\text{all-min}}=\min\left(\left|\hat{\gamma}_{1\text{-}2}(\theta,\tau)\right|\right) \tag{2.6.28}$$

全局极化相关最小值特征 $\left|\hat{\gamma}_{1\text{-}2}(\theta,\tau)\right|_{\text{all-min}}$ 表示目标极化相关特性的取值下限。

(3) 最大高斯曲率特征 $\left|\hat{\gamma}_{1\text{-}2}(\theta,\tau)\right|_{\text{MGC}}$：定义为高斯曲率 GC 的最大值，即

$$\left|\hat{\gamma}_{1\text{-}2}(\theta,\tau)\right|_{\text{MGC}}=\max\left(\left|\text{GC}(\theta,\tau)\right|\right) \tag{2.6.29}$$

最大高斯曲率特征 $\left|\hat{\gamma}_{1\text{-}2}(\theta,\tau)\right|_{\text{MGC}}$ 表示三维极化相关方向图的最大弯曲度。值得注意的是，高斯曲率特征是曲面的基本属性，不会随曲面的任何非拉伸变换而改变。

(4) 最大平均曲率特征 $\left|\hat{\gamma}_{1\text{-}2}(\theta,\tau)\right|_{\text{MMC}}$：定义为平均曲率 MC 的最大值，即

$$\left|\hat{\gamma}_{1\text{-}2}(\theta,\tau)\right|_{\text{MMC}}=\max\left(\left|\text{MC}(\theta,\tau)\right|\right) \tag{2.6.30}$$

最大平均曲率特征 $\left|\hat{\gamma}_{1\text{-}2}(\theta,\tau)\right|_{\mathrm{MMC}}$ 表示三维极化相关方向图的最大平均弯曲度。

(5) 最大主曲率特征 $\left|\hat{\gamma}_{1\text{-}2}(\theta,\tau)\right|_{\mathrm{MPC}}$：定义为两个主曲率特征的最大值，即

$$\left|\hat{\gamma}_{1\text{-}2}(\theta,\tau)\right|_{\mathrm{MPC}}=\max\left[\max\left(\left|\kappa_1(\theta,\tau)\right|\right),\max\left(\left|\kappa_2(\theta,\tau)\right|\right)\right] \tag{2.6.31}$$

最大主曲率特征 $\left|\hat{\gamma}_{1\text{-}2}(\theta,\tau)\right|_{\mathrm{MPC}}$ 表示三维极化相关方向图的最大弯曲度。

2) 局部特征

局部特征源自三维极化相关方向图的二维剖面。给定极化椭圆率角或极化方位角，可以得到三维极化相关方向图的二维剖面，可定义一组局部特征。极化椭圆率角剖面和极化方位角剖面如图 2.6.8 和图 2.6.9 所示。

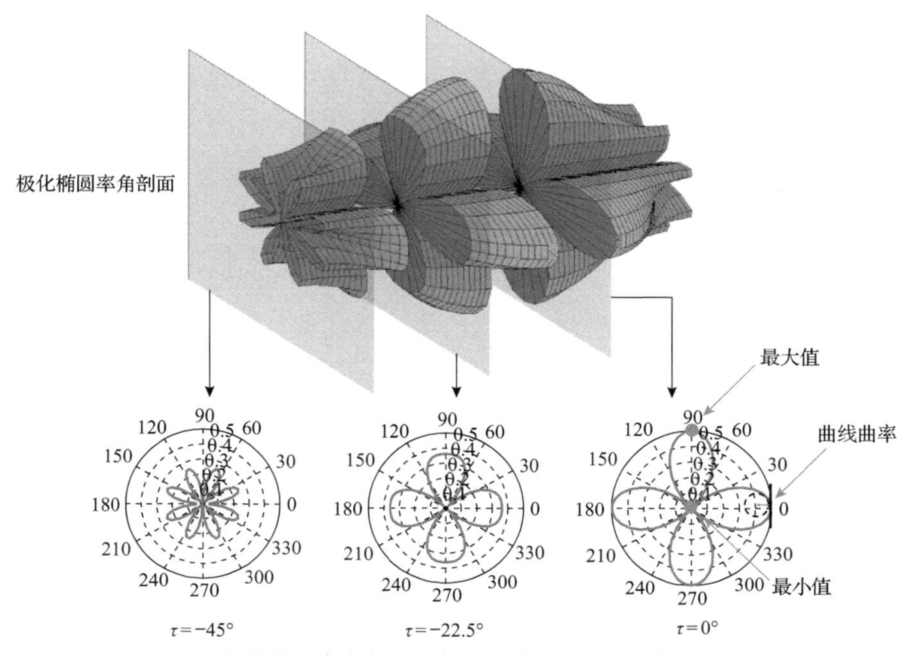

图 2.6.8　极化椭圆率角剖面示例图及其局部特征示例图(见彩图)

首先，对于给定的极化椭圆率角 τ，可以得到如图 2.6.8 所示的极化椭圆率角剖面。对于每一种给定的极化椭圆率角，可以提取七种局部特征，分别如下。

(1) 切片极化相关初始值特征 $\left|\hat{\gamma}_{1\text{-}2}(\theta,\tau)\right|_{\mathrm{org}}^{\tau=\alpha}$：定义为极化椭圆率角 $\tau=\alpha$ 剖面上极化方位角为零时的极化相关特征，即

$$\left|\hat{\gamma}_{1\text{-}2}(\theta,\tau)\right|_{\mathrm{org}}^{\tau=\alpha}=\left|\hat{\gamma}_{1\text{-}2}(0,\tau=\alpha)\right| \tag{2.6.32}$$

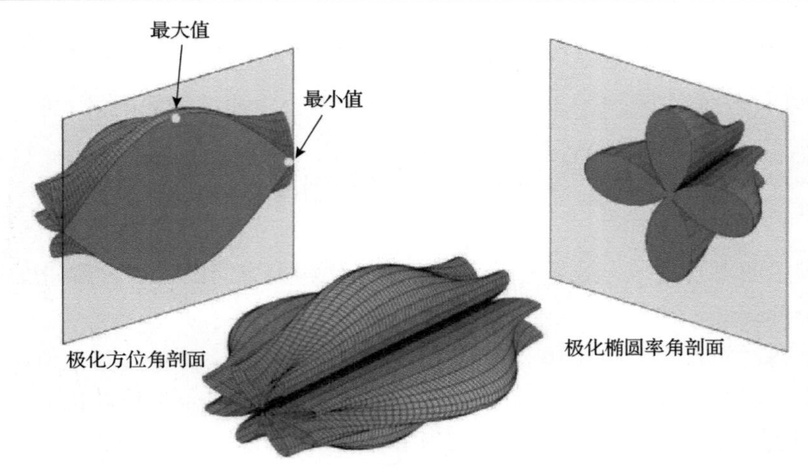

图 2.6.9　极化方位角和极化椭圆率角剖面示例图

(2) 切片极化相关度特征 $\left|\hat{\gamma}_{1\text{-}2}(\theta,\tau)\right|_{\text{mean}}^{\tau=\alpha}$：定义为极化椭圆率角 $\tau=\alpha$ 剖面极化相关特征的平均值，即

$$\left|\hat{\gamma}_{1\text{-}2}(\theta,\tau)\right|_{\text{mean}}^{\tau=\alpha}=\frac{1}{2\pi}\int_{-\pi}^{\pi}\left|\hat{\gamma}_{1\text{-}2}(\theta,\tau)\right|^{\tau=\alpha}\mathrm{d}\theta \tag{2.6.33}$$

(3) 切片极化相关起伏度特征 $\left|\hat{\gamma}_{1\text{-}2}(\theta,\tau)\right|_{\text{std}}^{\tau=\alpha}$：定义为极化椭圆率角 $\tau=\alpha$ 剖面极化相关特征的标准差，即

$$\left|\hat{\gamma}_{1\text{-}2}(\theta,\tau)\right|_{\text{std}}^{\tau=\alpha}=\sqrt{\frac{1}{2\pi}\int_{-\pi}^{\pi}\left(\left|\hat{\gamma}_{1\text{-}2}(\theta,\tau)\right|^{\tau=\alpha}-\left|\hat{\gamma}_{1\text{-}2}(\theta,\tau)\right|_{\text{mean}}^{\tau=\alpha}\right)^{2}\mathrm{d}\theta} \tag{2.6.34}$$

(4) 切片极化相关最大值特征 $\left|\hat{\gamma}_{1\text{-}2}(\theta,\tau)\right|_{\max}^{\tau=\alpha}$：定义为极化椭圆率角 $\tau=\alpha$ 剖面极化相关特征的最大值，即

$$\left|\hat{\gamma}_{1\text{-}2}(\theta,\tau)\right|_{\max}^{\tau=\alpha}=\max\left(\left|\hat{\gamma}_{1\text{-}2}(\theta,\tau)\right|^{\tau=\alpha}\right) \tag{2.6.35}$$

(5) 切片极化相关最小值特征 $\left|\hat{\gamma}_{1\text{-}2}(\theta,\tau)\right|_{\min}^{\tau=\alpha}$：定义为极化椭圆率角 $\tau=\alpha$ 剖面极化相关特征的最小值，即

$$\left|\hat{\gamma}_{1\text{-}2}(\theta,\tau)\right|_{\min}^{\tau=\alpha}=\min\left(\left|\hat{\gamma}_{1\text{-}2}(\theta,\tau)\right|^{\tau=\alpha}\right) \tag{2.6.36}$$

(6) 切片极化相关对比度特征 $\left|\hat{\gamma}_{1\text{-}2}(\theta,\tau)\right|_{\text{contrast}}^{\tau=\alpha}$：定义为极化椭圆率角 $\tau=\alpha$ 剖面的切片极化相关最大值特征与切片极化相关最小值特征之差，即

$$\left|\hat{\gamma}_{1\text{-}2}(\theta,\tau)\right|_{\text{contrast}}^{\tau=\alpha}=\left|\hat{\gamma}_{1\text{-}2}(\theta,\tau)\right|_{\max}^{\tau=\alpha}-\left|\hat{\gamma}_{1\text{-}2}(\theta,\tau)\right|_{\min}^{\tau=\alpha} \tag{2.6.37}$$

切片极化相关对比度特征 $\left|\hat{\gamma}_{1\text{-}2}(\theta,\tau)\right|_{\text{contrast}}^{\tau=\alpha}$ 表示极化椭圆率角 $\tau=\alpha$ 剖面的目标散射多样性。

(7) 切片最大曲率特征 $\left|\hat{\gamma}_{1\text{-}2}(\theta,\tau)\right|_{\text{MCC}}^{\tau=\alpha}$：定义为极化椭圆率角 $\tau=\alpha$ 剖面的最大曲线曲率，即

$$\left|\hat{\gamma}_{1\text{-}2}(\theta,\tau)\right|_{\text{MCC}}^{\tau=\alpha}=\max\left(\left|\text{CC}(\theta)\right|\right) \tag{2.6.38}$$

切片最大曲率特征 $\left|\hat{\gamma}_{1\text{-}2}(\theta,\tau)\right|_{\text{MCC}}^{\tau=\alpha}$ 表示与极化方位角相关的最大变化程度。最大曲线曲率的定义式如式(2.6.26)所示。

此外，对于给定的极化方位角 $\theta=\beta$，可以得到极化方位角剖面，如图 2.6.9 所示。其中，为便于对比，也展示了极化椭圆率角剖面。同理，可定义七种局部特征，分别如下。

(1) 切片极化相关初始值特征 $\left|\hat{\gamma}_{1\text{-}2}(\theta,\tau)\right|_{\text{org}}^{\theta=\beta}$：定义为极化方位角 $\theta=\beta$ 剖面上极化椭圆率角为零时的极化相关特征，即

$$\left|\hat{\gamma}_{1\text{-}2}(\theta,\tau)\right|_{\text{org}}^{\theta=\beta}=\left|\hat{\gamma}_{1\text{-}2}(\theta=\beta,0)\right| \tag{2.6.39}$$

(2) 切片极化相关度特征 $\left|\hat{\gamma}_{1\text{-}2}(\theta,\tau)\right|_{\text{mean}}^{\theta=\beta}$：定义为极化方位角 $\theta=\beta$ 剖面极化相关特征的平均值，即

$$\left|\hat{\gamma}_{1\text{-}2}(\theta,\tau)\right|_{\text{mean}}^{\theta=\beta}=\frac{1}{2\pi}\int_{-\pi/4}^{\pi/4}\left|\hat{\gamma}_{1\text{-}2}(\theta,\tau)\right|^{\theta=\beta}\mathrm{d}\tau \tag{2.6.40}$$

(3) 切片极化相关起伏度特征 $\left|\hat{\gamma}_{1\text{-}2}(\theta,\tau)\right|_{\text{std}}^{\theta=\beta}$：定义为极化方位角 $\theta=\beta$ 剖面的极化相关特征的标准差，即

$$\left|\hat{\gamma}_{1\text{-}2}(\theta,\tau)\right|_{\text{std}}^{\theta=\beta}=\sqrt{\frac{1}{2\pi}\int_{-\pi/4}^{\pi/4}\left(\left|\hat{\gamma}_{1\text{-}2}(\theta,\tau)\right|^{\theta=\beta}-\left|\hat{\gamma}_{1\text{-}2}(\theta,\tau)\right|_{\text{mean}}^{\theta=\beta}\right)^{2}\mathrm{d}\tau} \tag{2.6.41}$$

(4) 切片极化相关最大值特征 $\left|\hat{\gamma}_{1\text{-}2}(\theta,\tau)\right|_{\max}^{\theta=\beta}$ ：定义为极化方位角 $\theta=\beta$ 剖面的极化相关特征的最大值，即

$$\left|\hat{\gamma}_{1\text{-}2}(\theta,\tau)\right|_{\max}^{\theta=\beta}=\max\left(\left|\hat{\gamma}_{1\text{-}2}(\theta,\tau)\right|^{\theta=\beta}\right) \tag{2.6.42}$$

(5) 切片极化相关最小值特征 $\left|\hat{\gamma}_{1\text{-}2}(\theta,\tau)\right|_{\min}^{\theta=\beta}$ ：定义为极化方位角 $\theta=\beta$ 剖面的极化相关特征的最小值，即

$$\left|\hat{\gamma}_{1\text{-}2}(\theta,\tau)\right|_{\min}^{\theta=\beta}=\min\left(\left|\hat{\gamma}_{1\text{-}2}(\theta,\tau)\right|^{\theta=\beta}\right) \tag{2.6.43}$$

(6) 切片极化相关对比度特征 $\left|\hat{\gamma}_{1\text{-}2}(\theta,\tau)\right|_{\text{contrast}}^{\theta=\beta}$ ：定义为极化方位角 $\theta=\beta$ 剖面的切片极化相关最大值特征与切片极化相关最小值特征之差，即

$$\left|\hat{\gamma}_{1\text{-}2}(\theta,\tau)\right|_{\text{contrast}}^{\theta=\beta}=\left|\hat{\gamma}_{1\text{-}2}(\theta,\tau)\right|_{\max}^{\theta=\beta}-\left|\hat{\gamma}_{1\text{-}2}(\theta,\tau)\right|_{\min}^{\theta=\beta} \tag{2.6.44}$$

(7) 切片最大曲率特征 $\left|\hat{\gamma}_{1\text{-}2}(\theta,\tau)\right|_{\text{MCC}}^{\theta=\beta}$ ：定义为极化方位角 $\theta=\beta$ 剖面的最大曲线曲率，即

$$\left|\hat{\gamma}_{1\text{-}2}(\theta,\tau)\right|_{\text{MCC}}^{\theta=\beta}=\max\left(\left|\text{CC}(\tau)\right|\right) \tag{2.6.45}$$

总体而言，本节重点考虑极化椭圆率角取值为 $\tau\in\{0°,45°\}$ 和极化方位角 $\theta\in\{0°,45°\}$ 共四种情形。这样，对每一种三维极化相关方向图，可累计提取 28 种局部特征。

3) 相互特征

相互特征可从两个不同的三维极化相关方向图剖面推导得到，表明不同二维剖面之间的相互关系。

极化相关差值特征 $\left|\hat{\gamma}_{1\text{-}2}(\theta,\tau)\right|_{\text{diff}}$ ：定义为任意两个极化椭圆率角剖面的切片极化相关最大值特征之差，即

$$\left|\hat{\gamma}_{1\text{-}2}(\theta,\tau)\right|_{\text{diff}}=\left|\left|\hat{\gamma}_{1\text{-}2}(\theta,\tau)\right|_{\max}^{\tau=\alpha_1}-\left|\hat{\gamma}_{1\text{-}2}(\theta,\tau)\right|_{\max}^{\tau=\alpha_2}\right| \tag{2.6.46}$$

其中，α_1 和 α_2 是两个不同的极化椭圆率角。可重点考虑 $\alpha_1=0°$ 和 $\alpha_2=45°$ 两种情形。

4. 解译与分析

对三维极化相关方向图进行定量表征，并针对典型的四种极化椭圆率角剖面和极化方位角剖面(即 $\tau \in \{0°,45°\}$ 和 $\theta \in \{0°,45°\}$)，可得到 5 种全局特征、28 种局部特征和1种相互特征。因此，对三种独立的三维极化相关方向图 $\left|\hat{\gamma}_{\text{HH-HV}}(\theta,\tau)\right|$、$\left|\hat{\gamma}_{\text{HH-VV}}(\theta,\tau)\right|$ 和 $\left|\hat{\gamma}_{\text{(HH+VV)-(HH-VV)}}(\theta,\tau)\right|$，可分别提取 34 种新极化特征。得到的三维极化相关方向图特征集如表 2.6.2 所示。

表 2.6.2　三维极化相关方向图特征集

极化特征			典型三维极化相关方向图特征		
全局特征		全局极化相关最大值特征	$\left\|\hat{\gamma}_{\text{HH-HV}}(\theta,\tau)\right\|_{\text{all-max}}$	$\left\|\hat{\gamma}_{\text{HH-VV}}(\theta,\tau)\right\|_{\text{all-max}}$	$\left\|\hat{\gamma}_{\text{(HH+VV)-(HH-VV)}}(\theta,\tau)\right\|_{\text{all-max}}$
		全局极化相关最小值特征	$\left\|\hat{\gamma}_{\text{HH-HV}}(\theta,\tau)\right\|_{\text{all-min}}$	$\left\|\hat{\gamma}_{\text{HH-VV}}(\theta,\tau)\right\|_{\text{all-min}}$	$\left\|\hat{\gamma}_{\text{(HH+VV)-(HH-VV)}}(\theta,\tau)\right\|_{\text{all-min}}$
		最大高斯曲率特征	$\left\|\hat{\gamma}_{\text{HH-HV}}(\theta,\tau)\right\|_{\text{MGC}}$	$\left\|\hat{\gamma}_{\text{HH-VV}}(\theta,\tau)\right\|_{\text{MGC}}$	$\left\|\hat{\gamma}_{\text{(HH+VV)-(HH-VV)}}(\theta,\tau)\right\|_{\text{MGC}}$
		最大平均曲率特征	$\left\|\hat{\gamma}_{\text{HH-HV}}(\theta,\tau)\right\|_{\text{MMC}}$	$\left\|\hat{\gamma}_{\text{HH-VV}}(\theta,\tau)\right\|_{\text{MMC}}$	$\left\|\hat{\gamma}_{\text{(HH+VV)-(HH-VV)}}(\theta,\tau)\right\|_{\text{MMC}}$
		最大主曲率特征	$\left\|\hat{\gamma}_{\text{HH-HV}}(\theta,\tau)\right\|_{\text{MPC}}$	$\left\|\hat{\gamma}_{\text{HH-VV}}(\theta,\tau)\right\|_{\text{MPC}}$	$\left\|\hat{\gamma}_{\text{(HH+VV)-(HH-VV)}}(\theta,\tau)\right\|_{\text{MPC}}$
局部特征	极化椭圆率角剖面	切片极化相关初始值特征	$\left\|\hat{\gamma}_{\text{HH-HV}}(\theta,\tau)\right\|_{\text{org}}^{\tau=\alpha}$	$\left\|\hat{\gamma}_{\text{HH-VV}}(\theta,\tau)\right\|_{\text{org}}^{\tau=\alpha}$	$\left\|\hat{\gamma}_{\text{(HH+VV)-(HH-VV)}}(\theta,\tau)\right\|_{\text{org}}^{\tau=\alpha}$
		切片极化相关度特征	$\left\|\hat{\gamma}_{\text{HH-HV}}(\theta,\tau)\right\|_{\text{mean}}^{\tau=\alpha}$	$\left\|\hat{\gamma}_{\text{HH-VV}}(\theta,\tau)\right\|_{\text{mean}}^{\tau=\alpha}$	$\left\|\hat{\gamma}_{\text{(HH+VV)-(HH-VV)}}(\theta,\tau)\right\|_{\text{mean}}^{\tau=\alpha}$
		切片极化相关起伏度特征	$\left\|\hat{\gamma}_{\text{HH-HV}}(\theta,\tau)\right\|_{\text{std}}^{\tau=\alpha}$	$\left\|\hat{\gamma}_{\text{HH-VV}}(\theta,\tau)\right\|_{\text{std}}^{\tau=\alpha}$	$\left\|\hat{\gamma}_{\text{(HH+VV)-(HH-VV)}}(\theta,\tau)\right\|_{\text{std}}^{\tau=\alpha}$
		切片极化相关最大值特征	$\left\|\hat{\gamma}_{\text{HH-HV}}(\theta,\tau)\right\|_{\text{max}}^{\tau=\alpha}$	$\left\|\hat{\gamma}_{\text{HH-VV}}(\theta,\tau)\right\|_{\text{max}}^{\tau=\alpha}$	$\left\|\hat{\gamma}_{\text{(HH+VV)-(HH-VV)}}(\theta,\tau)\right\|_{\text{max}}^{\tau=\alpha}$
		切片极化相关最小值特征	$\left\|\hat{\gamma}_{\text{HH-HV}}(\theta,\tau)\right\|_{\text{min}}^{\tau=\alpha}$	$\left\|\hat{\gamma}_{\text{HH-VV}}(\theta,\tau)\right\|_{\text{min}}^{\tau=\alpha}$	$\left\|\hat{\gamma}_{\text{(HH+VV)-(HH-VV)}}(\theta,\tau)\right\|_{\text{min}}^{\tau=\alpha}$
		切片极化相关对比度特征	$\left\|\hat{\gamma}_{\text{HH-HV}}(\theta,\tau)\right\|_{\text{contrast}}^{\tau=\alpha}$	$\left\|\hat{\gamma}_{\text{HH-VV}}(\theta,\tau)\right\|_{\text{contrast}}^{\tau=\alpha}$	$\left\|\hat{\gamma}_{\text{(HH+VV)-(HH-VV)}}(\theta,\tau)\right\|_{\text{contrast}}^{\tau=\alpha}$
		切片最大曲面曲率特征	$\left\|\hat{\gamma}_{\text{HH-HV}}(\theta,\tau)\right\|_{\text{MCC}}^{\tau=\alpha}$	$\left\|\hat{\gamma}_{\text{HH-VV}}(\theta,\tau)\right\|_{\text{MCC}}^{\tau=\alpha}$	$\left\|\hat{\gamma}_{\text{(HH+VV)-(HH-VV)}}(\theta,\tau)\right\|_{\text{MCC}}^{\tau=\alpha}$
	极化方位角剖面	切片极化相关初始值特征	$\left\|\hat{\gamma}_{\text{HH-HV}}(\theta,\tau)\right\|_{\text{org}}^{\theta=\beta}$	$\left\|\hat{\gamma}_{\text{HH-VV}}(\theta,\tau)\right\|_{\text{org}}^{\theta=\beta}$	$\left\|\hat{\gamma}_{\text{(HH+VV)-(HH-VV)}}(\theta,\tau)\right\|_{\text{org}}^{\theta=\beta}$
		切片极化相关度特征	$\left\|\hat{\gamma}_{\text{HH-HV}}(\theta,\tau)\right\|_{\text{mean}}^{\theta=\beta}$	$\left\|\hat{\gamma}_{\text{HH-VV}}(\theta,\tau)\right\|_{\text{mean}}^{\theta=\beta}$	$\left\|\hat{\gamma}_{\text{(HH+VV)-(HH-VV)}}(\theta,\tau)\right\|_{\text{mean}}^{\theta=\beta}$

续表

极化特征			典型三维极化相关方向图特征		
局部特征	极化方位角剖面	切片极化相关起伏度特征	$\left\|\hat{\gamma}_{\text{HH-HV}}(\theta,\tau)\right\|_{\text{std}}^{\theta=\beta}$	$\left\|\hat{\gamma}_{\text{HH-VV}}(\theta,\tau)\right\|_{\text{std}}^{\theta=\beta}$	$\left\|\hat{\gamma}_{\text{(HH+VV)-(HH-VV)}}(\theta,\tau)\right\|_{\text{std}}^{\theta=\beta}$
		切片极化相关最大值特征	$\left\|\hat{\gamma}_{\text{HH-HV}}(\theta,\tau)\right\|_{\max}^{\theta=\beta}$	$\left\|\hat{\gamma}_{\text{HH-VV}}(\theta,\tau)\right\|_{\max}^{\theta=\beta}$	$\left\|\hat{\gamma}_{\text{(HH+VV)-(HH-VV)}}(\theta,\tau)\right\|_{\max}^{\theta=\beta}$
		切片极化相关最小值特征	$\left\|\hat{\gamma}_{\text{HH-HV}}(\theta,\tau)\right\|_{\min}^{\theta=\beta}$	$\left\|\hat{\gamma}_{\text{HH-VV}}(\theta,\tau)\right\|_{\min}^{\theta=\beta}$	$\left\|\hat{\gamma}_{\text{(HH+VV)-(HH-VV)}}(\theta,\tau)\right\|_{\min}^{\theta=\beta}$
		切片极化相关对比度特征	$\left\|\hat{\gamma}_{\text{HH-HV}}(\theta,\tau)\right\|_{\text{contrast}}^{\theta=\beta}$	$\left\|\hat{\gamma}_{\text{HH-VV}}(\theta,\tau)\right\|_{\text{contrast}}^{\theta=\beta}$	$\left\|\hat{\gamma}_{\text{(HH+VV)-(HH-VV)}}(\theta,\tau)\right\|_{\text{contrast}}^{\theta=\beta}$
		切片最大曲面曲率特征	$\left\|\hat{\gamma}_{\text{HH-HV}}(\theta,\tau)\right\|_{\text{MCC}}^{\theta=\beta}$	$\left\|\hat{\gamma}_{\text{HH-VV}}(\theta,\tau)\right\|_{\text{MCC}}^{\theta=\beta}$	$\left\|\hat{\gamma}_{\text{(HH+VV)-(HH-VV)}}(\theta,\tau)\right\|_{\text{MCC}}^{\theta=\beta}$
相互特征		极化相关差值特征	$\left\|\hat{\gamma}_{\text{HH-HV}}(\theta,\tau)\right\|_{\text{diff}}$	$\left\|\hat{\gamma}_{\text{HH-VV}}(\theta,\tau)\right\|_{\text{diff}}$	$\left\|\hat{\gamma}_{\text{(HH+VV)-(HH-VV)}}(\theta,\tau)\right\|_{\text{diff}}$

对于全局特征，三维极化相关方向图之间最直观的区别是三维流形表面的弯曲程度的不同。曲率类特征可以很好地对其进行描述。其中，最大高斯曲率特征表征三维极化相关方向图的最大弯曲程度，仅在三维极化相关方向图三维流形表面，在所有方向都弯曲的条件下取非零值。此外，最大高斯曲率特征取值越大，三维极化相关方向图沿极化椭圆率角和极化方位角维度的变化越剧烈。对于局部特征，以极化椭圆率角 $\tau=\alpha$ 时的极化椭圆率角剖面为例，切片极化相关初始值特征 $\left|\hat{\gamma}_{\text{1-2}}(\theta,\tau)\right|_{\text{org}}^{\tau=\alpha}$ 表示两个极化通道的目标去相关效应。切片极化相关度特征 $\left|\hat{\gamma}_{\text{1-2}}(\theta,\tau)\right|_{\text{mean}}^{\tau=\alpha}$ 表示极化相关取值的均值，而切片极化相关起伏度特征 $\left|\hat{\gamma}_{\text{1-2}}(\theta,\tau)\right|_{\text{std}}^{\tau=\alpha}$ 表示极化相关特征取值的标准差。切片极化相关对比度特征 $\left|\hat{\gamma}_{\text{1-2}}(\theta,\tau)\right|_{\text{contrast}}^{\tau=\alpha}$ 则进一步表征极化椭圆率角剖面的目标散射多样性。切片极化相关最大值特征 $\left|\hat{\gamma}_{\text{1-2}}(\theta,\tau)\right|_{\max}^{\tau=\alpha}$ 和切片极化相关最小值特征 $\left|\hat{\gamma}_{\text{1-2}}(\theta,\tau)\right|_{\min}^{\tau=\alpha}$ 分别为极化椭圆率角剖面上极化特征的最大值和最小值。特别地，当极化椭圆率角 $\tau=0°$ 时，这些极化椭圆率角剖面的切片极化特征等价于二维极化相关方向图特征。此外，切片最大曲面曲率特征 $\text{MCC}^{\tau=\alpha}$ 表示极化椭圆率角剖面中极化相关特征取值的平均变化强度。对于相互特征，极化相关差值特征 $\left|\hat{\gamma}_{\text{1-2}}(\theta,\tau)\right|_{\text{diff}}$ 表示不同二维剖面之间的相互关系。

2.7 本章小结

本章详细介绍了极化旋转域解译理论方法的核心思想和解译工具，包括统一的极化矩阵旋转理论、二维极化相干方向图解译工具、二维极化相关方向图解译工具和三维极化相关方向图解译工具等。极化旋转域解译理论方法导出了一系列新极化特征集。结合多种极化 SAR 数据，分析了多种极化旋转域特征的应用性能。极化旋转域解译理论方法为目标散射多样性效应的表征、理解和利用提供了新思路和新途径。后续章节将介绍极化旋转域解译理论方法的应用研究成果。

参考文献

[1] Lee J S, Pottier E. Polarimetric Radar Imaging: From Basics to Applications[M]. Boca Raton: CRC Press, 2009.

[2] Lopez-Sanchez J M, Vicente-Guijalba F, Ballester-Berman J D, et al. Polarimetric response of rice fields at C-band: Analysis and phenology retrieval[J]. IEEE Transactions on Geoscience and Remote Sensing, 2014, 52(5): 2977-2993.

[3] Yonezawa C, Negishi M, Azuma K, et al. Growth monitoring and classification of rice fields using multitemporal RADARSAT-2 full-polarimetric data[J]. International Journal of Remote Sensing, 2012, 33(18): 5696-5711.

[4] Chen S W, Li Y Z, Wang X S. Crop discrimination based on polarimetric correlation coefficients optimization for PolSAR data[J]. International Journal of Remote Sensing, 2015, 36(16): 4233-4249.

[5] Lee J S, Grunes M R, Ainsworth T L, et al. Unsupervised classification using polarinetric decomposition and the complex Wishart classifier[J]. IEEE Transactions on Geoscience and Remote Sensing, 1999, 37(5): 2249-2258.

[6] Paladini R, Ferro Famil L, Pottier E, et al. Point target classification via fast lossless and sufficient invariant decomposition of high-resolution and fully polarimetric SAR/ISAR data[J]. Proceedings of the IEEE, 2013, 101(3): 798-830.

[7] Skriver H. Crop classification by multitemporal C-and L-band single-and dual-polarization and fully polarimetric SAR[J]. IEEE Transactions on Geoscience and Remote Sensing, 2012, 50(6): 2138-2149.

[8] Cloude S R, Pottier E. An entropy based classification scheme for land applications of polarimetric SAR[J]. IEEE Transactions on Geoscience and Remote Sensing, 1997, 35(1): 68-78.

[9] Xiao S P, Chen S W, Chang Y L, et al. Polarimetric coherence optimization and its application for

manmade target extraction in PolSAR data[J]. IEICE Transactions on Electronics, 2014, 97(6): 566-574.

[10] Xiang D L, Tang T, Ban Y F, et al. Man-made target detection from polarimetric SAR data via nonstationarity and asymmetry[J]. IEEE Journal of Selected Topics in Applied Earth Observations and Remote Sensing, 2016, 9(4): 1459-1469.

[11] Tao C S, Chen S W, Li Y Z, et al. PolSAR land cover classification based on roll-invariant and selected hidden polarimetric features in the rotation domain[J]. Remote Sensing, 2017, 9(7): 660.

[12] Yamaguchi Y. Disaster monitoring by fully polarimetric SAR data acquired with ALOS-PALSAR[J]. Proceedings of the IEEE, 2012, 100(10): 2851-2860.

[13] Sato M, Chen S W, Satake M. Polarimetric SAR analysis of tsunami damage following the March 11, 2011 East Japan earthquake[J]. Proceedings of the IEEE, 2012, 100(10): 2861-2875.

[14] Chen S W, Sato M. Tsunami damage investigation of built-up areas using multitemporal spaceborne full polarimetric SAR images[J]. IEEE Transactions on Geoscience and Remote Sensing, 2013, 51(4): 1985-1997.

[15] Chen S W, Wang X S, Sato M. Urban damage level mapping based on scattering mechanism investigation using fully polarimetric SAR data for the 3.11 East Japan earthquake[J]. IEEE Transactions on Geoscience and Remote Sensing, 2016, 54(12): 6919-6929.

[16] Zhao L L, Yang J E, Li P X, et al. Damage assessment in urban areas using post-earthquake airborne PolSAR imagery[J]. International Journal of Remote Sensing, 2013, 34(24): 8952-8966.

[17] Lee J S, Schuler D L, Ainsworth T L, et al. On the estimation of radar polarization orientation shifts induced by terrain slopes[J]. IEEE Transactions on Geoscience and Remote Sensing, 2002, 40(1): 30-41.

[18] Chen S W, Ohki M, Shimada M, et al. Deorientation effect investigation for model-based decomposition over oriented built-up areas[J]. IEEE Geoscience and Remote Sensing Letters, 2013, 10(2): 273-277.

[19] Chen S W, Li Y Z, Wang X S, et al. Modeling and interpretation of scattering mechanisms in polarimetric synthetic aperture radar: Advances and perspectives[J]. IEEE Signal Processing Magazine, 2014, 31(4): 79-89.

[20] Touzi R. Target scattering decomposition in terms of roll-invariant target parameters[J]. IEEE Transactions on Geoscience and Remote Sensing, 2007, 45(1): 73-84.

[21] Chen S W, Wang X S, Xiao S P, et al. Target Scattering Mechanism in Polarimetric Synthetic Aperture Radar-Interpretation and Application[M]. Singapore: Springer, 2018.

[22] Lee J S, Ainsworth T L. The effect of orientation angle compensation on coherency matrix and

polarimetric target decompositions[J]. IEEE Transactions on Geoscience and Remote Sensing, 2010, 49(1): 53-64.

[23] Chen S W. Characterization and application of electromagnetic scattering in polarimetric imaging radar[D]. Sendai: Tohoku University, 2012.

[24] Chen S W, Li Y Z, Dai D H, et al. Uniform polarimetric matrix rotation theory[C]. IEEE International Geoscience and Remote Sensing Symposium, Melbourne, 2013: 4166-4169.

[25] Chen S W, Wang X S, Sato M. Uniform polarimetric matrix rotation theory and its applications[J]. IEEE Transactions on Geoscience and Remote Sensing, 2014, 52(8): 4756-4770.

[26] 陈思伟, 李永祯, 王雪松, 等. 极化 SAR 目标散射旋转域解译理论与应用[J]. 雷达学报, 2017, 6(5): 442-455.

[27] Chen S W, Li Y Z, Wang X S. A visualization tool for polarimetric SAR data investigation[C]. The 11th European Synthetic Aperture Radar Conference, Hamburg, 2016: 579-582.

[28] Chen S W, Wang X S. Polarimetric coherence pattern: A visualization tool for PolSAR data investigation[C]. IEEE International Geoscience and Remote Sensing Symposium, Beijng, 2016: 7509-7512.

[29] Chen S W. Polarimetric coherence pattern: A visualization and characterization tool for PolSAR data investigation[J]. IEEE Transactions on Geoscience and Remote Sensing, 2018, 56(1): 286-297.

[30] Cui X C, Tao C S, Chen S W, et al. PolSAR ship detection with polarimetric correlation pattern[C]. Asia-Pacific Conference on Synthetic Aperture Radar, Xiamen, 2019: 1-4.

[31] Cui X C, Tao C S, Su Y, et al. PolSAR ship detection based on polarimetric correlation pattern[J]. IEEE Geoscience and Remote Sensing Letters, 2021, 18(3): 471-475.

[32] Li M D, Guo Q W, Xiao S P, et al. A three-dimension polarimetric correlation pattern interpretation tool and its application[C]. CIE International Conference on Radar, Haikou, 2023: 582-585.

[33] Li M D, Xiao S P, Chen S W. Three-dimension polarimetric correlation pattern interpretation tool and its application[J]. IEEE Transactions on Geoscience and Remote Sensing, 2022, 60: 1-16.

[34] Chen S W, Tao C S. PolSAR image classification using polarimetric-feature-driven deep convolutional neural network[J]. IEEE Geoscience and Remote Sensing Letters, 2018, 15(4): 627-631.

[35] Chen S W, Tao C S, Wang X S, et al. PolSAR target classification using polarimetric-feature-driven deep convolutional neural network[C]. IEEE International Geoscience and Remote Sensing Symposium, Valencia, 2018: 4407-4410.

[36] 陶臣嵩, 陈思伟, 李永祯, 等. 结合旋转域极化特征的极化 SAR 地物分类[J]. 雷达学报, 2017, 6(5): 524-532.

[37] 陈思伟, 陶臣嵩, 李永祯, 等. 利用旋转域极化特征和深度卷积神经网络的极化 SAR 图像分类研究[C]. 第四届高分辨率对地观测学术年会, 武汉, 2017: 1-8.

[38] 陶臣嵩, 陈思伟, 李永祯, 等. 基于极化旋转域特征优选的极化 SAR 地物分类[C]. 第三届成像雷达对地观测高级学术研讨会, 长沙, 2016: 310-319.

[39] Chen S W, Li Y Z, Wang X S, et al. Manmade target extraction in PolSAR data using polarimetric coherence optimization[C]. IET International Radar Conference, Hangzhou, 2015: 1-4.

[40] Chen S W, Tao C S, Wang X S, et al. Polarimetric SAR targets detection and classification with deep convolutional neural network[C]. Progress in Electromagnetics Research Symposium, Toyama, 2018: 2227-2234.

[41] Zhang H, Li Y Z, Chen S W. Compact-pol SAR urban area extraction with extended polarimetric correlation pattern[C]. IEEE International Geoscience and Remote Sensing Symposium, Kuala Lumpur, 2022: 3119-3122.

[42] 崔兴超, 粟毅, 陈思伟. 融合极化旋转域特征和超像素技术的极化 SAR 舰船检测[J]. 雷达学报, 2021, 10(1): 35-48.

[43] 杨成利, 李铭典, 池庆玺, 等. 基于极化散射解译与超像素技术的极化 SAR 飞机检测[C]. 第十七届全国电波传播年会, 延安, 2022: 153-156.

[44] 崔兴超, 粟毅, 陈思伟. 基于极化相关方向图的极化 SAR 图像舰船检测[C]. 第二十届全国图象图形学学术会议, 乌鲁木齐, 2020: 1-7.

[45] 陶臣嵩, 陈思伟, 肖顺平. 基于深度卷积神经网络和优选极化特征的极化SAR舰船检测[C]. 第四届成像雷达对地观测高级学术研讨会, 深圳, 2018: 75-77.

[46] Li H L, Li M D, Cui X C, et al. Man-made target structure recognition with polarimetric correlation pattern and roll-invariant feature coding[J]. IEEE Geoscience and Remote Sensing Letters, 2022, 19: 1-5.

[47] Wu G Q, Chen S W, Li Y Z, et al. Null-pol response pattern in polarimetric rotation domain: Characterization and application[J]. IEEE Geoscience and Remote Sensing Letters, 2022, 19: 1-5.

[48] Li H L, Li M D, Chen S W. Man-made targets characterization with polarimetric correlation pattern interpretation tool[C]. IEEE International Geoscience and Remote Sensing Symposium, Brussels, 2021: 3057-3060.

[49] Li H L, Yang C L, Chen S W. Characterization of complex corner reflectors in polarimetric rotation domain[C]. CIE International Conference on Radar, Haikou, 2021: 590-593.

[50] Wu G Q, Chen S W, Li Y Z, et al. Manmade target scattering structure null-pol recognition and application[C]. CIE International Conference on Radar, Haikou, 2021: 619-622.

[51] 李郝亮, 陈思伟, 王雪松. 海面角反射器的极化旋转域特性研究[J]. 系统工程与电子技术, 2022, 44(7): 2065-2073.

[52] 崔兴超, 李郝亮, 付耀文, 等. 空间目标散射结构极化旋转域辨识[J]. 电子与信息学报, 2023, 45(6): 2105-2114.

[53] 李郝亮, 陈思伟. 基于极化旋转域特征的角反射器干扰鉴别方法[C]. 第十七届全国电波传播年会, 延安, 2022: 201-204.

[54] 李郝亮, 王国玉, 张慧, 等. 简缩极化雷达导引头极化旋转域自适应角反射器鉴别方法[C]. 导弹突防技术 2022 年学术年会, 北京, 2022: 1-9.

[55] 崔兴超, 李郝亮, 陈思伟. 基于极化旋转域的空间目标散射结构辨识[C]. 第十七届全国电波传播年会, 延安, 2022: 48-52.

[56] Chen S W, Wang X S, Xiao S P. Urban damage level mapping based on co-polarization coherence pattern using multitemporal polarimetric SAR data[J]. IEEE Journal of Selected Topics in Applied Earth Observations and Remote Sensing, 2018, 11(8): 2657-2667.

[57] Chen S W, Wang X S, Xiao S P, et al. Urban damage mapping using fully polarimetric SAR data[C]. Progress in Electromagnetics Research Symposium, Toyama, 2018: 2239-2244.

[58] 陈思伟. 基于散射机理解译的极化 SAR 建筑物倒损率估计[C]. 第三届成像雷达对地观测高级学术研讨会, 长沙, 2016.

[59] Cloude S R. Polarisation: Application in Remote Sensing[M]. New York: Oxford University Press, 2009.

[60] Schuler D L, Lee J S, Ainsworth T L. Compensation of terrain azimuthal slope effects in geophysical parameter studies using polarimetric SAR data[J]. Remote Sensing of Environment, 1999, 69(2): 139-155.

[61] Lee J S, Schuler D L, Ainsworth T L. Polarimetric SAR data compensation for terrain azimuth slope variation[J]. IEEE Transactions on Geoscience and Remote Sensing, 2000, 38(5): 2153-2163.

[62] Huynen J R. Phenomenological theory of radar targets[D]. Delft Technical University of Delft, 1970.

[63] Xu F, Jin Y Q. Deorientation theory of polarimetric scattering targets and application to terrain surface classification[J]. IEEE Transactions on Geoscience and Remote Sensing, 2005, 43(10): 2351-2364.

[64] An W T, Cui Y, Yang J. Three-component model-based decomposition for polarimetric SAR data[J]. IEEE Transactions on Geoscience and Remote Sensing, 2010, 48(6): 2732-2739.

[65] Yamaguchi Y, Sato A, Boerner W M, et al. Four-component scattering power decomposition with rotation of coherency matrix[J]. IEEE Transactions on Geoscience and Remote Sensing, 2011, 49(6): 2251-2258.

[66] Yamaguchi Y, Moriyama T, Ishido M, et al. Four-component scattering model for polarimetric SAR image decomposition[J]. IEEE Transactions on Geoscience and Remote Sensing, 2005, 43(8): 1699-1706.

[67] Huynen J R. Phenomenological Theory of Radar Target[M]. Amsterdam: Elsevier, 1978.

[68] Huynen J R. The Stokes matrix parameters and their interpretation in terms of physical target properties[C]. Proceedings of the SPIE, 1990, 1317: 195-207.

[69] Freeman A, Durden S L. A three-component scattering model for polarimetric SAR data[J]. IEEE Transactions on Geoscience and Remote Sensing, 1998, 36(3): 963-973.

[70] Ainsworth T L, Schuler D L, Lee J S. Polarimetric SAR characterization of man-made structures in urban areas using normalized circular-pol correlation coefficients[J]. Remote Sensing of Environment, 2008, 112(6): 2876-2885.

[71] Yamaguchi Y, Yamamoto Y, Yamada H, et al. Classification of terrain by implementing the correlation coefficient in the circular polarization basis using X-band PolSAR data[J]. IEICE Transactions on Communications, 2008, E91.B(1): 297-301.

[72] Chen S W, Wang X S, Sato M. PolInSAR complex coherence estimation based on covariance matrix similarity test[J]. IEEE Transactions on Geoscience and Remote Sensing, 2012, 50(11): 4699-4710.

[73] Touzi R, Lopes A, Bruniquel J, et al. Coherence estimation for SAR imagery[J]. IEEE Transactions on Geoscience and Remote Sensing, 1999, 37(1): 135-149.

[74] Lopez-Sanchez J M, Cloude S R, Ballester-Berman J D. Rice phenology monitoring by means of SAR polarimetry at X-band[J]. IEEE Transactions on Geoscience and Remote Sensing, 2012, 50(7): 2695-2709.

[75] Blaes X, Vanhalle L, Defourny P. Efficiency of crop identification based on optical and SAR image time series[J]. Remote Sensing of Environment, 2005, 96(3-4): 352-365.

[76] Blaes X, Holecz F, van Leeuwen H J C, et al. Regional crop monitoring and discrimination based on simulated ENVISAT ASAR wide swath mode images[J]. International Journal of Remote Sensing, 2007, 28(1-2): 371-393.

[77] McNairn H, Jackson T J, Wiseman G, et al. The soil moisture active passive validation experiment 2012 (SMAPVEX12): Prelaunch calibration and validation of the SMAP soil moisture algorithms[J]. IEEE Transactions on Geoscience and Remote Sensing, 2015, 53(5): 2784-2801.

[78] Toponogov V A. Differential Geometry of Curves and Surfaces[M]. Boston: Birkhäuser Boston, 2006.

第3章　极化旋转域不变特征

3.1 引　　言

极化雷达能够获得目标丰富的极化信息，是诸多应用领域的重要传感器[1,2]。为有效表征和利用目标变极化效应，在雷达极化理论近 80 年发展历程中[1,3-5]，雷达极化学者先后提出了许多极化信息表征方式[1,6-10]，包括联系收发电磁波 Jones 矢量的 Sinclair 矩阵[3]、表征 Stokes 矢量的 Kennaugh 和 Mueller 矩阵[11-13]、表征接收能量的 Graves 功率矩阵[10]等。此外，由 Sinclair 矩阵可以得到 Pauli 散射矢量和 Lexicographic 散射矢量，并可进一步构建极化相干矩阵和极化协方差矩阵等[1]。为了研究和理解目标变极化效应及其散射机制，Huynen 提出了雷达目标现象学的概念，启发了极化目标分解理论的发展[14]。极化目标分解是一种解译极化雷达数据和目标散射机理的有效方法。极化目标分解主要包括相干极化目标分解和非相干极化目标分解两类[15,16]。

目标散射多样性给极化雷达数据解译和目标检测识别等应用带来了挑战。不随目标姿态绕雷达视线旋转变化的极化旋转域不变特征(简记为极化旋转不变特征)，长期以来得到了雷达极化研究人员的重视和青睐。极化旋转不变特征在雷达极化领域具有重要的研究价值和应用价值。1965 年，Bickel 和 Huynen 分别独立提出了一组极化旋转不变特征[17,18]。在此之后，随着目标极化散射机理解译理论方法的发展，雷达极化领域报道了许多极化旋转不变特征[14,19-45]。目前，极化旋转不变特征在地物分类[1,4,20-26]、目标检测[27-30]、结构识别[31-33]、灾害评估[34,35]等领域也取得了诸多成功应用。近年来，随着极化旋转域解译理论方法等雷达极化领域的发展，国内外学者导出了一系列极化旋转不变特征[41-49]。极化旋转不变特征的主要发展脉络如图 3.1.1 所示。其中，每种方法的提出时间以期刊论文正式出版时间为参考。可以看到，极化旋转不变特征研究工作的时间跨度近 60 年，并分散在诸多文献中。对这些散见于独立文献中的极化旋转不变特征进行挖掘整理和系统总结具有重要意义，既能方便当前研究，也能促进后续发展[36,37]。

本章对极化旋转不变特征进行深入研究和总结，根据极化旋转不变特征的推导方式，将其主要分为由 Sinclair 矩阵导出、由 Graves 矩阵导出、由极化相干/协方差矩阵导出、由基于特征值和特征矢量分解导出、由二维极化相干/相关方向图导出、由三维极化相关方向图导出和由 Kennaugh 矩阵导出等七大类，并分别梳理和总结其表达式、内在联系和物理含义等。

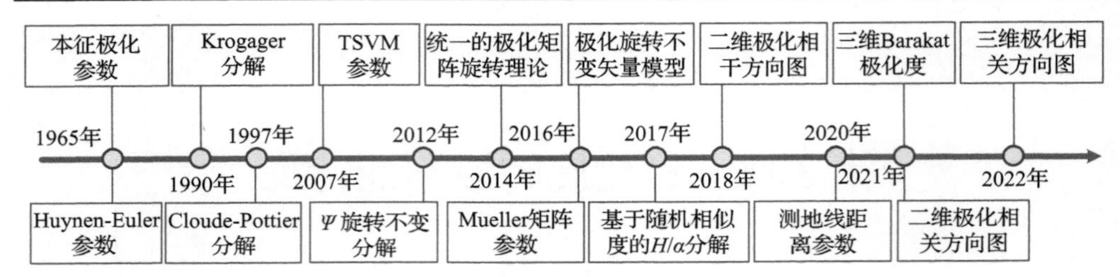

图 3.1.1 极化旋转不变特征的主要发展脉络

3.2 极化旋转不变特征总结

本节主要针对典型的基于水平和垂直极化基(H,V)、左旋和右旋圆极化基(L,R)的极化旋转不变特征进行分析和总结。不失一般性地，对于水平和垂直极化基(H,V)，极化矩阵 $\boldsymbol{S}$ 、$\boldsymbol{T}$ 、$\boldsymbol{C}$ 和 $\boldsymbol{K}$ 的下标(H,V)均可忽略。

3.2.1 由 Sinclair 矩阵导出的极化旋转不变特征

Sinclair 矩阵(即极化散射矩阵)是极化散射信息的基本表示形式。极化旋转不变特征主要来源于 Sinclair 矩阵的数学性质、Huynen-Euler 参数[14,18,19]、本征极化参数[17]和 Krogager 分解[38]。

易知，后向散射总能量特征 SPAN 和互易特征 Reciprocity 是两种基本的极化旋转不变特征，为

$$\text{SPAN}=|S_{\text{HH}}|^2+|S_{\text{HV}}|^2+|S_{\text{VH}}|^2+|S_{\text{VV}}|^2 \tag{3.2.1}$$

$$\text{Reciprocity}=S_{\text{HV}}-S_{\text{VH}} \tag{3.2.2}$$

Sinclair 矩阵 $\boldsymbol{S}$ 可以用特征值和特征矢量表示，为

$$\boldsymbol{S}=\boldsymbol{U}_0^{\text{H}}\boldsymbol{\Lambda}\boldsymbol{U}_0=\boldsymbol{U}_0^{\text{H}}\begin{bmatrix}\lambda_1^{\boldsymbol{S}} & 0\\ 0 & \lambda_2^{\boldsymbol{S}}\end{bmatrix}\boldsymbol{U}_0 \tag{3.2.3}$$

其中，$\boldsymbol{U}_0$ 为酉矩阵；$\boldsymbol{\Lambda}$ 为对角矩阵，包含 Sinclair 矩阵 $\boldsymbol{S}$ 的特征值 $\lambda_1^{\boldsymbol{S}}$ 和 $\lambda_2^{\boldsymbol{S}}$ ，且 $\lambda_1^{\boldsymbol{S}}\geqslant\lambda_2^{\boldsymbol{S}}$ 。

因此，在极化旋转域中，Sinclair 矩阵 $\boldsymbol{S}(\theta)$ 可以表示为

$$\boldsymbol{S}(\theta)=\left[\boldsymbol{U}_0\boldsymbol{R}_2(\theta)\right]^{\text{T}}\boldsymbol{\Lambda}\left[\boldsymbol{U}_0\boldsymbol{R}_2(\theta)\right],\quad \theta\in[-\pi,\pi) \tag{3.2.4}$$

其中，$\boldsymbol{R}_2(\theta)$ 为极化旋转矩阵。注意到，$\boldsymbol{U}_0\boldsymbol{R}_2(\theta)$ 也是酉矩阵。因此，$\boldsymbol{S}(\theta)$ 的特

征值与 $\boldsymbol{S}$ 相同，即 $\lambda_1^{\boldsymbol{S}}$ 和 $\lambda_2^{\boldsymbol{S}}$ 具备极化旋转不变性。

因此，Sinclair 矩阵 $\boldsymbol{S}$ 的特征值 $\lambda_i(\boldsymbol{S})$、迹 $\mathrm{Tr}(\boldsymbol{S})$、行列式 $\mathrm{Det}(\boldsymbol{S})$、二范数 $\|\boldsymbol{S}\|_2$、Frobenius 范数 $\|\boldsymbol{S}\|_{\mathrm{F}}$ 等均为极化旋转不变特征，定义式分别为

$$\lambda_i\left[\boldsymbol{S}(\theta)\right]=\lambda_i(\boldsymbol{S})=\lambda_i^{\boldsymbol{S}} \tag{3.2.5}$$

$$\mathrm{Tr}\left[\boldsymbol{S}(\theta)\right]=\mathrm{Tr}(\boldsymbol{S}) \tag{3.2.6}$$

$$\mathrm{Det}\left[\boldsymbol{S}(\theta)\right]=\mathrm{Det}(\boldsymbol{S}) \tag{3.2.7}$$

$$\|\boldsymbol{S}(\theta)\|_2=\|\boldsymbol{S}\|_2=\sqrt{\max\left[\lambda_i\left(\boldsymbol{S}^{\mathrm{H}}\boldsymbol{S}\right)\right]} \tag{3.2.8}$$

$$\|\boldsymbol{S}\|_{\mathrm{F}}=\sqrt{\mathrm{Tr}\left(\boldsymbol{S}^{\mathrm{H}}\boldsymbol{S}\right)}=\sqrt{\mathrm{SPAN}} \tag{3.2.9}$$

其中，$\lambda_i(\cdot)$、$\mathrm{Tr}(\cdot)$、$\mathrm{Det}(\cdot)$、$\|\cdot\|_2$ 和 $\|\cdot\|_{\mathrm{F}}$ 分别为矩阵特征值、矩阵迹、矩阵行列式、矩阵二范数和矩阵 Frobenius 范数。

进一步地，极化旋转不变特征 $\lambda_i^{\boldsymbol{S}}$、$\mathrm{Tr}(\boldsymbol{S})$ 和 $\mathrm{Det}(\boldsymbol{S})$ 可以由 Sinclair 矩阵 $\boldsymbol{S}$ 的元素表示，分别为

$$\lambda_i^{\boldsymbol{S}}=\frac{(S_{\mathrm{HH}}+S_{\mathrm{VV}})\pm\sqrt{(S_{\mathrm{HH}}-S_{\mathrm{VV}})^2+4S_{\mathrm{HV}}S_{\mathrm{VH}}}}{2} \tag{3.2.10}$$

$$\mathrm{Tr}(\boldsymbol{S})=\lambda_1^{\boldsymbol{S}}+\lambda_2^{\boldsymbol{S}}=S_{\mathrm{HH}}+S_{\mathrm{VV}} \tag{3.2.11}$$

$$\mathrm{Det}(\boldsymbol{S})=\lambda_1^{\boldsymbol{S}}\lambda_2^{\boldsymbol{S}}=S_{\mathrm{HH}}S_{\mathrm{VV}}-S_{\mathrm{HV}}S_{\mathrm{VH}} \tag{3.2.12}$$

此外，互易特征 Reciprocity 也可以通过矩阵迹运算得到，即

$$\mathrm{Reciprocity}=S_{\mathrm{HV}}-S_{\mathrm{VH}}=\mathrm{Tr}\left(\begin{bmatrix}S_{\mathrm{HH}} & S_{\mathrm{HV}}\\ S_{\mathrm{VH}} & S_{\mathrm{VV}}\end{bmatrix}\begin{bmatrix}0 & -1\\ 1 & 0\end{bmatrix}\right) \tag{3.2.13}$$

除基本矩阵运算外，Sinclair 矩阵还可以用 Huynen-Euler 参数进行表征[14,18,19]，即

$$\boldsymbol{S}=m\mathrm{e}^{\mathrm{j}\phi}\boldsymbol{U}_2^*(\theta,\varepsilon,\alpha-\nu)\begin{bmatrix}1 & 0\\ 0 & \tan^2\gamma\end{bmatrix}\boldsymbol{U}_2(\theta,\varepsilon,\alpha-\nu) \tag{3.2.14}$$

$$\boldsymbol{U}_2(\theta,\varepsilon,\alpha-\nu)=\begin{bmatrix}\cos\theta & -\sin\theta\\ \sin\theta & \cos\theta\end{bmatrix}\begin{bmatrix}\cos\varepsilon & \mathrm{j}\sin\theta\\ \mathrm{j}\sin\theta & \cos\varepsilon\end{bmatrix}\begin{bmatrix}\mathrm{e}^{\mathrm{j}(\alpha-\nu)} & 0\\ 0 & \mathrm{e}^{-\mathrm{j}(\alpha-\nu)}\end{bmatrix} \tag{3.2.15}$$

其中，m 为最大极化分量；ϕ 为 Sinclair 矩阵的绝对相位；γ 为特征角；θ 为极化方位角；ε 为极化椭圆率角；ν 为跳跃角；α 为 S_{HH} 和 S_{VV} 的平衡角。

这样，Huynen-Euler 参数中的 m、ν 和 γ 可以用 Sinclair 矩阵特征值 $\lambda_1^{\boldsymbol{S}}$ 和 $\lambda_2^{\boldsymbol{S}}$ 进行表征，分别为

$$m=\sqrt{\max\left[\lambda_i\left(\boldsymbol{S}^{\mathrm{H}}\boldsymbol{S}\right)\right]}=\lambda_1^{\boldsymbol{S}} \tag{3.2.16}$$

$$\nu=-\frac{1}{4}\arg\left(\frac{\lambda_2^{\boldsymbol{S}}}{\lambda_1^{\boldsymbol{S}}}\right) \tag{3.2.17}$$

$$\gamma=\arctan\sqrt{\frac{\lambda_2^{\boldsymbol{S}}}{\lambda_1^{\boldsymbol{S}}}} \tag{3.2.18}$$

另外，在本征极化基下，Sinclair 矩阵可以变换为[17]

$$\tilde{\boldsymbol{S}}=\boldsymbol{Q}^{\mathrm{T}}\boldsymbol{S}\boldsymbol{Q} \tag{3.2.19}$$

其中，$\boldsymbol{Q}$ 为酉矩阵。

因此，可进一步导出去极化度 D、本征极化的椭圆率 α_{d}、本征极化椭圆轴和雷达视线相对角度 θ_{d} 等极化旋转不变特征[17]，定义式分别为

$$D=1-\frac{\left|S_{\mathrm{HH}}+S_{\mathrm{VV}}\right|^2}{2\left(\left|S_{\mathrm{HH}}\right|^2+\left|S_{\mathrm{HV}}\right|^2+\left|S_{\mathrm{VH}}\right|^2+\left|S_{\mathrm{VV}}\right|^2\right)} \tag{3.2.20}$$

$$\alpha_{\mathrm{d}}=\frac{1}{2}\arctan\frac{\mathrm{j}2\tilde{S}_{12}'}{\tilde{S}_1} \tag{3.2.21}$$

$$\theta_{\mathrm{d}}=\frac{1}{2}\arctan\frac{2\operatorname{Re}\left(\tilde{S}_1^*\tilde{S}_{12}\right)}{\operatorname{Re}\left(\tilde{S}_1^*\tilde{S}_2\right)} \tag{3.2.22}$$

其中，$\tilde{S}_1$、$\tilde{S}_2$、$\tilde{S}_{12}$ 和 $\tilde{S}_{12}'$ 分别为

$$\begin{cases}\tilde{S}_1=S_{\mathrm{HH}}+S_{\mathrm{VV}}\\ \tilde{S}_2=S_{\mathrm{HH}}-S_{\mathrm{VV}}\\ \tilde{S}_{12}=S_{\mathrm{HV}}\\ \tilde{S}_{12}'=\tilde{S}_{12}\cos\left(2\theta_{\mathrm{d}}\right)-\dfrac{1}{2}\tilde{S}_2\sin\left(2\theta_{\mathrm{d}}\right)\end{cases} \tag{3.2.23}$$

此外，Krogager 分解[38]作为典型相干极化目标分解，可将 Sinclair 矩阵分解为球、二面角和螺旋散射分量，即

$$\begin{aligned}\boldsymbol{S} &= \mathrm{e}^{\mathrm{j}\phi}\left\{\mathrm{e}^{\mathrm{j}\phi_\mathrm{S}} k_\mathrm{S} \boldsymbol{S}_\mathrm{sphere} + k_\mathrm{D} \boldsymbol{S}_\mathrm{diplane}(\theta) + k_\mathrm{H} \boldsymbol{S}_\mathrm{helix}(\theta)\right\} \\ &= \mathrm{e}^{\mathrm{j}\phi}\left\{\mathrm{e}^{\mathrm{j}\phi_\mathrm{S}} k_\mathrm{S} \begin{bmatrix} 1 & 0 \\ 0 & 1 \end{bmatrix} + k_\mathrm{D} \begin{bmatrix} \cos(2\theta) & \sin(2\theta) \\ \sin(2\theta) & -\cos(2\theta) \end{bmatrix} + k_\mathrm{H} \mathrm{e}^{\mp\mathrm{j}2\theta} \begin{bmatrix} 1 & \pm\mathrm{j} \\ \pm\mathrm{j} & -1 \end{bmatrix}\right\}\end{aligned} \tag{3.2.24}$$

其中，k_S、k_D 和 k_H 分别为球、二面角和螺旋散射分量系数；θ 为极化方位角；ϕ 为绝对相位；ϕ_S 为球散射相对于二面角散射分量的相位。

三个散射分量系数 k_S、k_D 和 k_H 通常从左旋和右旋圆极化基 $(\mathrm{L,R})$ 下的极化散射矩阵 $\boldsymbol{S}_{(\mathrm{L,R})}$ 得到，即

$$\begin{aligned}\boldsymbol{S}_{(\mathrm{L,R})} &= \begin{bmatrix} S_\mathrm{LL} & S_\mathrm{LR} \\ S_\mathrm{RL} & S_\mathrm{RR} \end{bmatrix} \\ &= \mathrm{e}^{\mathrm{j}\phi}\left\{\mathrm{e}^{\mathrm{j}\phi_\mathrm{S}} k_\mathrm{S} \begin{bmatrix} 0 & \mathrm{j} \\ \mathrm{j} & 0 \end{bmatrix} + k_\mathrm{D} \begin{bmatrix} \mathrm{e}^{\mathrm{j}2\theta} & 0 \\ 0 & -\mathrm{e}^{-\mathrm{j}2\theta} \end{bmatrix} + k_\mathrm{H} \begin{bmatrix} \mathrm{e}^{\mathrm{j}2\theta} & 0 \\ 0 & 0 \end{bmatrix}\right\}\end{aligned} \tag{3.2.25}$$

其中，S_RR、S_RL、S_LR 和 S_LL 是左旋和右旋圆极化基 $(\mathrm{L,R})$ 下的极化散射矩阵元素。

因此，球散射分量系数 k_S 为

$$k_\mathrm{S} = |S_\mathrm{RL}| \tag{3.2.26}$$

比较 $|S_\mathrm{RR}|$ 和 $|S_\mathrm{LL}|$ 的相对幅度，可以得到二次散射分量和螺旋散射分量的系数 k_D 和 k_H，分别为

$$|S_\mathrm{RR}| \geqslant |S_\mathrm{LL}| \Rightarrow \begin{cases} k_\mathrm{D} = |S_\mathrm{LL}| \\ k_\mathrm{H} = |S_\mathrm{RR}| - |S_\mathrm{LL}| \Leftarrow \text{左旋} \end{cases} \tag{3.2.27}$$

$$|S_\mathrm{RR}| \leqslant |S_\mathrm{LL}| \Rightarrow \begin{cases} k_\mathrm{D} = |S_\mathrm{RR}| \\ k_\mathrm{H} = |S_\mathrm{LL}| - |S_\mathrm{RR}| \Leftarrow \text{右旋} \end{cases} \tag{3.2.28}$$

进一步，二面角散射分量系数 k_D 和螺旋散射分量系数 k_H 分别为

$$k_\mathrm{D} = \min\left(|S_\mathrm{LL}|, |S_\mathrm{RR}|\right) \tag{3.2.29}$$

$$k_\mathrm{H} = \left||S_\mathrm{RR}| - |S_\mathrm{LL}|\right| \tag{3.2.30}$$

易知，三个散射分量系数k_{S}、k_{D}和k_{H}均为极化旋转不变特征。

由 Sinclair 矩阵导出的这些极化旋转不变特征的表达式和物理含义总结于表 3.2.1。

表 3.2.1　由 Sinclair 矩阵导出的极化旋转不变特征

极化旋转不变特征	表达式	物理含义
SPAN	$\lvert S_{\mathrm{HH}}\rvert^2+\lvert S_{\mathrm{HV}}\rvert^2+\lvert S_{\mathrm{VH}}\rvert^2+\lvert S_{\mathrm{VV}}\rvert^2$	目标后向散射总能量
Reciprocity	$S_{\mathrm{HV}}-S_{\mathrm{VH}}$	表征目标散射互易性
$\lambda_i(\boldsymbol{S})$	$\dfrac{(S_{\mathrm{HH}}+S_{\mathrm{VV}})\pm\sqrt{(S_{\mathrm{HH}}-S_{\mathrm{VV}})^2+4S_{\mathrm{HV}}S_{\mathrm{VH}}}}{2}$	Sinclair 矩阵的特征值
$\mathrm{Tr}(\boldsymbol{S})$	$\lambda_1^{\boldsymbol{S}}+\lambda_2^{\boldsymbol{S}}=S_{\mathrm{HH}}+S_{\mathrm{VV}}$	Pauli 散射矢量的第一个元素，表征奇次散射分量
$\mathrm{Det}(\boldsymbol{S})$	$\lambda_1^{\boldsymbol{S}}\lambda_2^{\boldsymbol{S}}=S_{\mathrm{HH}}S_{\mathrm{VV}}-S_{\mathrm{HV}}S_{\mathrm{VH}}$	一定程度上表征目标的厚度，如果目标水平方向的长度远大于垂直方向的长度，则 Det($\boldsymbol{S}$) >1，反之，亦然
$\lVert\boldsymbol{S}\rVert_2$	$\sqrt{\max\left[\lambda_i\left(\boldsymbol{S}^{\mathrm{H}}\boldsymbol{S}\right)\right]}$	表征目标对入射波的最大后向散射功率密度
$\lVert\boldsymbol{S}\rVert_{\mathrm{F}}$	$\sqrt{\mathrm{Tr}\left(\boldsymbol{S}^{\mathrm{H}}\boldsymbol{S}\right)}=\sqrt{\mathrm{SPAN}}$	同 SPAN 特征
m	$\lambda_1^{\boldsymbol{S}}$	最大雷达散射截面积
ν	$-\dfrac{1}{4}\arg\left(\dfrac{\lambda_2^{\boldsymbol{S}}}{\lambda_1^{\boldsymbol{S}}}\right)$	表征目标散射机理，$\nu=0$时为奇次散射，$\nu=\pi/4$时为偶次散射
γ	$\arctan\sqrt{\dfrac{\lambda_2^{\boldsymbol{S}}}{\lambda_1^{\boldsymbol{S}}}}$	表征目标极化灵敏度，对于平面目标，$\gamma=\pi/4$，对于线目标，$\gamma=0$
D	$1-\dfrac{\lvert S_{\mathrm{HH}}+S_{\mathrm{VV}}\rvert^2}{2\left(\lvert S_{\mathrm{HH}}\rvert^2+\lvert S_{\mathrm{HV}}\rvert^2+\lvert S_{\mathrm{VH}}\rvert^2+\lvert S_{\mathrm{VV}}\rvert^2\right)}$	表征目标散射中心数目
α_{d}	$\dfrac{1}{2}\arctan\dfrac{\mathrm{j}2\tilde{S}_{12}'}{\tilde{S}_1}$	表征目标散射对称性
θ_{d}	$\dfrac{1}{2}\arctan\dfrac{2\,\mathrm{Re}\left(\tilde{S}_1^*\tilde{S}_{12}\right)}{\mathrm{Re}\left(\tilde{S}_1^*\tilde{S}_2\right)}$	表征天线和本征极化椭圆主轴的夹角
k_{S}	$\lvert S_{\mathrm{RL}}\rvert$	球散射分量系数
k_{D}	$\min\left(\lvert S_{\mathrm{LL}}\rvert,\lvert S_{\mathrm{RR}}\rvert\right)$	二面角散射分量系数
k_{H}	$\lVert S_{\mathrm{RR}}\rvert-\lvert S_{\mathrm{LL}}\rVert$	螺旋散射分量系数

3.2.2　由 Graves 矩阵导出的极化旋转不变特征

与 Sinclair 矩阵类似，利用矩阵特征值$\lambda_i(\cdot)$、矩阵迹$\mathrm{Tr}(\cdot)$、矩阵行列式$\mathrm{Det}(\cdot)$、

矩阵二范数$\|\cdot\|_2$和矩阵 Frobenius 范数$\|\cdot\|_{\mathrm{F}}$等矩阵运算也可直接得到 Graves 矩阵$\boldsymbol{G}$的极化旋转不变特征，分别为

$$\lambda_i(\boldsymbol{G})=\lambda_i^{\boldsymbol{G}} \tag{3.2.31}$$

$$\mathrm{Tr}(\boldsymbol{G})=\mathrm{SPAN}=\lambda_1^{\boldsymbol{G}}+\lambda_2^{\boldsymbol{G}} \tag{3.2.32}$$

$$\mathrm{Det}(\boldsymbol{G})=\mathrm{Det}\left(\boldsymbol{S}\boldsymbol{S}^*\right)=\mathrm{Det}(\boldsymbol{S})\mathrm{Det}\left(\boldsymbol{S}^*\right)=\lambda_1^{\boldsymbol{G}}\lambda_2^{\boldsymbol{G}} \tag{3.2.33}$$

$$\|\boldsymbol{G}\|_2=\sqrt{\max\left[\lambda_i\left(\boldsymbol{G}^{\mathrm{H}}\boldsymbol{G}\right)\right]}=\left|\lambda_1^{\boldsymbol{G}}\right| \tag{3.2.34}$$

$$\|\boldsymbol{G}\|_{\mathrm{F}}=\sqrt{\left(\lambda_1^{\boldsymbol{G}}\right)^2+\left(\lambda_2^{\boldsymbol{G}}\right)^2} \tag{3.2.35}$$

其中，$\lambda_1^{\boldsymbol{G}}$和$\lambda_2^{\boldsymbol{G}}$为 Graves 矩阵$\boldsymbol{G}$的特征值，且$\lambda_1^{\boldsymbol{G}}\geqslant\lambda_2^{\boldsymbol{G}}$。

同时，极化旋转不变特征$\lambda_i^{\boldsymbol{G}}$可由 Graves 矩阵$\boldsymbol{G}$的元素表示，即

$$\lambda_1^{\boldsymbol{G}}=\frac{\left(G_{11}+G_{22}\right)+\sqrt{\left(G_{11}-G_{22}\right)^2+4G_{12}G_{21}}}{2} \tag{3.2.36}$$

$$\lambda_2^{\boldsymbol{G}}=\frac{\left(G_{11}+G_{22}\right)-\sqrt{\left(G_{11}-G_{22}\right)^2+4G_{12}G_{21}}}{2} \tag{3.2.37}$$

其中，G_{11}是 Graves 矩阵$\boldsymbol{G}$索引为$(1,1)$的元素项，其他项可类似定义。

这些由 Graves 矩阵导出的极化旋转不变特征的表达式和物理含义如表 3.2.2 所示。此外，由 Sinclair 矩阵和 Graves 矩阵得到的极化旋转不变特征间的关系如图 3.2.1 所示。

表 3.2.2　由 Graves 矩阵导出的极化旋转不变特征的表达式和物理含义

极化旋转不变特征	表达式	物理含义
$\lambda_i(\boldsymbol{G})$	$\dfrac{\left(G_{11}+G_{22}\right)\pm\sqrt{\left(G_{11}-G_{22}\right)^2+4G_{12}G_{21}}}{2}$	表征目标对入射波的最大后向散射能量
$\mathrm{Tr}(\boldsymbol{G})$	$\lambda_1^{\boldsymbol{G}}+\lambda_2^{\boldsymbol{G}}=\lvert S_{\mathrm{HH}}\rvert^2+\lvert S_{\mathrm{HV}}\rvert^2+\lvert S_{\mathrm{VH}}\rvert^2+\lvert S_{\mathrm{VV}}\rvert^2$	目标后向散射总能量
$\mathrm{Det}(\boldsymbol{G})$	$\lambda_1^{\boldsymbol{G}}\lambda_2^{\boldsymbol{G}}=\lvert S_{\mathrm{HH}}\rvert^2\lvert S_{\mathrm{VV}}\rvert^2+\lvert S_{\mathrm{HV}}\rvert^2\lvert S_{\mathrm{VH}}\rvert^2-S_{\mathrm{HH}}S_{\mathrm{VV}}S_{\mathrm{HV}}^*S_{\mathrm{VH}}^*-S_{\mathrm{HH}}^*S_{\mathrm{VV}}^*S_{\mathrm{HV}}S_{\mathrm{VH}}$	Graves 矩阵的行列式
$\lVert\boldsymbol{G}\rVert_2$	$\sqrt{\max\left[\lambda_i\left(\boldsymbol{G}^{\mathrm{H}}\boldsymbol{G}\right)\right]}=\lvert\lambda_1^{\boldsymbol{G}}\rvert$	目标最大散射能量
$\lVert\boldsymbol{G}\rVert_{\mathrm{F}}$	$\sqrt{\left(\lambda_1^{\boldsymbol{G}}\right)^2+\left(\lambda_2^{\boldsymbol{G}}\right)^2}$	Graves 矩阵的 Frobenius 范数

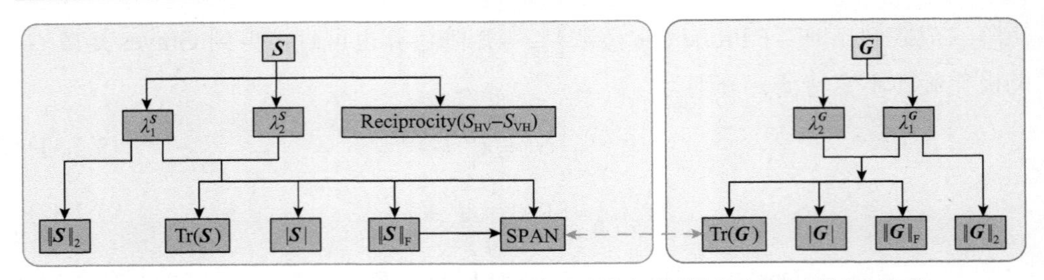

图 3.2.1　由 Sinclair 矩阵和 Graves 矩阵导出的极化旋转不变特征间的关系

3.2.3　由极化相干矩阵和极化协方差矩阵导出的极化旋转不变特征

极化相干矩阵和极化协方差矩阵的极化旋转不变特征主要由 Huynen 分解[14,39,40]、统一的极化矩阵旋转理论[41]以及左旋和右旋圆极化基(L,R)下的极化协方差矩阵推导得到。

Huynen 分解[14,39,40]是雷达极化目标分解的先驱方法，其核心思想是将一个极化矩阵(如 Kennaugh 矩阵、极化相干矩阵)按单目标和 N 目标分解为两个分量。以极化相干矩阵为例，为

$$\boldsymbol{T}=\begin{bmatrix} 2\langle A_0\rangle & \langle C\rangle-\mathrm{j}\langle D\rangle & \langle H\rangle+\mathrm{j}\langle G\rangle \\ \langle C\rangle+\mathrm{j}\langle D\rangle & \langle B_0\rangle+\langle B\rangle & \langle E\rangle+\mathrm{j}\langle F\rangle \\ \langle H\rangle-\mathrm{j}\langle G\rangle & \langle E\rangle-\mathrm{j}\langle F\rangle & \langle B_0\rangle-\langle B\rangle \end{bmatrix}=\boldsymbol{T}_0+\boldsymbol{T}_N \tag{3.2.38}$$

其中，$\boldsymbol{T}_0$ 表示单目标下的极化相干矩阵；$\boldsymbol{T}_N$ 表示 N 目标下的极化相干矩阵，分别为

$$\boldsymbol{T}_0=\begin{bmatrix} 2\langle A_0\rangle & \langle C\rangle-\mathrm{j}\langle D\rangle & \langle H\rangle+\mathrm{j}\langle G\rangle \\ \langle C\rangle+\mathrm{j}\langle D\rangle & B_{0T}+B_T & E_T+\mathrm{j}F_T \\ \langle H\rangle-\mathrm{j}\langle G\rangle & E_T-\mathrm{j}F_T & B_{0T}-B_T \end{bmatrix} \tag{3.2.39}$$

$$\boldsymbol{T}_N=\begin{bmatrix} 0 & 0 & 0 \\ 0 & B_{0N}+B_N & E_N+\mathrm{j}F_N \\ 0 & E_N-\mathrm{j}F_N & B_{0N}-B_N \end{bmatrix} \tag{3.2.40}$$

A_0、B_0、B、B_{0T}、B_T、B_{0N}、B_N、C、D、E、E_T、E_N、F、F_T、F_N、H 和 G 分别为极化相干矩阵 $\boldsymbol{T}$ 、$\boldsymbol{T}_0$ 和 $\boldsymbol{T}_N$ 的元素。

极化旋转不变特征包括 A_0 、B_0 、F 、B_{0N} 、F_N 、B_{0T} 和 F_T ，分别为

$$A_0=\frac{1}{2}T_{11} \tag{3.2.41}$$

$$B_0=\frac{1}{2}\left(T_{22}+T_{33}\right) \tag{3.2.42}$$

$$F=\operatorname{Im}\left[T_{23}\right] \tag{3.2.43}$$

$$B_{0N}=\frac{1}{2}\left[T_{22}+T_{33}-\left(\left|T_{12}\right|^2+\left|T_{13}\right|^2\right)\Big/T_{11}\right] \tag{3.2.44}$$

$$F_N=\operatorname{Im}\left[T_{23}\right]-\operatorname{Im}\left[T_{12}^*T_{13}\right]\Big/2T_{11} \tag{3.2.45}$$

$$B_{0T}=B_0-B_{0N}=\left(\left|T_{12}\right|^2+\left|T_{13}\right|^2\right)\Big/2T_{11} \tag{3.2.46}$$

$$F_T=F-F_N=\operatorname{Im}\left[T_{12}^*T_{13}\right]\Big/T_{11} \tag{3.2.47}$$

从 Huynen 分解导出的极化旋转不变特征的表达式和物理含义如表 3.2.3 所示。

表 3.2.3　由 Huynen 分解导出的极化旋转不变特征的表达式和物理含义

极化旋转不变特征	表达式	物理含义
A_0	$\frac{1}{2}T_{11}$	表征散射体规则、平滑和凸起部分的总散射能量
B_0	$\frac{1}{2}\left(T_{22}+T_{33}\right)$	表征散射体不规则、粗糙和非凸起等去极化成分的总散射能量
F	$\operatorname{Im}\left[T_{23}\right]$	表征螺旋散射分量
B_{0N}	$\frac{1}{2}\left[T_{22}+T_{33}-\left(\left\|T_{12}\right\|^2+\left\|T_{13}\right\|^2\right)\Big/T_{11}\right]$	表征 N 目标中不规则、粗糙和非凸起等去极化成分的总散射能量
F_N	$\operatorname{Im}\left[T_{23}\right]-\operatorname{Im}\left[T_{12}^*T_{13}\right]\Big/2T_{11}$	表征 N 目标中的螺旋散射分量
B_{0T}	$B_0-B_{0N}=\left(\left\|T_{12}\right\|^2+\left\|T_{13}\right\|^2\right)\Big/2T_{11}$	表征单目标中不规则、粗糙和非凸起等去极化成分的总散射能量
F_T	$F-F_N=\operatorname{Im}\left[T_{12}^*T_{13}\right]\Big/T_{11}$	表征单目标螺旋散射分量

此外，根据第 2 章介绍的统一的极化矩阵旋转理论[41]，在极化旋转域中，极化相干矩阵的元素可由正弦函数统一表征，即

$$f(\theta)=A\sin\left[\omega\left(\theta+\theta_0\right)\right]+B \tag{3.2.48}$$

其中，A 为极化振荡幅度；B 为极化振荡中心；ω 为角频率；θ_0 为初始角。

基于式 (3.2.48) 和表 2.3.1，可以得到包括极化振荡幅度 $A\_\operatorname{Re}\left[T_{12}\right]$、$A\_\operatorname{Im}\left[T_{12}\right]$、$A\_T_{22}$、$A\_\left|T_{12}\right|^2$ 和极化振荡中心 B_T_{22}、$B\_\left|T_{12}\right|^2$、$B\_\left|T_{23}\right|^2$ 在内

的极化旋转不变特征，分别为

$$A\_\mathrm{Re}[T_{12}]=\sqrt{\mathrm{Re}^2[T_{12}]+\mathrm{Re}^2[T_{13}]} \tag{3.2.49}$$

$$A\_\mathrm{Im}[T_{12}]=\sqrt{\mathrm{Im}^2[T_{12}]+\mathrm{Im}^2[T_{13}]} \tag{3.2.50}$$

$$A\_T_{22}=\sqrt{\frac{1}{4}(T_{33}-T_{22})^2+\mathrm{Re}^2[T_{23}]} \tag{3.2.51}$$

$$A\_|T_{12}|^2=\sqrt{\mathrm{Re}^2[T_{12}T_{13}^*]+\frac{1}{4}\left(|T_{13}|^2-|T_{12}|^2\right)^2} \tag{3.2.52}$$

$$B\_T_{22}=\frac{1}{2}(T_{22}+T_{33}) \tag{3.2.53}$$

$$B\_|T_{12}|^2=\frac{1}{2}\left(|T_{12}|^2+|T_{13}|^2\right) \tag{3.2.54}$$

$$B\_|T_{23}|^2=\frac{1}{8}\left\{(T_{33}-T_{22})^2+4\,\mathrm{Re}^2[T_{23}]\right\}+\mathrm{Im}^2[T_{23}] \tag{3.2.55}$$

从统一的极化矩阵旋转理论导出的极化旋转不变特征总结于表 3.2.4。

表 3.2.4　由统一的极化矩阵旋转理论导出的极化旋转不变特征

极化旋转不变特征	表达式	物理含义
$A\_\mathrm{Re}[T_{12}]$	$\sqrt{\mathrm{Re}^2[T_{12}]+\mathrm{Re}^2[T_{13}]}$	$\mathrm{Re}[T_{12}]$ 的极化振荡幅度
$A\_\mathrm{Im}[T_{12}]$	$\sqrt{\mathrm{Im}^2[T_{12}]+\mathrm{Im}^2[T_{13}]}$	$\mathrm{Im}[T_{12}]$ 的极化振荡幅度
A_T_{22}	$\sqrt{\frac{1}{4}(T_{33}-T_{22})^2+\mathrm{Re}^2[T_{23}]}$	T_{22} 的极化振荡幅度，敏感于反射对称性条件
$A\_\|T_{12}\|^2$	$\sqrt{\mathrm{Re}^2[T_{12}T_{13}^*]+\frac{1}{4}\left(\|T_{13}\|^2-\|T_{12}\|^2\right)^2}$	$\|T_{12}\|^2$ 的极化振荡幅度
B_T_{22}	$\frac{1}{2}(T_{22}+T_{33})$	T_{22} 的极化振荡中心
$B\_\|T_{12}\|^2$	$\frac{1}{2}\left(\|T_{12}\|^2+\|T_{13}\|^2\right)$	$\|T_{12}\|^2$ 的极化振荡中心
$B\_\|T_{23}\|^2$	$\frac{1}{8}\left\{(T_{33}-T_{22})^2+4\,\mathrm{Re}^2[T_{23}]\right\}+\mathrm{Im}^2[T_{23}]$	$\|T_{23}\|^2$ 的极化振荡中心

此外，基于左旋和右旋圆极化基(L,R)下的极化协方差矩阵 $\boldsymbol{C}_{(\mathrm{L,R})}$ 也可直接推

导得到极化旋转不变特征。$\boldsymbol{C}_{(\mathrm{L,R})}$ 的表达式为

$$\boldsymbol{C}_{(\mathrm{L,R})}=\begin{bmatrix} \left\langle |S_{\mathrm{LL}}|^2 \right\rangle & \sqrt{2}\left\langle S_{\mathrm{LL}}S_{\mathrm{LR}}^* \right\rangle & \left\langle S_{\mathrm{LL}}S_{\mathrm{RR}}^* \right\rangle \\ \sqrt{2}\left\langle S_{\mathrm{LL}}^*S_{\mathrm{LR}} \right\rangle & \left\langle |S_{\mathrm{LR}}|^2 \right\rangle & \sqrt{2}\left\langle S_{\mathrm{LR}}S_{\mathrm{RR}}^* \right\rangle \\ \left\langle S_{\mathrm{LL}}^*S_{\mathrm{RR}} \right\rangle & \sqrt{2}\left\langle S_{\mathrm{LR}}^*S_{\mathrm{RR}} \right\rangle & \left\langle |S_{\mathrm{RR}}|^2 \right\rangle \end{bmatrix} \tag{3.2.56}$$

极化旋转不变特征包括能量项 $C_{11(\mathrm{L,R})}$、$C_{22(\mathrm{L,R})}$、$C_{33(\mathrm{L,R})}$ 和极化相关项 $\left|C_{12(\mathrm{L,R})}\right|$、$\left|C_{13(\mathrm{L,R})}\right|$、$\left|C_{23(\mathrm{L,R})}\right|$，其表达式可以由水平和垂直极化基(H,V)下的极化相干矩阵表征，分别为

$$C_{11(\mathrm{L,R})}=\frac{1}{2}\left(T_{22}+T_{33}-2\,\mathrm{Im}\left[T_{23}\right]\right) \tag{3.2.57}$$

$$C_{22(\mathrm{L,R})}=\frac{1}{2}T_{11} \tag{3.2.58}$$

$$C_{33(\mathrm{L,R})}=\frac{1}{2}\left(T_{22}+T_{33}+2\,\mathrm{Im}\left[T_{23}\right]\right) \tag{3.2.59}$$

$$\left|C_{12(\mathrm{L,R})}\right|=\frac{\sqrt{2}}{2}\left|T_{13}-\mathrm{j}T_{12}\right|=\sqrt{\frac{1}{2}\left(\left|T_{12}\right|^2+\left|T_{13}\right|^2\right)+\mathrm{Im}\left[T_{12}T_{13}^*\right]} \tag{3.2.60}$$

$$\left|C_{13(\mathrm{L,R})}\right|=\frac{1}{2}\left|T_{33}-T_{22}-2\mathrm{j}\,\mathrm{Re}\left[T_{23}\right]\right|=\frac{1}{2}\sqrt{\left(T_{33}-T_{22}\right)^2+4\,\mathrm{Re}^2\left[T_{23}\right]} \tag{3.2.61}$$

$$\left|C_{23(\mathrm{L,R})}\right|=\frac{\sqrt{2}}{2}\left|T_{13}+\mathrm{j}T_{12}\right|=\sqrt{\frac{1}{2}\left(\left|T_{12}\right|^2+\left|T_{13}\right|^2\right)-\mathrm{Im}\left[T_{12}T_{13}^*\right]} \tag{3.2.62}$$

由左旋和右旋圆极化基(L,R)下的极化协方差矩阵导出的极化旋转不变特征总结于表 3.2.5 中。

表 3.2.5　由左旋和右旋圆极化基(L,R)下的极化协方差矩阵导出的极化旋转不变特征

极化旋转不变特征	表达式	物理含义
$C_{11(\mathrm{L,R})}$	$\frac{1}{2}\left(T_{22}+T_{33}-2\,\mathrm{Im}\left[T_{23}\right]\right)$	LL 共极化分量
$C_{22(\mathrm{L,R})}$	$\frac{1}{2}T_{11}$	LR 交叉极化分量
$C_{33(\mathrm{L,R})}$	$\frac{1}{2}\left(T_{22}+T_{33}+2\,\mathrm{Im}\left[T_{23}\right]\right)$	RR 共极化分量

续表

极化旋转不变特征	表达式	物理含义
$\lvert C_{12(\mathrm{L,R})}\rvert$	$\sqrt{\frac{1}{2}\left(\lvert T_{12}\rvert^2+\lvert T_{13}\rvert^2\right)+\mathrm{Im}\left[T_{12}T_{13}^*\right]}$	LL 和 LR 通道的极化相关特征
$\lvert C_{13(\mathrm{L,R})}\rvert$	$\frac{1}{2}\sqrt{\left(T_{33}-T_{22}\right)^2+4\mathrm{Re}^2\left[T_{23}\right]}$	LL 和 RR 通道的极化相关特征
$\lvert C_{23(\mathrm{L,R})}\rvert$	$\sqrt{\frac{1}{2}\left(\lvert T_{12}\rvert^2+\lvert T_{13}\rvert^2\right)-\mathrm{Im}\left[T_{12}T_{13}^*\right]}$	LR 和 RR 通道的极化相关特征

综上，分析表 3.2.3～表 3.2.5 可知，T_{11}、$T_{22}+T_{33}$、$\mathrm{Im}\left[T_{23}\right]$、$\mathrm{Re}^2\left[T_{12}\right]+\mathrm{Re}^2\left[T_{13}\right]$、$\mathrm{Im}^2\left[T_{12}\right]+\mathrm{Im}^2\left[T_{13}\right]$、$\left(\lvert T_{13}\rvert^2-\lvert T_{12}\rvert^2\right)^2+4\mathrm{Re}^2\left[T_{12}T_{13}^*\right]$、$\left(T_{33}-T_{22}\right)^2+4\mathrm{Re}^2\left[T_{23}\right]$和$\mathrm{Im}\left[T_{12}T_{13}^*\right]$等 8 种独立的极化相干矩阵元素及其组合为这些极化旋转不变特征共同的基本组成元素。利用这 8 种基本组成元素可以推导得到从 Huynen 分解、统一的极化矩阵旋转理论以及左旋和右旋圆极化基极化协方差矩阵导出的极化旋转不变特征。此外，表 3.2.6 总结了这些极化旋转不变特征的基本组成元素，并给出了它们与 Sinclair 矩阵的关系。由极化相干矩阵得到的极化旋转不变特征间的关系如图 3.2.2 所示。

表 3.2.6　由极化相干矩阵导出的极化旋转不变特征的基本组成元素

极化旋转不变特征	表达式	物理含义
T_{11}	$\frac{1}{2}\lvert S_{\mathrm{HH}}+S_{\mathrm{VV}}\rvert^2$	表征奇次散射分量
$T_{22}+T_{33}$	$\frac{1}{2}\left(\lvert S_{\mathrm{HH}}-S_{\mathrm{VV}}\rvert^2+4\lvert S_{\mathrm{HV}}\rvert^2\right)$	表征偶次散射分量和体散射分量之和
$\mathrm{Im}\left[T_{23}\right]$	$\mathrm{Im}\left[\left(S_{\mathrm{HH}}-S_{\mathrm{VV}}\right)S_{\mathrm{HV}}^*\right]$	表征螺旋散射分量
$\mathrm{Re}^2\left[T_{12}\right]+\mathrm{Re}^2\left[T_{13}\right]$	$\left(\lvert S_{\mathrm{HH}}\rvert^2-\lvert S_{\mathrm{VV}}\rvert^2\right)^2+4\left(\mathrm{Re}\left[S_{\mathrm{HH}}S_{\mathrm{HV}}^*\right]+\mathrm{Re}\left[S_{\mathrm{VV}}S_{\mathrm{HV}}^*\right]\right)^2$	—
$\mathrm{Im}^2\left[T_{12}\right]+\mathrm{Im}^2\left[T_{13}\right]$	$\left(S_{\mathrm{HH}}S_{\mathrm{VV}}^*-S_{\mathrm{HH}}^*S_{\mathrm{VV}}\right)^2+4\left(\mathrm{Im}\left[S_{\mathrm{HH}}S_{\mathrm{HV}}^*\right]+\mathrm{Im}\left[S_{\mathrm{VV}}S_{\mathrm{HV}}^*\right]\right)^2$	—
$\left(\lvert T_{13}\rvert^2-\lvert T_{12}\rvert^2\right)^2+4\mathrm{Re}^2[T_{12}T_{13}^*]$	$\frac{1}{16}\left[4S_{\mathrm{HV}}^2+\left(S_{\mathrm{HH}}-S_{\mathrm{VV}}\right)^2\right]\left[4\left(S_{\mathrm{HV}}^*\right)^2+\left(S_{\mathrm{HH}}^*-S_{\mathrm{VV}}^*\right)^2\right]$ $\cdot\left[\lvert S_{\mathrm{HH}}+S_{\mathrm{VV}}\rvert^4\right]$	—
$\left(T_{33}-T_{22}\right)^2+4\mathrm{Re}^2\left[T_{23}\right]$	$\frac{1}{4}\left[4S_{\mathrm{HV}}^2+\left(S_{\mathrm{HH}}-S_{\mathrm{VV}}\right)^2\right]\left[4\left(S_{\mathrm{HV}}^*\right)^2+\left(S_{\mathrm{HH}}^*-S_{\mathrm{VV}}^*\right)^2\right]$	—
$\mathrm{Im}[T_{12}\mathrm{T}_{13}^*]$	$\frac{1}{4}\mathrm{j}\lvert S_{\mathrm{HH}}+S_{\mathrm{VV}}\rvert^2\left[\left(S_{\mathrm{HH}}-S_{\mathrm{VV}}\right)^*S_{\mathrm{HV}}-\left(S_{\mathrm{HH}}-S_{\mathrm{VV}}\right)S_{\mathrm{HV}}^*\right]$	—

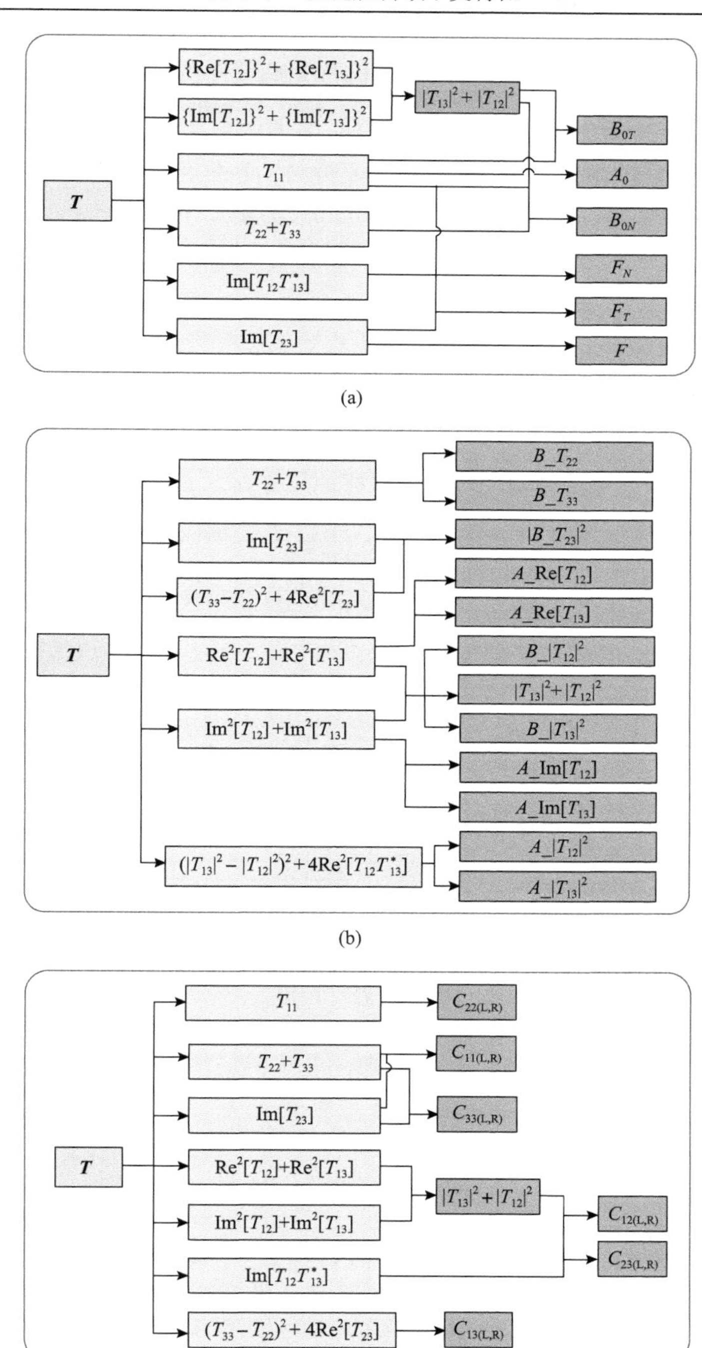

图 3.2.2　由极化相干矩阵导出的极化旋转不变特征间的关系

3.2.4 由基于特征值-特征矢量分解导出的极化旋转不变特征

除 3.2.3 节总结的极化旋转不变特征外，其他由极化相干矩阵导出的极化旋转不变特征主要通过矩阵运算和基于特征值-特征矢量的分解方法得到，包括 Cloude-Pottier 分解[23]、Touzi 分解[42]、Paladini 分解[43]和 Aghababaee 分解[44]等。

极化相干矩阵 $\boldsymbol{T}$ 可以用特征值和特征矢量表示为

$$\boldsymbol{T}=\boldsymbol{U}^{\mathrm{H}}\boldsymbol{\Lambda}\boldsymbol{U}=\boldsymbol{U}^{\mathrm{H}}\begin{bmatrix}\lambda_1^{\boldsymbol{T}} & & \\ & \lambda_2^{\boldsymbol{T}} & \\ & & \lambda_3^{\boldsymbol{T}}\end{bmatrix}\boldsymbol{U} \tag{3.2.63}$$

其中，$\boldsymbol{U}=\left[\boldsymbol{u}_1 \quad \boldsymbol{u}_2 \quad \boldsymbol{u}_3\right]$ 为酉矩阵，包含特征矢量 $\boldsymbol{u}_1$、$\boldsymbol{u}_2$ 和 $\boldsymbol{u}_3$；$\lambda_1^{\boldsymbol{T}}$、$\lambda_2^{\boldsymbol{T}}$ 和 $\lambda_3^{\boldsymbol{T}}$ 为极化相干矩阵的特征值且 $\lambda_1^{\boldsymbol{T}} \geqslant \lambda_2^{\boldsymbol{T}} \geqslant \lambda_3^{\boldsymbol{T}}$，上标 $\boldsymbol{T}$ 表示极化相干矩阵。

易知，极化相干矩阵 $\boldsymbol{T}$ 的特征值、迹、行列式、二范数、Frobenius 范数等均为极化旋转不变特征，分别为

$$\lambda_i\left[\boldsymbol{T}(\theta)\right]=\lambda_i(\boldsymbol{T})=\lambda_i^{\boldsymbol{T}} \tag{3.2.64}$$

$$\mathrm{Tr}\left[\boldsymbol{T}(\theta)\right]=\mathrm{Tr}(\boldsymbol{T})=T_{11}+T_{22}+T_{33} \tag{3.2.65}$$

$$\mathrm{Det}\left[\boldsymbol{T}(\theta)\right]=\mathrm{Det}(\boldsymbol{T})=\left|\lambda_1^{\boldsymbol{T}}\lambda_2^{\boldsymbol{T}}\lambda_3^{\boldsymbol{T}}\right| \tag{3.2.66}$$

$$\left\|\boldsymbol{T}(\theta)\right\|_2=\left\|\boldsymbol{T}\right\|_2=\sqrt{\max\left[\lambda_i\left(\boldsymbol{T}^{\mathrm{H}}\boldsymbol{T}\right)\right]} \tag{3.2.67}$$

$$\left\|\boldsymbol{T}\right\|_{\mathrm{F}}=\sqrt{\mathrm{Tr}\left(\boldsymbol{T}^{\mathrm{H}}\boldsymbol{T}\right)} \tag{3.2.68}$$

另外，Cloude-Pottier 分解[23]作为经典的基于特征值-特征矢量的极化目标分解方法，对特征矢量 $\boldsymbol{u}_i$ 进行了参数化表征，为

$$\boldsymbol{u}_i=\left[\cos\alpha_i \quad \sin\alpha_i\cos\beta_i\mathrm{e}^{\mathrm{j}\delta_i} \quad \sin\alpha_i\sin\beta_i\mathrm{e}^{\mathrm{j}\gamma_i}\right]^{\mathrm{T}} \tag{3.2.69}$$

其中，β_i 为取向角；α_i 为角度参数，下标 i 对应于三个特征矢量且 $i=1,2,3$。

从 Cloude-Pottier 分解中得到的极化熵 H、平均 $\bar{\alpha}$ 角和极化反熵（也称为各向异性度）Ani 为极化旋转不变特征，分别为

$$H=-\sum_{i=1}^{3}P_i\log_3 P_i \tag{3.2.70}$$

$$\bar{\alpha}=\sum_{i=1}^{3}P_i\alpha_i \tag{3.2.71}$$

$$\text{Ani}=\frac{\lambda_2^{\boldsymbol{T}}-\lambda_3^{\boldsymbol{T}}}{\lambda_2^{\boldsymbol{T}}+\lambda_3^{\boldsymbol{T}}} \tag{3.2.72}$$

其中，$P_i=\dfrac{\lambda_i^{\boldsymbol{T}}}{\lambda_1^{\boldsymbol{T}}+\lambda_2^{\boldsymbol{T}}+\lambda_3^{\boldsymbol{T}}}$。

此外，有学者还提出了其他基于特征值-特征矢量的分解方法。其中，Touzi 采用另一种极化散射矢量模型，发展得到了 Touzi 分解方法[42]。该分解方法包含了相干极化目标分解和非相干极化目标分解两种情形。在非相干条件下，$\boldsymbol{k}_{\mathrm{T}}^{\mathrm{SV}}$ 为极化相干矩阵的特征矢量之一。在相干条件下，将极化散射矩阵投影至 Pauli 基上进行极化相干分解，可以得到极化散射矢量 $\boldsymbol{k}_{\mathrm{T}}^{\mathrm{SV}}$ 为

$$\boldsymbol{k}_{\mathrm{T}}^{\mathrm{SV}}=m_{\mathrm{T}}\mathrm{e}^{\mathrm{j}\Phi_{\mathrm{s}}}\begin{bmatrix}1 & 0 & 0\\ 0 & \cos(2\theta) & -\sin(2\theta)\\ 0 & \sin(2\theta) & \cos(2\theta)\end{bmatrix}\begin{bmatrix}\cos\alpha_{\mathrm{s}}\cos(2\tau_{\mathrm{m}})\\ \sin\alpha_{\mathrm{s}}\mathrm{e}^{\mathrm{j}\Phi_{\alpha_{\mathrm{s}}}}\\ -\mathrm{j}\cos\alpha_{\mathrm{s}}\sin(2\tau_{\mathrm{m}})\end{bmatrix} \tag{3.2.73}$$

其中，θ 为极化方位角；$m_{\mathrm{T}}=|\boldsymbol{u}_1|$ 为目标最大振幅，$\boldsymbol{u}_1$ 为极化相干矩阵 $\boldsymbol{T}$ 最大特征值 $\lambda_1^{\boldsymbol{T}}$ 对应的特征矢量；τ_{m} 为目标螺旋度，为

$$\tau_{\mathrm{m}}=\frac{1}{2}\arctan\left[-\mathrm{Im}\left(v_3^{\theta}\right)\big/\mathrm{Re}\left(v_1^{\theta}\right)\right] \tag{3.2.74}$$

此外，v_j^{θ} 为去取向后特征矢量 $\boldsymbol{u}_i^{\theta}=\begin{bmatrix}v_1^{\theta} & v_2^{\theta} & v_3^{\theta}\end{bmatrix}^{\mathrm{T}}$ 的元素，$j=1,2,3$。去取向过程主要包含两步。首先，特征矢量 $\boldsymbol{u}_i$ 随极化方位角 θ 旋转，即

$$\boldsymbol{u}_i^{\theta}=\begin{bmatrix}1 & 0 & 0\\ 0 & \cos(2\theta) & -\sin(2\theta)\\ 0 & \sin(2\theta) & \cos(2\theta)\end{bmatrix}\boldsymbol{u}_i \tag{3.2.75}$$

然后，以 τ_{m} 为旋转角对 $\boldsymbol{u}_i^{\theta}$ 进行旋转处理，得到 $\boldsymbol{u}_i^{\theta,\tau_{\mathrm{m}}}=\begin{bmatrix}v_1^{\theta,\tau_{\mathrm{m}}} & v_2^{\theta,\tau_{\mathrm{m}}} & v_3^{\theta,\tau_{\mathrm{m}}}\end{bmatrix}^{\mathrm{T}}$，即

$$\boldsymbol{u}_i^{\theta,\tau}=\begin{bmatrix}\cos(2\tau_{\mathrm{m}}) & 0 & \mathrm{j}\sin(2\tau_{\mathrm{m}})\\ 0 & 1 & 0\\ \mathrm{j}\sin(2\tau_{\mathrm{m}}) & 0 & \cos(2\tau_{\mathrm{m}})\end{bmatrix}\boldsymbol{u}_i^{\theta} \tag{3.2.76}$$

这样，$\alpha_{\rm s}$ 和 $\Phi_{\alpha_{\rm s}}$ 分别表征对称散射类型的幅值和相位，表达式分别为

$$\alpha_{\rm s} = \arccos\left[\mathrm{Re}\left(v_1^{\theta,\tau}\right)\right] \tag{3.2.77}$$

$$\Phi_{\alpha_{\rm s}} = \arctan\left[\mathrm{Im}\left(v_2^{\theta}\right)\Big/\mathrm{Re}\left(v_2^{\theta}\right)\right] \tag{3.2.78}$$

因此，$\left\{\tau_{\rm m}, m_{\rm T}, \alpha_{\rm s}, \Phi_{\alpha_{\rm s}}\right\}$ 为 Touzi 分解中导出的极化旋转不变特征。

在 Paladini 等提出的极化目标分解[43]中，可以用一组极化旋转不变特征 $\{\psi, \Upsilon, \alpha_{\rm C}, \beta_{\rm C}, \mathrm{Hel}\}$ 来表示左旋和右旋圆极化基 $(\mathrm{L,R})$ 下的极化散射矢量 $\boldsymbol{k}_{\mathrm{L}_{(\mathrm{L,R})}}$，即

$$\boldsymbol{k}_{\mathrm{L}_{(\mathrm{L,R})}} = \begin{bmatrix} S_{\rm LL} \\ \sqrt{2}S_{\rm LR} \\ S_{\rm RR} \end{bmatrix} = \begin{bmatrix} \sin\alpha_{\rm C}\cos\beta_{\rm C}\mathrm{e}^{\mathrm{j}\left(-\frac{4}{3}\Upsilon-2\psi\right)} \\ \cos\alpha_{\rm C}\mathrm{e}^{\mathrm{j}\frac{8}{3}} \\ -\sin\alpha_{\rm C}\cos\beta_{\rm C}\mathrm{e}^{\mathrm{j}\left(-\frac{4}{3}\Upsilon+2\psi\right)} \end{bmatrix} \tag{3.2.79}$$

其中，ψ 表示特征矢量的方位角，为

$$\psi = \frac{1}{4}\arg\left(-S_{\rm RR}S_{\rm LL}^{*}\right) \tag{3.2.80}$$

Υ 表示去取向后共极化和交叉极化散射系数之间的相位差，为

$$\Upsilon = \frac{3}{8}\arg(\boldsymbol{u}_2) = \frac{1}{4}\arg\left\{\left[\boldsymbol{k}_{\rm C}^{\rm DeO}(1)\right]^{*}\boldsymbol{k}_{\rm C}^{\rm DeO}(2)\right\} \tag{3.2.81}$$

其中，$\boldsymbol{k}_{\rm C}^{\rm DeO} = \boldsymbol{R}(-\theta)\boldsymbol{k}_{\mathrm{L}_{(\mathrm{L,R})}}$ 为去取向后的特征矢量。

$\alpha_{\rm C}$ 表示估计目标奇次和偶次散射特性的主要参数，与 Cloude-Pottier 分解中的平均 $\overline{\alpha}$ 角特征相似，为

$$\alpha_{\rm C} = \arccos\left(\left|\boldsymbol{u}_2\right|\right) = \arccos\left(\sqrt{\frac{1}{2}\frac{\left|S_{\rm HH}+S_{\rm VV}\right|^2}{\left\|\boldsymbol{k}_{\mathrm{L}_{(\mathrm{L,R})}}\right\|}}\right) \tag{3.2.82}$$

$\beta_{\rm C}$ 表示左旋和右旋圆极化基 $(\mathrm{L,R})$ 下散射矢量的共极化系数之间的平衡程度，为

$$\beta_{\mathrm{C}}=\arccos\left[\frac{\left|\boldsymbol{k}_{\mathrm{L}_{(\mathrm{L,R})}}(1)\right|}{\sin\alpha_{\mathrm{C}}\left\|\boldsymbol{k}_{\mathrm{L}_{(\mathrm{L,R})}}\right\|}\right] \tag{3.2.83}$$

Hel 表示目标矢量的不对称度，为

$$\mathrm{Hel}=\sin^2\alpha_{\mathrm{C}}\left(\cos^2\beta_{\mathrm{C}}-\sin^2\beta_{\mathrm{C}}\right) \tag{3.2.84}$$

Aghababaee 等提出了一种结合 Cameron 分解的极化散射矢量模型[44]，考虑了最小和最大对称散射分量，并将其投影到 Pauli 矩阵，用于表示目标极化散射矢量 $\hat{\boldsymbol{k}}$，对极化相干矩阵 $\boldsymbol{T}$ 进行特征值-特征矢量分解得到目标极化散射矢量 $\hat{\boldsymbol{k}}=\begin{bmatrix}\hat{k}_1 & \hat{k}_2 & \hat{k}_3\end{bmatrix}^{\mathrm{T}}$。考虑极化相干矩阵 $\boldsymbol{T}$ 最大特征值 $\lambda_1^{\boldsymbol{T}}$ 对应的情况，即

$$\begin{aligned}\hat{\boldsymbol{k}}&=\boldsymbol{u}_1\\&=\sqrt{2}\begin{bmatrix}1&0&0\\0&\cos(2\psi_{\max})&-\sin(2\psi_{\max})\\0&\sin(2\psi_{\max})&\cos(2\psi_{\max})\end{bmatrix}\begin{bmatrix}\mu_1\\\mu_2\\\mu_3\end{bmatrix}\end{aligned} \tag{3.2.85}$$

进一步地，可以得到极化散射矩阵 $\hat{\boldsymbol{S}}$ 为

$$\hat{\boldsymbol{S}}=\frac{\sqrt{2}}{2}\begin{bmatrix}\hat{k}_1+\hat{k}_2 & \hat{k}_3\\ \hat{k}_3 & \hat{k}_1-\hat{k}_2\end{bmatrix}$$

其中，$\psi_{\max}$ 为最大对称分量的相位角，通过对极化散射矩阵 $\hat{\boldsymbol{S}}$ 进行 Cameron 分解得到；$\mu_i(i=1,2,3)$ 为三个复数。

在此基础上，可以得到不对称度 τ_{p}、散射类型特征 α_{p}、两个特征矢量的相位差 φ_{p} 和最大幅度特征 m_{p} 等极化旋转不变特征，分别为

$$\tau_{\mathrm{p}}=\arcsin\left(\frac{\left|\lambda_3^{\boldsymbol{T}}\right|}{\sqrt{\left|\lambda_1^{\boldsymbol{T}}\right|^2+\left|\lambda_2^{\boldsymbol{T}}\right|^2+\left|\lambda_3^{\boldsymbol{T}}\right|^2}}\right) \tag{3.2.86}$$

$$\alpha_{\mathrm{p}}=\arctan\left|\frac{\mu_2}{\mu_1}\right| \tag{3.2.87}$$

$$\varphi_{\mathrm{p}}=\arg\left(\frac{\mu_2}{\mu_1}\right) \tag{3.2.88}$$

$$m_{\mathrm{p}} = \sqrt{|\mu_1|^2 + |\mu_2|^2 + |\mu_3|^2} \tag{3.2.89}$$

由特征值-特征矢量分解得到的极化旋转不变特征总结于表 3.2.7。尽管这些极化旋转不变特征是由不同的极化散射矢量模型推导得到的，但其物理含义是相似的。以 Cloude-Pottier 分解为例，平均 $\bar{\alpha}$ 角特征的取值主要对应三种目标极化散射机理：

(1) 当 $\bar{\alpha} \to 0$ 时，表征粗糙表面产生的奇次散射；

(2) 当 $\bar{\alpha} \to \pi/4$ 时，表征体散射机理；

(3) 当 $\bar{\alpha} \to \pi/2$ 时，表征二次散射机理。

同样，Touzi 分解的 α_{s} 特征、Paladini 分解的 α_{C} 特征和 Aghababaee 分解的 α_{p} 特征也具有相似的物理含义。此外，这些极化目标分解也采用了螺旋散射或螺旋度的概念，以表征目标散射的对称特性，如 Touzi 分解的 τ_{m} 特征、Paladini 分解的 Hel 特征和 Aghababaee 分解的 τ_{p} 特征等。

表 3.2.7　由特征值-特征矢量分解得到的极化旋转不变特征

极化旋转不变特征	表达式	物理含义
$\lambda_i(\boldsymbol{T})$	—	极化相干矩阵 $\boldsymbol{T}$ 的特征值
$\mathrm{Tr}(\boldsymbol{T})$	$T_{11}+T_{22}+T_{33}$	极化相干矩阵 $\boldsymbol{T}$ 的迹
$\mathrm{Det}(\boldsymbol{T})$	$\left\lvert\lambda_1^{\boldsymbol{T}}\lambda_2^{\boldsymbol{T}}\lambda_3^{\boldsymbol{T}}\right\rvert$	极化相干矩阵 $\boldsymbol{T}$ 的行列式
$\lVert\boldsymbol{T}\rVert_2$	$\sqrt{\max\left[\lambda_i\left(\boldsymbol{T}^{\mathrm{H}}\boldsymbol{T}\right)\right]}$	极化相干矩阵 $\boldsymbol{T}$ 的二范数
$\lVert\boldsymbol{T}\rVert_{\mathrm{F}}$	$\sqrt{\mathrm{Tr}\left(\boldsymbol{T}^{\mathrm{H}}\boldsymbol{T}\right)}$	极化相干矩阵 $\boldsymbol{T}$ 的 Frobenius 范数
H	$-\sum_{i=1}^{3} P_i \log_3 P_i$	表征散射类型在统计上的无序性
$\bar{\alpha}$	$\sum_{i=1}^{3} P_i\alpha_i$	表征极化散射类型
Ani	$\left(\lambda_2^{\boldsymbol{T}}-\lambda_3^{\boldsymbol{T}}\right)/\left(\lambda_2^{\boldsymbol{T}}+\lambda_3^{\boldsymbol{T}}\right)$	表征各向异性度
τ_{m}	$\frac{1}{2}\arctan\left[-\mathrm{Im}\left(v_3^{\theta}\right)/\mathrm{Re}\left(v_1^{\theta}\right)\right]$	表征目标螺旋度
m_{T}	$\lvert\boldsymbol{u}_1\rvert$	表征特征矢量强度
α_{S}	$\arccos\left[\mathrm{Re}\left(v_1^{\theta,\tau}\right)\right]$	表征对称散射类型的幅值
$\Phi_{\alpha_{\mathrm{S}}}$	$\arctan\left[\mathrm{Im}\left(v_2^{\theta}\right)/\mathrm{Re}\left(v_2^{\theta}\right)\right]$	表征对称散射类型的相位

续表

极化旋转不变特征	表达式	物理含义
ψ	$\frac{1}{4}\arg\left(-S_{\mathrm{RR}}S_{\mathrm{LL}}^{*}\right)$	表征特征矢量的方位角
$\varUpsilon$	$\frac{1}{4}\arg\left\{\left[\boldsymbol{k}_{\mathrm{C}}^{\mathrm{DeO}}(1)\right]^{*}\boldsymbol{k}_{\mathrm{C}}^{\mathrm{DeO}}(2)\right\}$	共极化和交叉极化散射系数之间的相位差
α_{C}	$\arccos\left(\sqrt{\frac{1}{2}\frac{\lvert S_{\mathrm{HH}}+S_{\mathrm{VV}}\rvert^{2}}{\lVert\boldsymbol{k}_{\mathrm{L}_{(\mathrm{L,R})}}\rVert}}\right)$	表征目标散射类型
β_{C}	$\arccos\left[\frac{\lvert\boldsymbol{k}_{\mathrm{L}_{(\mathrm{L,R})}}(1)\rvert}{\sin\alpha_{\mathrm{C}}\lVert\boldsymbol{k}_{\mathrm{L}_{(\mathrm{L,R})}}\rVert}\right]$	左旋和右旋圆极化基(L,R)下散射矢量共极化系数之间的平衡程度
Hel	$\sin^{2}\alpha_{\mathrm{C}}\left(\cos^{2}\beta_{\mathrm{C}}-\sin^{2}\beta_{\mathrm{C}}\right)$	表征目标矢量的不对称度
τ_{p}	$\arcsin\left(\lvert\lambda_{3}^{T}\rvert\Big/\sqrt{\lvert\lambda_{1}^{T}\rvert^{2}+\lvert\lambda_{2}^{T}\rvert^{2}+\lvert\lambda_{3}^{T}\rvert^{2}}\right)$	表征目标矢量的不对称度
α_{p}	$\arctan\lvert\mu_{2}/\mu_{1}\rvert$	表征目标散射类型
φ_{p}	$\arg\left(\mu_{2}/\mu_{1}\right)$	表征目标散射类型参数的相位差
m_{p}	$\sqrt{\lvert\mu_{1}\rvert^{2}+\lvert\mu_{2}\rvert^{2}+\lvert\mu_{3}\rvert^{2}}$	表征特征矢量的最大幅度特征

3.2.5　由二维极化相干/相关方向图导出的极化旋转不变特征

为了利用目标散射多样性的丰富信息，第 2 章介绍了二维极化相干方向图和二维极化相关方向图解译工具[29,45]，其核心思想是将传统的给定旋转状态（$\theta=0$）的极化相干特征或极化相关特征拓展至极化旋转域（$\theta\in[-\pi,\pi)$），用于表征、挖掘和利用目标散射多样性信息。

对于两个极化通道 s_1 和 s_2，二维极化相干方向图[45]定义为

$$\left|\gamma_{1\text{-}2}(\theta)\right|=\frac{\left|\left\langle s_{1}(\theta)s_{2}^{*}(\theta)\right\rangle\right|}{\sqrt{\left\langle\left|s_{1}(\theta)\right|^{2}\right\rangle\left\langle\left|s_{2}(\theta)\right|^{2}\right\rangle}},\quad\theta\in[-\pi,\pi)\tag{3.2.90}$$

二维极化相关方向图[29]可以类似定义为

$$\left|\hat{\gamma}_{1\text{-}2}(\theta)\right|=\left|\left\langle s_{1}(\theta)s_{2}^{*}(\theta)\right\rangle\right|,\quad\theta\in[-\pi,\pi)\tag{3.2.91}$$

由表 2.4.1 可知，每种极化相干方向图各可以导出 10 种极化特征。其中，有 7 种极化旋转不变特征，分别如下。

(1) 极化相干度特征 $\left|\gamma_{1\text{-}2}(\theta)\right|_{\text{mean}}$：

$$\left|\gamma_{1\text{-}2}(\theta)\right|_{\text{mean}} = \frac{1}{2\pi}\int_{0}^{2\pi}\left|\gamma_{1\text{-}2}(\theta)\right|\mathrm{d}\theta \tag{3.2.92}$$

(2) 极化相干起伏度特征 $\left|\gamma_{1\text{-}2}(\theta)\right|_{\text{std}}$：

$$\left|\gamma_{1\text{-}2}(\theta)\right|_{\text{std}} = \sqrt{\frac{1}{2\pi}\int_{0}^{2\pi}\left(\left|\gamma_{1\text{-}2}(\theta)\right| - \left|\gamma_{1\text{-}2}(\theta)\right|_{\text{mean}}\right)^{2}\mathrm{d}\theta} \tag{3.2.93}$$

(3) 极化相干最大值特征 $\left|\gamma_{1\text{-}2}(\theta)\right|_{\max}$：

$$\left|\gamma_{1\text{-}2}(\theta)\right|_{\max} = \max\left(\left|\gamma_{1\text{-}2}(\theta)\right|\right) \tag{3.2.94}$$

(4) 极化相干最小值特征 $\left|\gamma_{1\text{-}2}(\theta)\right|_{\min}$：

$$\left|\gamma_{1\text{-}2}(\theta)\right|_{\min} = \min\left(\left|\gamma_{1\text{-}2}(\theta)\right|\right) \tag{3.2.95}$$

(5) 极化相干对比度特征 $\left|\gamma_{1\text{-}2}(\theta)\right|_{\text{contrast}}$：

$$\left|\gamma_{1\text{-}2}(\theta)\right|_{\text{contrast}} = \left|\gamma_{1\text{-}2}(\theta)\right|_{\max} - \left|\gamma_{1\text{-}2}(\theta)\right|_{\min} \tag{3.2.96}$$

(6) 极化相干反熵特征 $\left|\gamma_{1\text{-}2}(\theta)\right|_{\text{A}}$：

$$\left|\gamma_{1\text{-}2}(\theta)\right|_{\text{A}} = \frac{\left|\gamma_{1\text{-}2}(\theta)\right|_{\max} - \left|\gamma_{1\text{-}2}(\theta)\right|_{\min}}{\left|\gamma_{1\text{-}2}(\theta)\right|_{\max} + \left|\gamma_{1\text{-}2}(\theta)\right|_{\min}} \tag{3.2.97}$$

(7) 极化相干宽度特征 $\left|\gamma_{1\text{-}2}(\theta)\right|_{\text{bw0.95}}$：

$$\left|\gamma_{1\text{-}2}(\theta)\right|_{\text{bw0.95}} = \left\{\theta \,\middle|\, \left|\gamma_{1\text{-}2}(\theta)\right|_{\max} \geqslant \left|\gamma_{1\text{-}2}(\theta)\right| \geqslant 0.95 \times \left|\gamma_{1\text{-}2}(\theta)\right|_{\max}\right\} \tag{3.2.98}$$

此外，根据表 2.5.1，每种极化相关方向图也各可以导出 10 种极化特征。其中，有 7 种极化旋转不变特征，分别如下。

(1) 极化相关度特征 $\left|\hat{\gamma}_{1\text{-}2}(\theta)\right|_{\text{mean}}$：

$$\left|\hat{\gamma}_{1\text{-}2}(\theta)\right|_{\text{mean}} = \frac{1}{2\pi}\int_{0}^{2\pi}\left|\hat{\gamma}_{1\text{-}2}(\theta)\right|\mathrm{d}\theta \tag{3.2.99}$$

(2) 极化相关起伏度特征 $\left|\hat{\gamma}_{1\text{-}2}(\theta)\right|_{\text{std}}$：

$$\left|\hat{\gamma}_{1\text{-}2}(\theta)\right|_{\text{std}}=\sqrt{\frac{1}{2\pi}\int_0^{2\pi}\left(\left|\hat{\gamma}_{1\text{-}2}(\theta)\right|-\left|\hat{\gamma}_{1\text{-}2}(\theta)\right|_{\text{mean}}\right)^2\mathrm{d}\theta} \tag{3.2.100}$$

(3) 极化相关最大值特征 $\left|\hat{\gamma}_{1\text{-}2}(\theta)\right|_{\max}$：

$$\left|\hat{\gamma}_{1\text{-}2}(\theta)\right|_{\max}=\max\left(\left|\hat{\gamma}_{1\text{-}2}(\theta)\right|\right) \tag{3.2.101}$$

(4) 极化相关最小值特征 $\left|\hat{\gamma}_{1\text{-}2}(\theta)\right|_{\min}$：

$$\left|\hat{\gamma}_{1\text{-}2}(\theta)\right|_{\min}=\min\left(\left|\hat{\gamma}_{1\text{-}2}(\theta)\right|\right) \tag{3.2.102}$$

(5) 极化相关对比度特征 $\left|\hat{\gamma}_{1\text{-}2}(\theta)\right|_{\text{contrast}}$：

$$\left|\hat{\gamma}_{1\text{-}2}(\theta)\right|_{\text{contrast}}=\left|\hat{\gamma}_{1\text{-}2}(\theta)\right|_{\max}-\left|\hat{\gamma}_{1\text{-}2}(\theta)\right|_{\min} \tag{3.2.103}$$

(6) 极化相关反熵特征 $\left|\hat{\gamma}_{1\text{-}2}(\theta)\right|_{\text{A}}$：

$$\left|\hat{\gamma}_{1\text{-}2}(\theta)\right|_{\text{A}}=\frac{\left|\hat{\gamma}_{1\text{-}2}(\theta)\right|_{\max}-\left|\hat{\gamma}_{1\text{-}2}(\theta)\right|_{\min}}{\left|\hat{\gamma}_{1\text{-}2}(\theta)\right|_{\max}+\left|\hat{\gamma}_{1\text{-}2}(\theta)\right|_{\min}} \tag{3.2.104}$$

(7) 极化相关宽度特征 $\left|\hat{\gamma}_{1\text{-}2}(\theta)\right|_{\text{bw0.95}}$：

$$\left|\hat{\gamma}_{1\text{-}2}(\theta)\right|_{\text{bw0.95}}=\left\{\theta\middle|\left|\hat{\gamma}_{1\text{-}2}(\theta)\right|_{\max}\geqslant\left|\hat{\gamma}_{1\text{-}2}(\theta)\right|\geqslant0.95\times\left|\hat{\gamma}_{1\text{-}2}(\theta)\right|_{\max}\right\} \tag{3.2.105}$$

由二维极化相干/相关方向图导出的极化旋转不变特征的表达式和物理含义总结于表 3.2.8。

表 3.2.8 由二维极化相干/相关方向图导出的极化旋转不变特征的表达式和物理含义

极化旋转不变特征	表达式	物理含义
$\left\|\gamma_{1\text{-}2}(\theta)\right\|_{\text{mean}}$	$\frac{1}{2\pi}\int_0^{2\pi}\left\|\gamma_{1\text{-}2}(\theta)\right\|\mathrm{d}\theta$	衡量目标在极化旋转域中平均去相干效应。极化相干度越大，去相干效应越弱
$\left\|\gamma_{1\text{-}2}(\theta)\right\|_{\text{std}}$	$\sqrt{\frac{1}{2\pi}\int_0^{2\pi}\left(\left\|\gamma_{1\text{-}2}(\theta)\right\|-\left\|\gamma_{1\text{-}2}(\theta)\right\|_{\text{mean}}\right)^2\mathrm{d}\theta}$	衡量极化旋转域中的目标散射多样性。通常，极化相干起伏度越大，极化旋转域中的目标散射多样性越显著

续表

极化旋转不变特征	表达式	物理含义
$\lvert\gamma_{1\text{-}2}(\theta)\rvert_{\max}$	$\max\left(\lvert\gamma_{1\text{-}2}(\theta)\rvert\right)$	表征通过角度旋转调整能够得到的极化旋转域两个极化通道间相干性的取值上限
$\lvert\gamma_{1\text{-}2}(\theta)\rvert_{\min}$	$\min\left(\lvert\gamma_{1\text{-}2}(\theta)\rvert\right)$	表征通过角度旋转调整能够得到的极化旋转域两个极化通道间相干性的取值下限
$\lvert\gamma_{1\text{-}2}(\theta)\rvert_{\text{contrast}}$	$\lvert\gamma_{1\text{-}2}(\theta)\rvert_{\max}-\lvert\gamma_{1\text{-}2}(\theta)\rvert_{\min}$	表征极化旋转域中极化相干特征的绝对对比度
$\lvert\gamma_{1\text{-}2}(\theta)\rvert_{\text{A}}$	$\dfrac{\lvert\gamma_{1\text{-}2}(\theta)\rvert_{\max}-\lvert\gamma_{1\text{-}2}(\theta)\rvert_{\min}}{\lvert\gamma_{1\text{-}2}(\theta)\rvert_{\max}+\lvert\gamma_{1\text{-}2}(\theta)\rvert_{\min}}$	表征极化旋转域中极化相干特征的相对对比度
$\lvert\gamma_{1\text{-}2}(\theta)\rvert_{\text{bw0.95}}$	$\left\{\theta \,\middle\|\, \lvert\gamma_{1\text{-}2}(\theta)\rvert_{\max}\geqslant\lvert\gamma_{1\text{-}2}(\theta)\rvert\geqslant 0.95\times\lvert\gamma_{1\text{-}2}(\theta)\rvert_{\max}\right\}$	表征目标散射对方位角的敏感性，取值越小，目标去相干性和方位角依赖性越大
$\lvert\hat{\gamma}_{1\text{-}2}(\theta)\rvert_{\text{mean}}$	$\dfrac{1}{2\pi}\int_0^{2\pi}\lvert\hat{\gamma}_{1\text{-}2}(\theta)\rvert\mathrm{d}\theta$	衡量目标在极化旋转域中平均去相关效应，极化相关度越大，去相关效应越弱
$\lvert\hat{\gamma}_{1\text{-}2}(\theta)\rvert_{\text{std}}$	$\sqrt{\dfrac{1}{2\pi}\int_0^{2\pi}\left(\lvert\hat{\gamma}_{1\text{-}2}(\theta)\rvert-\lvert\hat{\gamma}_{1\text{-}2}(\theta)\rvert_{\text{mean}}\right)^2\mathrm{d}\theta}$	衡量极化旋转域中的目标散射多样性。通常，极化相关起伏度越大，极化旋转域中的目标散射多样性越显著
$\lvert\hat{\gamma}_{1\text{-}2}(\theta)\rvert_{\max}$	$\max\left(\lvert\hat{\gamma}_{1\text{-}2}(\theta)\rvert\right)$	表征通过角度旋转调整能够得到的极化旋转域两个极化通道间相关性的取值上限
$\lvert\hat{\gamma}_{1\text{-}2}(\theta)\rvert_{\min}$	$\min\left(\lvert\hat{\gamma}_{1\text{-}2}(\theta)\rvert\right)$	表征通过角度旋转调整能够得到的极化旋转域两个极化通道间相关性的取值下限
$\lvert\hat{\gamma}_{1\text{-}2}(\theta)\rvert_{\text{contrast}}$	$\lvert\hat{\gamma}_{1\text{-}2}(\theta)\rvert_{\max}-\lvert\hat{\gamma}_{1\text{-}2}(\theta)\rvert_{\min}$	表征极化旋转域中极化相关特征的绝对对比度
$\lvert\hat{\gamma}_{1\text{-}2}(\theta)\rvert_{\text{A}}$	$\dfrac{\lvert\hat{\gamma}_{1\text{-}2}(\theta)\rvert_{\max}-\lvert\hat{\gamma}_{1\text{-}2}(\theta)\rvert_{\min}}{\lvert\hat{\gamma}_{1\text{-}2}(\theta)\rvert_{\max}+\lvert\hat{\gamma}_{1\text{-}2}(\theta)\rvert_{\min}}$	表征极化旋转域中极化相关特征的相对对比度
$\lvert\hat{\gamma}_{1\text{-}2}(\theta)\rvert_{\text{bw0.95}}$	$\left\{\theta \,\middle\|\, \lvert\hat{\gamma}_{1\text{-}2}(\theta)\rvert_{\max}\geqslant\lvert\hat{\gamma}_{1\text{-}2}(\theta)\rvert\geqslant 0.95\times\lvert\hat{\gamma}_{1\text{-}2}(\theta)\rvert_{\max}\right\}$	表征目标散射对方位角的敏感性，取值越小，目标去相关性和方位角依赖性越大

3.2.6 由三维极化相关方向图导出的极化旋转不变特征

将二维极化相关方向图沿极化椭圆率角维度进行拓展，可以得到三维极化相关方向图，能够探索和利用更为完整的目标散射多样性[46]，并在第 2 章进行了详细介绍。对于两个极化通道 s_1 和 s_2，三维极化相关方向图 $\left|\hat{\gamma}_{1\text{-}2}(\theta,\tau)\right|$ 为

$$\left|\hat{\gamma}_{1\text{-}2}(\theta,\tau)\right|=\left|\left\langle s_1(\theta,\tau)s_2^*(\theta,\tau)\right\rangle\right|,\qquad \theta\in[-\pi,\pi),\quad \tau\in[-\pi/4,\pi/4) \tag{3.2.106}$$

根据 2.6.4 节的介绍，从每种三维极化相关方向图可以导出三种类型的极化特

征，包括全局特征、局部特征和相互特征。在局部特征中，只有从极化椭圆率角剖面得到的三维极化相关方向图特征可能为极化旋转不变特征。因此，对于给定的极化椭圆率角 $\tau=\alpha$，每种三维极化相关方向图可导出 5 种全局特征、6 种局部特征和 1 种相互特征等 12 种极化旋转不变特征。

1. 全局特征

(1) 极化相关最大值特征 $\left|\hat{\gamma}_{1\text{-}2}(\theta,\tau)\right|_{\text{all-max}}$：

$$\left|\hat{\gamma}_{1\text{-}2}(\theta,\tau)\right|_{\text{all-max}}=\max\left(\left|\hat{\gamma}_{1\text{-}2}(\theta,\tau)\right|\right) \tag{3.2.107}$$

(2) 极化相关最小值特征 $\left|\hat{\gamma}_{1\text{-}2}(\theta,\tau)\right|_{\text{all-min}}$：

$$\left|\hat{\gamma}_{1\text{-}2}(\theta,\tau)\right|_{\text{all-min}}=\min\left(\left|\hat{\gamma}_{1\text{-}2}(\theta,\tau)\right|\right) \tag{3.2.108}$$

(3) 最大高斯曲率特征 $\left|\hat{\gamma}_{1\text{-}2}(\theta,\tau)\right|_{\text{MGC}}$：

$$\left|\hat{\gamma}_{1\text{-}2}(\theta,\tau)\right|_{\text{MGC}}=\max\left(\left|\text{GC}(\theta,\tau)\right|\right) \tag{3.2.109}$$

(4) 最大平均曲率特征 $\left|\hat{\gamma}_{1\text{-}2}(\theta,\tau)\right|_{\text{MMC}}$：

$$\left|\hat{\gamma}_{1\text{-}2}(\theta,\tau)\right|_{\text{MMC}}=\max\left(\left|\text{MC}(\theta,\tau)\right|\right) \tag{3.2.110}$$

(5) 最大主曲率特征 $\left|\hat{\gamma}_{1\text{-}2}(\theta,\tau)\right|_{\text{MPC}}$：

$$\left|\hat{\gamma}_{1\text{-}2}(\theta,\tau)\right|_{\text{MPC}}=\max\left[\max\left(\left|\kappa_1(\theta,\tau)\right|\right),\max\left(\left|\kappa_2(\theta,\tau)\right|\right)\right] \tag{3.2.111}$$

其中，高斯曲率 GC、平均曲率 MC 以及主曲率 κ_1 和 κ_2 的定义见 2.6.4 节。

2. 局部特征

(1) 切片极化相关度特征 $\left|\hat{\gamma}_{1\text{-}2}(\theta,\tau)\right|_{\text{mean}}^{\tau=\alpha}$：

$$\left|\hat{\gamma}_{1\text{-}2}(\theta,\tau)\right|_{\text{mean}}^{\tau=\alpha}=\frac{1}{2\pi}\int_0^{2\pi}\left|\hat{\gamma}_{1\text{-}2}(\theta,\tau)\right|^{\tau=\alpha}\text{d}\theta \tag{3.2.112}$$

(2) 切片极化相关起伏度特征 $\left|\hat{\gamma}_{1\text{-}2}(\theta,\tau)\right|_{\text{std}}^{\tau=\alpha}$：

$$\left|\hat{\gamma}_{1\text{-}2}(\theta,\tau)\right|_{\text{std}}^{\tau=\alpha}=\sqrt{\frac{1}{2\pi}\int_0^{2\pi}\left(\left|\hat{\gamma}_{1\text{-}2}(\theta,\tau)\right|^{\tau=\alpha}-\left|\hat{\gamma}_{1\text{-}2}(\theta,\tau)\right|_{\text{mean}}^{\tau=\alpha}\right)^2\mathrm{d}\theta} \tag{3.2.113}$$

(3) 切片极化相关最大值特征 $\left|\hat{\gamma}_{1\text{-}2}(\theta,\tau)\right|_{\text{max}}^{\tau=\alpha}$：

$$\left|\hat{\gamma}_{1\text{-}2}(\theta,\tau)\right|_{\text{max}}^{\tau=\alpha}=\max\left(\left|\hat{\gamma}_{1\text{-}2}(\theta,\tau)\right|^{\tau=\alpha}\right) \tag{3.2.114}$$

(4) 切片极化相关最小值特征 $\left|\hat{\gamma}_{1\text{-}2}(\theta,\tau)\right|_{\text{min}}^{\tau=\alpha}$：

$$\left|\hat{\gamma}_{1\text{-}2}(\theta,\tau)\right|_{\text{min}}^{\tau=\alpha}=\min\left(\left|\hat{\gamma}_{1\text{-}2}(\theta,\tau)\right|^{\tau=\alpha}\right) \tag{3.2.115}$$

(5) 切片极化相关对比度特征 $\left|\hat{\gamma}_{1\text{-}2}(\theta,\tau)\right|_{\text{contrast}}^{\tau=\alpha}$：

$$\left|\hat{\gamma}_{1\text{-}2}(\theta,\tau)\right|_{\text{contrast}}^{\tau=\alpha}=\left|\hat{\gamma}_{1\text{-}2}(\theta,\tau)\right|_{\text{max}}^{\tau=\alpha}-\left|\hat{\gamma}_{1\text{-}2}(\theta,\tau)\right|_{\text{min}}^{\tau=\alpha} \tag{3.2.116}$$

(6) 切片最大曲率特征 $\left|\hat{\gamma}_{1\text{-}2}(\theta,\tau)\right|_{\text{MCC}}^{\tau=\alpha}$：

$$\left|\hat{\gamma}_{1\text{-}2}(\theta,\tau)\right|_{\text{MCC}}^{\tau=\alpha}=\max\left(\left|\text{CC}(\theta)\right|\right) \tag{3.2.117}$$

其中，α 是一个极化椭圆率角，可重点考虑 $\alpha\in\{0°,45°\}$ 的两种情形。剖面上曲线曲率的定义见 2.6.4 节。

3. 相互特征

极化相关差值特征 $\left|\hat{\gamma}_{1\text{-}2}(\theta,\tau)\right|_{\text{diff}}$：

$$\left|\hat{\gamma}_{1\text{-}2}(\theta,\tau)\right|_{\text{diff}}=\left|\left|\hat{\gamma}_{1\text{-}2}(\theta,\tau)\right|_{\text{max}}^{\tau=\alpha_1}-\left|\hat{\gamma}_{1\text{-}2}(\theta,\tau)\right|_{\text{max}}^{\tau=\alpha_2}\right| \tag{3.2.118}$$

其中，α_1 和 α_2 是两个不同的极化椭圆率角，通常考虑 $\alpha_1=0°$ 和 $\alpha_2=45°$。

由三维极化相关方向图导出的极化旋转不变特征的表达式和物理含义总结于表 3.2.9。

表 3.2.9　由三维极化相关方向图导出的极化旋转不变特征的表达式和物理含义

极化旋转不变特征	表达式	物理含义
$\left\|\hat{\gamma}_{1\text{-}2}(\theta,\tau)\right\|_{\text{all-max}}$	$\max\left(\left\|\hat{\gamma}_{1\text{-}2}(\theta,\tau)\right\|\right)$	表征目标极化相关特性的取值上限
$\left\|\hat{\gamma}_{1\text{-}2}(\theta,\tau)\right\|_{\text{all-min}}$	$\min\left(\left\|\hat{\gamma}_{1\text{-}2}(\theta,\tau)\right\|\right)$	表征目标极化相关特性的取值下限

续表

极化旋转不变特征	表达式	物理含义
$\left\|\hat{\gamma}_{1\text{-}2}(\theta,\tau)\right\|_{\mathrm{MGC}}$	$\max\left(\left\|\mathrm{GC}(\theta,\tau)\right\|\right)$	表征三维极化相关方向图的最大弯曲度
$\left\|\hat{\gamma}_{1\text{-}2}(\theta,\tau)\right\|_{\mathrm{MMC}}$	$\max\left(\left\|\mathrm{MC}(\theta,\tau)\right\|\right)$	表征三维极化相关方向图的最大平均弯曲度
$\left\|\hat{\gamma}_{1\text{-}2}(\theta,\tau)\right\|_{\mathrm{MPC}}$	$\max\left[\max\left(\left\|\kappa_1(\theta,\tau)\right\|\right),\max\left(\left\|\kappa_2(\theta,\tau)\right\|\right)\right]$	表征三维极化相关方向图的最大弯曲度
$\left\|\hat{\gamma}_{1\text{-}2}(\theta,\tau)\right\|_{\mathrm{mean}}^{\tau=\alpha}$	$\frac{1}{2\pi}\int_0^{2\pi}\left\|\hat{\gamma}_{1\text{-}2}(\theta,\tau)\right\|^{\tau=\alpha}\mathrm{d}\theta$	表征极化椭圆率角 $\tau=\alpha$ 剖面极化相关特征的平均值
$\left\|\hat{\gamma}_{1\text{-}2}(\theta,\tau)\right\|_{\mathrm{std}}^{\tau=\alpha}$	$\sqrt{\frac{1}{2\pi}\int_0^{2\pi}\left(\left\|\hat{\gamma}_{1\text{-}2}(\theta,\tau)\right\|^{\tau=\alpha}-\left\|\hat{\gamma}_{1\text{-}2}(\theta,\tau)\right\|_{\mathrm{mean}}^{\tau=\alpha}\right)^2\mathrm{d}\theta}$	表征极化椭圆率角 $\tau=\alpha$ 剖面的极化相关特征的标准差
$\left\|\hat{\gamma}_{1\text{-}2}(\theta,\tau)\right\|_{\max}^{\tau=\alpha}$	$\max\left(\left\|\hat{\gamma}_{1\text{-}2}(\theta,\tau)\right\|^{\tau=\alpha}\right)$	表征极化椭圆率角 $\tau=\alpha$ 剖面的极化相关特征的最大值
$\left\|\hat{\gamma}_{1\text{-}2}(\theta,\tau)\right\|_{\min}^{\tau=\alpha}$	$\min\left(\left\|\hat{\gamma}_{1\text{-}2}(\theta,\tau)\right\|^{\tau=\alpha}\right)$	表征极化椭圆率角 $\tau=\alpha$ 剖面的极化相关特征的最小值
$\left\|\hat{\gamma}_{1\text{-}2}(\theta,\tau)\right\|_{\mathrm{contrast}}^{\tau=\alpha}$	$\left\|\hat{\gamma}_{1\text{-}2}(\theta,\tau)\right\|_{\max}^{\tau=\alpha}-\left\|\hat{\gamma}_{1\text{-}2}(\theta,\tau)\right\|_{\min}^{\tau=\alpha}$	表征极化椭圆率角 $\tau=\alpha$ 剖面的目标散射多样性
$\left\|\hat{\gamma}_{1\text{-}2}(\theta,\tau)\right\|_{\mathrm{MCC}}^{\tau=\alpha}$	$\max\left(\left\|\mathrm{CC}(\theta)\right\|\right)$	表征与极化方位角相关的最大变化程度
$\left\|\hat{\gamma}_{1\text{-}2}(\theta,\tau)\right\|_{\mathrm{diff}}$	$\left\|\left\|\hat{\gamma}_{1\text{-}2}(\theta,\tau)\right\|_{\max}^{\tau=\alpha_1}-\left\|\hat{\gamma}_{1\text{-}2}(\theta,\tau)\right\|_{\max}^{\tau=\alpha_2}\right\|$	表征两个极化椭圆率角剖面的切片极化相关最大值特征之差

3.2.7　由 Kennaugh 矩阵导出的极化旋转不变特征

对于 Kennaugh 矩阵，极化旋转不变特征主要通过测地线距离[49]、非传统三维 Barakat 极化度[47,48]等方法得到。在互易性条件下，Kennaugh 矩阵 $\boldsymbol{K}$ 可以用极化相干矩阵 $\boldsymbol{T}$ 的元素表示为

$$\boldsymbol{K}=\begin{bmatrix}\frac{T_{11}+T_{22}+T_{33}}{2} & \mathrm{Re}[T_{12}] & \mathrm{Re}[T_{13}] & \mathrm{Im}[T_{23}]\\ \mathrm{Re}[T_{12}] & \frac{T_{11}+T_{22}-T_{33}}{2} & \mathrm{Re}[T_{23}] & \mathrm{Im}[T_{13}]\\ \mathrm{Re}[T_{13}] & \mathrm{Re}[T_{23}] & \frac{T_{11}-T_{22}+T_{33}}{2} & -\mathrm{Im}[T_{12}]\\ \mathrm{Im}[T_{23}] & \mathrm{Im}[T_{13}] & -\mathrm{Im}[T_{12}] & \frac{-T_{11}+T_{22}+T_{33}}{2}\end{bmatrix} \tag{3.2.119}$$

Ratha 等提出了使用测地线距离的散射能量分解框架[49]，即用测地线距离来表征两个 Kennaugh 矩阵 $\boldsymbol{K}_1$ 和 $\boldsymbol{K}_2$ 之间的相似度，为

$$\mathrm{GD}\left(\boldsymbol{K}_1,\boldsymbol{K}_2\right)=\frac{2}{\pi}\arccos\frac{\mathrm{Tr}\left(\boldsymbol{K}_1^{\mathrm{T}}\boldsymbol{K}_2\right)}{\sqrt{\mathrm{Tr}\left(\boldsymbol{K}_1^{\mathrm{T}}\boldsymbol{K}_1\right)}\sqrt{\mathrm{Tr}\left(\boldsymbol{K}_2^{\mathrm{T}}\boldsymbol{K}_2\right)}} \tag{3.2.120}$$

该方法得到的极化旋转不变特征包括散射类型特征 α_{GD}、螺旋度特征 τ_{GD} 和去极化指数 P_{GD}。其中，散射类型特征 α_{GD} 通过衡量与典型三面角的 Kennaugh 矩阵的相似度得到，即

$$\alpha_{\mathrm{GD}}=\frac{\pi}{2}\mathrm{GD}\left(\boldsymbol{K},\boldsymbol{K}_{\mathrm{Trihedral}}\right) \tag{3.2.121}$$

其中，典型三面角的 Kennaugh 矩阵 $\boldsymbol{K}_{\mathrm{Trihedral}}$ 为

$$\boldsymbol{K}_{\mathrm{Trihedral}}=\begin{bmatrix}1&0&0&0\\0&1&0&0\\0&0&1&0\\0&0&0&-1\end{bmatrix} \tag{3.2.122}$$

螺旋度特征 τ_{GD} 是衡量与左螺旋体和右螺旋体的平均相似度，为

$$\tau_{\mathrm{GD}}=\frac{\pi}{4}\left[1-\sqrt{\mathrm{GD}\left(\boldsymbol{K},\boldsymbol{K}_{\text{Left-Helix}}\right)\mathrm{GD}\left(\boldsymbol{K},\boldsymbol{K}_{\text{Right-Helix}}\right)}\right] \tag{3.2.123}$$

其中，左旋和右旋的 Kennaugh 矩阵 $\boldsymbol{K}_{\text{Left-Helix}}$ 和 $\boldsymbol{K}_{\text{Right-Helix}}$ 分别为

$$\boldsymbol{K}_{\text{Left-Helix}}=\begin{bmatrix}1&0&0&-1\\0&0&0&0\\0&0&0&0\\-1&0&0&1\end{bmatrix},\quad \boldsymbol{K}_{\text{Right-Helix}}=\begin{bmatrix}1&0&0&1\\0&0&0&0\\0&0&0&0\\1&0&0&1\end{bmatrix} \tag{3.2.124}$$

去极化指数 P_{GD} 定义为

$$P_{\mathrm{GD}}=\left[\frac{3}{2}\mathrm{GD}\left(\boldsymbol{K},\boldsymbol{K}_{\mathrm{DoP}}\right)\right]^2 \tag{3.2.125}$$

其中，$\boldsymbol{K}_{\mathrm{DoP}}$ 为理想去极化散射体，即

$$\boldsymbol{K}_{\mathrm{DoP}}=\begin{bmatrix}1&0&0&0\\0&0&0&0\\0&0&0&0\\0&0&0&0\end{bmatrix} \tag{3.2.126}$$

其余极化旋转不变特征主要来源于非传统的三维 Barakat 极化度[47,48]，包括三维 Barakat 极化度特征 m_{FP} 、散射类型特征 θ_{FP} 和散射非对称特征 τ_{FP} ，表达式分别为

$$m_{\mathrm{FP}}=\sqrt{1-\frac{27|\boldsymbol{T}|}{\left[\operatorname{Tr}(\boldsymbol{T})\right]^3}} \tag{3.2.127}$$

$$\theta_{\mathrm{FP}}=\arctan\frac{4m_{\mathrm{FP}}K_{11}K_{44}}{K_{44}^2-\left(1+4m_{\mathrm{FP}}^2\right)K_{11}^2},\quad \theta_{\mathrm{FP}}\in\left[-\frac{\pi}{4},\frac{\pi}{4}\right] \tag{3.2.128}$$

$$\tau_{\mathrm{FP}}=\arctan\frac{|K_{14}|}{K_{11}},\quad \tau_{\mathrm{FP}}\in\left[0,\frac{\pi}{4}\right] \tag{3.2.129}$$

其中， K_{11} 、 K_{14} 和 K_{44} 为 Kennaugh 矩阵 $\boldsymbol{K}$ 的元素。

由 Kennaugh 矩阵导出的极化旋转不变特征的表达式和物理含义如表 3.2.10 所示。

表 3.2.10　由 Kennaugh 矩阵导出的极化旋转不变特征的表达式和物理含义

极化旋转不变特征	表达式	物理含义
α_{GD}	$\frac{\pi}{2}\mathrm{GD}(\boldsymbol{K},\boldsymbol{K}_{\mathrm{Trihedral}})$	表征目标散射类型
τ_{GD}	$\frac{\pi}{4}\left[1-\sqrt{\mathrm{GD}(\boldsymbol{K},\boldsymbol{K}_{\mathrm{Left\text{-}Helix}})\mathrm{GD}(\boldsymbol{K},\boldsymbol{K}_{\mathrm{Right\text{-}Helix}})}\right]$	表征目标螺旋度
P_{GD}	$\left[\frac{3}{2}\mathrm{GD}(\boldsymbol{K},\boldsymbol{K}_{\mathrm{DoP}})\right]^2$	表征目标的去极化效应。$P_{\mathrm{GD}}=0$ 对应于完全去极化散射结构， $P_{\mathrm{GD}}=1$ 对应于完全极化散射结构
m_{FP}	$\sqrt{1-\frac{27\|\boldsymbol{T}\|}{\left[\operatorname{Tr}(\boldsymbol{T})\right]^3}}$	极化散射矩阵的三维 Barakat 极化度
θ_{FP}	$\arctan\frac{4m_{\mathrm{FP}}K_{11}K_{44}}{K_{44}^2-\left(1+4m_{\mathrm{FP}}^2\right)K_{11}^2}$	表征目标散射类型
τ_{FP}	$\arctan\frac{\|K_{14}\|}{K_{11}}$	表征目标螺旋度

3.3　极化旋转不变特征性能分析

极化旋转不变特征在诸多领域得到了成功应用。本节以极化 SAR 舰船目标检测为应用背景。通常，具有较高目标杂波比(target to clutter ratio, TCR)指标的特征

有望取得更优的目标检测性能。因此，本节重点分析这些极化旋转不变特征的 TCR 指标，即其船海对比增强性能。

3.3.1　极化 SAR 数据介绍

本节选取高分三号极化 SAR 数据和 Radarsat-2 极化 SAR 数据用于船海对比增强研究。两景数据均覆盖中国香港海域，数据信息如表 3.3.1 所示。极化 SAR 数据的 Pauli 彩图分别如图 3.3.1 和图 3.3.2 所示。

表 3.3.1　极化 SAR 数据信息

数据	区域	获取日期	图像尺寸/像素	距离向和方位向像素间距/m
高分三号极化 SAR 数据	中国香港	2017 年 3 月 15 日	3450×2150	8×8
Radarsat-2 极化 SAR 数据	中国香港	2008 年 12 月 16 日	300×500	4.82×4.73

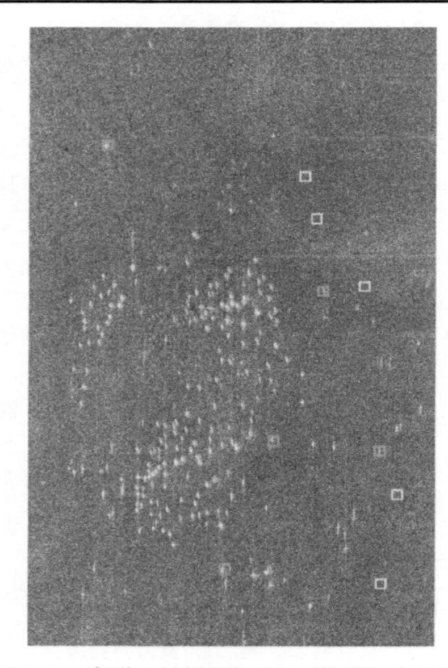

图 3.3.1　高分三号极化 SAR 数据 Pauli 彩图

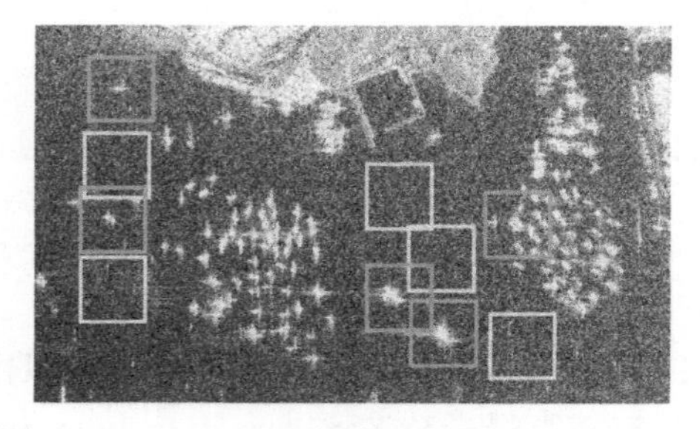

图 3.3.2　Radarsat-2 极化 SAR 数据 Pauli 彩图

3.3.2 目标杂波比实验

从两景数据中随机选取 5 个像素大小为 50×50 的舰船 ROI 和 5 个海杂波 ROI，分别如图 3.3.1 和图 3.3.2 所示。其中，绿色标注框代表舰船 ROI，黄色标注框代表海杂波 ROI。舰船像素特征取值的均值记为 $\text{ship}_{\text{mean}}^{\text{All}}$，而海域像素特征取值的均值记为 $\text{sea}_{\text{mean}}^{\text{All}}$，则 TCR 指标为

$$\text{TCR}=10\lg\left\{\frac{\text{ship}_{\text{mean}}^{\text{All}}}{\text{sea}_{\text{mean}}^{\text{All}}}\right\} \tag{3.3.1}$$

本节重点分析表 3.2.1～表 3.2.10 中总结的代表性极化旋转不变特征。考虑到第 5 章将对三维极化相关方向图的特征进行详细介绍，本节不再分析。因此，本节共选取 71 种独立的极化旋转不变特征进行对比分析，主要包括从 Sinclair 矩阵中导出的SPAN、$\lambda_1^{\boldsymbol{S}}$、$\|\boldsymbol{S}\|_2$、$\|\boldsymbol{S}\|_{\text{F}}$、$\nu$、$\gamma$、$D$、$\theta_{\text{d}}$、$\alpha_{\text{d}}$、$k_{\text{S}}$、$k_{\text{D}}$和$k_{\text{H}}$等 12 种特征；从 Graves 矩阵导出的$\text{Tr}(\boldsymbol{G})$、$\|\boldsymbol{G}\|_2$和$\|\boldsymbol{G}\|_{\text{F}}$等 3 种特征；从极化相干矩阵导出的$T_{11}$、$T_{22}+T_{33}$、$\text{Im}[T_{23}]$、$\text{Re}^2[T_{12}]+\text{Re}^2[T_{13}]$、$\text{Im}^2[T_{12}]+\text{Im}^2[T_{13}]$、$\left(|T_{13}|^2-|T_{12}|^2\right)^2+4\text{Re}^2\left[T_{12}T_{13}^*\right]$、$(T_{33}-T_{22})^2+4\text{Re}^2[T_{23}]$和$\text{Im}\left[T_{12}T_{13}^*\right]$等 8 种特征；从基于特征值-特征矢量分解导出的$\|\boldsymbol{T}\|_2$、$\|\boldsymbol{T}\|_{\text{F}}$、$H$、$\bar{\alpha}$、Ani、$\tau_{\text{m}}$、$m_{\text{T}}$、$\alpha_{\text{s}}$、$\Phi_{\alpha_{\text{s}}}$、$\alpha_{\text{C}}$、$\beta_{\text{C}}$、$\varUpsilon$、$\psi$、Hel、$\tau_{\text{p}}$、$\alpha_{\text{p}}$、$\varphi_{\text{p}}$和$m_{\text{p}}$等 18 种特征；从 Kennaugh 矩阵导出的α_{GD}、τ_{GD}、P_{GD}、m_{FP}、θ_{FP}和τ_{FP}等 6 种特征；从二维极化相关方向图中导出的$|\hat{\gamma}_{\text{HH-VV}}(\theta)|_{\text{std}}$、$|\hat{\gamma}_{\text{HH-VV}}(\theta)|_{\text{constrast}}$、$|\hat{\gamma}_{\text{HH-VV}}(\theta)|_{\text{A}}$、$|\hat{\gamma}_{\text{HH-VV}}(\theta)|_{\text{mean}}$、$|\hat{\gamma}_{\text{HH-VV}}(\theta)|_{\max}$、$|\hat{\gamma}_{\text{HH-VV}}(\theta)|_{\min}$、$|\hat{\gamma}_{\text{HH-HV}}(\theta)|_{\text{std}}$、$|\hat{\gamma}_{\text{HH-HV}}(\theta)|_{\text{constrast}}$、$|\hat{\gamma}_{\text{HH-HV}}(\theta)|_{\text{A}}$、$|\hat{\gamma}_{\text{HH-HV}}(\theta)|_{\text{mean}}$、$|\hat{\gamma}_{\text{HH-HV}}(\theta)|_{\max}$、$|\hat{\gamma}_{\text{HH-HV}}(\theta)|_{\min}$、$|\hat{\gamma}_{\text{(HH+VV)-(HH-VV)}}(\theta)|_{\text{std}}$、$|\hat{\gamma}_{\text{(HH+VV)-(HH-VV)}}(\theta)|_{\text{constrast}}$、$|\hat{\gamma}_{\text{(HH+VV)-(HH-VV)}}(\theta)|_{\text{A}}$、$|\hat{\gamma}_{\text{(HH+VV)-(HH-VV)}}(\theta)|_{\text{mean}}$、$|\hat{\gamma}_{\text{(HH+VV)-(HH-VV)}}(\theta)|_{\max}$、$|\hat{\gamma}_{\text{(HH+VV)-(HH-VV)}}(\theta)|_{\min}$、$|\hat{\gamma}_{\text{(HH+VV)-(HV)}}(\theta)|_{\text{std}}$、$|\hat{\gamma}_{\text{(HH+VV)-(HV)}}(\theta)|_{\text{constrast}}$、$|\hat{\gamma}_{\text{(HH+VV)-(HV)}}(\theta)|_{\text{A}}$、$|\hat{\gamma}_{\text{(HH+VV)-(HV)}}(\theta)|_{\text{mean}}$、$|\hat{\gamma}_{\text{(HH+VV)-(HV)}}(\theta)|_{\max}$、$|\hat{\gamma}_{\text{(HH+VV)-(HV)}}(\theta)|_{\min}$等 24 种特征。

对于高分三号极化 SAR 数据和 Radarsat-2 极化 SAR 数据，这些极化旋转不变特征的 TCR 对比结果分别如图 3.3.3(a)和图 3.3.3(b)所示。可以看到，对于两景数据，从 Graves 矩阵$\boldsymbol{G}$、极化相干矩阵$\boldsymbol{T}$以及二维极化相关方向图中导出的极

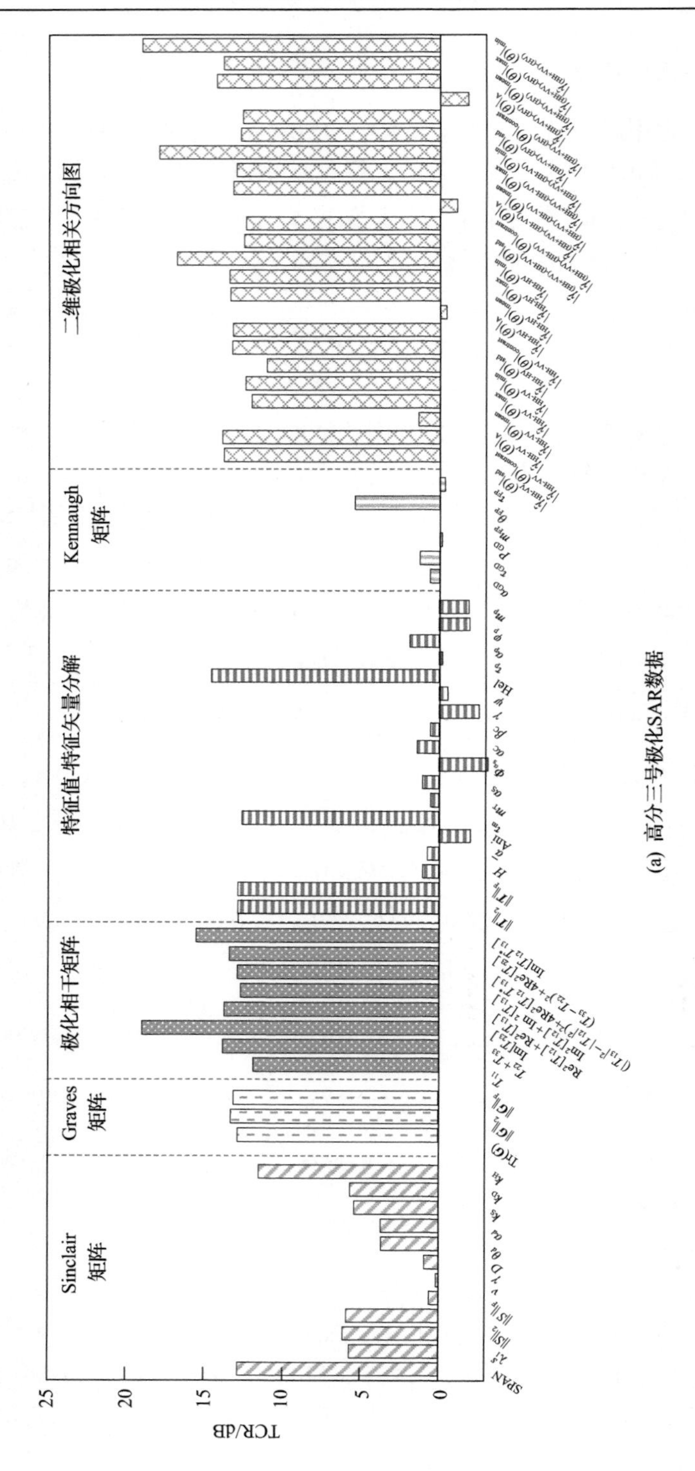

(a) 高分三号极化SAR数据

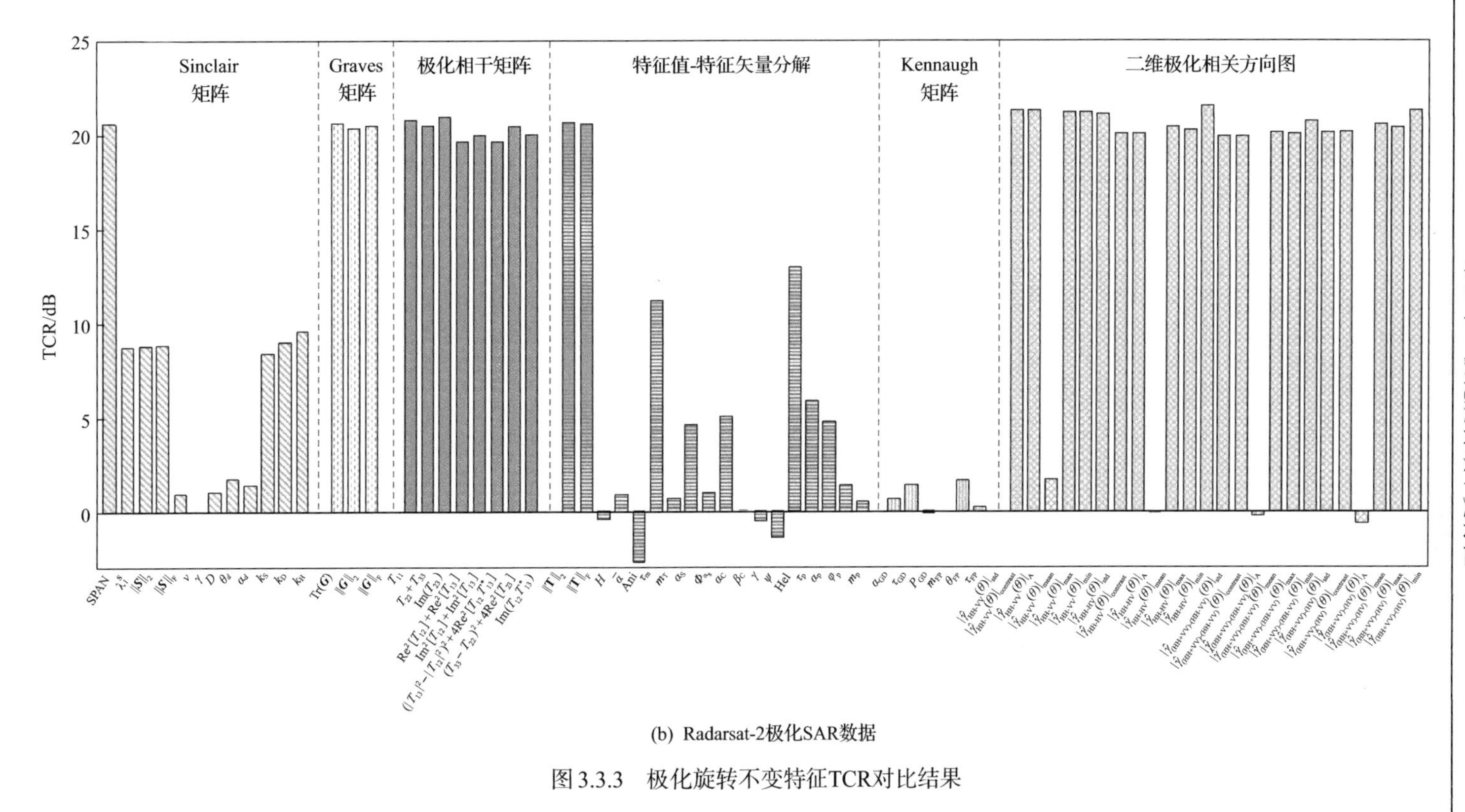

(b) Radarsat-2极化SAR数据

图 3.3.3　极化旋转不变特征TCR对比结果

化旋转不变特征普遍具有更高的 TCR 取值。同时，两景数据中 TCR 取值最高的极化旋转不变特征均来自二维极化相关方向图解译工具。对于高分三号极化 SAR 数据，极化相关最小值特征 $\left|\hat{\gamma}_{(\mathrm{HH+VV})\text{-}(\mathrm{HV})}(\theta)\right|_{\min}$ 的 TCR 取值最高，为 19.72dB。对于 Radarsat-2 极化 SAR 数据，极化相关最小值特征 $\left|\hat{\gamma}_{(\mathrm{HH\text{-}HV})\text{-}\mathrm{HV}}(\theta)\right|_{\min}$ 的 TCR 取值最高，达到 27.03dB。

3.4 本 章 小 结

极化旋转不变特征是雷达极化研究领域具有重要价值的物理特征。本章系统总结了雷达极化领域已经公开报道的极化旋转不变特征，并根据其导出方式分为七大类。在此基础上，本章对这些极化旋转不变特征的解析表达式、内在联系及其物理含义进行了深入梳理和系统总结。最后，以船海对比增强为例，利用两种星载极化 SAR 数据，对部分具有代表性的极化旋转不变特征进行了性能分析与实验验证。

参 考 文 献

[1] Lee J S, Pottier E. Polarimetric Radar Imaging: From Basics to Applications[M]. Boca Raton: CRC Press, 2009.

[2] 王雪松, 陈思伟. 合成孔径雷达极化成像解译识别技术的进展与展望[J]. 雷达学报, 2020, 9(2): 259-276.

[3] Sinclair G. The transmission and reception of elliptically polarized waves[J]. Proceedings of the IRE, 1950, 38(2): 148-151.

[4] Cloude S R. Polarisation: Application in Remote Sensing[M]. New York: Oxford University Press, 2009.

[5] Chen S W, Wang X S, Xiao S P, et al. Target Scattering Mechanism in Polarimetric Synthetic Aperture Radar-Interpretation and Application[M]. Singapore: Springer, 2018.

[6] Boerner W M. Historical Development of Radar Polarimetry, Incentives for this Workshop, and Overview of Contributions to These Proceedings[M]. Dordrecht: Springer, 1992.

[7] Boerner W M, Mott H, Lüneburg E, et al. Polarimetry in Radar Remote Sensing: Basic and Applied Concepts (Chapter 5)[M]. New York: John Willey & Sons, 1998.

[8] Boerner W M. Recent advances in extra-wide-band polarimetry, interferometry and polarimetric interferometry in synthetic aperture remote sensing and its applications[J]. IEE Proceedings-Radar Sonar and Navigation, 2003, 150(3): 113-124.

[9] Guissard A. Mueller and Kennaugh matrices in radar polarimetry[J]. IEEE Transactions on

Geoscience and Remote Sensing, 1994, 32(3): 590-597.

[10] Graves C D. Radar polarization power scattering matrix[J]. Proceedings of the IRE, 1956, 44(2): 248-252.

[11] Kennaugh E M. Polarization properterties of radar reflection[D]. Columbus: Ohio State University, 1952.

[12] Kostinski A B, Boerner W M. On foundations of radar polarimetry[J]. IEEE Transactions on Antennas and Propagation, 1986, 34(12): 1395-1404.

[13] Boerner W M, Yan W L, Xi A Q, et al. On the basic principles of radar polarimetry-the target characteristic polarization state theory of Kennaugh, Huynen's polarization fork concept, and its extension to the partially polarized case[J]. Proceedings of the IEEE, 1991, 79(10): 1538-1550.

[14] Huynen J R. Phenomenological theory of radar targets[D]. Delft Technical University of Delft, 1970.

[15] Chen S W, Li Y Z, Wang X S, et al. Modeling and interpretation of scattering mechanisms in polarimetric synthetic aperture radar: Advances and perspectives[J]. IEEE Signal Processing Magazine, 2014, 31(4): 79-89.

[16] Cloude S R, Pottier E. A review of target decomposition theorems in radar polarimetry[J]. IEEE Transactions on Geoscience and Remote Sensing, 1996, 34(2): 498-518.

[17] Bickel S H. Some invariant properties of the polarization scattering matrix[J]. Proceedings of the IEEE, 1965, 53(8): 1070-1072.

[18] Huynen J R. Measurement of the target scattering matrix[J]. Proceedings of the IEEE, 1965, 53(8): 936-946.

[19] Karnychev V, Khlusov V A, Ligthart L P, et al. Algorithms for estimating the complete group of polarization invariants of the scattering matrix (SM) based on measuring all SM elements[J]. IEEE Transactions on Geoscience and Remote Sensing, 2004, 42(3): 529-539.

[20] Tao C S, Chen S W, Li Y Z, et al. Polarimetric SAR terrain classification using polarimetric features derived from rotation domain[J]. Journal of Radars, 2017, 6(5): 524-532.

[21] Tao C S, Chen S W, Li Y Z, et al. PolSAR land cover classification based on roll-invariant and selected hidden polarimetric features in the rotation domain[J]. Remote Sensing, 2017, 9(7): 660.

[22] Chen S W, Tao C S. PolSAR image classification using polarimetric-feature-driven deep convolutional neural network[J]. IEEE Geoscience and Remote Sensing Letters, 2018, 15(4): 627-631.

[23] Cloude S R, Pottier E. An entropy based classification scheme for land applications of polarimetric SAR[J]. IEEE Transactions on Geoscience and Remote Sensing, 1997, 35(1): 68-78.

[24] Ferro-Famil L, Pottier E, Lee J S. Unsupervised classification of multifrequency and fully polarimetric SAR images based on the H/A/Alpha-Wishart classifier[J]. IEEE Transactions on Geoscience and Remote Sensing, 2001, 39(11): 2332-2342.

[25] Lee J S, Grunes M R, Ainsworth T L, et al. Unsupervised classification using polarimetric decomposition and the complex wishart classifier[J]. IEEE Transactions on Geoscience and Remote Sensing, 1999, 37(5): 2249-2258.

[26] Yamaguchi Y, Yamamoto Y, Yamada H, et al. Classification of terrain by implementing the correlation coefficient in the circular polarization basis using X-band PolSAR data[J]. IEICE Transactions on Communications, 2008, E91.B(1): 297-301.

[27] Ainsworth T L, Schuler D L, Lee J S. Polarimetric SAR characterization of man-made structures in urban areas using normalized circular-pol correlation coefficients[J]. Remote Sensing of Environment, 2008, 112(6): 2876-2885.

[28] 崔兴超, 粟毅, 陈思伟. 融合极化旋转域特征和超像素技术的极化 SAR 舰船检测[J]. 雷达学报, 2021, 10(1): 35-48.

[29] Cui X C, Tao C S, Su Y, et al. PolSAR ship detection based on polarimetric correlation pattern[J]. IEEE Geoscience and Remote Sensing Letters, 2021, 18(3): 471-475.

[30] Li H L, Cui X C, Chen S W. PolSAR ship detection with optimal polarimetric rotation domain features and SVM[J]. Remote Sensing, 2021, 13(19): 3932.

[31] Wu G Q, Chen S W, Li Y Z, et al. Null-pol response pattern in polarimetric rotation domain: Characterization and application[J]. IEEE Geoscience and Remote Sensing Letters, 2021: 1-5.

[32] Li H L, Li M D, Cui X C, et al. Man-made target structure recognition with polarimetric correlation pattern and roll-invariant feature coding[J]. IEEE Geoscience and Remote Sensing Letters, 2022, 19: 1-5.

[33] Paladini R, Martorella M, Berizzi F. Classification of man-made targets via invariant coherency-matrix eigenvector decomposition of polarimetric SAR/ISAR images[J]. IEEE Transactions on Geoscience and Remote Sensing, 2011, 49(8): 3022-3034.

[34] Chen S W, Wang X S, Xiao S P. Urban damage level mapping based on co-polarization coherence pattern using multi-temporal polarimetric SAR data[J]. IEEE Journal of Selected Topics in Applied Earth Observations and Remote Sensing, 2018, 11(8): 2657-2667.

[35] Sato M, Chen S W, Satake M. Polarimetric SAR analysis of tsunami damage following the March 11, 2011 East Japan earthquake[J]. Proceedings of the IEEE, 2012, 100(10): 2861-2875.

[36] Chen S W, Wu G Q, Dai D H, et al. Roll-invariant features in radar polarimetry: A survey[C]. IEEE International Geoscience and Remote Sensing Symposium, Yokohama, 2019: 5015-5018.

[37] Chen S W, Li M D, Cui X C, et al. Polarimetric roll-invariant features and application for PolSAR ship detection[J]. IEEE Geoscience and Remote Sensing Magazine, 2023.

[38] Krogager E. New decomposition of the radar target scattering matrix[J]. Electronics Letters, 1990, 26(18): 1525-1527.

[39] Huynen J R. The Stokes matrix parameters and their interpretation in terms of physical target properties[J]. Proceedings of the SPIE, 1990, 1317: 195-207.

[40] Pottier E, Dr J R. Huynen's main contributions in the development of polarimetric radar technique and how the 'radar targets phenomenological concept' becomes a theory[J]. Proceedings of the SPIE, 1993, (1748): 72-85.

[41] Chen S W, Wang X S, Sato M. Uniform polarimetric matrix rotation theory and its applications[J]. IEEE Transactions on Geoscience and Remote Sensing, 2014, 52(8): 4756-4770.

[42] Touzi R. Target scattering decomposition in terms of roll-invariant target parameters[J]. IEEE Transactions on Geoscience and Remote Sensing, 2007, 45(1): 73-84.

[43] Paladini R, Famil L F, Pottier E, et al. Lossless and sufficient Ψ-invariant decomposition of random reciprocal target[J]. IEEE Transactions on Geoscience and Remote Sensing, 2012, 50(9): 3487-3501.

[44] Aghababaee H, Sahebi M R. Incoherent target scattering decomposition of polarimetric SAR data based on vector model roll-invariant parameters[J]. IEEE Transactions on Geoscience and Remote Sensing, 2016, 54(8): 4392-4401.

[45] Chen S W. Polarimetric coherence pattern: A visualization and characterization tool for PolSAR data investigation[J]. IEEE Transactions on Geoscience and Remote Sensing, 2018, 56(1): 286-297.

[46] Li M D, Xiao S P, Chen S W. Three-dimension polarimetric correlation pattern interpretation tool and its application[J]. IEEE Transactions on Geoscience and Remote Sensing, 2022, 60: 1-16.

[47] Dey S, Bhattacharya A, Frery A C, et al. A model-free four component scattering power decomposition for polarimetric SAR data[J]. IEEE Journal of Selected Topics in Applied Earth Observations and Remote Sensing, 2021, 14: 3887-3902.

[48] Dey S, Bhattacharya A, Ratha D, et al. Target characterization and scattering power decomposition for full and compact polarimetric SAR data[J]. IEEE Transactions on Geoscience and Remote Sensing, 2021, 59(5): 3981-3998.

[49] Ratha D, Pottier E, Bhattacharya A, et al. A PolSAR scattering power factorization framework and novel roll-invariant parameter-based unsupervised classification scheme using a geodesic distance[J]. IEEE Transactions on Geoscience and Remote Sensing, 2020, 58(5): 3509-3525.

第 4 章　极化旋转域地物分类

4.1　引　　言

极化 SAR 能够获取目标的全极化信息，在微波遥感领域具有重要作用，并已取得诸多成功应用[1-6]。其中，地物分类是极化 SAR 的重要应用，得到了学者的广泛研究[7-15]。一般而言，极化 SAR 地物分类主要包括两个关键环节：特征提取与表征、分类器设计与优化。对于特征提取与表征，主要采用极化目标分解等散射机理建模和解译技术[1,4,5,16-19]。基于特征值-特征矢量分解导出的极化熵、极化反熵和平均 α 角等极化旋转不变特征已应用于非监督分类和监督分类[8]。此外，基于模型的极化目标分解及其导出的极化特征，也已应用于极化 SAR 地物分类[1,5,9]。纹理特征、上下文特征以及其他统计特征也可用于提高极化 SAR 地物分类性能。在分类器设计与优化方面，Wishart 分类器[7,20]、最大似然分类器[11]、支持向量机(support vector machine，SVM)分类器[12]、决策树(decision tree，DT)分类器[12]、神经网络分类器[13,14]等已拓展应用于极化 SAR 地物分类。融合上述极化旋转不变特征和先进分类器，极化 SAR 地物分类性能得到了不断提升。

近年来，以深度卷积神经网络(convolutional neural network，CNN)模型[21]为代表的深度学习技术在图像处理领域取得巨大成功，并已广泛应用于 SAR 图像目标检测和分类领域。相较于传统分类器，深度 CNN 分类器有望进一步提高极化 SAR 地物分类性能。与此同时，作为一种端到端技术，深度 CNN 分类器能够自动提取有效特征并通过监督学习得到最终分类结果。为得到可信分类结果，通常需要大量的标记样本用于训练深度 CNN 模型。然而，实际应用中构建大规模极化 SAR 真值数据集的难度和代价都很大。此外，极化 SAR 图像和光学图像存在本质差异。极化 SAR 图像的获取包括电波辐射传播、目标散射、目标成像等物理过程[16]，将基于光学图像训练好的深度 CNN 模型直接应用于极化 SAR 图像并不一定合适。如何将目标电磁散射解译知识与深度 CNN 模型有机融合是重要的科学问题。

此外，目标散射多样性给极化 SAR 地物分类带来了挑战[4,22-24]。极化旋转不变特征不敏感于目标散射的取向特性，因此广泛用于极化 SAR 地物分类。然而，目标散射多样性中蕴含了丰富的目标散射信息，利用极化旋转域解译理论方法挖掘利用目标散射多样性信息，提取高辨识度的极化旋转域特征，有望进一步提升极化 SAR 地物分类性能。本章主要基于第 2 章介绍的统一的极化矩阵旋转理论[22]

和极化相干方向图解译工具[25]等极化旋转域解译理论方法，介绍极化旋转域特征优选方法，并分别结合传统机器学习和深度学习分类器，开展极化 SAR 地物分类研究。

4.2　基于传统机器学习的极化旋转域地物分类

地物分类是极化 SAR 的重要应用。以后向散射总能量SPAN、极化熵H、极化反熵 Ani 和平均$\bar{\alpha}$角为代表的传统极化旋转不变特征已广泛应用于极化 SAR 地物分类[1,8,12,20]。通常，这些传统极化旋转不变特征并不能完全表征不同地物类型的散射特性，特别是目标散射多样性。优选具有高辨识度的极化旋转域特征，并与传统极化旋转不变特征组合，有望提升基于传统机器学习分类器的极化 SAR 地物分类性能。

4.2.1　极化特征优选方法

第 2 章介绍了极化旋转域解译理论方法和一系列新极化特征。本节重点考虑从统一的极化矩阵旋转理论中导出的 11 种独立的极化特征(表 2.3.1)以及从四种独立的极化相干方向图中导出的 40 种极化特征(表 2.4.1)，并对这 51 种极化旋转域特征进行优选。综合利用类内距离、类间距离、类中心距离等准则，建立极化旋转域特征优选方法，流程图如图 4.2.1 所示。该优选方法主要包含以下五个处理步骤：

(1)提取极化旋转域特征和归一化处理。对输入的极化 SAR 数据进行相干斑滤波，提取极化旋转域特征，并将其分别归一化至$[0,1]$。归一化后的极化特征总集记为$F^{\text{All}}=\{f_i,i=1,2,\cdots,I\}$，其中$I$是极化旋转域特征数量，本节取$I=51$。

(2)基于类内距离的极化特征预筛选。类内距离表征同一类别中不同样本的离散程度。根据极化 SAR 数据的地物真值信息，可构建地物真值样本集C_x，$x=1,2,\cdots,X$，X为地物真值中已知地物类型的数目。对于极化特征f_i，地物类型C_x的样本集可记为$C_x^i=\left\{f_i^{(x,k)},k=1,2,\cdots,N_x\right\}$，其中$f_i^{(x,k)}$为地物类型$C_x$中第$k$个样本在极化特征$f_i$下的取值，$N_x$为地物类型$C_x$的样本数量。地物类型$C_x$在极化特征$f_i$下的类内距离$d_{\text{Inner}}\left(C_x^i\right)$为

$$d_{\text{Inner}}\left(C_x^i\right)=\sqrt{\frac{1}{N_x}\sum_{k=1}^{N_x}\left(f_i^{(x,k)}-c_x^i\right)^2} \tag{4.2.1}$$

其中，对于每一种极化特征，可分别得到地物类型C_x的类内距离$d_{\text{Inner}}\left(C_x^i\right)$，

$i=1,2,\cdots,I$ 表示极化特征类别。c_x 为地物类型 C_x 的样本中心。对于极化特征 f_i，地物类型 C_x 的样本中心定义为

$$c_x^i = \frac{1}{N_x}\sum_{k=1}^{N_x} f_i^{(x,k)} \tag{4.2.2}$$

对于每种地物类型，选取类内距离最大的 M 个极化特征，本节取 $M=3$。对于所有地物类型，选取得到的类内距离大的极化特征构成集合 F^{Inner}。对于某一地物类型，F^{Inner} 中极化特征对不同样本的取值差异显著，不利于地物分类。因此，可将 F^{Inner} 从极化特征总集 F^{All} 中剔除，得到预筛选极化特征集 F^{Pre} 为

$$F^{\text{Pre}} = F^{\text{All}} - F^{\text{Inner}} \tag{4.2.3}$$

其中，$F^{\text{Pre}} = \left\{\tilde{f}_j, j=1,2,\cdots,J\right\}$，$J$ 为 F^{Pre} 中的极化特征数量，且有 $J<I$。

(3)基于类间距离的极化特征初选取。此处，类间距离定义为两种地物类型所有样本之间的距离以及两种地物类型样本中心距离之和。对于所有地物类型，两两一组构造地物类型数据对，可得到 Y 个地物类型对 P_y，其中 $y=1,2,\cdots,Y$。对于每一个地物类型对 P_y，包含的两种地物类型分别记为 C_{y_1} 和 C_{y_2}，其中 y_1 和 y_2 是地物类型标签。对于预筛选极化特征集 F^{Pre} 中的极化特征 $\tilde{f}_j$，地物类型 C_{y_1} 和 C_{y_2} 的样本集分别记为 $C_{y_1}^j = \left\{\tilde{f}_j^{(y_1,l)}, l=1,2,\cdots,N_{y_1}\right\}$ 和 $C_{y_2}^j = \left\{\tilde{f}_j^{(y_2,m)}, m=1,2,\cdots,N_{y_2}\right\}$。对于地物类型对 P_y 和极化特征 $\tilde{f}_j$，所有样本之间的距离 $d_{\text{s}}\left(C_{y_1}^j, C_{y_2}^j\right)$ 和样本中心距离 $d_{\text{c}}\left(c_{y_1}^j, c_{y_2}^j\right)$ 分别为

$$d_{\text{s}}\left(C_{y_1}^j, C_{y_2}^j\right) = \sqrt{\frac{1}{N_{y_1}N_{y_2}}\sum_{l=1}^{N_{y_1}}\sum_{m=1}^{N_{y_2}}\left(\tilde{f}_j^{(y_1,l)} - \tilde{f}_j^{(y_2,m)}\right)^2} \tag{4.2.4}$$

$$d_{\text{c}}\left(c_{y_1}^j, c_{y_2}^j\right) = \left|\frac{1}{N_{y_1}}\sum_{l=1}^{N_{y_1}}\tilde{f}_j^{(y_1,l)} - \frac{1}{N_{y_2}}\sum_{m=1}^{N_{y_2}}\tilde{f}_j^{(y_2,m)}\right| \tag{4.2.5}$$

对于地物类型对 P_y 和极化特征 $\tilde{f}_j$，综合利用 $d_{\text{s}}\left(C_{y_1}^j, C_{y_2}^j\right)$ 和 $d_{\text{c}}\left(c_{y_1}^j, c_{y_2}^j\right)$ 来表征地物类型对的可分性，则可得到地物类型对 P_y 的类间距离 $d_{\text{Between}}\left(P_y^j\right)$ 为

$$d_{\text{Between}}\left(P_y^j\right) = d_{\text{s}}\left(C_{y_1}^j, C_{y_2}^j\right) + d_{\text{c}}\left(c_{y_1}^j, c_{y_2}^j\right) \tag{4.2.6}$$

其中，上标 j 表示预筛选极化特征集 F^{Pre} 中极化特征的类别，且 $j=1,2,\cdots,J$ 。

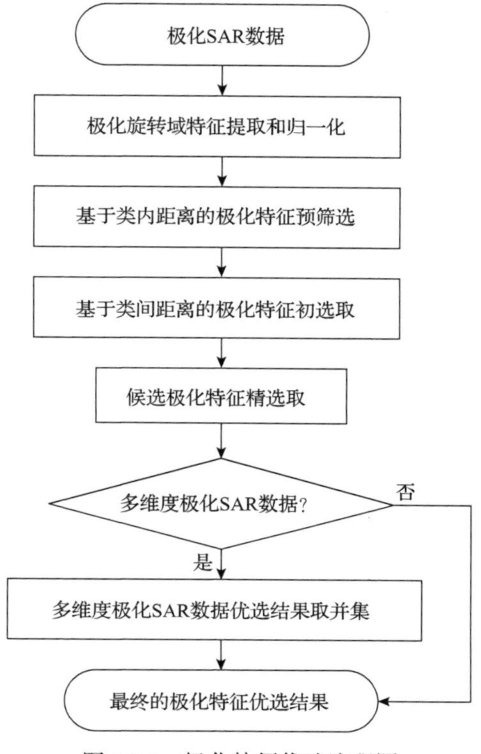

图 4.2.1　极化特征优选流程图

对于地物类型对 P_y，选取类间距离最大的极化特征作为初选取极化特征 f_y^{Ini}，即

$$f_y^{\text{Ini}} = \underset{\tilde{f}_j \in F^{\text{Pre}}}{\arg\max} \left\{ d_{\text{Inter}}\left(P_y^j\right) \right\} \tag{4.2.7}$$

遍历所有地物类型对，可得到初选极化特征集 F^{Ini} 为

$$F^{\text{Ini}} = \left\{ f_1^{\text{Ini}}, f_2^{\text{Ini}}, \cdots, f_Y^{\text{Ini}} \right\} \tag{4.2.8}$$

其中，可首先对初选极化特征集 F^{Ini} 进行相同极化特征合并处理。这样，Y 为初选极化特征集 F^{Ini} 中不同极化特征的数目。

(4) 候选极化特征精选取。进一步利用类间距离衡量初选极化特征集 F^{Ini} 中极化特征对不同地物类型的区分性。对于每一组地物类型对，记录使其类间距离最大的极化特征，并统计不同地物类型对中该极化特征出现的频次。对于所有地物类型对，将频次大于预设精选门限 r 的极化特征确定为精选极化特征，本节取 r=3。由此，可得到精选极化特征集 F^{Refined}。

(5)形成最终的极化特征优选集。如果地物分类研究使用的不是多维度极化 SAR 数据(如多时相、多频段极化 SAR 数据等)，精选极化特征集 F^{Refined} 为最终的极化特征优选集 F^{Final}。否则，将多维度极化 SAR 数据中得到的精选极化特征集 F^{Refined} 的并集作为最终的极化特征优选集 F^{Final}。

4.2.2 极化旋转域地物分类方法

本节介绍的极化旋转域地物分类方法[12,24]的核心思想是：融合传统极化旋转不变特征和优选极化旋转域特征作为分类器的输入，实现极化 SAR 地物分类。本节采用传统 SVM 或 DT 分类器[26,27]。极化旋转域地物分类方法的流程图如图 4.2.2 所示。首先对输入的极化 SAR 数据进行相干斑滤波处理，本节采用 SimiTest 相干斑滤波方法[28]。在此基础上，提取后向散射总能量 SPAN、极化熵 H、极化反熵 Ani 和平均 $\bar{\alpha}$ 角等传统极化旋转不变特征。同时，利用统一的极化矩阵旋转理论[22]和极化相干方向图解译工具[25]提取极化旋转域特征，并利用 4.2.1 节介绍的极化特征优选方法获取优选的极化旋转域特征集。融合得到的传统极化旋转不变特征和优选极化旋转域特征分别归一化至 $[0,1]$，作为分类器的输入。

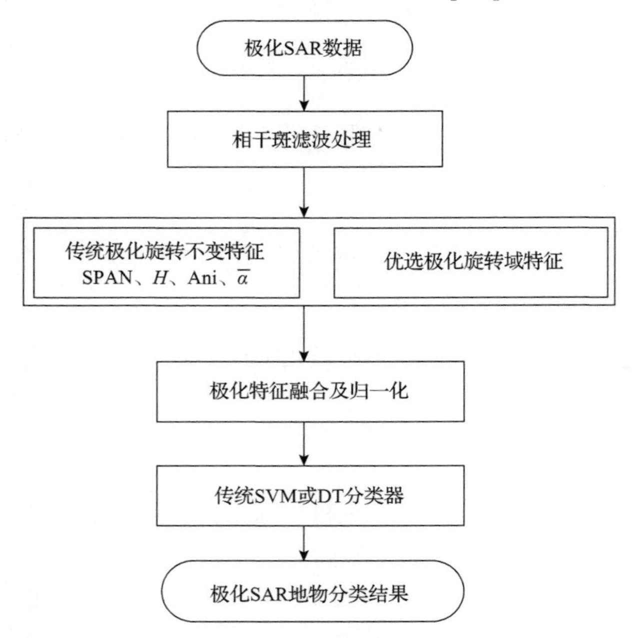

图 4.2.2 极化旋转域地物分类方法的流程图

最后，结合地物真值数据，分别利用 SVM 和 DT 等分类器开展训练和验证，最终得到极化 SAR 地物分类结果。

4.2.3　对比实验研究

1. 数据介绍

本节选用美国 JPL 机载 AIRSAR 系统和 UAVSAR 系统获取的 L 波段极化 SAR 数据来开展地物分类对比实验研究。极化 SAR 数据均利用 SimiTest[28]方法进行相干斑滤波处理。AIRSAR 系统的极化 SAR 数据主要覆盖荷兰 Flevoland 区域。该数据的距离向分辨率和方位向分辨率分别为 6.6m 和 12.1m。该极化 SAR 数据主要包含水域、油菜籽、草地、裸地、土豆、甜菜、小麦、苜蓿、森林、豌豆、茎豆等地物类型。AIRSAR 极化 SAR 数据的 Pauli 彩图和地物真值图如图 4.2.3 所示。UAVSAR 系统在加拿大 Manitoba 区域获取了多时相极化 SAR 数据[29]。本节任意选取四种时相的极化 SAR 数据用于对比实验研究。选取的四种时相的极化 SAR 数据分别获取于 2012 年的 6 月 17 日、6 月 22 日、7 月 5 日和 7 月 17 日，对应一年中的日期序号(days of the year，DoY)分别为 169、174、187 和 199。该数据的距离向分辨率和方位向分辨率分别为 5m 和 7m。4 种时相的极化 SAR 数据的 Pauli 彩图分别如图 4.2.4(a)～(d)所示。该区域主要包括燕麦、油菜籽、小麦、玉米、大豆、草料和阔叶林等 7 种地物类型。地物真值图如图 4.2.4(e)所示。对于图 4.2.4(e)所示农作物，每年 6 月和 7 月是其主要生长期和成熟期。选取的四种时相极化 SAR 数据的最长时间基线达到 31 天。因此，部分生长变化迅速的农作物在这一个月时间将发生显著变化，其对应的极化散射响应也会发生相应变化，可从图 4.2.4(a)～(d)中观察到 Pauli 彩图的变化。这种随时间基线变化的散射机理，给多时相极化 SAR 数据的地物分类带来了挑战。

(a) Pauli彩图

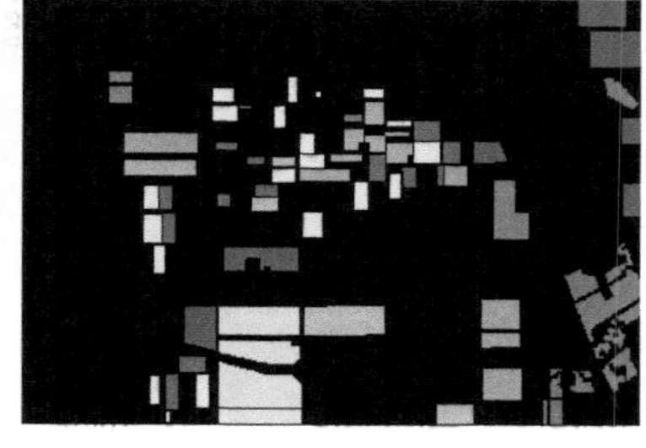

(b) 地物真值图

■ 水域　■ 油菜籽　■ 草地　■ 裸地　■ 土豆　■ 甜菜
■ 小麦　■ 苜蓿　■ 森林　■ 豌豆　■ 茎豆

图 4.2.3　AIRSAR 极化 SAR 数据(含 11 类地物真值)

(a) DoY 169数据Pauli彩图

(b) DoY 174数据Pauli彩图

(c) DoY 187数据Pauli彩图

(d) DoY 199数据Pauli彩图

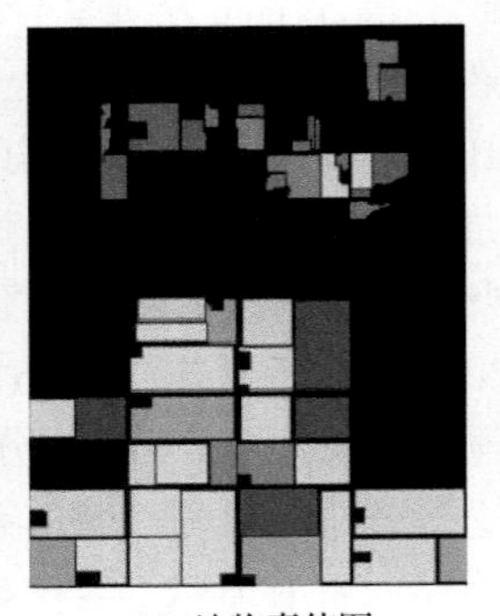

(e) 地物真值图

■ 燕麦 ■ 油菜籽 ■ 小麦 ■ 玉米 ■ 大豆 ■ 草料 ■ 阔叶林

图 4.2.4 多时相 UAVSAR 极化 SAR 数据

2. 极化特征优选与分析

对于每一种地物类型，随机选取 1000 个像素样本用于极化特征优选。对于 AIRSAR 极化 SAR 数据和地物真值信息，11 种已知地物类型两两组合，共有 55 组地物类型对。对于每一时相的 UAVSAR 极化 SAR 数据和地物真值信息，7 种已知地物类型两两组合，共有 21 组地物类型对。对于 AIRSAR 和 UAVSAR 极化 SAR 数据，得到的初选极化特征集 F^{Ini} 总结于表 4.2.1。括号中的数字表示该极化特征被选取的频次。以极化旋转域特征 $\left|\gamma_{\text{HH-VV}}(\theta)\right|_{\min}$ 为例，该极化特征能够使 AIRSAR 数据 55 组地物类型对中的 14 组达到类间距离最大，因此其被选频次为 14。

结合表 4.2.1 中的初选极化特征集和精选门限 $(r=3)$，可得到精选极化特征集 F^{Refined}。这样，初选极化特征集 F^{Ini} 中被选频次达到或超过 3 次的极化特征将被选入精选极化特征集 F^{Refined}。对单时相 AIRSAR 极化 SAR 数据，精选极化特征集 F^{Refined} 为最终的极化特征优选集 F^{Final}，包括极化相干最小值特征 $\left|\gamma_{\text{HH-VV}}(\theta)\right|_{\min}$、极

化相干最大值特征 $\left|\gamma_{(\text{HH-VV})\text{-}(\text{HV})}(\theta)\right|_{\max}$、极化零角特征 $\theta_{\text{null}}\_\text{Re}\left[T_{12}(\theta)\right]$、极化零角特征 $\theta_{\text{null}}\_\text{Im}\left[T_{12}(\theta)\right]$、极化相干初始值特征 $\left|\gamma_{(\text{HH+VV})\text{-}(\text{HV})}(\theta)\right|_{\text{org}}$ 和极化相干对比度特征 $\left|\gamma_{(\text{HH-VV})\text{-}(\text{HV})}(\theta)\right|_{\text{contrast}}$ 等 6 种极化旋转域特征。其中，极化相干最小值特征 $\left|\gamma_{\text{HH-(HV)}}(\theta)\right|_{\min}$、极化相干最大值特征 $\left|\gamma_{(\text{HH-VV})\text{-}(\text{HV})}(\theta)\right|_{\max}$ 和极化相干对比度特征 $\left|\gamma_{(\text{HH-VV})\text{-}(\text{HV})}(\theta)\right|_{\text{contrast}}$ 为极化旋转不变特征。

表 4.2.1　不同极化 SAR 数据的初选极化特征集

极化 SAR 数据		初选极化特征集 F^{Ini} 及极化特征选取频次
AIRSAR		$\left\|\gamma_{\text{HH-VV}}(\theta)\right\|_{\min}$（14），$\left\|\gamma_{(\text{HH-VV})\text{-}(\text{HV})}(\theta)\right\|_{\max}$（11），$\theta_{\text{null}}\_\text{Re}\left[T_{12}(\theta)\right]$（9），$\theta_{\text{null}}\_\text{Im}\left[T_{12}(\theta)\right]$（6），$\left\|\gamma_{(\text{HH+VV})\text{-}(\text{HV})}(\theta)\right\|_{\text{org}}$（3），$\left\|\gamma_{(\text{HH-VV})\text{-}(\text{HV})}(\theta)\right\|_{\text{contrast}}$（3），$\left\|\gamma_{(\text{HH+VV})\text{-}(\text{HV})}(\theta)\right\|_{\max}$（2），$\left\|\gamma_{\text{HH-HV}}(\theta)\right\|_{\text{org}}$（2），$\left\|\gamma_{\text{HH-VV}}(\theta)\right\|_{\text{org}}$（2），$\left\|\gamma_{\text{HH-VV}}(\theta)\right\|_{\max}$（2），$\left\|\gamma_{\text{HH-HV}}(\theta)\right\|_{\max}$（1）
UAVSAR	DoY 169	$\theta_{\text{null}}\_\text{Im}\left[T_{12}(\theta)\right]$（9），$\left\|\gamma_{(\text{HH-VV})\text{-}(\text{HV})}(\theta)\right\|_{\text{org}}$（4），$\theta_{\text{null}}\_\text{Re}\left[T_{12}(\theta)\right]$（2），$\left\|\gamma_{(\text{HH-VV})\text{-}(\text{HV})}(\theta)\right\|_{\max}$（2），$\left\|\gamma_{(\text{HH+VV})\text{-}(\text{HV})}(\theta)\right\|_{\text{mean}}$（1），$\left\|\gamma_{(\text{HH+VV})\text{-}(\text{HV})}(\theta)\right\|_{\text{contrast}}$（1），$\left\|\gamma_{(\text{HH-VV})\text{-}(\text{HV})}(\theta)\right\|_{\min}$（1），$\left\|\gamma_{\text{HH-VV}}(\theta)\right\|_{\text{org}}$（1）
	DoY 174	$\theta_{\text{null}}\_\text{Im}\left[T_{12}(\theta)\right]$（9），$\left\|\gamma_{(\text{HH-VV})\text{-}(\text{HV})}(\theta)\right\|_{\text{org}}$（4），$\left\|\gamma_{(\text{HH-VV})\text{-}(\text{HV})}(\theta)\right\|_{\min}$（3），$\theta_{\text{null}}\_\text{Re}\left[T_{12}(\theta)\right]$（1），$\left\|\gamma_{(\text{HH+VV})\text{-}(\text{HV})}(\theta)\right\|_{\text{mean}}$（1），$\left\|\gamma_{(\text{HH+VV})\text{-}(\text{HV})}(\theta)\right\|_{\text{org}}$（1），$\left\|\gamma_{\text{HH-VV}}(\theta)\right\|_{\text{org}}$（1），$\left\|\gamma_{\text{HH-VV}}(\theta)\right\|_{\min}$（1）
	DoY 187	$\theta_{\text{null}}\_\text{Im}\left[T_{12}(\theta)\right]$（7），$\theta_{\text{null}}\_\text{Re}\left[T_{12}(\theta)\right]$（6），$\left\|\gamma_{\text{HH-VV}}(\theta)\right\|_{\min}$（3），$\left\|\gamma_{(\text{HH+VV})\text{-}(\text{HV})}(\theta)\right\|_{\text{org}}$（3），$\left\|\gamma_{(\text{HH+VV})\text{-}(\text{HV})}(\theta)\right\|_{\text{contrast}}$（1），$\left\|\gamma_{\text{HH-VV}}(\theta)\right\|_{\text{org}}$（1）
	DoY 199	$\theta_{\text{null}}\_\text{Im}\left[T_{12}(\theta)\right]$（6），$\theta_{\text{null}}\_\text{Re}\left[T_{12}(\theta)\right]$（3），$\left\|\gamma_{(\text{HH+VV})\text{-}(\text{HV})}(\theta)\right\|_{\text{org}}$（3），$\left\|\gamma_{\text{HH-VV}}(\theta)\right\|_{\min}$（3），$\left\|\gamma_{(\text{HH-VV})\text{-}(\text{HV})}(\theta)\right\|_{\text{org}}$（2），$\left\|\gamma_{(\text{HH-VV})\text{-}(\text{HV})}(\theta)\right\|_{\max}$（1），$\left\|\gamma_{\text{HH-HV}}(\theta)\right\|_{\text{org}}$（1），$\left\|\gamma_{\text{HH-HV}}(\theta)\right\|_{\max}$（1），$\left\|\gamma_{(\text{HH+VV})\text{-}(\text{HV})}(\theta)\right\|_{\max}$（1）

同理，对于多时相 UAVSAR 极化 SAR 数据，结合表 4.2.1 中的初选极化特征集和精选门限 $(r=3)$，可分别得到每个时相数据的精选极化特征集 F^{Refined}。在此基础上，对四种时相数据的精选极化特征集 F^{Refined} 取并集，可得到多时相 UAVSAR 极化 SAR 数据最终的极化特征优选集 F^{Final}，包括极化零角特征 $\theta_{\text{null}}\_\text{Im}\left[T_{12}(\theta)\right]$、极化零角特征 $\theta_{\text{null}}\_\text{Re}\left[T_{12}(\theta)\right]$、极化相干初始值特征 $\left|\gamma_{(\text{HH-VV})\text{-}(\text{HV})}(\theta)\right|_{\text{org}}$、极化

相干最小值特征 $\left|\gamma_{\text{(HH-VV)-(HV)}}(\theta)\right|_{\min}$ 、极化相干最小值特征 $\left|\gamma_{\text{HH-VV}}(\theta)\right|_{\min}$ 和极化相干初始值特征 $\left|\gamma_{\text{(HH+VV)-(HV)}}(\theta)\right|_{\text{org}}$ 等 6 种极化旋转域特征。其中，极化相干最小值特征 $\left|\gamma_{\text{(HH-VV)-(HV)}}(\theta)\right|_{\min}$ 和极化相干最小值特征 $\left|\gamma_{\text{HH-VV}}(\theta)\right|_{\min}$ 为极化旋转不变特征。

有趣的是，对单时相 AIRSAR 和多时相 UAVSAR 极化 SAR 数据，最终的极化特征优选集 F^{Final} 均只包含 6 种极化旋转域特征，证实了这些优选极化特征具有较好的代表性和稳健性。此外，值得注意的是，对这两种极化 SAR 传感器和不同的成像区域及绝大部分不同的地物类型，极化零角特征 $\theta_{\text{null}}\_\text{Re}\left[T_{12}(\theta)\right]$ 、极化零角特征 $\theta_{\text{null}}\_\text{Im}\left[T_{12}(\theta)\right]$ 和极化相干最小值特征 $\left|\gamma_{\text{HH-VV}}(\theta)\right|_{\min}$ 均被选中，进一步验证了这些极化旋转域特征具有很好的地物区分性和稳健性。特别地，极化零角特征 $\theta_{\text{null}}\_\text{Re}\left[T_{12}(\theta)\right]$ 和极化零角特征 $\theta_{\text{null}}\_\text{Im}\left[T_{12}(\theta)\right]$ 在初选极化特征集 F^{Ini} 中的累计被选频次最高，且适用数据类型和时相更多，在 4.3 节还将进行进一步研究。

为进一步分析优选极化旋转域特征的性能及其与传统极化旋转不变特征的互补优势，从 AIRSAR 数据得到的 4 种传统极化旋转不变特征 H 、Ani 、$\bar{\alpha}$ 和SPAN 分别如图 4.2.5(a)～(d)所示，6 种优选极化旋转域特征分别如图 4.2.5(e)～(j)所示。为了分析比较这些极化特征对不同地物类型的区分性能，这些极化特征在不同地物类型中的均值和标准差如图 4.2.6 所示。可以看到，如果只基于 4 种传统极化旋转不变特征 H 、Ani 、$\bar{\alpha}$ 和SPAN，则无法正确区分草地和小麦等地物类型，且对草地和苜蓿、土豆和森林等地物类型的区分度有限。极化旋转域特征 $\theta_{\text{null}}\_\text{Re}\left[T_{12}(\theta)\right]$ 能够有效区分草地和小麦，而极化旋转域特征 $\left|\gamma_{\text{HH-VV}}(\theta)\right|_{\min}$ 则能进一步提高草地和苜蓿、土豆和森林的区分度。同时，其他优选的极化旋转域特征也能够增强某些地物类型对之间的区分度。因此，在传统极化旋转不变特征的基础上，融合优选的极化旋转域特征能够明显提高不同地物类型之间的区分度，有望进一步提高极化 SAR 地物的分类精度。

(a) H

(b) Ani

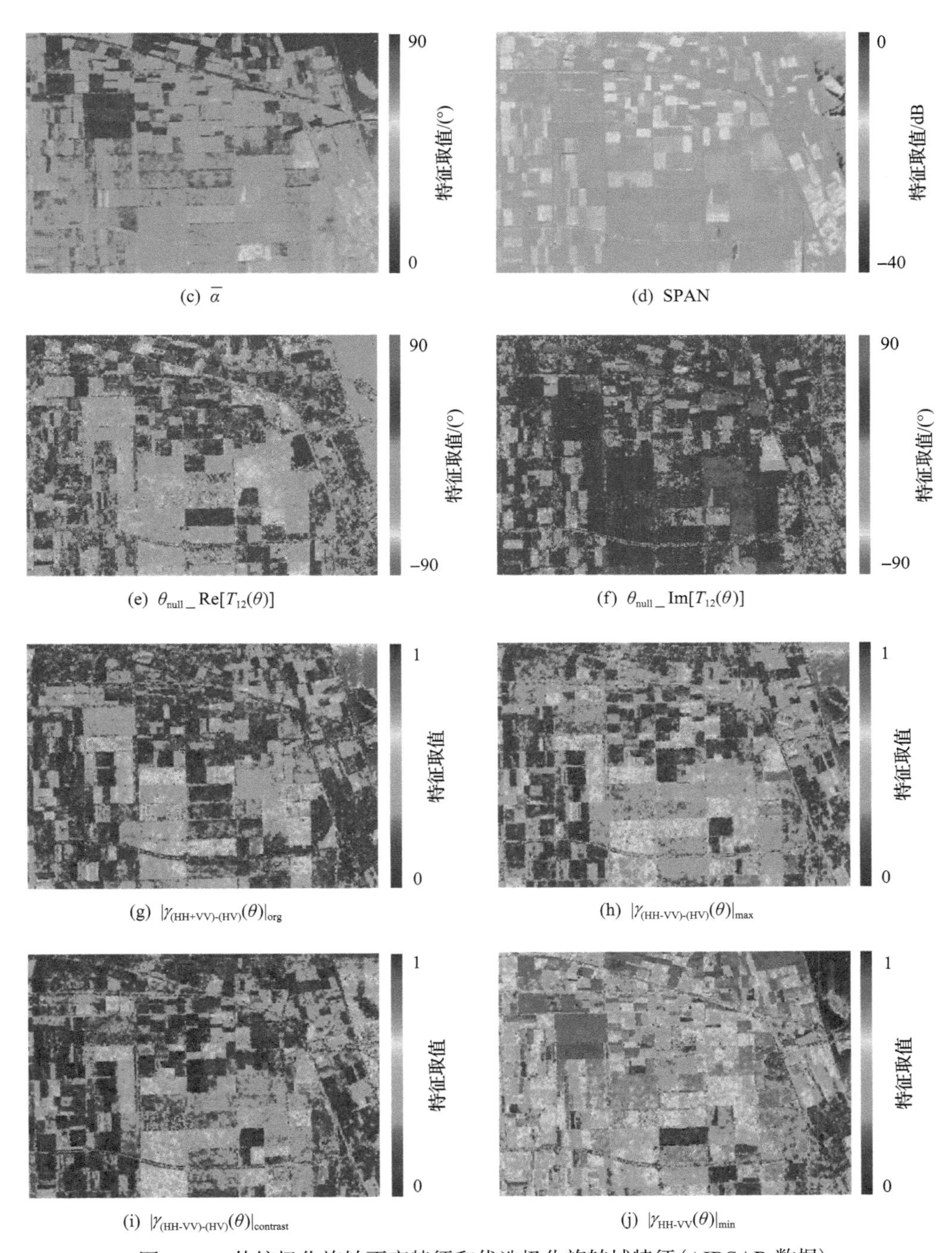

(c) $\overline{\alpha}$

(d) SPAN

(e) θ_{null}_Re$[T_{12}(\theta)]$

(f) θ_{null}_Im$[T_{12}(\theta)]$

(g) $|\gamma_{(\text{HH+VV})\text{-}(\text{HV})}(\theta)|_{\text{org}}$

(h) $|\gamma_{(\text{HH-VV})\text{-}(\text{HV})}(\theta)|_{\max}$

(i) $|\gamma_{(\text{HH-VV})\text{-}(\text{HV})}(\theta)|_{\text{contrast}}$

(j) $|\gamma_{\text{HH-VV}}(\theta)|_{\min}$

图 4.2.5　传统极化旋转不变特征和优选极化旋转域特征(AIRSAR 数据)

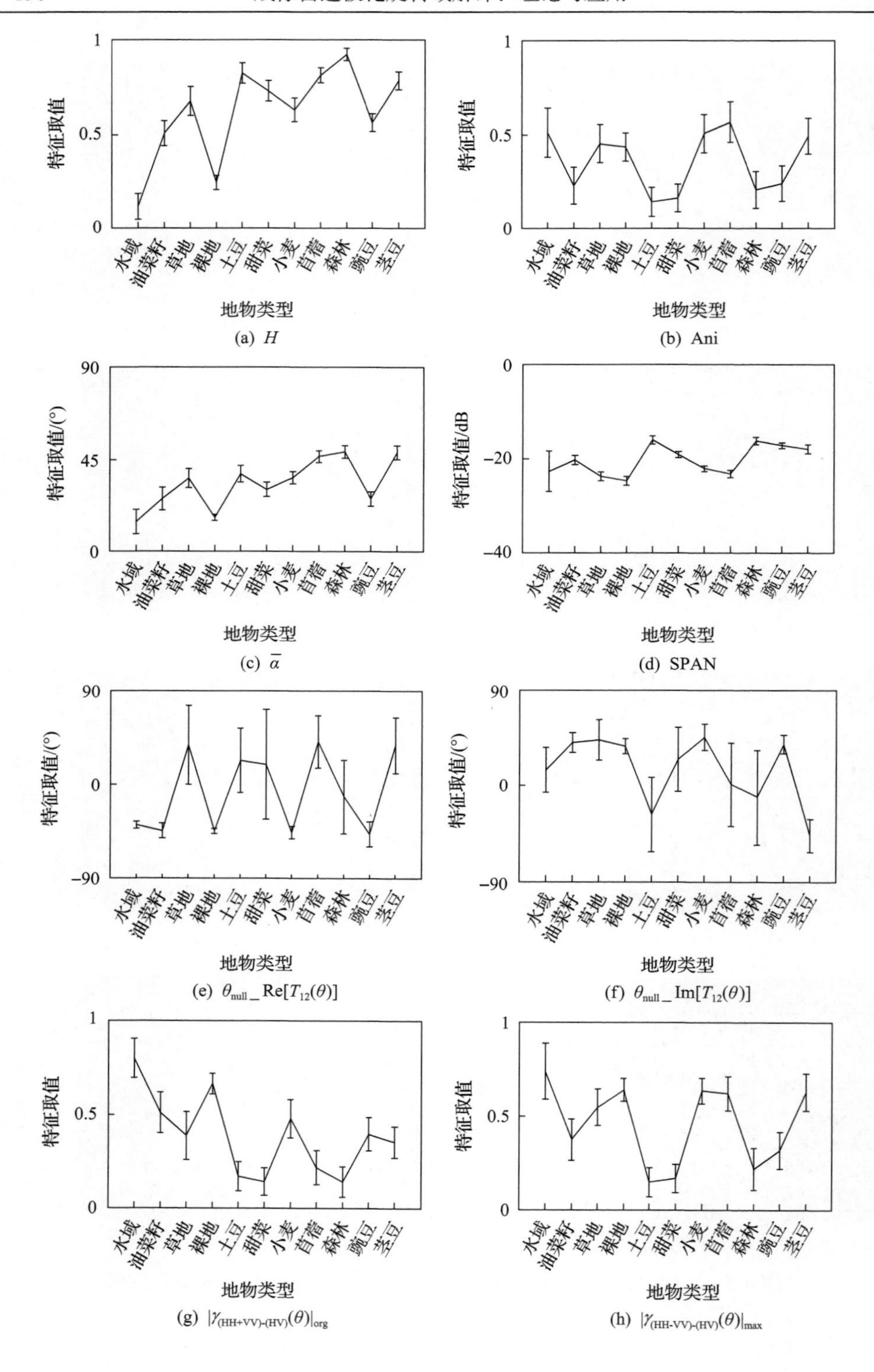

(a) H　(b) Ani　(c) $\overline{\alpha}$　(d) SPAN　(e) $\theta_{\text{null}}\_\text{Re}[T_{12}(\theta)]$　(f) $\theta_{\text{null}}\_\text{Im}[T_{12}(\theta)]$　(g) $|\gamma_{(\text{HH+VV})\text{-}(\text{HV})}(\theta)|_{\text{org}}$　(h) $|\gamma_{(\text{HH-VV})\text{-}(\text{HV})}(\theta)|_{\max}$

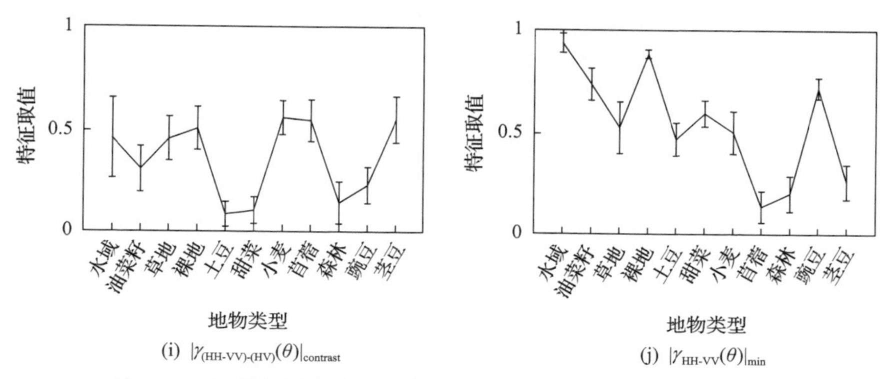

(i) $|\gamma_{(\text{HH-VV})\text{-}(\text{HV})}(\theta)|_{\text{contrast}}$　(j) $|\gamma_{\text{HH-VV}}(\theta)|_{\min}$

图 4.2.6　极化特征取值的均值和标准差对比分析(AIRSAR 数据)

类似地，以 DoY 169 的 UAVSAR 极化 SAR 数据为例，得到的 4 种传统极化旋转不变特征和 6 种优选极化旋转域特征分别如图 4.2.7 所示。对于已知地物类型，这些极化特征取值的均值和标准差如图 4.2.8 所示。可以看到，如果只利用 4 种传统极化旋转不变特征 H 、Ani 、$\bar{\alpha}$ 和SPAN ，则难以有效区分燕麦和油菜籽、燕麦和小麦、燕麦和大豆、小麦和大豆等地物类型对。与此同时，极化旋转域特征 $\theta_{\text{null}}\_\text{Im}\left[T_{12}(\theta)\right]$ 、$\left|\gamma_{(\text{HH+VV})\text{-}(\text{HV})}(\theta)\right|_{\text{org}}$ 、$\left|\gamma_{(\text{HH-VV})\text{-}(\text{HV})}(\theta)\right|_{\min}$ 和 $\theta_{\text{null}}\_\text{Re}\left[T_{12}(\theta)\right]$ 则可容易地区分上述地物类型对。结合 UAVSAR 极化 SAR 数据的研究，进一步证实了融合优选极化旋转域特征和传统极化旋转不变特征的必要性和性能优势。

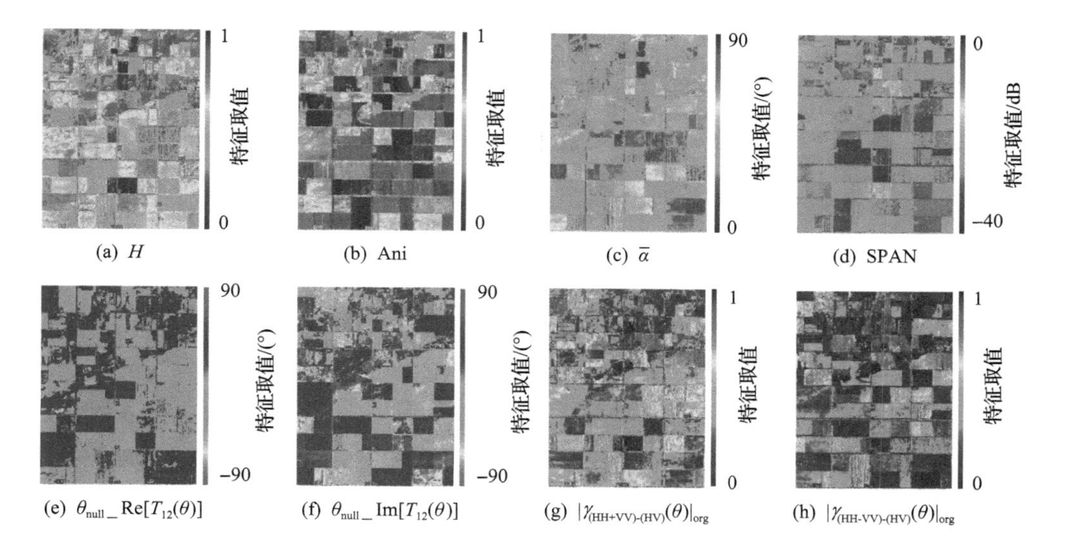

(a) H　(b) Ani　(c) $\bar{\alpha}$　(d) SPAN

(e) $\theta_{\text{null}}\_\text{Re}[T_{12}(\theta)]$　(f) $\theta_{\text{null}}\_\text{Im}[T_{12}(\theta)]$　(g) $|\gamma_{(\text{HH+VV})\text{-}(\text{HV})}(\theta)|_{\text{org}}$　(h) $|\gamma_{(\text{HH-VV})\text{-}(\text{HV})}(\theta)|_{\text{org}}$

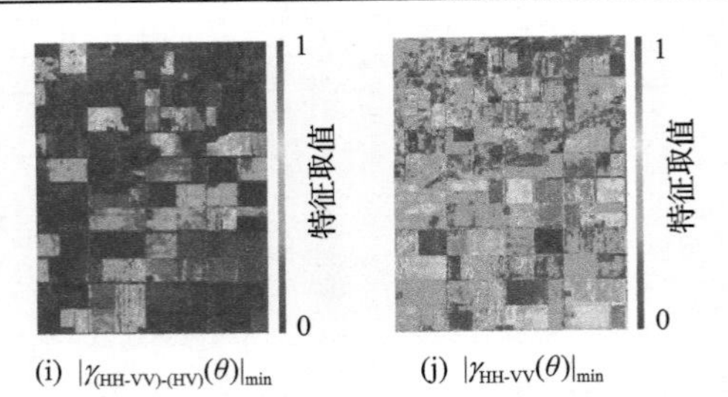

(i) $|\gamma_{(\text{HH-VV})\text{-}(\text{HV})}(\theta)|_{\min}$　(j) $|\gamma_{\text{HH-VV}}(\theta)|_{\min}$

图 4.2.7　传统极化旋转不变特征和优选极化旋转域特征（DoY 169 的 UAVSAR 极化 SAR 数据）

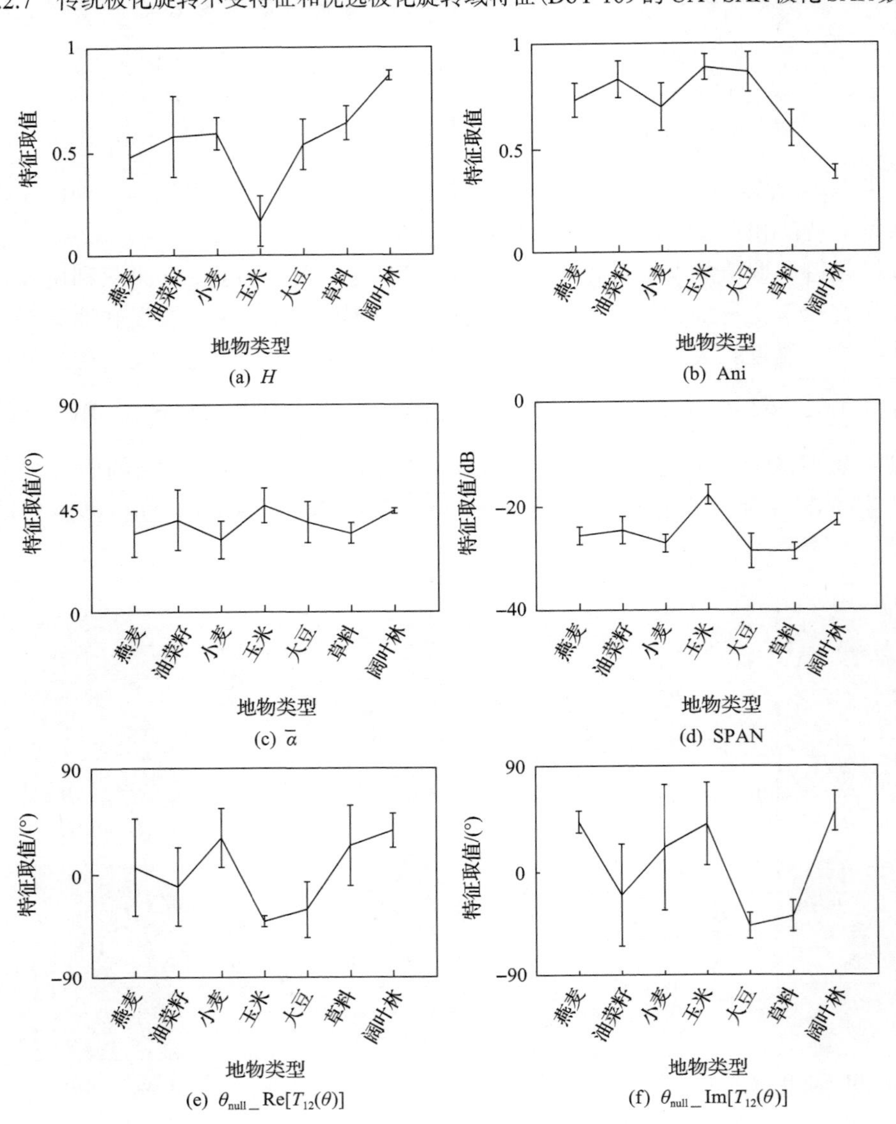

(a) H　(b) Ani

(c) $\overline{\alpha}$　(d) SPAN

(e) $\theta_{\text{null}}\_\text{Re}[T_{12}(\theta)]$　(f) $\theta_{\text{null}}\_\text{Im}[T_{12}(\theta)]$

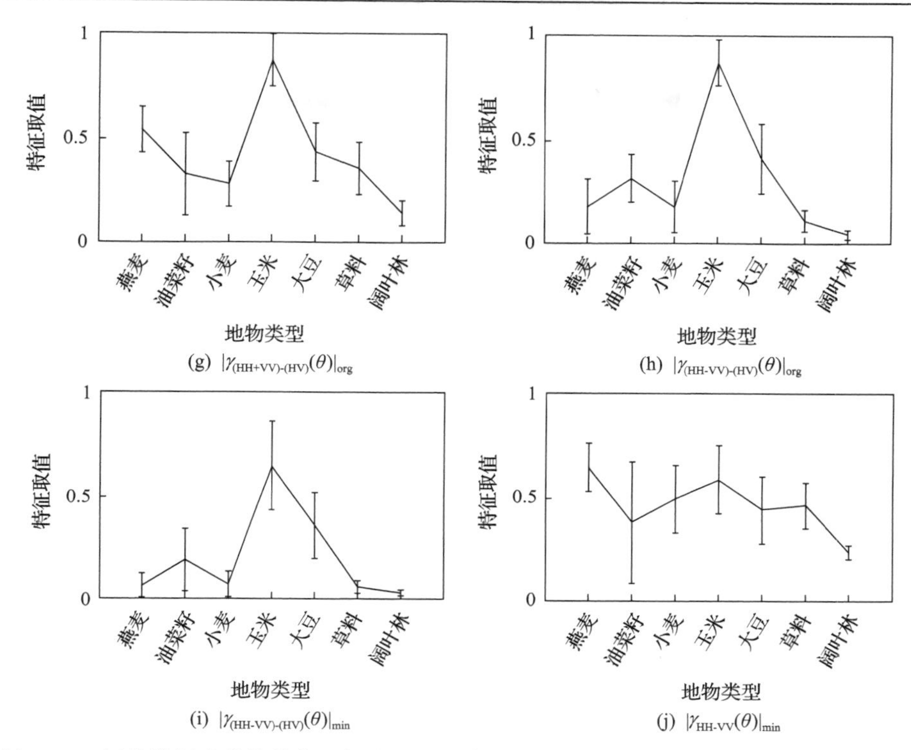

(g) $|\gamma_{(HH+VV)-(HV)}(\theta)|_{org}$

(h) $|\gamma_{(HH-VV)-(HV)}(\theta)|_{org}$

(i) $|\gamma_{(HH-VV)-(HV)}(\theta)|_{min}$

(j) $|\gamma_{HH-VV}(\theta)|_{min}$

图 4.2.8　极化特征取值的均值和标准差对比分析(DoY 169 的 UAVSAR 极化 SAR 数据)

3. 结合单时相 AIRSAR 数据的对比研究

利用 4.2.3 节优选的极化旋转域特征和 4.2.2 节介绍的极化旋转域地物分类方法(记为极化旋转域方法)对单时相 AIRSAR 极化 SAR 数据开展地物分类研究。同时，选取仅利用传统极化旋转不变特征 H 、Ani 、α 和SPAN 的分类方法(记为传统极化旋转不变特征方法)作为对比方法，分别选用 SVM 和 DT 分类器，训练率设置为 50%。其中，训练率为每种地物类型中训练样本占其真值样本的比例，即对于真值中的不同地物类型，随机选取 50%的样本用于分别训练 SVM 和 DT 分类器，其余样本用于验证分类性能。

首先，基于 SVM 分类器开展对比实验。两种方法得到的 AIRSAR 数据真值区域和全图的地物分类结果分别如图 4.2.9 和图 4.2.10 所示。定量分类精度如表 4.2.2 所示。可以看到，极化旋转域方法的总体分类精度为 95.37%，而传统极化旋转不变特征方法的总体分类精度为 93.87%。具体地，对于 11 种已知地物类型中的 9 种地物类型，极化旋转域方法的分类精度均高于传统极化旋转不变特征方法。特别是对于草地地物，极化旋转域方法的分类精度为 81.34%，相比于传统极化旋转不变特征方法提升了 14.35 个百分点。总体而言，极化旋转域方法的地物分类性能优于传统极化旋转不变特征方法。

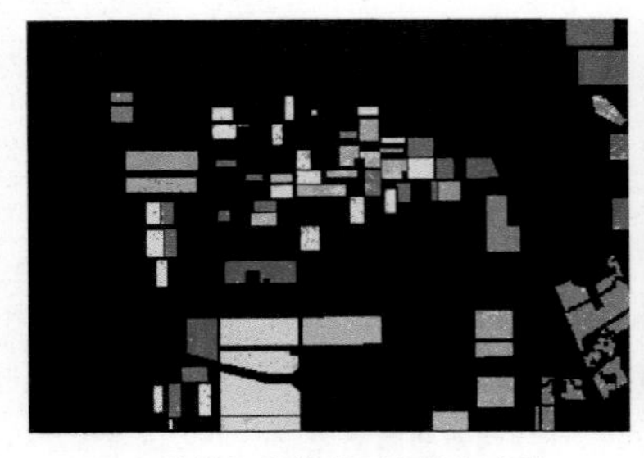

(a) 传统极化旋转不变特征方法　　(b) 极化旋转域方法

图 4.2.9　基于 SVM 分类器的 AIRSAR 极化 SAR 数据真值区域地物分类结果

(a) 传统极化旋转不变特征方法　　(b) 极化旋转域方法

图 4.2.10　基于 SVM 分类器的 AIRSAR 极化 SAR 数据全图地物分类结果

表 4.2.2　基于 SVM 分类器的 AIRSAR 极化 SAR 数据分类精度(%)

地物类型	传统极化旋转不变特征方法	极化旋转域方法
茎豆	98.07	97.44
豌豆	97.85	97.76
森林	92.53	94.08
苜蓿	95.89	96.33
小麦	96.12	97.58
甜菜	94.89	95.76
土豆	92.81	93.42
裸地	95.84	96.75
草地	66.99	81.34
油菜籽	94.89	95.38
水域	97.65	98.39
总体分类精度	93.87	95.37

其次，基于 DT 分类器开展对比实验。对于传统极化旋转不变特征方法和极化旋转域方法，使用 DT 分类器的真值区域和全图的地物分类结果分别如图 4.2.11 和图 4.2.12 所示。定量分类精度如表 4.2.3 所示。极化旋转域方法的分类性能仍然更优，其总体分类精度达到 96.38%，优于传统极化旋转不变特征方法(94.12%)。具体地，对于 11 种地物类型中的 10 种，极化旋转域方法的分类精度均高于传统极化旋转不变特征方法。此外，值得注意的是，在该对比实验中，传统极化旋转不变特征方法和极化旋转域方法采用 DT 分类器的分类性能均优于 SVM 分类器。

进一步地，本节分析采用不同大小的相干斑滤波滑窗(7×7、9×9、11×11、13×13、15×15 和 25×25)对地物分类性能的影响。使用不同大小的相干斑滤波滑窗时得到的总体分类精度如表 4.2.4 所示。总体而言，相干斑滤波滑窗越大，得到的地物分类精度越高。根据文献[28]和[30]对滑窗大小使用建议，并综合考虑计算量等因素，本章均选用 15×15 的滑窗。值得指出的是，在不同大小的相干斑滤波滑窗下，极化旋转域方法的分类精度仍优于对应的传统极化旋转不变特征方法，进一步验证了极化旋转域方法的性能优势。

(a) 传统极化旋转不变特征方法

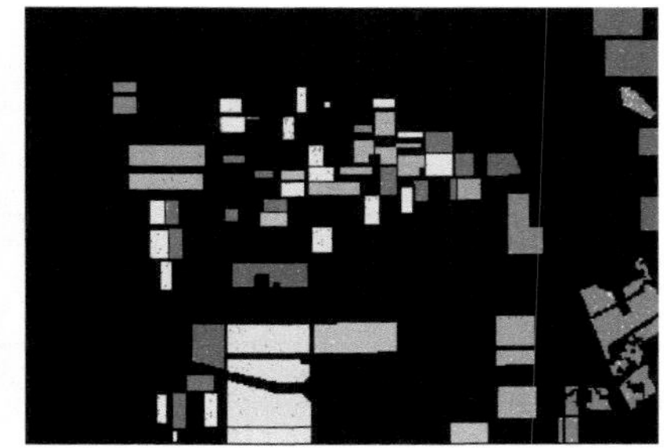

(b) 极化旋转域方法

图 4.2.11　基于 DT 分类器的 AIRSAR 极化 SAR 数据真值区域地物分类结果

(a) 传统极化旋转不变特征方法

(b) 极化旋转域方法

图 4.2.12　基于 DT 分类器的 AIRSAR 极化 SAR 数据全图地物分类结果

表 4.2.3　基于 DT 分类器的 AIRSAR 极化 SAR 数据分类精度(%)

地物类型	传统极化旋转不变特征方法	极化旋转域方法
茎豆	96.56	96.89
豌豆	96.95	97.52
森林	92.16	94.40
苜蓿	94.01	97.47
小麦	93.78	97.49
甜菜	95.64	96.64
土豆	91.49	93.68
裸地	97.08	97.09
草地	84.56	93.94
油菜籽	94.66	96.04
水域	99.44	99.39
总体分类精度	94.12	96.38

表 4.2.4　不同大小的相干斑滤波滑窗下 AIRSAR 极化 SAR 数据的总体分类精度(%)

分类器	方法	相干斑滤波滑窗大小					
		7×7	9×9	11×11	13×13	15×15	25×25
SVM 分类器	传统极化旋转不变特征方法	89.07	91.17	92.43	93.21	93.87	95.17
	极化旋转域方法	91.93	93.53	94.41	94.86	95.37	96.63
DT 分类器	传统极化旋转不变特征方法	88.66	91.04	92.39	93.50	94.12	95.57
	极化旋转域方法	93.06	94.58	95.32	96.22	96.38	97.28

4. 结合多时相 UAVSAR 极化 SAR 数据的对比研究

对于四种时相的 UAVSAR 极化 SAR 数据，基于 SVM 分类器，传统极化旋转不变特征方法和极化旋转域方法对真值区域和全图的地物分类结果分别如图 4.2.13 和图 4.2.14 所示。定量分类精度如表 4.2.5 所示。可以看到，极化旋转

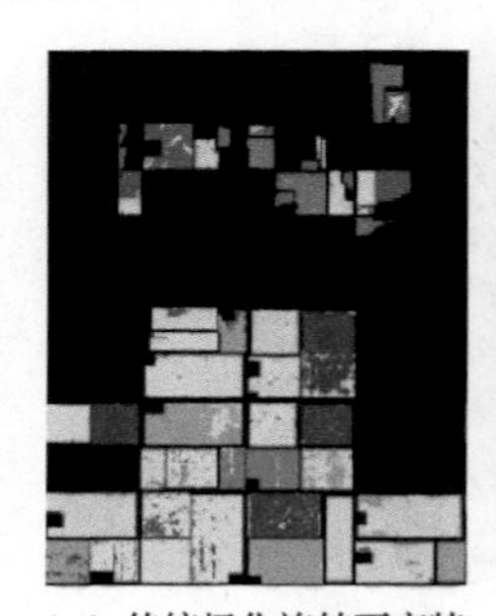
(a1) 传统极化旋转不变特征方法，DoY 169

(b1) 传统极化旋转不变特征方法，DoY 174

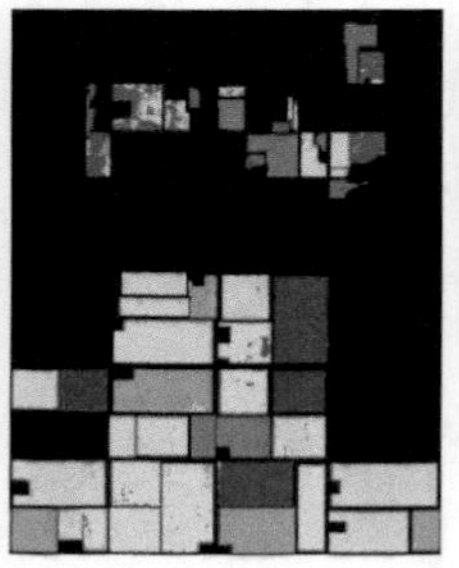
(c1) 传统极化旋转不变特征方法，DoY 187

(d1) 传统极化旋转不变特征方法，DoY 199

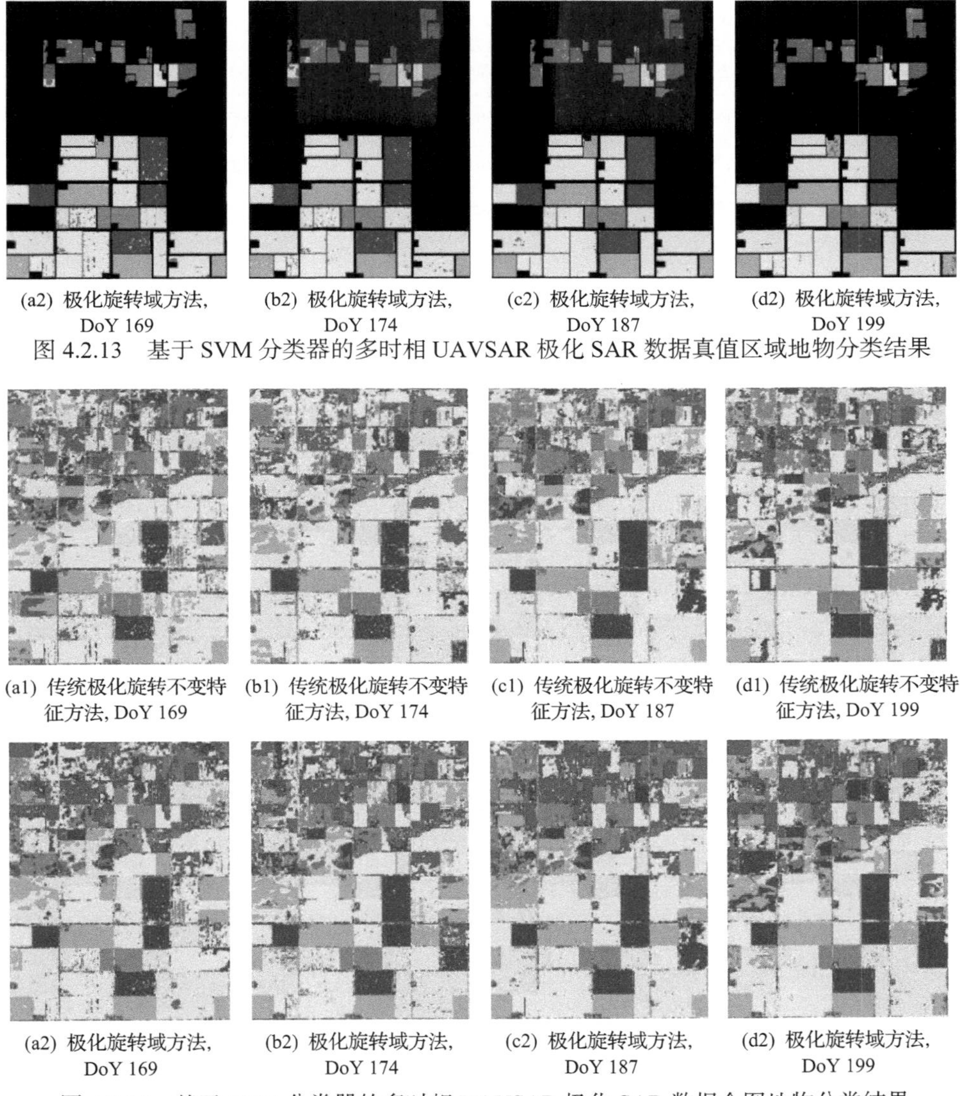

(a2) 极化旋转域方法, DoY 169　(b2) 极化旋转域方法, DoY 174　(c2) 极化旋转域方法, DoY 187　(d2) 极化旋转域方法, DoY 199

图 4.2.13　基于 SVM 分类器的多时相 UAVSAR 极化 SAR 数据真值区域地物分类结果

(a1) 传统极化旋转不变特征方法, DoY 169　(b1) 传统极化旋转不变特征方法, DoY 174　(c1) 传统极化旋转不变特征方法, DoY 187　(d1) 传统极化旋转不变特征方法, DoY 199

(a2) 极化旋转域方法, DoY 169　(b2) 极化旋转域方法, DoY 174　(c2) 极化旋转域方法, DoY 187　(d2) 极化旋转域方法, DoY 199

图 4.2.14　基于 SVM 分类器的多时相 UAVSAR 极化 SAR 数据全图地物分类结果

表 4.2.5　基于 SVM 分类器的多时相 UAVSAR 极化 SAR 数据分类精度(%)

DoY	方法	阔叶林	草料	大豆	玉米	小麦	油菜籽	燕麦	总体分类精度
169	传统极化旋转不变特征方法	98.47	62.24	92.64	96.12	93.63	91.70	86.37	90.19
	极化旋转域方法	98.49	88.92	96.59	98.58	98.06	96.60	96.72	96.64
174	传统极化旋转不变特征方法	98.05	61.38	94.14	97.30	97.89	93.82	77.29	90.75
	极化旋转域方法	97.75	83.77	97.68	98.93	98.88	97.76	97.21	97.05

续表

DoY	方法	阔叶林	草料	大豆	玉米	小麦	油菜籽	燕麦	总体分类精度
187	传统极化旋转不变特征方法	98.63	56.36	92.31	99.55	76.85	99.24	94.61	88.03
	极化旋转域方法	98.60	90.87	99.35	99.45	98.58	99.26	97.39	98.27
199	传统极化旋转不变特征方法	96.86	64.51	97.38	99.78	84.76	92.19	82.98	89.39
	极化旋转域方法	97.20	94.16	99.47	99.75	97.79	99.74	94.09	97.93
4 种时相数据的均值	传统极化旋转不变特征方法	98.00	61.12	94.12	98.19	88.28	94.24	85.31	89.59
	极化旋转域方法	98.01	89.43	98.27	99.18	98.33	98.34	96.35	97.47

域方法的分类精度明显优于传统极化旋转不变特征方法。对于四种时相数据，极化旋转域方法的总体分类精度均值为 97.47%，远高于对比方法(89.59%)。具体地，相比于传统极化旋转不变特征方法，极化旋转域方法对四种时相数据的总体分类精度提升分别为 6.45 个百分点(DoY 169，从 90.19%提升至 96.64%)、6.30 个百分点(DoY 174，从 90.75%提升至 97.05%)、10.24 个百分点(DoY 187，从 88.03%提升至 98.27%)和 8.54 个百分点(DoY 199，从 89.39%提升至 97.93%)。因此，极化旋转域方法对不同时相数据的地物分类精度更高且性能更稳健。特别地，对于燕麦、小麦和草料三种地物类型，传统极化旋转不变特征方法在四种时相数据中得到的分类精度取值范围分别为 77.29%～94.61%、76.85%～97.89%和 56.36%～64.51%。极化旋转域方法使得上述三种地物类型的分类精度得到显著提高，且分类精度取值范围更加集中，分别为 94.09%～97.39%、97.79%～98.88%和 83.77%～94.16%，进一步验证了该方法的有效性。

另外，基于 DT 分类器，两种方法得到的真值区域和全图的地物分类结果分别如图 4.2.15 和图 4.2.16 所示。定量分类精度如表 4.2.6 所示。从表 4.2.6 可知，极化旋转域方法的分类性能依然优于传统极化旋转不变特征方法。对于四种时相数据，

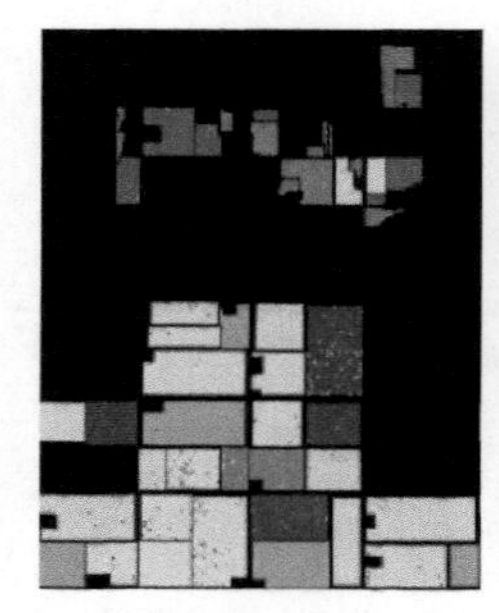
(a1) 传统极化旋转不变特征方法, DoY 169

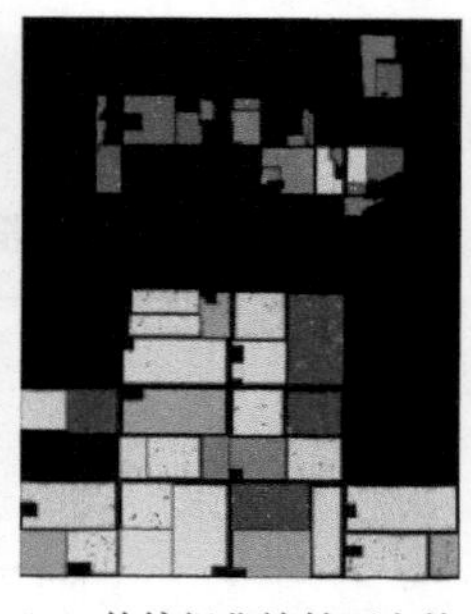
(b1) 传统极化旋转不变特征方法, DoY 174

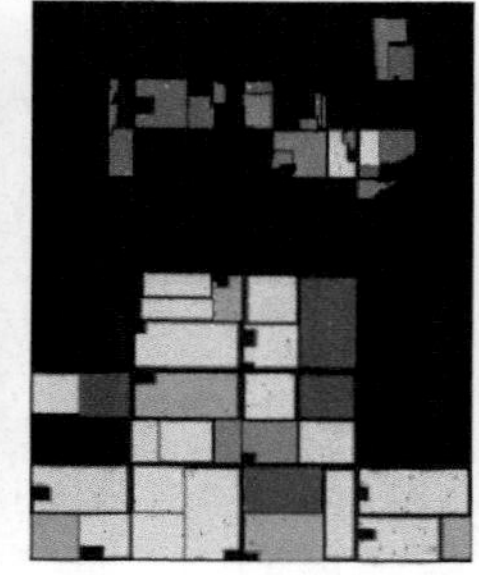
(c1) 传统极化旋转不变特征方法, DoY 187

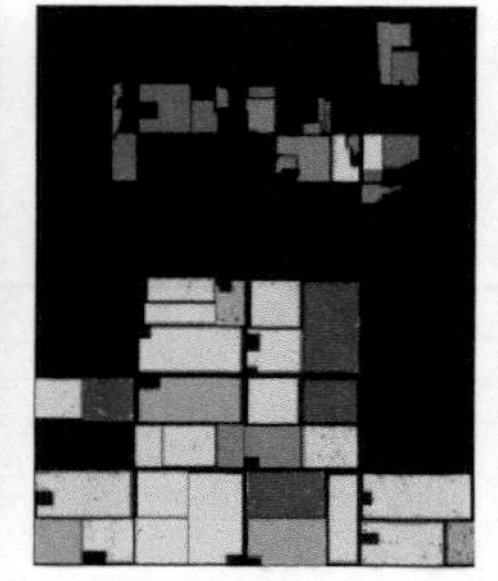
(d1) 传统极化旋转不变特征方法, DoY 199

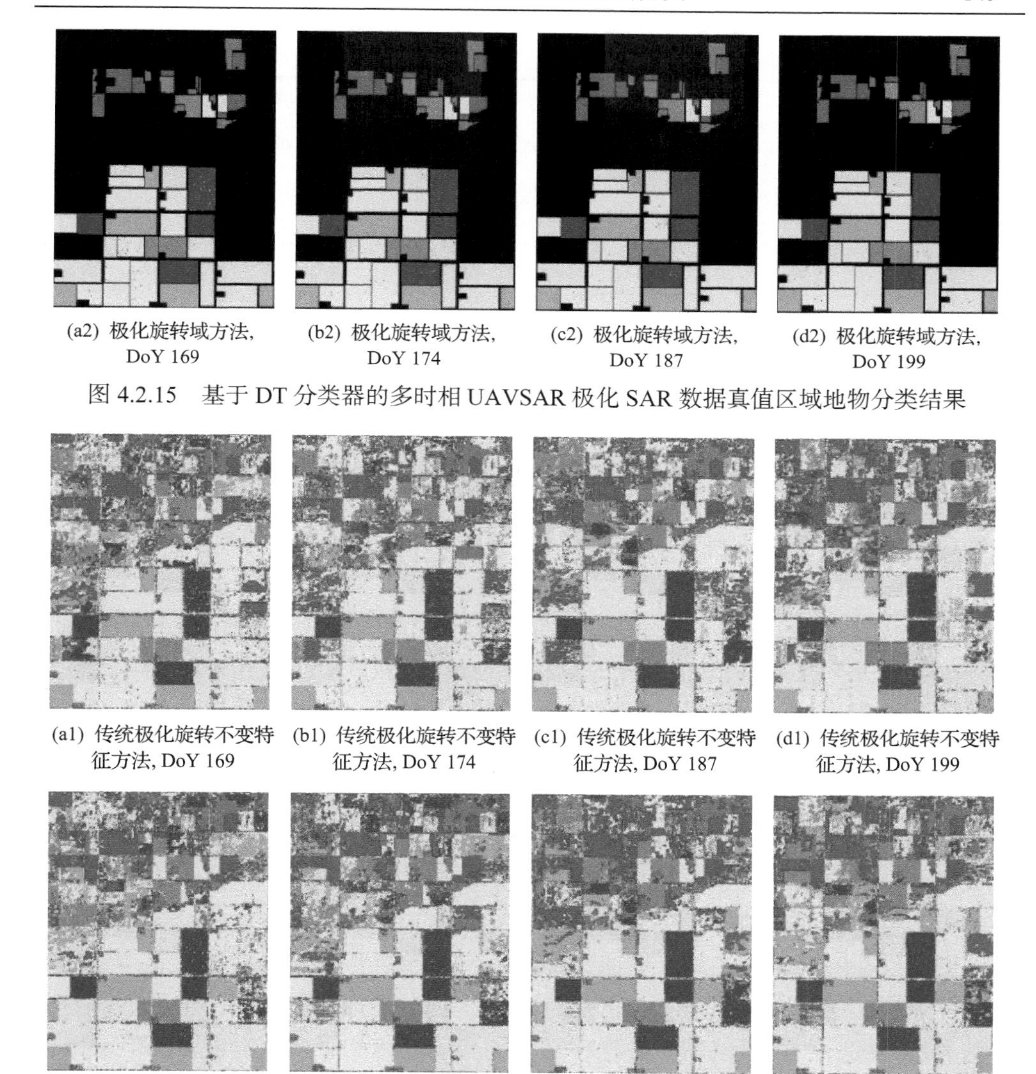

(a2) 极化旋转域方法, DoY 169　(b2) 极化旋转域方法, DoY 174　(c2) 极化旋转域方法, DoY 187　(d2) 极化旋转域方法, DoY 199

图 4.2.15　基于 DT 分类器的多时相 UAVSAR 极化 SAR 数据真值区域地物分类结果

(a1) 传统极化旋转不变特征方法, DoY 169　(b1) 传统极化旋转不变特征方法, DoY 174　(c1) 传统极化旋转不变特征方法, DoY 187　(d1) 传统极化旋转不变特征方法, DoY 199

(a2) 极化旋转域方法, DoY 169　(b2) 极化旋转域方法, DoY 174　(c2) 极化旋转域方法, DoY 187　(d2) 极化旋转域方法, DoY 199

图 4.2.16　基于 DT 分类器的多时相 UAVSAR 极化 SAR 数据全图地物分类结果

表 4.2.6　基于 DT 分类器的多时相 UAVSAR 极化 SAR 数据分类精度(%)

DoY	方法	阔叶林	草料	大豆	玉米	小麦	油菜籽	燕麦	总体分类精度
169	传统极化旋转不变特征方法	98.71	94.42	97.09	98.28	98.59	95.79	98.98	97.48
	极化旋转域方法	99.12	98.68	99.25	99.55	99.55	98.72	99.56	99.27
174	传统极化旋转不变特征方法	98.46	92.72	98.24	99.00	97.87	97.45	97.66	97.63
	极化旋转域方法	98.97	97.82	99.46	99.47	99.47	99.02	99.55	99.28

续表

DoY	方法	阔叶林	草料	大豆	玉米	小麦	油菜籽	燕麦	总体分类精度
187	传统极化旋转不变特征方法	98.64	91.62	97.64	99.80	97.16	99.46	98.39	97.65
	极化旋转域方法	98.77	98.46	99.78	99.81	99.66	99.59	99.46	99.56
199	传统极化旋转不变特征方法	97.94	95.74	98.61	99.78	97.06	97.77	94.88	97.45
	极化旋转域方法	98.47	98.47	99.83	99.85	99.34	99.53	99.23	99.45
4 种时相数据的均值	传统极化旋转不变特征方法	98.44	93.63	97.90	99.22	97.67	97.62	97.48	97.55
	极化旋转域方法	98.83	98.36	99.58	99.67	99.51	99.22	99.45	99.39

极化旋转域方法的均值为 99.39%，高于传统极化旋转不变特征方法(97.55%)。具体地，相较于传统极化旋转不变特征方法，极化旋转域方法对四种时相数据总体分类精度的提升分别为 1.79 个百分点(DoY 169，从 97.48%提升到 99.27%)、1.65 个百分点(DoY 174，从 97.63%提升到 99.28%)、1.91 个百分点(DoY 187，从 97.65%提升到 99.56%)和 2.00 个百分点(DoY 199，从 97.45%提升到 99.45%)。此外，特别是对于燕麦、油菜籽、草料等地物类型，不同时相下，极化旋转域方法依然具有更好的稳健性。值得注意的是，相比于 SVM 分类器，基于 DT 分类器的两种方法的分类精度均得到了提升。同时，传统极化旋转不变特征方法的总体分类精度提升幅度更显著，而极化旋转域方法的总体分类精度均提升至 99.27%及以上。

另外，以 DoY 169 的 UAVSAR 极化 SAR 数据为例，进一步分析采用不同大小的相干斑滤波滑窗(7×7、9×9、11×11、13×13、15×15 和 25×25)对地物分类性能的影响。在不同大小的相干斑滤波滑窗下，得到的总体分类精度如表 4.2.7 所示。与 AIRSAR 极化 SAR 数据的结论类似，对于同种分类方法，相干斑滤波滑窗越大得到的分类精度越高。同样，在不同大小的相干斑滤波滑窗情况下，极化旋转域方法的分类精度仍优于对应的传统极化旋转不变特征方法。

表 4.2.7　不同大小的相干斑滤波滑窗下 DoY 169 的 UAVSAR 极化 SAR 数据的总体分类精度(%)

分类器	方法	7×7	9×9	11×11	13×13	15×15	25×25
SVM 分类器	传统极化旋转不变特征方法	88.23	88.95	89.46	89.86	90.19	91.49
	极化旋转域方法	94.88	95.57	96.06	96.38	96.64	97.31
DT 分类器	传统极化旋转不变特征方法	95.17	96.16	96.76	97.18	97.48	98.04
	极化旋转域方法	98.44	98.84	99.06	99.16	99.27	99.44

4.3　基于深度学习的极化旋转域地物分类

以深度 CNN 为代表的深度学习技术已广泛应用于 SAR 图像分类。如何在小样本条件下将深度 CNN 分类器应用于极化 SAR 地物分类并具备较好的泛化性能是该领域的重要科学问题。本节介绍一种由极化特征驱动的深度 CNN 分类方法[15]，其核心思想是利用目标散射机理解译与极化特征挖掘相融合的专家知识来驱动深度 CNN 分类器，并提高地物分类性能。本节介绍的极化特征驱动的深度 CNN 分类器，以传统极化旋转不变特征方法和极化旋转域方法共同驱动深度 CNN 模型，实现极化 SAR 地物分类。

4.3.1　极化特征驱动的深度 CNN 分类器

1. 融合专家知识的极化特征优选

极化旋转不变特征不受目标取向性的影响，通常适用于极化 SAR 数据的解译和应用。因此，可选取极化熵 H 、极化反熵 Ani 、平均 $\bar{\alpha}$ 角和后向散射总能量 SPAN 这四种常用于极化 SAR 地物分类的传统极化旋转不变特征。在此基础上，根据第 2 章的研究分析，两个极化零角特征 $\theta_{\text{null}}\_\mathrm{Re}[T_{12}]$ 和 $\theta_{\text{null}}\_\mathrm{Im}[T_{12}]$ 能够很好地表征散射对称性条件、共极化通道能量差和共极化通道相位差等，其取值具有明确的物理含义，表达式重写如下：

$$
\begin{aligned}
\theta_{\text{null}}\_\mathrm{Re}[T_{12}] &= -\frac{1}{2}\mathrm{Angle}\left\{\mathrm{Re}[T_{13}] + \mathrm{j}\,\mathrm{Re}[T_{12}]\right\} \\
&= \frac{1}{2}\mathrm{Angle}\left\{\mathrm{Re}\left[\left\langle (S_{\mathrm{HH}} + S_{\mathrm{VV}}) S_{\mathrm{HV}}^{*} \right\rangle\right] + \mathrm{j}\frac{1}{2}\left(\left\langle |S_{\mathrm{VV}}|^{2} - |S_{\mathrm{HH}}|^{2} \right\rangle\right)\right\}
\end{aligned}
\tag{4.3.1}
$$

$$
\begin{aligned}
\theta_{\text{null}}\_\mathrm{Im}[T_{12}] &= -\frac{1}{2}\mathrm{Angle}\left\{\mathrm{Im}[T_{13}] + \mathrm{j}\,\mathrm{Im}[T_{12}]\right\} \\
&= \frac{1}{2}\mathrm{Angle}\left\{\mathrm{Im}\left[\left\langle (S_{\mathrm{HH}} + S_{\mathrm{VV}}) S_{\mathrm{HV}}^{*} \right\rangle\right] + \mathrm{j}\,\mathrm{Im}\left[\left\langle S_{\mathrm{HH}} S_{\mathrm{VV}}^{*} \right\rangle\right]\right\}
\end{aligned}
\tag{4.3.2}
$$

因此，两个极化零角特征 $\theta_{\text{null}}\_\mathrm{Re}[T_{12}]$ 和 $\theta_{\text{null}}\_\mathrm{Im}[T_{12}]$ 敏感于不同地物类型，有望提高极化 SAR 地物的分类精度。此外，由 4.2 节的研究可知，对于 AIRSAR 和 UAVSAR 两种传感器以及不同的成像区域和地物类型，采用极化特征优选方法均选取到这两个极化零角特征。因此，融合专家知识得到的优选极化特征共六种，包括极化熵 H 、极化反熵 Ani 、平均 $\bar{\alpha}$ 角、后向散射总能量 SPAN 、极化零角特征 $\theta_{\text{null}}\_\mathrm{Re}[T_{12}]$ 和 $\theta_{\text{null}}\_\mathrm{Im}[T_{12}]$ 。

2. 极化特征驱动的深度 CNN 模型

深度 CNN 分类器在图像分类领域获得了巨大成功[21]。本节介绍的深度 CNN 模型[15]如图 4.3.1 所示，主要包含三个卷积层、两个最大池化层、两个全连接层和一个 Softmax 分类器，输入数据的维度是$15\times15\times m$。其中，m表示极化特征数量。具体地，三个卷积层中分别设计 30、60 和 120 个滤波器，卷积核尺寸均为2×2，滑窗步进均为 1。两个最大池化层的池化尺寸均为2×2，步进为 2。激活函数采用修正线性单元，分别用于三个卷积层以及第一个全连接层之后。此外，为了缓解潜在的过拟合效应，在第二个全连接层中采用了 Dropout 技术，且 Dropout 参数设置为 0.5。

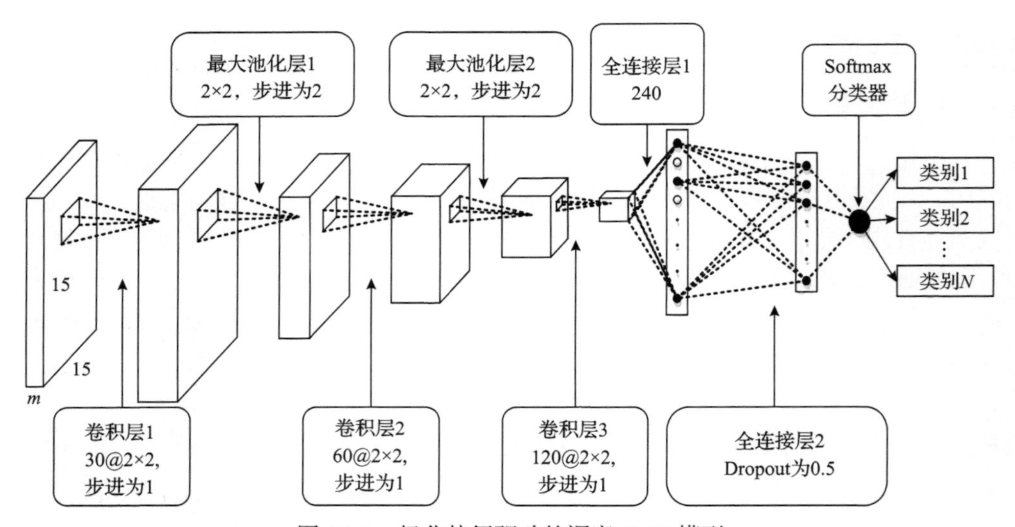

图 4.3.1　极化特征驱动的深度 CNN 模型

将极化熵H、极化反熵Ani、平均$\bar{\alpha}$角、后向散射总能量SPAN、极化零角特征$\theta_{\text{null}}_\mathrm{Re}[T_{12}]$和$\theta_{\text{null}}_\mathrm{Im}[T_{12}]$等六种优选极化特征作为深度 CNN 模型的输入，即可构建极化特征驱动的深度 CNN 分类方法。作为对比方法，即不考虑任何专家知识，直接将极化相干矩阵$\boldsymbol{T}$的 9 个元素（T_{11}、T_{22}、T_{33}、$\mathrm{Re}[T_{12}]$、$\mathrm{Im}[T_{12}]$、$\mathrm{Re}[T_{13}]$、$\mathrm{Im}[T_{13}]$、$\mathrm{Re}[T_{23}]$和$\mathrm{Im}[T_{23}]$）作为深度 CNN 模型的输入，建立传统深度 CNN 分类方法。

4.3.2　对比实验研究

本节同样利用单时相 AIRSAR 极化 SAR 数据和多时相 UAVSAR 极化 SAR 数据开展对比实验。所有数据都由相干斑滤波滑窗大小为 15×15 的 SimiTest 滤波器[28]进行相干斑滤波。以优选极化特征为输入的极化特征驱动的深度 CNN 分类方法记为 SF+CNN(selected features+CNN)。只用极化相干矩阵 9 个元素作为输入的深度 CNN 分类方法，记为 T+CNN。对于上述两种方法，均采用梯度下降法和批处理大小为 64 的后向传递算法进行 CNN 模型训练，初始权重均是随机生成的。学习率设置为 0.01，动能参数设置为 0.9，权重变化参数设置为 0.0005。分别比较两种方法在不同训练率(10%、5%和 1%)下的分类性能。同时，每组实验重复 10 次，每次随机选取训练样本，并定量地比较平均分类精度。

1. 结合单时相 AIRSAR 极化 SAR 数据的对比研究

单时相 AIRSAR 极化 SAR 数据的 Pauli 彩图如图 4.3.2(a)所示。相比于图 4.2.3 中的 11 种地物类型，本节进一步将小麦区分为小麦 1、小麦 2 和小麦 3，并增加了大麦和建筑物两种地物类型。这 15 种地物类型的真值图如图 4.3.2(b)所示。当训练率为 10%和 5%时，训练回合数设置为 300；当训练率为 1%时，训练回合数设置为 1500。训练样本从所有真值样本中随机选取，其他样本则用于验证分类性能。训练集和验证集之间没有重叠。当训练率为 10%、5%和 1%时，AIRSAR 极化 SAR 数据真值区域地物分类结果分别如图 4.3.3、图 4.3.5 和图 4.3.7 所示，全图地物分类结果分别如图 4.3.4、图 4.3.6 和图 4.3.8 所示。从目视角度看，两种方法的总体分类性能相当。

不同方法对 AIRSAR 极化 SAR 数据总体分类精度对比如表 4.3.1 所示。为进一步验证方法的性能，表 4.3.1 也包含了文献[7]、[10]和[13]三种方法在该数据上的总体分类精度。可以看到，相比于其他传统分类方法[7,10]和 CNN 模型[13]，SF+CNN 和 T+CNN 方法均取得了更高的分类精度。特别地，在训练率为 10%、5%和 1%时，SF+CNN 方法均得到了最高的总体分类精度，分别为 99.30%、98.83%和 97.57%。对于 15 种已知地物类型，SF+CNN 方法得到的分类精度如表 4.3.2 所示。除建筑物外，其他地物类型的分类精度均在 90%以上。

(a) Pauli彩图

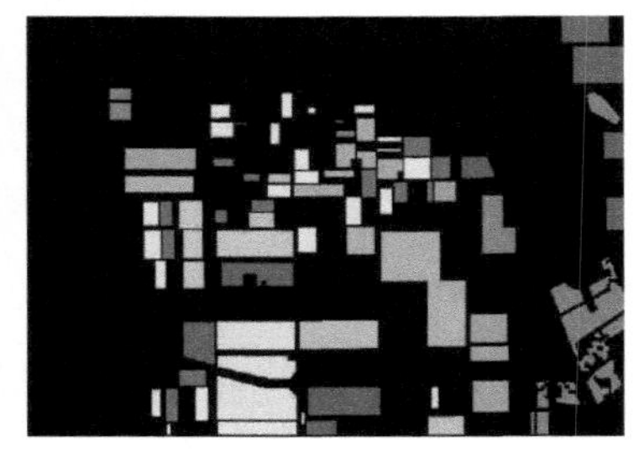

(b) 地物真值图

■ 茎豆　■ 豌豆　■ 森林　■ 苜蓿　■ 小麦1
■ 甜菜　■ 土豆　■ 裸地　■ 草地　■ 油菜籽
■ 大麦　■ 小麦2　■ 小麦3　■ 水域　■ 建筑物

图 4.3.2　AIRSAR 极化 SAR 数据(含 15 类地物真值)

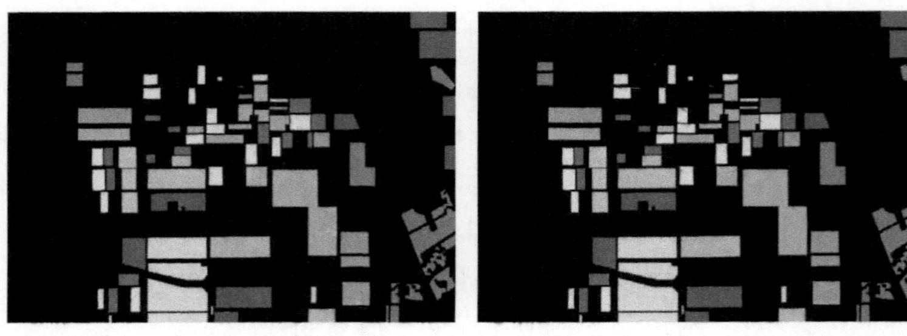

(a) T+CNN方法　　(b) SF+CNN方法

图 4.3.3　训练率为 10%时 AIRSAR 极化 SAR 数据真值区域地物分类结果

(a) T+CNN方法　　(b) SF+CNN方法

图 4.3.4　训练率为 10%时 AIRSAR 极化 SAR 数据全图地物分类结果

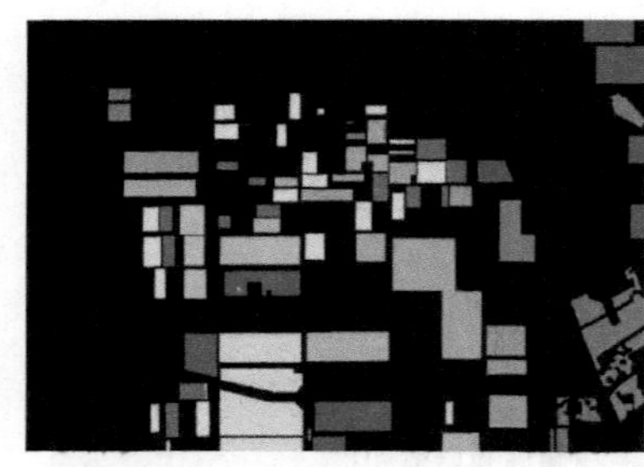
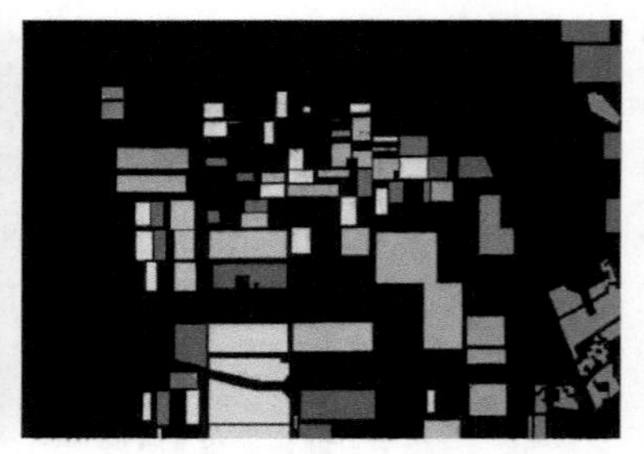

(a) T+CNN方法　　(b) SF+CNN方法

图 4.3.5　训练率为 5%时 AIRSAR 极化 SAR 数据真值区域地物分类结果

(a) T+CNN方法　　(b) SF+CNN方法

图 4.3.6　训练率为 5%时 AIRSAR 极化 SAR 数据全图地物分类结果

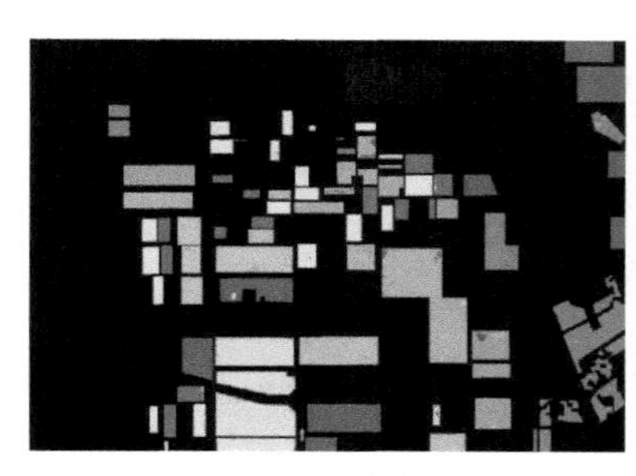

(a) T+CNN方法

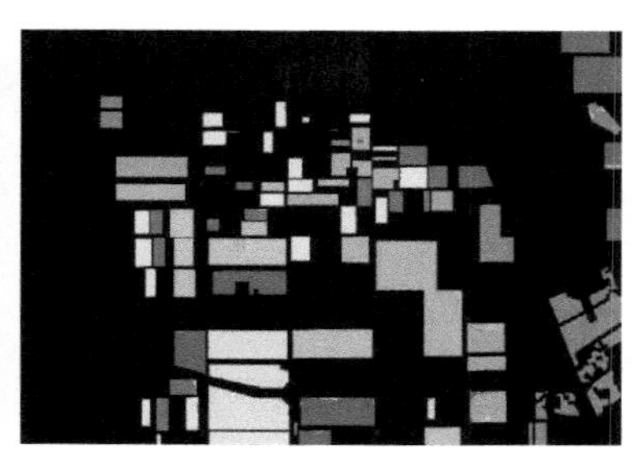

(b) SF+CNN方法

图 4.3.7　训练率为 1%时 AIRSAR 极化 SAR 数据真值区域地物分类结果

(a) T+CNN方法

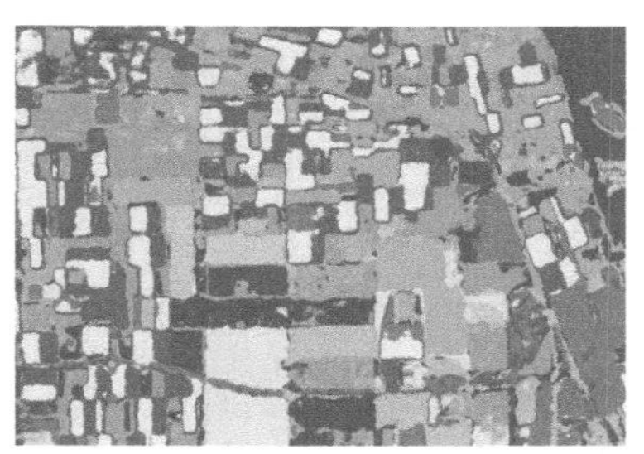

(b) SF+CNN方法

图 4.3.8　训练率为 1%时 AIRSAR 极化 SAR 数据全图地物分类结果

表 4.3.1　不同方法对 AIRSAR 极化 SAR 数据总体分类精度对比

方法	训练率/%	地物类型数量/类	总体分类精度/%
文献[7]	—	11	81.63
文献[10]	—	11	93.24
文献[13]	—	11	93.38
	—	15	92.46
T+CNN	10	15	98.67
	5	15	98.64
	1	15	97.43
SF+CNN	10	15	99.30
	5	15	98.83
	1	15	97.57

表 4.3.2　SF+CNN 方法对 AIRSAR 极化 SAR 数据不同地物类型的分类精度

地物类型	样本数/个	不同训练率下的分类精度/%		
		10	5	1
茎豆	5484	99.42	99.11	98.48
豌豆	8300	99.48	99.12	97.90
森林	11758	99.58	99.49	99.25
苜蓿	8615	99.22	98.57	97.83
甜菜	8596	98.98	98.67	97.43
土豆	13075	99.22	98.47	97.72
裸地	2800	99.75	99.48	98.79
草地	5342	96.87	96.10	91.61
油菜籽	11632	99.17	98.23	95.31
大麦	6570	99.54	99.32	98.72
小麦 1	16435	99.26	99.04	97.40
小麦 2	9773	99.16	98.25	96.89
小麦 3	19633	99.83	99.48	99.08
水域	10090	99.88	99.77	98.60
建筑物	342	93.08	85.90	68.92
总体分类精度/%	—	99.30	98.83	97.57

当训练率为 5%和 1%时，建筑物的分类精度仅为 85.90%和 68.92%。建筑物分类精度下降的主要原因是建筑物训练样本特别少，建筑物样本数只有 342 个，当训练率为 5%和 1%时，分别只有 17 个和 4 个建筑物样本用于 CNN 模型训练。当训练率提升至 10%时，建筑物的分类精度也显著提升至 93.08%。上述对比实验验证了极化特征驱动的深度 CNN 分类方法的性能优势。

考虑到 SF+CNN 和 T+CNN 两种方法的分类精度十分接近，进一步考察两种方法的模型训练收敛速度，对比结果如图 4.3.9 所示。为进行定量比较，设定模型收敛准则为训练损失低于 0.5%且保持至少 5 个训练回合数。当训练率为 10%、5%和 1%时，T+CNN 方法的平均训练回合数分别为 190、275 和 1201，而 SF+CNN 方法的平均训练回合数分别降低至 82、132 和 472。总体而言，SF+CNN 方法的收敛速度比 T+CNN 方法快约 2.3 倍。

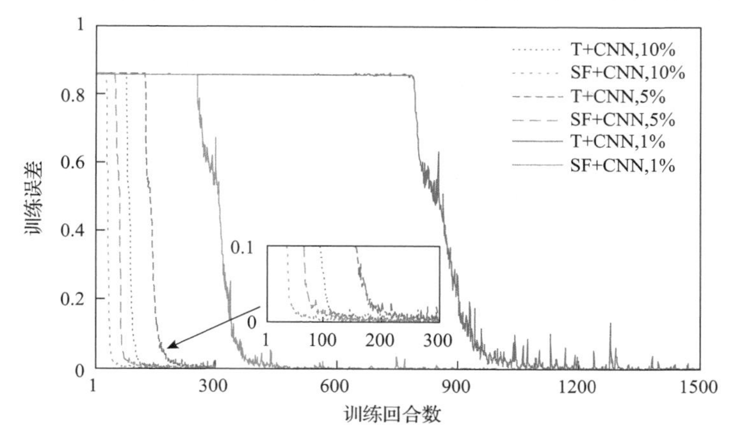

图 4.3.9 不同方法的模型训练收敛速度对比结果(见彩图)

2. 结合多时相 UAVSAR 极化 SAR 数据的对比分析

多时相极化 SAR 数据适用于农作物分类和生长监测。受多时相数据获取时间周期内地物生长变化的影响，如何设计更加稳健、泛化性能更好的分类器仍面临挑战[14]。本节选取 UAVSAR 获取于 2012 年 7 月 17 日、7 月 22 日和 7 月 23 日的三个时相数据开展对比实验。三个时相数据对应的 DoY 分别为 169、174 和 175，其极化 SAR 数据的 Pauli 彩图和地物真值图如图 4.3.10 所示。可以观察到，由于农作物的生长变化，不同时相极化 SAR 数据的 Pauli 彩图呈现差异性。本节重点对比分析 SF+CNN 方法和 T+CNN 方法对多时相极化 SAR 数据的地物分类性能。为分析两种方法的泛化性能，在对比实验中仅利用 DoY 169 和 DoY 175 两个时相的极化 SAR 数据样本训练 CNN 模型，同时使用全部三种时相数据开展分类性能验证。换言之，DoY 174 的数据样本对 CNN 模型是全新的。对于 DoY 174 的极化 SAR 数据，融合专家知识得到的六种优选极化特征如图 4.3.11 所示。

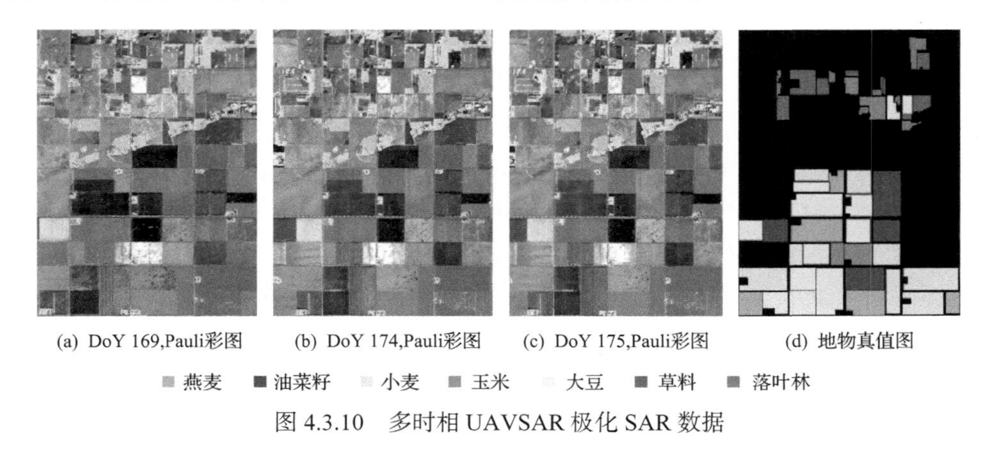

图 4.3.10 多时相 UAVSAR 极化 SAR 数据

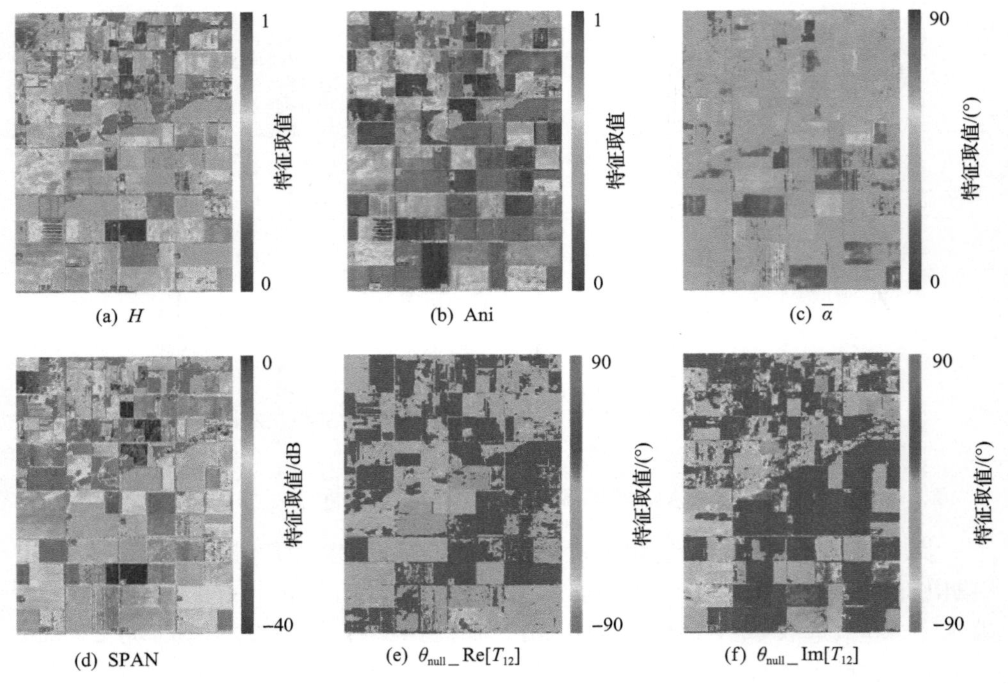

(a) H　(b) Ani　(c) $\overline{\alpha}$

(d) SPAN　(e) $\theta_{\text{null}}\_\text{Re}[T_{12}]$　(f) $\theta_{\text{null}}\_\text{Im}[T_{12}]$

图 4.3.11　优选极化特征示例(DoY 为 174)(见彩图)

当训练率为 10%和 5%时，设置的训练回合数为 100；当训练率为 1%时，设置的训练回合数为 200。当训练率为 10%、5%和 1%时，SF+CNN 方法和 T+CNN 方法对 UAVSAR 极化 SAR 数据真值区域的地物分类结果分别如图 4.3.12、图 4.3.14 和图 4.3.16 所示，而全图的地物分类结果分别如图 4.3.13、图 4.3.15 和图 4.3.17 所示。定量的总体分类精度对比如表 4.3.3 所示。对于 DoY 169 和 DoY 175 两个时相(即有样本用于 CNN 模型训练)，SF+CNN 方法和 T+CNN 方法的分类性能基本相当，总体分类精度都较高且相对稳定。在三种训练率下，两种方法的总体分类精度均介于 98.34%和 99.54%之间。对于没有样本用于训练的极化 SAR 数据(DoY 174)，两种方法的性能差异显著。对于 DoY 174 时相，SF+CNN 方法的分类性能明显优于 T+CNN 方法。当训练率为 10%、5%和 1%时，SF+CNN 方法得到的总体分类精度均更高，分别为 98.69%、98.11%和 97.04%。相较于 T+CNN 方法，SF+CNN 方法得到的总体分类精度平均提升了 4.86 个百分点。因此，对比实验验证了极化特征驱动的深度 CNN 分类方法对多时相极化 SAR 数据具有更优的泛化性能。对于 DoY 174 的极化 SAR 数据，极化特征驱动的深度 CNN 分类方法得到的每种地物类型的分类精度如表 4.3.4 所示。

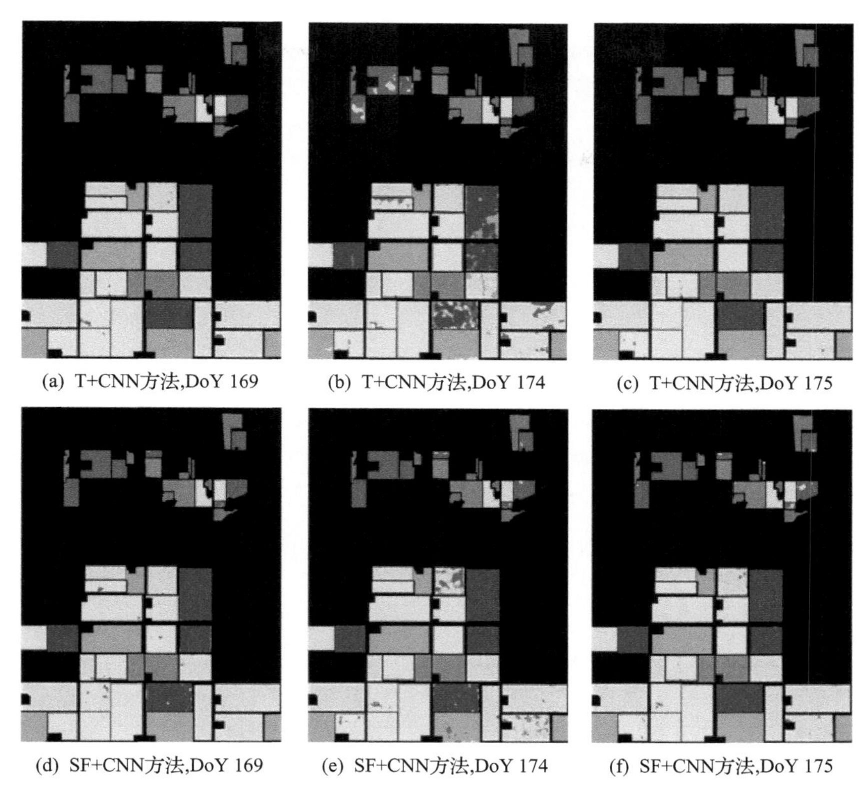

(a) T+CNN方法,DoY 169　(b) T+CNN方法,DoY 174　(c) T+CNN方法,DoY 175

(d) SF+CNN方法,DoY 169　(e) SF+CNN方法,DoY 174　(f) SF+CNN方法,DoY 175

图 4.3.12　训练率为 10%时多时相 UAVSAR 极化 SAR 数据真值区域地物分类结果

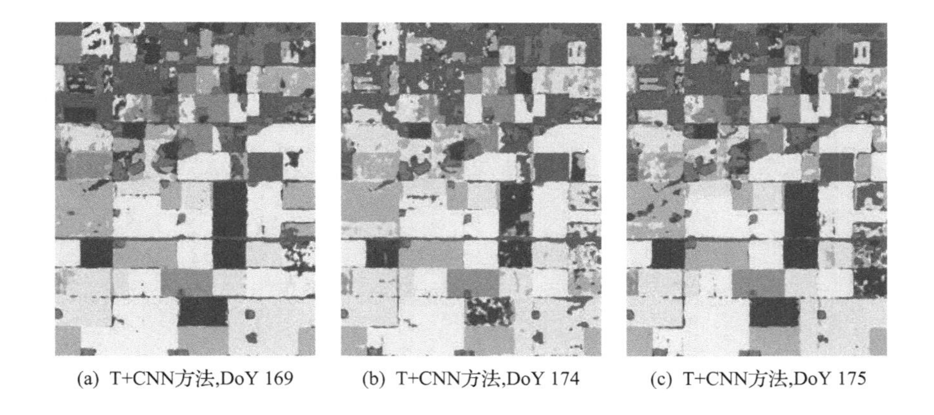

(a) T+CNN方法,DoY 169　(b) T+CNN方法,DoY 174　(c) T+CNN方法,DoY 175

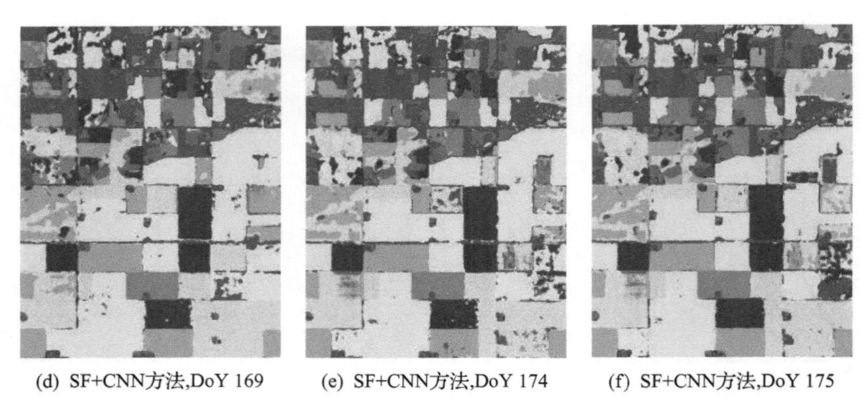

(d) SF+CNN方法,DoY 169　(e) SF+CNN方法,DoY 174　(f) SF+CNN方法,DoY 175

图 4.3.13　训练率为 10%时多时相 UAVSAR 极化 SAR 数据全图地物分类结果

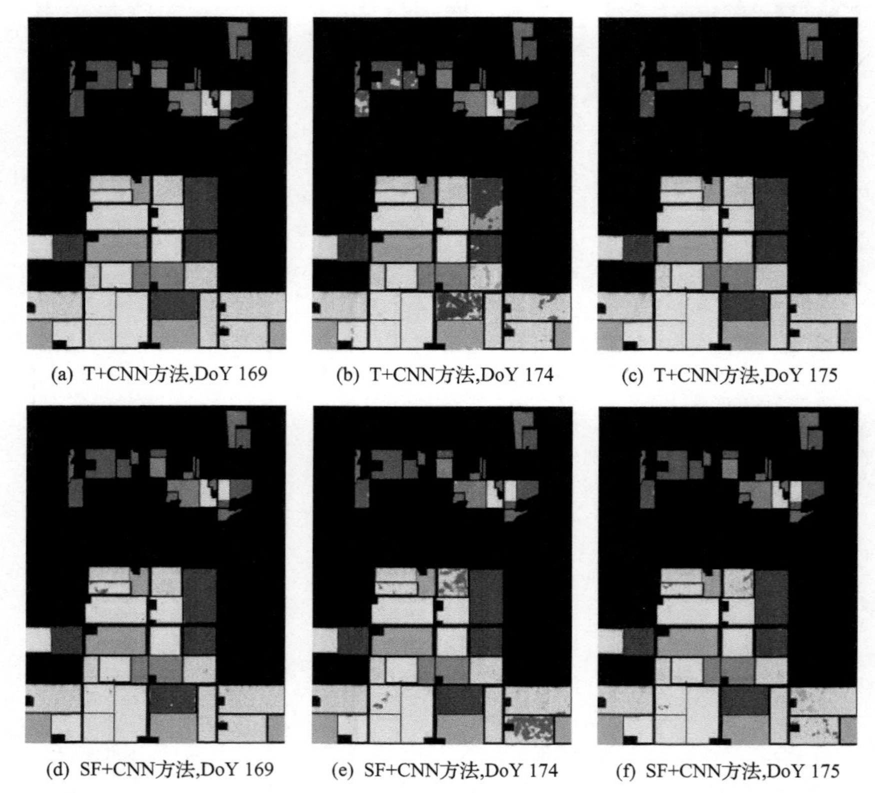

(a) T+CNN方法,DoY 169　(b) T+CNN方法,DoY 174　(c) T+CNN方法,DoY 175

(d) SF+CNN方法,DoY 169　(e) SF+CNN方法,DoY 174　(f) SF+CNN方法,DoY 175

图 4.3.14　训练率为 5%时多时相 UAVSAR 极化 SAR 数据真值区域地物分类结果

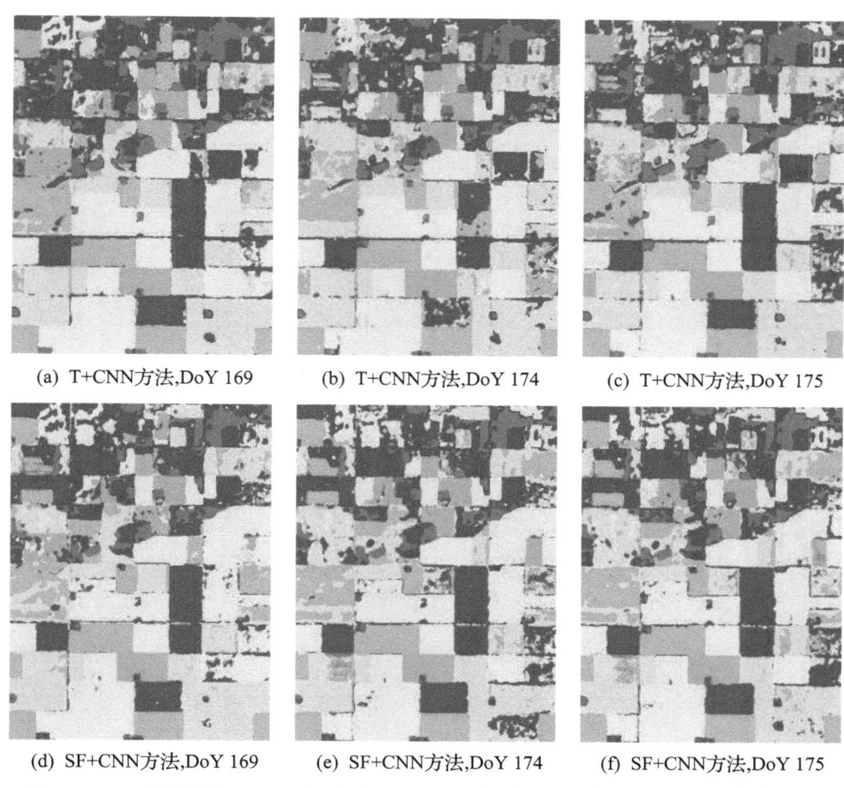

(a) T+CNN方法,DoY 169　(b) T+CNN方法,DoY 174　(c) T+CNN方法,DoY 175

(d) SF+CNN方法,DoY 169　(e) SF+CNN方法,DoY 174　(f) SF+CNN方法,DoY 175

图 4.3.15　训练率为 5%时多时相 UAVSAR 极化 SAR 数据全图地物分类结果

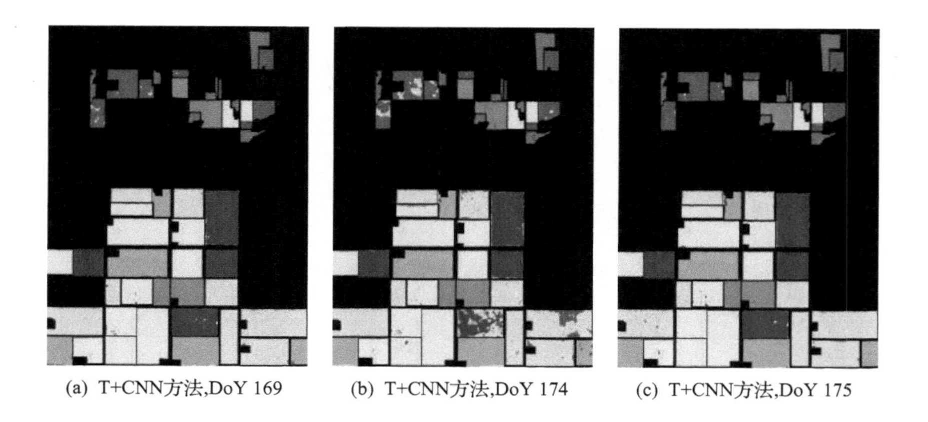

(a) T+CNN方法,DoY 169　(b) T+CNN方法,DoY 174　(c) T+CNN方法,DoY 175

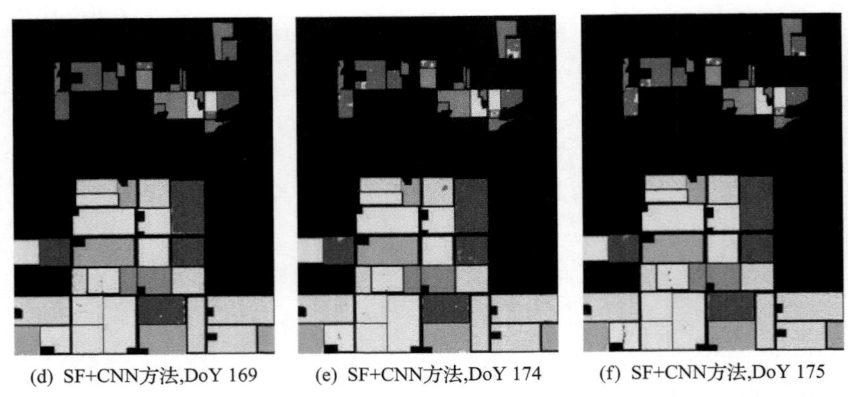

(d) SF+CNN方法,DoY 169　(e) SF+CNN方法,DoY 174　(f) SF+CNN方法,DoY 175

图 4.3.16　训练率为 1%时多时相 UAVSAR 极化 SAR 数据真值区域地物分类结果

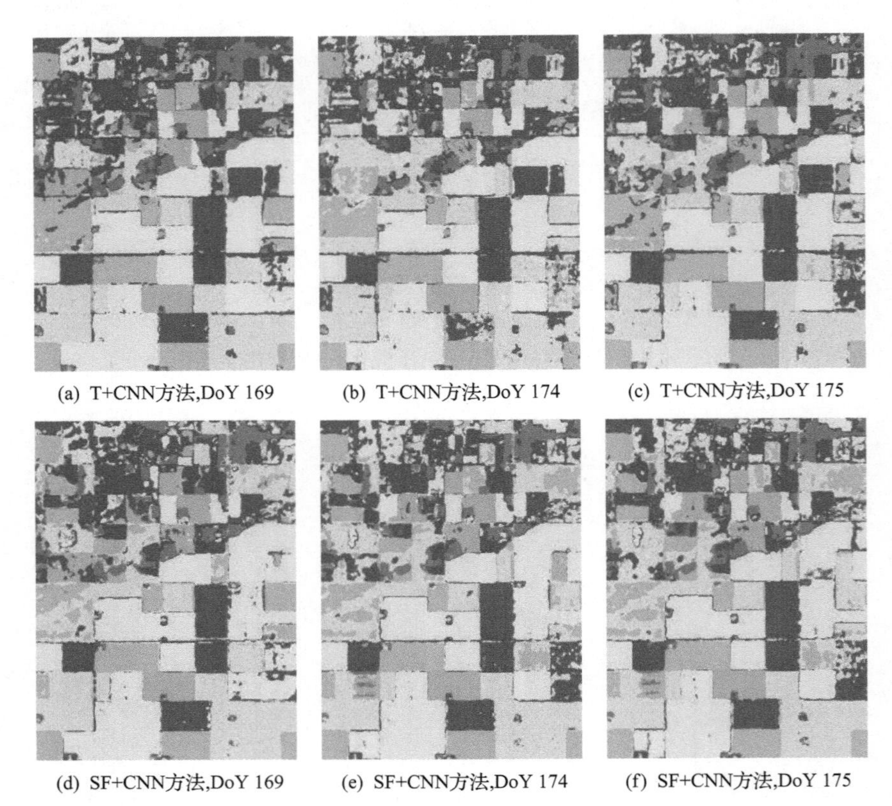

(a) T+CNN方法,DoY 169　(b) T+CNN方法,DoY 174　(c) T+CNN方法,DoY 175

(d) SF+CNN方法,DoY 169　(e) SF+CNN方法,DoY 174　(f) SF+CNN方法,DoY 175

图 4.3.17　训练率为 1%时多时相 UAVSAR 极化 SAR 数据全图地物分类结果(见彩图)

表 4.3.3　多时相 UAVSAR 极化 SAR 数据总体分类精度对比

DoY	方法	不同训练率下的分类精度/%		
		10	5	1
169	T+CNN	99.35	99.38	98.92
	SF+CNN	99.54	99.43	98.86
174	T+CNN	93.18	93.70	92.37
	SF+CNN	98.69	98.11	97.04
175	T+CNN	99.53	99.43	98.87
	SF+CNN	99.42	99.23	98.34

表 4.3.4　SF+CNN 方法对 DoY 174 的 UAVSAR 极化 SAR 数据不同地物类型的分类精度

地物类型	样本数/个	不同训练率下的分类精度/%		
		10	5	1
阔叶林	14149	99.21	98.79	98.46
草料	32178	97.69	97.33	93.33
大豆	140697	99.56	98.94	98.90
小麦	115305	97.28	95.95	93.65
油菜籽	68613	99.22	98.78	97.91
燕麦	64892	98.62	98.83	98.54
玉米	31463	99.82	99.83	99.41
总体分类精度/%	—	98.69	98.11	97.04

4.4　本章小结

本章介绍了两种极化旋转域地物分类方法，其主要思想是结合目标极化散射解译专家知识，融合传统极化旋转不变特征和优选极化旋转域特征，进而驱动 SVM、DT 等传统机器学习分类器和深度 CNN 等深度学习分类器，实现极化 SAR 地物分类。结合单时相和多时相极化 SAR 数据开展了对比实验研究，验证了极化旋转域地物分类方法的性能优势。以极化特征驱动的深度 CNN 分类方法为例，其性能优势主要体现在两方面。一是对单时相 AIRSAR 极化 SAR 数据，极化特征驱动的深度CNN分类方法获得了最高的地物分类精度，且相较于传统深度CNN分类方法，模型训练的收敛速度提升了约 2.3 倍。二是对多时相 UAVSAR 极化 SAR 数据，对于有样本用于训练的时相数据，极化特征驱动的深度 CNN 分类方法的地物分类精度与传统深度 CNN 分类方法相当；对于没有样本用于训练的时相数据(即该数据对分类器是未知的)，极化特征驱动的深度 CNN 分类方法的总体分类精度相较于传统深度 CNN 分类方法平均提升了 4.86 个百分点，证实了结合目标极化散射专家知识的深度 CNN 模型具有更优的泛化性能。此外，不同训练率下的对比实验也进一步验证了极化旋转域地物分类方法具有更好的稳健性。

参 考 文 献

[1] Lee J S, Pottier E. Polarimetric Radar Imaging: From Basics to Applications[M]. Boca Raton: CRC Press, 2009.

[2] Cloude S R. Polarisation: Applications in Remote Sensing[M]. New York: Oxford University Press, 2009.

[3] van Zyl J J, Kim Y. Synthetic Aperture Radar Polarimetry[M]. Hoboken: Wiley, 2011.

[4] Chen S W, Wang X S, Xiao S P, et al. Target Scattering Mechanism in Polarimetric Synthetic Aperture Radar-Interpretation and Application[M]. Singapore: Springer, 2018.

[5] Yamaguchi Y. Polarimetric SAR Imaging: Theory and Applications[M]. Boca Raton: CRC Press, 2020.

[6] 杨健, 殷君君. 极化雷达理论与遥感应用[M]. 北京: 科学出版社, 2020.

[7] Lee J S, Grunes M R, Pottier E. Quantitative comparison of classification capability: Fully polarimetric versus dual and single-polarization SAR[J]. IEEE Transactions on Geoscience and Remote Sensing, 2001, 39(11): 2343-2351.

[8] Cloude S R, Pottier E. An entropy based classification scheme for land applications of polarimetric SAR[J]. IEEE Transactions on Geoscience and Remote Sensing, 1997, 35(1): 68-78.

[9] Lee J S, Grunes M R, Pottier E, et al. Unsupervised terrain classification preserving polarimetric scattering characteristics[J]. IEEE Transactions on Geoscience and Remote Sensing, 2004, 42(4): 722-731.

[10] Wang H N, Zhou Z M, Turnbull J, et al. PolSAR classification based on generalized polar decomposition of Mueller matrix[J]. IEEE Geoscience and Remote Sensing Letters, 2016, 13(4): 565-569.

[11] Skriver H. Crop classification by multitemporal C- and L-band single-and dual-polarization and fully polarimetric SAR[J]. IEEE Transactions on Geoscience and Remote Sensing, 2012, 50(6): 2138-2149.

[12] Tao C S, Chen S W, Li Y Z, et al. PolSAR land cover classification based on roll-invariant and selected hidden polarimetric features in the rotation domain[J]. Remote Sensing, 2017, 9(7): 660.

[13] Zhou Y, Wang H, Xu F, et al. Polarimetric SAR image classification using deep convolutional

neural networks[J]. IEEE Geoscience and Remote Sensing Letters, 2016, 13(12): 1935-1939.

[14] Chen S W, Tao C S. Multi-temporal PolSAR crops classification using polarimetric-feature-driven deep convolutional neural network[C]. International Workshop on Remote Sensing with Intelligent Processing, Shanghai, 2017: 1-4.

[15] Chen S W, Tao C S. PolSAR image classification using polarimetric-feature-driven deep convolutional neural network[J]. IEEE Geoscience and Remote Sensing Letters, 2018, 15(4): 627-631.

[16] Chen S W, Li Y Z, Wang X S, et al. Modeling and interpretation of scattering mechanisms in polarimetric synthetic aperture radar: Advances and perspectives[J]. IEEE Signal Processing Magazine, 2014, 31(4): 79-89.

[17] Chen S W, Wang X S, Xiao S P, et al. General polarimetric model-based decomposition for coherency matrix[J]. IEEE Transactions on Geoscience and Remote Sensing, 2014, 52(3): 1843-1855.

[18] Chen S W, Wang X S, Li Y Z, et al. Adaptive model-based polarimetric decomposition using PolInSAR coherence[J]. IEEE Transactions on Geoscience and Remote Sensing, 2014, 52(3): 1705-1718.

[19] Cloude S R, Pottier E. A review of target decomposition theorems in radar polarimetry[J]. IEEE Transactions on Geoscience and Remote Sensing, 1996, 34(2): 498-518.

[20] Ferro-Famil L, Pottier E, Lee J S. Unsupervised classification of multifrequency and fully polarimetric SAR images based on the H/A/Alpha-Wishart classifier[J]. IEEE Transactions on Geoscience and Remote Sensing, 2001, 39(11): 2332-2342.

[21] Krizhevsky A, Sutskever I, Hinton G E. ImageNet classification with deep convolutional neural networks[J]. Communications of the ACM, 2017, 60(6): 84-90.

[22] Chen S W, Wang X S, Sato M. Uniform polarimetric matrix rotation theory and its applications[J]. IEEE Transactions on Geoscience and Remote Sensing, 2014, 52(8): 4756-4770.

[23] 王雪松，陈思伟. 合成孔径雷达极化成像解译识别技术的进展与展望[J]. 雷达学报，2020, 9(2): 259-276.

[24] 陶臣嵩，陈思伟，李永祯，等. 结合旋转域极化特征的极化 SAR 地物分类[J]. 雷达学报，2017, 6(5): 524-532.

[25] Chen S W. Polarimetric coherence pattern: A visualization and characterization tool for PolSAR data investigation[J]. IEEE Transactions on Geoscience and Remote Sensing, 2018, 56(1): 286-297.

[26] Chang C C, Lin C J. LIBSVM: A library for support vector machines[J]. ACM Transactions on Intelligent Systems and Technology, 2011, 2(3): 1-26.

[27] Webb A R, Copsey K D. Statistical Pattern Recognition[M]. 3rd ed. Hoboken: Wiley, 2011.

[28] Chen S W, Wang X S, Sato M. PolInSAR complex coherence estimation based on covariance matrix similarity test[J]. IEEE Transactions on Geoscience and Remote Sensing, 2012, 50(11): 4699-4710.

[29] McNairn H, Jackson T J, Wiseman G, et al. The soil moisture active passive validation experiment 2012(SMAPVEX12): Prelaunch calibration and validation of the SMAP soil moisture algorithms[J]. IEEE Transactions on Geoscience and Remote Sensing, 2014, 53(5): 2784-2801.

[30] Chen S W. SAR image speckle filtering with context covariance matrix formulation and similarity test[J]. IEEE Transactions on Image Processing, 2020, 29: 6641-6654.

第5章　极化旋转域目标检测

5.1　引　　言

目标检测是极化雷达的重要应用，特别地，以舰船检测、建筑物检测、飞机检测等为代表的极化 SAR 人造目标检测在民用领域和军用领域具有十分重要的应用价值。通常，人造目标处于相对复杂的杂波环境中，目标杂波比偏低。此外，具有不同姿态和取向的相同人造目标还可能具有极为不同的散射特性，进而导致目标和背景杂波散射机理的解译模糊。因此，极化 SAR 人造目标检测仍然是一项具有挑战性的任务。

正如第 2 章所介绍的，与背景杂波相比，人造目标在极化旋转域会呈现出显著不同的散射特性。通过挖掘、利用人造目标和背景杂波在极化旋转域的机理差异，能够基于极化旋转域解译理论工具发展新的人造目标检测方法。本章立足极化 SAR 体制，着重介绍以舰船检测、建筑物检测、飞机检测等为代表的极化旋转域人造目标检测方法。

5.2　极化旋转域舰船检测

舰船检测是极化 SAR 对地观测领域的重要应用，提高极化 SAR 舰船检测性能有助于增强海运交通管理、海域探测监视等能力，在民用领域和军用领域都有重要的需求。通常，舰船目标相对于海杂波背景有更高的后向散射能量，可基于散射能量差异实现舰船目标的检测。同时，舰船目标由于其自身的结构特性，主要呈现为二次散射、体散射、螺旋散射等复合散射机理。在中低海况下，海杂波区域以面散射为主。因此，可挖掘舰船和海杂波极化散射机理的差异来实现舰船目标检测。作为典型的人造目标，舰船的极化散射响应也与取向、姿态等密切相关，其散射多样性效应十分显著。此外，在复杂海况、大入射余角测量等条件下，船海对比度明显下降，给舰船目标检测带来挑战。本节着重介绍两种极化旋转域舰船检测方法，其核心思想是在极化旋转域挖掘利用舰船目标散射多样性，通过极化旋转域特征提取与优选增强船海对比度，从而提升极化 SAR 舰船检测性能。

5.2.1 极化 SAR 数据介绍

本节选取三景 Radarsat-2 极化 SAR 数据用于舰船检测研究。三景 Radarsat-2 极化 SAR 数据分别获取于 2008 年 12 月 16 日、2016 年 1 月 1 日和 2011 年 9 月 8 日，并分别主要覆盖中国香港海域、直布罗陀海峡和中国渤海海域等。从三景数据中各选取一个 ROI 开展对比实验研究。Radarsat-2 极化 SAR 数据 ROI 信息如表 5.2.1 所示。三个 ROI 极化 SAR 数据的 Pauli 彩图分别如图 5.2.1(a1)～(c1)所示。结合 AIS 信息和专家知识可得到舰船真值图，如图 5.2.1(a2)～(c2)所示。其中，真值图中白色代表舰船，黑色代表海杂波，灰色代表陆地。可以看到，中国香港海域和直布罗陀海峡为近岸区域，包含大量舰船目标。中国渤海海域为远岸区域，舰船目标数量相对较少。具体而言，三个 ROI 分别包含 137、37 和 16 艘舰船。

表 5.2.1 Radarsat-2 极化 SAR 数据 ROI 信息

区域	日期	图像大小/像素	距离向和方位向像素尺寸/m
中国香港海域	2008 年 12 月 16 日	300×500	4.82×4.73
直布罗陀海峡	2016 年 1 月 1 日	700×1300	4.60×4.73
中国渤海海域	2011 年 9 月 8 日	700×800	4.74×4.73

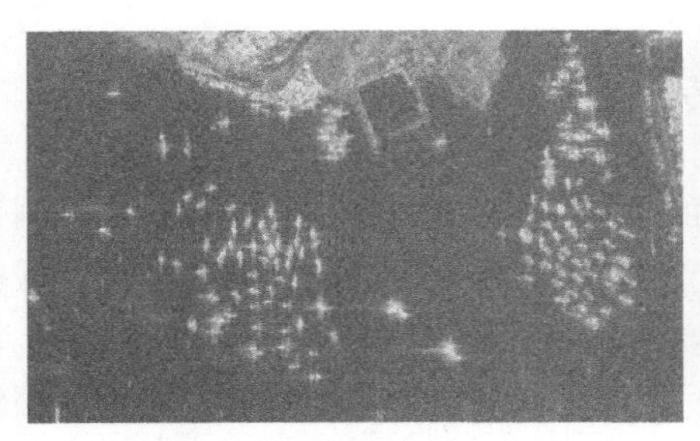

(a1) 中国香港海域, Pauli彩图

(a2) 中国香港海域, 舰船真值图

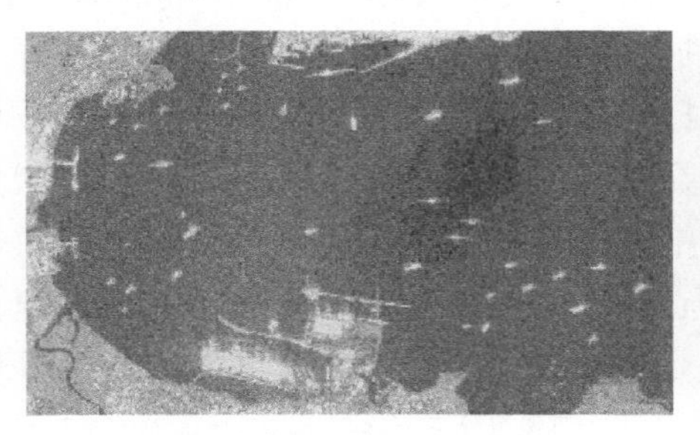

(b1) 直布罗陀海峡, Pauli彩图

(b2) 直布罗陀海峡, 舰船真值图

(c1) 中国渤海海域, Pauli彩图

(c2) 中国渤海海域, 舰船真值图

图 5.2.1　Radarsat-2 极化 SAR 数据 ROI 区域

5.2.2　结合二维极化相关方向图的舰船检测

1. 二维极化相关方向图特征优选

从第 2 章可知，每种二维极化相关方向图可导出十种极化特征。其中，最大化旋转角、最小化旋转角和极化相关波束宽度特征为角度类特征，其余七种极化特征则为幅值类特征。由于量纲不同，本节主要考虑二维极化相关方向图的七种幅值类特征。因此，对于四种典型二维极化相关方向图 $\left|\hat{\gamma}_{\text{HH-HV}}(\theta)\right|$、$\left|\hat{\gamma}_{\text{HH-VV}}(\theta)\right|$、$\left|\hat{\gamma}_{\text{(HH+VV)-(HH-VV)}}(\theta)\right|$ 和 $\left|\hat{\gamma}_{\text{(HH-VV)-(HV)}}(\theta)\right|$，共有 28 种幅值类特征。

通常，TCR 指标可以反映特征的目标检测性能，TCR 越高，目标检测性能通常越好。因此，可采用 TCR 指标作为准则进行定量分析，并优选极化特征。具体而言，从 Radarsat-2 极化 SAR 数据中国香港海域 ROI 中随机选取三个包含舰船的 50×50 区域。对于给定的极化特征，该区域内所有海杂波像素和舰船像素的均值分别记为 $\text{sea}_{\text{mean}}^{\text{All}}$ 和 $\text{ship}_{\text{mean}}^{\text{All}}$。这样，TCR 指标的表达式为

$$\text{TCR}=10\lg\left\{\frac{\text{ship}_{\text{mean}}^{\text{All}}}{\text{sea}_{\text{mean}}^{\text{All}}}\right\} \tag{5.2.1}$$

极化特征 TCR 对比结果如图 5.2.2 所示，包含 28 种二维极化相关方向图幅值类特征和作为对比的SPAN 特征的 TCR 取值。四个分区分别代表二维极化相关方向图 $\left|\hat{\gamma}_{\text{HH-HV}}(\theta)\right|$、$\left|\hat{\gamma}_{\text{HH-VV}}(\theta)\right|$、$\left|\hat{\gamma}_{\text{(HH+VV)-(HH-VV)}}(\theta)\right|$ 和 $\left|\hat{\gamma}_{\text{(HH-VV)-(HV)}}(\theta)\right|$。对于每一分区，从左到右分别为极化相关初始值特征、极化相关度特征、极化相关起伏度特征、极化相关最大值特征、极化相关最小值特征、极化相关对比度特征和极化相关反熵特征的 TCR 取值，虚线为SPAN 特征的 TCR 取值。与SPAN 特征相比，

二维极化相关方向图特征的 TCR 取值普遍更高。其中，二维极化相关方向图特征 $\left|\hat{\gamma}_{(\text{HH-VV})\text{-}(\text{HV})}(\theta)\right|_{\text{org}}$、$\left|\hat{\gamma}_{\text{HH-HV}}(\theta)\right|_{\text{org}}$ 和 $\left|\hat{\gamma}_{(\text{HH-VV})\text{-}(\text{HV})}(\theta)\right|_{\min}$ 的 TCR 取值最高，分别达到 26.52dB、23.20dB 和 20.75dB。因此，本节优选这三种二维极化相关方向图特征用于舰船检测。

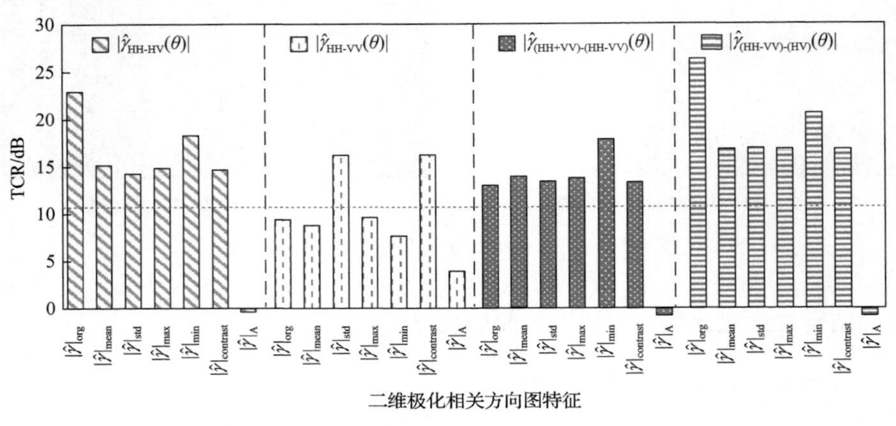

图 5.2.2　极化特征 TCR 对比结果

2. 结合二维极化相关方向图特征的舰船检测方法

从 TCR 分析角度，优选得到三种二维极化相关方向图特征 $\left|\hat{\gamma}_{(\text{HH-VV})\text{-}(\text{HV})}(\theta)\right|_{\text{org}}$、$\left|\hat{\gamma}_{\text{HH-HV}}(\theta)\right|_{\text{org}}$ 和 $\left|\hat{\gamma}_{(\text{HH-VV})\text{-}(\text{HV})}(\theta)\right|_{\min}$。考虑到舰船目标和海杂波在这三种极化特征上的取值差异明显，可通过自适应门限处理进行舰船检测。对此，本节介绍一种结合二维极化相关方向图特征的舰船检测方法[1,2]。首先，提取并优选具有较高 TCR 的二维极化相关方向图特征。其次，根据已知舰船和海杂波样本，基于 N-P 准则确定检测门限，进行自适应门限处理，得到候选舰船目标。最后，采用形态学滤波处理，剔除小孤立点等虚警，得到最终的舰船检测结果。结合二维极化相关方向图特征的舰船检测流程图如图 5.2.3 所示。

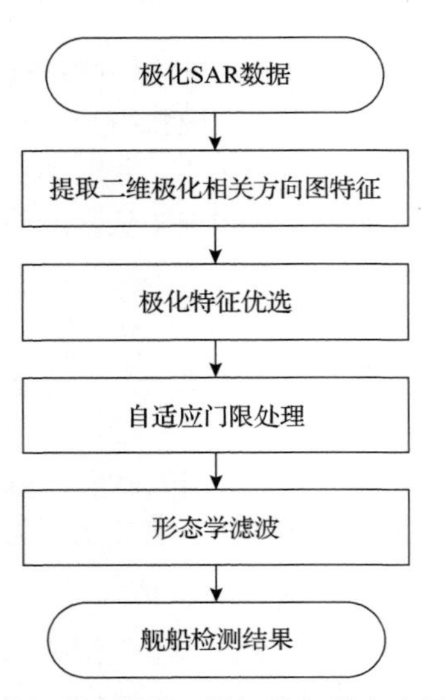

图 5.2.3　结合二维极化相关方向图特征的舰船检测流程图

3. 舰船检测对比研究

本节利用实测极化 SAR 数据开展对比研

究，对比方法有三种。第一种是基于SPAN特征的舰船检测方法。第二种是结合超像素技术和显著性特征的舰船检测显著性方法[3]。第三种是 R-滤波器方法，采用共极化和交叉极化通道之间的极化相关系数来检测舰船[4]。值得说明的是，R-滤波器方法使用的极化特征为极化相关初始值特征 $\left|\hat{\gamma}_{\text{HH-HV}}(\theta)\right|_{\text{org}}$。同时，对所有方法均采用相同的形态学滤波处理。

采用品质因数(figure of merit，FoM)指标对舰船检测结果进行定量评估，即

$$\text{FoM} = \frac{N_{\text{C}}}{N_{\text{C}} + N_{\text{M}} + N_{\text{FA}}} \tag{5.2.2}$$

其中，N_{C}、N_{M} 和 N_{FA} 分别表示正确检测、漏检和虚警数目。对于舰船目标，若检测到超过 $\alpha\%$ 的像素，则为正确检测。研究参数 α 取值可知，当 $\alpha=10$ 时，对比方法的性能达到最佳，因此本节取 $\alpha=10$。若检测结果与真值数据没有重合，则为虚警，否则为漏检。

对于三景 Radarsat-2 极化 SAR 数据，TCR 取值最高的极化相关初始值特征 $\left|\hat{\gamma}_{\text{(HH-VV)-(HV)}}(\theta)\right|_{\text{org}}$、极化相关最小值特征 $\left|\hat{\gamma}_{\text{(HH-VV)-(HV)}}(\theta)\right|_{\min}$、极化相关初始值特征 $\left|\hat{\gamma}_{\text{HH-HV}}(\theta)\right|_{\text{org}}$ 以及SPAN特征分别如图 5.2.4～图 5.2.6 所示。可以看到，舰船目标和海杂波在SPAN特征上的取值比较接近，特别是图 5.2.6 所示的中国渤海海域，该现象更加明显。相比而言，三种二维极化相关方向图特征在区分舰船目标和海杂波方面具有更优性能，这与图 5.2.2 给出的 TCR 对比结果一致。

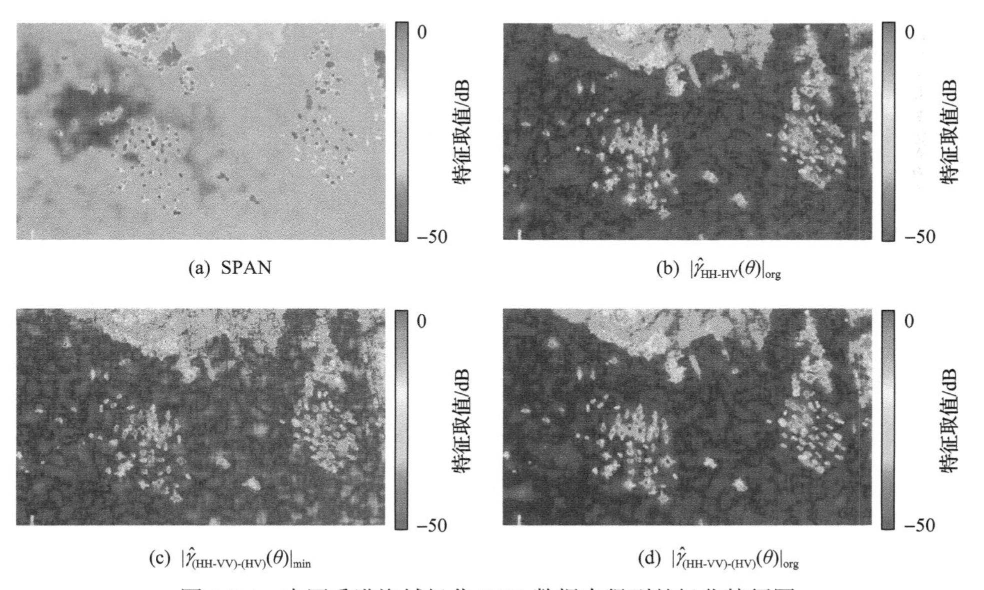

(a) SPAN　(b) $|\hat{\gamma}_{\text{HH-HV}}(\theta)|_{\text{org}}$

(c) $|\hat{\gamma}_{\text{(HH-VV)-(HV)}}(\theta)|_{\min}$　(d) $|\hat{\gamma}_{\text{(HH-VV)-(HV)}}(\theta)|_{\text{org}}$

图 5.2.4　中国香港海域极化 SAR 数据中得到的极化特征图

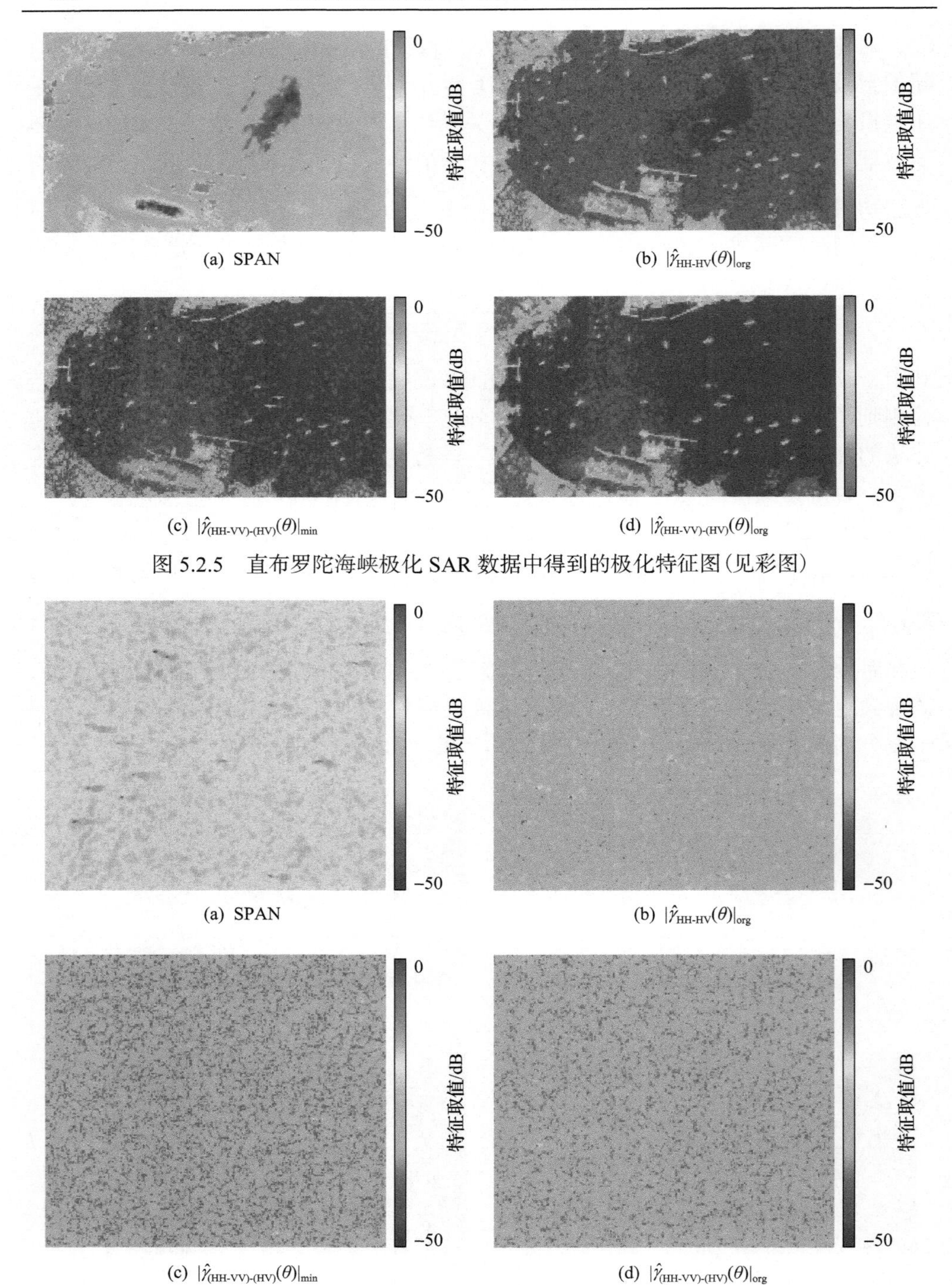

(a) SPAN　(b) $|\hat{\gamma}_{\text{HH-HV}}(\theta)|_{\text{org}}$

(c) $|\hat{\gamma}_{\text{(HH-VV)-(HV)}}(\theta)|_{\min}$　(d) $|\hat{\gamma}_{\text{(HH-VV)-(HV)}}(\theta)|_{\text{org}}$

图 5.2.5　直布罗陀海峡极化 SAR 数据中得到的极化特征图(见彩图)

(a) SPAN　(b) $|\hat{\gamma}_{\text{HH-HV}}(\theta)|_{\text{org}}$

(c) $|\hat{\gamma}_{\text{(HH-VV)-(HV)}}(\theta)|_{\min}$　(d) $|\hat{\gamma}_{\text{(HH-VV)-(HV)}}(\theta)|_{\text{org}}$

图 5.2.6　中国渤海海域极化 SAR 数据中得到的极化特征图

对于三景 Radarsat-2 极化 SAR 数据，舰船目标检测结果分别如图 5.2.7～图 5.2.9 所示。舰船目标的正确检测、漏检、虚警数目以及 FoM 指标等定量结果，如表 5.2.2 所示。

对于中国香港海域 ROI，舰船较为密集。在显著性方法的检测结果中，检测到的许多舰船目标彼此相连成团，难以单独区分，如图 5.2.7(c)所示。相比较而言，三种二维极化相关方向图特征和SPAN 特征性能更优，能够更好地区分检测到的舰船目标。在定量评估方面，$\left|\hat{\gamma}_{\text{(HH-VV)-(HV)}}(\theta)\right|_{\text{org}}$ 特征得到的 FoM 值最高，为 98.56%，且检测结果中无漏检。

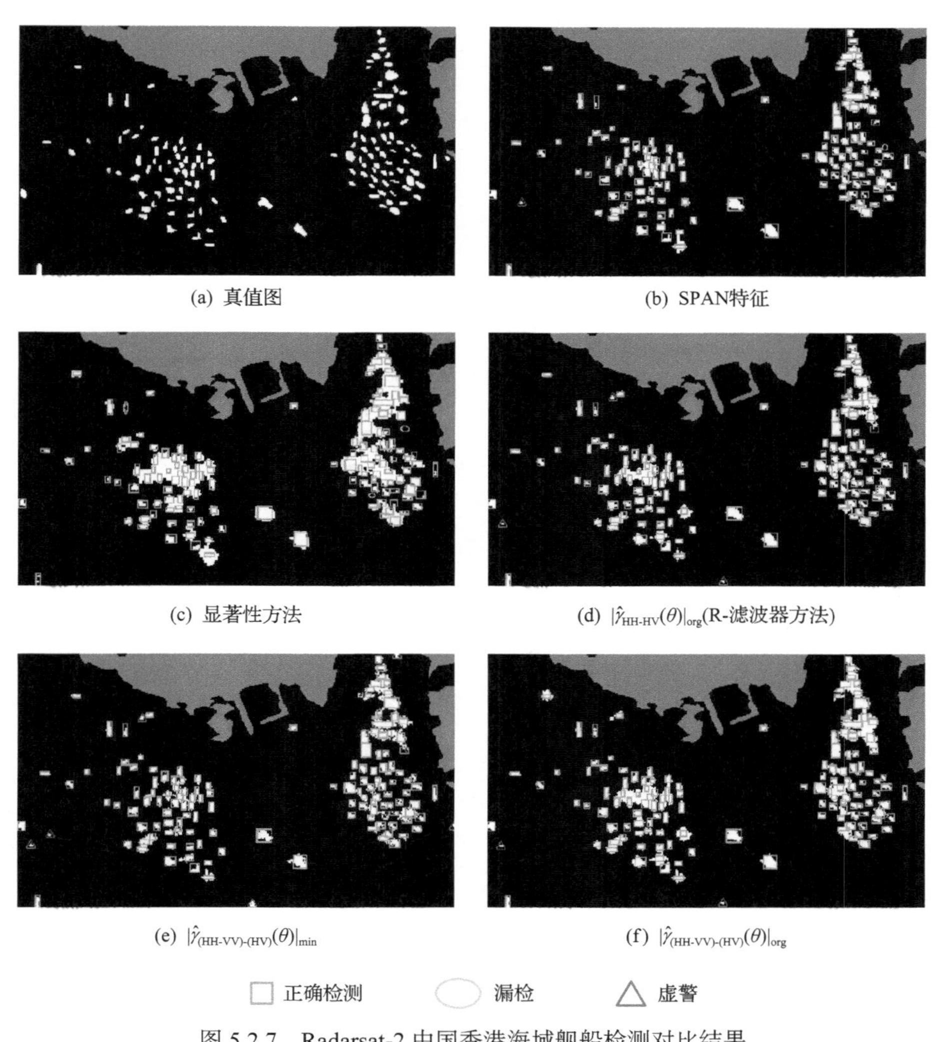

(a) 真值图　(b) SPAN特征

(c) 显著性方法　(d) $|\hat{\gamma}_{\text{HH-HV}}(\theta)|_{\text{org}}$(R-滤波器方法)

(e) $|\hat{\gamma}_{\text{(HH-VV)-(HV)}}(\theta)|_{\min}$　(f) $|\hat{\gamma}_{\text{(HH-VV)-(HV)}}(\theta)|_{\text{org}}$

图 5.2.7　Radarsat-2 中国香港海域舰船检测对比结果

对于直布罗陀海峡 ROI，舰船检测结果如图 5.2.8 所示。对于基于SPAN 特征的方法，在该 ROI 右下角，检测结果中出现了 13 个虚警，导致 FoM 值较低，为 74.00%。显著性方法的检测结果中出现了 3 个漏检，如图 5.2.8(c)所示。与SPAN 特征和显著性方法相比，基于三种二维极化相关方向图特征得到的检测结果更准确。其中，极化相关初始值特征$\left|\hat{\gamma}_{\text{HH-HV}}(\theta)\right|_{\text{org}}$的检测结果中只有一个虚警，其 FoM 值最高，达到 97.37%，如图 5.2.8(d)所示。此外，极化相关初始值特征$\left|\hat{\gamma}_{\text{(HH-VV)-(HV)}}(\theta)\right|_{\text{org}}$的检测结果中只有 2 个虚警，FoM 值达到 94.87%，也优于其他对比方法。

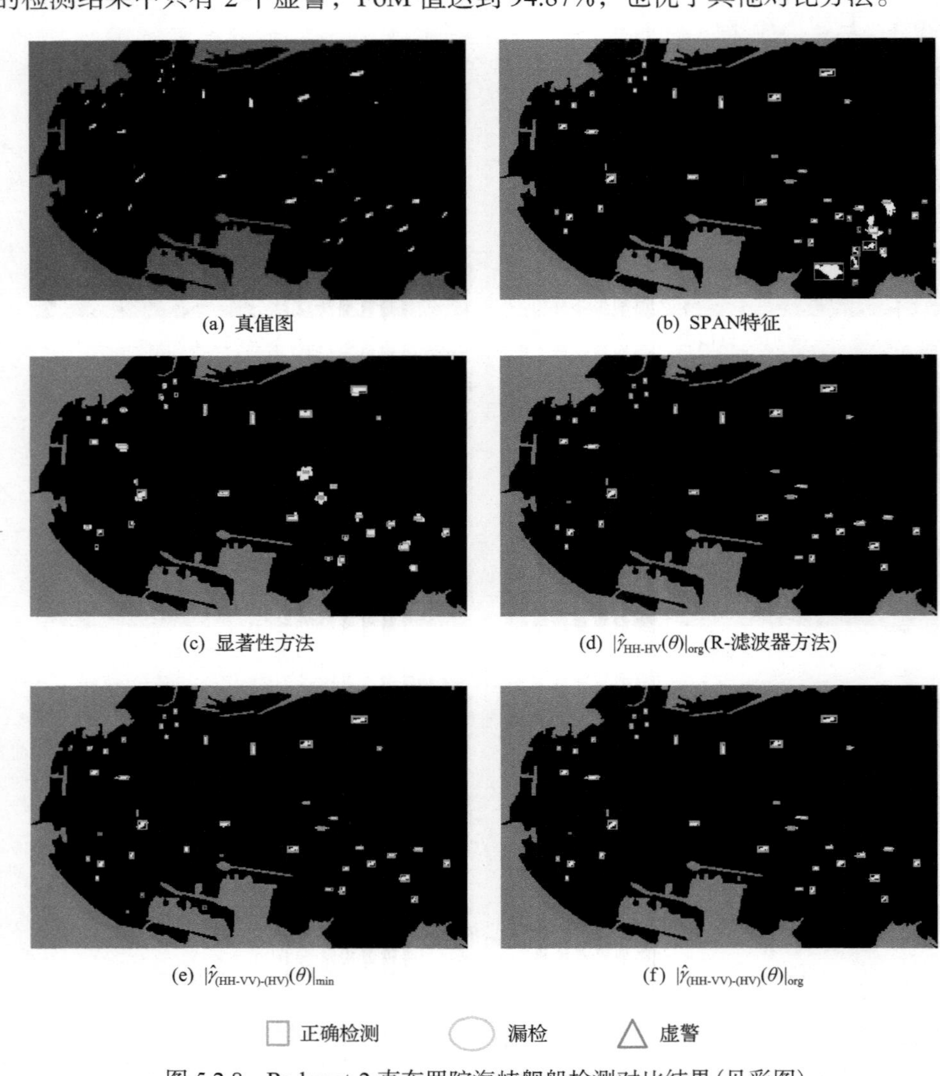

(a) 真值图　(b) SPAN特征

(c) 显著性方法　(d) $|\hat{\gamma}_{\text{HH-HV}}(\theta)|_{\text{org}}$(R-滤波器方法)

(e) $|\hat{\gamma}_{\text{(HH-VV)-(HV)}}(\theta)|_{\min}$　(f) $|\hat{\gamma}_{\text{(HH-VV)-(HV)}}(\theta)|_{\text{org}}$

图 5.2.8　Radarsat-2 直布罗陀海峡舰船检测对比结果(见彩图)

对于中国渤海海域 ROI，舰船目标散射强度相对较弱，舰船检测更为困难，得到的舰船检测结果如图 5.2.9 所示。五种方法均有漏检现象。相比于其他两个 ROI，舰船检测性能整体偏低。具体而言，基于SPAN 特征的检测结果，出现了 3 个漏检和 7 个虚警，其 FoM 值最低。显著性方法和基于极化相关最小值特征 $\left|\hat{\gamma}_{(\text{HH-VV})\text{-}(\text{HV})}(\theta)\right|_{\min}$ 的检测方法均有 3 个漏检和 1 个虚警。相对而言，基于极化相关初始值特征

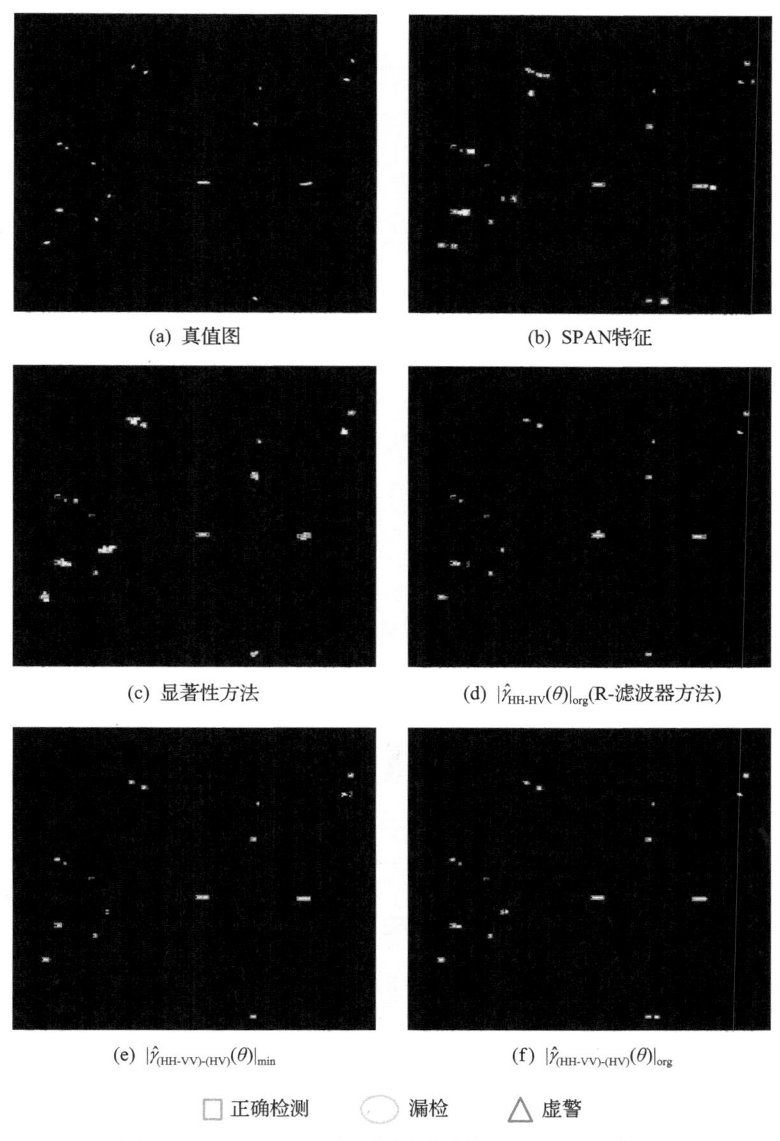

图 5.2.9　Radarsat-2 中国渤海海域舰船检测对比结果

$\left|\hat{\gamma}_{\text{HH-HV}}(\theta)\right|_{\text{org}}$ 和 $\left|\hat{\gamma}_{\text{(HH-VV)-(HV)}}(\theta)\right|_{\text{org}}$ 的方法则只有 2 个漏检和 1 个虚警，FoM 值均达到最高，为 82.35%。

综上，结合三种二维极化相关方向图特征的舰船检测方法整体性能更优，特别是在密集舰船和暗弱舰船检测方面具有显著优势。

表 5.2.2　舰船检测定量对比结果

区域	方法	N_C	N_M	N_{FA}	FoM/%
中国香港海域	SPAN 特征	136	1	1	98.55
	显著性方法	133	4	0	97.08
	$\left|\hat{\gamma}_{\text{HH-HV}}(\theta)\right|_{\text{org}}$（R-滤波器方法）	137	0	3	97.86
	$\left|\hat{\gamma}_{\text{(HH-VV)-(HV)}}(\theta)\right|_{\min}$	137	0	6	95.80
	$\left|\hat{\gamma}_{\text{(HH-VV)-(HV)}}(\theta)\right|_{\text{org}}$	137	0	2	98.56
直布罗陀海峡	SPAN 特征	37	0	13	74.00
	显著性方法	34	3	0	91.89
	$\left|\hat{\gamma}_{\text{HH-HV}}(\theta)\right|_{\text{org}}$（R-滤波器方法）	37	0	1	97.37
	$\left|\hat{\gamma}_{\text{(HH-VV)-(HV)}}(\theta)\right|_{\min}$	37	0	8	82.22
	$\left|\hat{\gamma}_{\text{(HH-VV)-(HV)}}(\theta)\right|_{\text{org}}$	37	0	2	94.87
中国渤海海域	SPAN 特征	13	3	7	56.52
	显著性方法	13	3	1	76.47
	$\left|\hat{\gamma}_{\text{HH-HV}}(\theta)\right|_{\text{org}}$（R-滤波器方法）	14	2	1	82.35
	$\left|\hat{\gamma}_{\text{(HH-VV)-(HV)}}(\theta)\right|_{\min}$	13	3	1	76.47
	$\left|\hat{\gamma}_{\text{(HH-VV)-(HV)}}(\theta)\right|_{\text{org}}$	14	2	1	82.35

5.2.3　结合三维极化相关方向图的舰船检测

1. 舰船和海杂波三维极化相关方向图可视化分析

第 2 章介绍了三维极化相关方向图解译工具[5-7]。本节首先分析舰船像素三种典型三维极化相关方向图 $\left|\hat{\gamma}_{\text{HH-HV}}(\theta,\tau)\right|$、$\left|\hat{\gamma}_{\text{HH-VV}}(\theta,\tau)\right|$ 和 $\left|\hat{\gamma}_{\text{(HH+VV)-(HH-VV)}}(\theta,\tau)\right|$ 的特性。从图 5.2.1 中随机选择一个舰船像素和一个海杂波像素，其三种三维极化相关方向图分别如图 5.2.10 所示。与图 2.6.2 所示典型散射结构的三维极化相关方向

图相比，所选舰船像素的三种三维极化相关方向图$\left|\hat{\gamma}_{\text{HH-HV}}(\theta,\tau)\right|$、$\left|\hat{\gamma}_{\text{HH-VV}}(\theta,\tau)\right|$和$\left|\hat{\gamma}_{\text{(HH+VV)-(HH-VV)}}(\theta,\tau)\right|$与二面角结构的三维极化相关方向图更相似，所选海杂波像素的三种三维极化相关方向图$\left|\hat{\gamma}_{\text{HH-HV}}(\theta,\tau)\right|$、$\left|\hat{\gamma}_{\text{HH-VV}}(\theta,\tau)\right|$和$\left|\hat{\gamma}_{\text{(HH+VV)-(HH-VV)}}(\theta,\tau)\right|$与平板结构的三维极化相关方向图更相似。

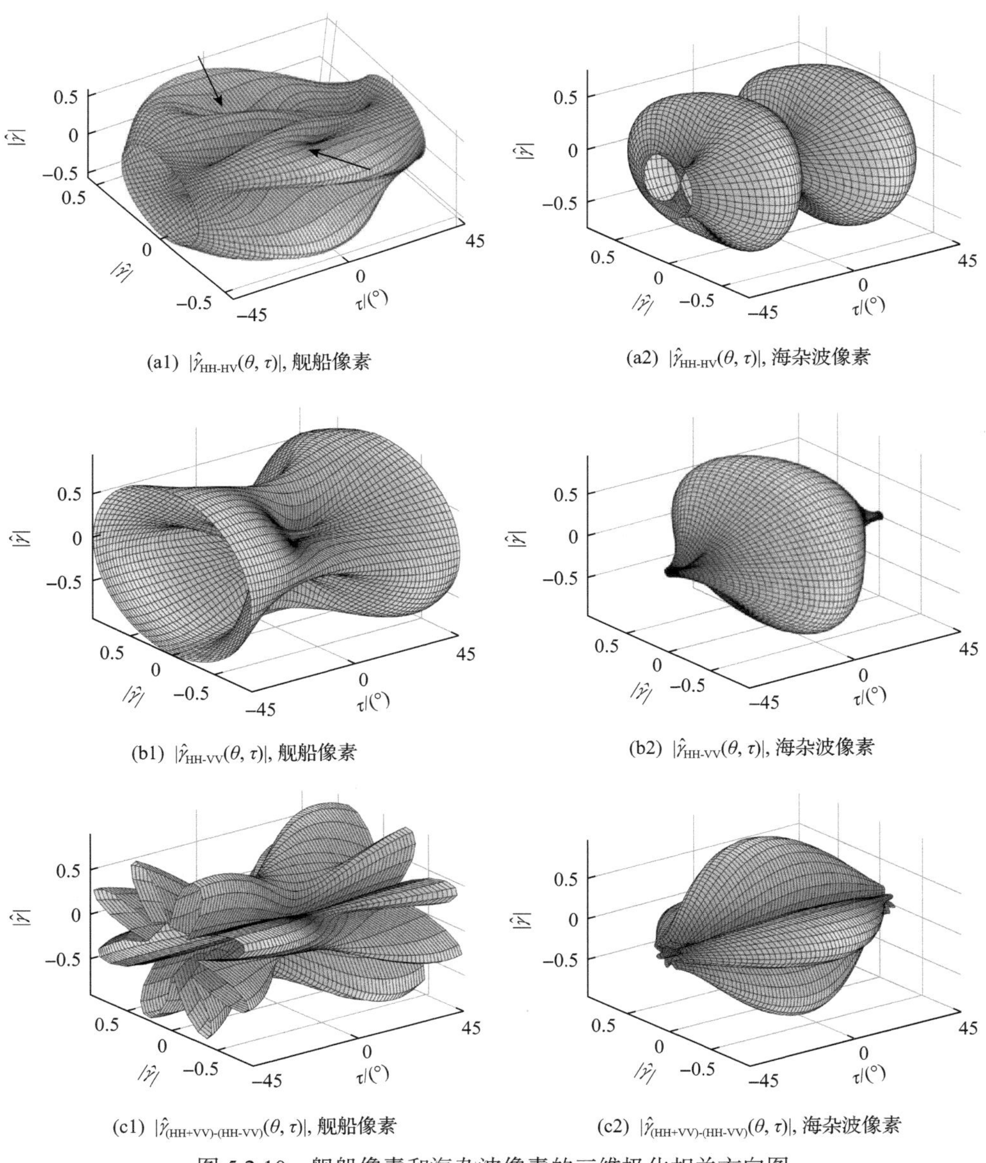

(a1) $|\hat{\gamma}_{\text{HH-HV}}(\theta,\tau)|$, 舰船像素　(a2) $|\hat{\gamma}_{\text{HH-HV}}(\theta,\tau)|$, 海杂波像素

(b1) $|\hat{\gamma}_{\text{HH-VV}}(\theta,\tau)|$, 舰船像素　(b2) $|\hat{\gamma}_{\text{HH-VV}}(\theta,\tau)|$, 海杂波像素

(c1) $|\hat{\gamma}_{\text{(HH+VV)-(HH-VV)}}(\theta,\tau)|$, 舰船像素　(c2) $|\hat{\gamma}_{\text{(HH+VV)-(HH-VV)}}(\theta,\tau)|$, 海杂波像素

图 5.2.10　舰船像素和海杂波像素的三维极化相关方向图

对于选取的舰船像素和海杂波像素，从三种三维极化相关方向图 $\left|\hat{\gamma}_{\text{HH-HV}}(\theta,\tau)\right|$、$\left|\hat{\gamma}_{\text{HH-VV}}(\theta,\tau)\right|$ 和 $\left|\hat{\gamma}_{(\text{HH+VV})\text{-}(\text{HH-VV})}(\theta,\tau)\right|$ 中提取得到的高斯曲率(GC)特征，如图 5.2.11 所示。可以看到，舰船像素对应的高斯曲率特征存在多个尖峰，而海杂波像素对应的高斯曲率特征取值趋近于零。此外，从三种三维极化相关方向图中提取得到的平均曲率(MC)特征和最大主曲率(PC)特征分别如图 5.2.12 和图 5.2.13 所示。总体而言，船海像素对应的平均曲率特征和最大主曲率特征均有明显的起伏，二者的差异有待进一步研究和挖掘。相比于平均曲率特征和最大主曲率特征，高斯曲率特征对舰船像素和海杂波像素的区分性能更加显著。

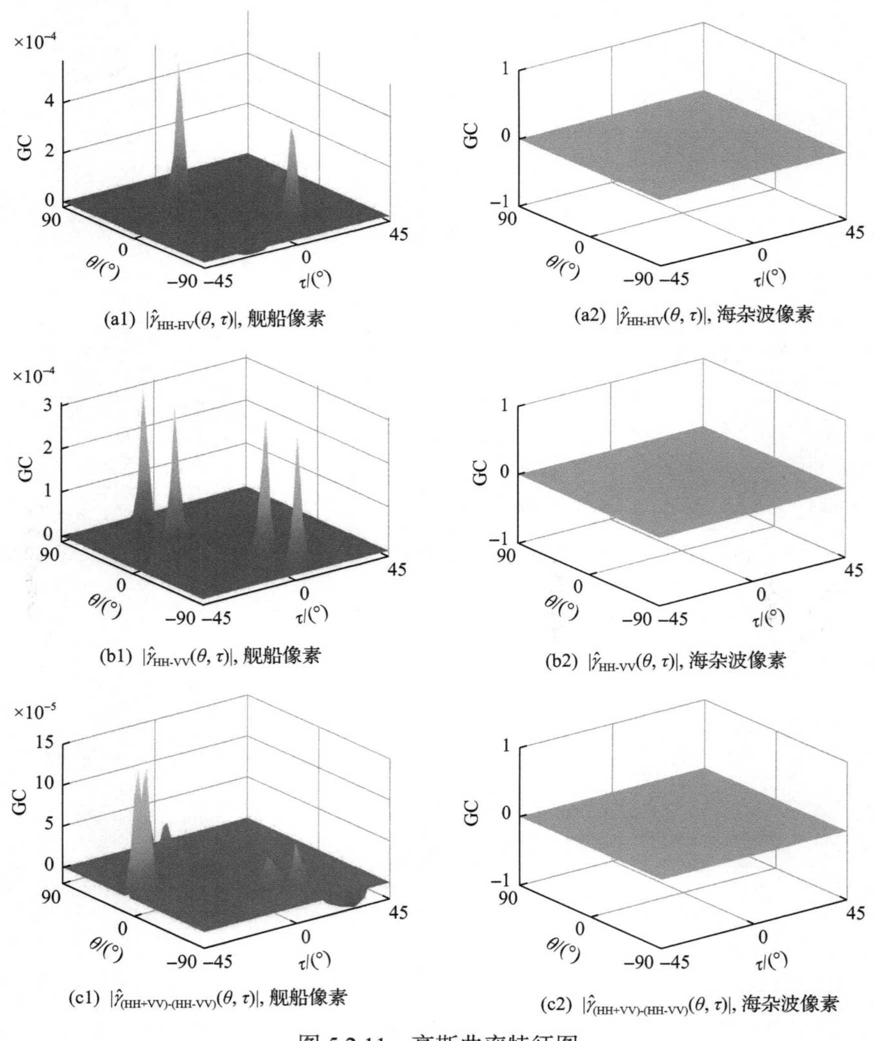

(a1) $|\hat{\gamma}_{\text{HH-HV}}(\theta,\tau)|$, 舰船像素　(a2) $|\hat{\gamma}_{\text{HH-HV}}(\theta,\tau)|$, 海杂波像素

(b1) $|\hat{\gamma}_{\text{HH-VV}}(\theta,\tau)|$, 舰船像素　(b2) $|\hat{\gamma}_{\text{HH-VV}}(\theta,\tau)|$, 海杂波像素

(c1) $|\hat{\gamma}_{(\text{HH+VV})\text{-}(\text{HH-VV})}(\theta,\tau)|$, 舰船像素　(c2) $|\hat{\gamma}_{(\text{HH+VV})\text{-}(\text{HH-VV})}(\theta,\tau)|$, 海杂波像素

图 5.2.11　高斯曲率特征图

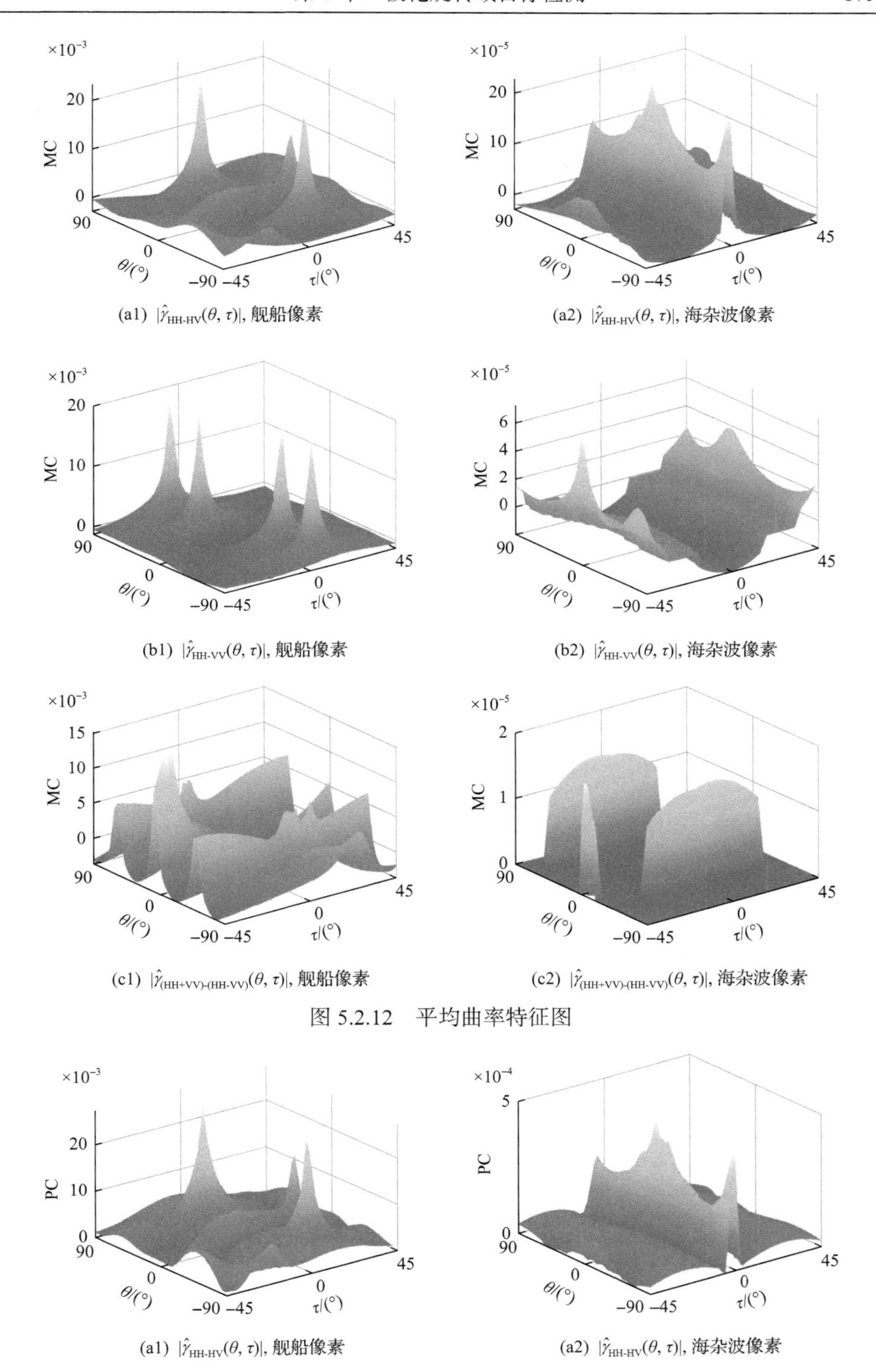

(a1) $|\hat{\gamma}_{\text{HH-HV}}(\theta, \tau)|$, 舰船像素　　(a2) $|\hat{\gamma}_{\text{HH-HV}}(\theta, \tau)|$, 海杂波像素

(b1) $|\hat{\gamma}_{\text{HH-VV}}(\theta, \tau)|$, 舰船像素　　(b2) $|\hat{\gamma}_{\text{HH-VV}}(\theta, \tau)|$, 海杂波像素

(c1) $|\hat{\gamma}_{\text{(HH+VV)-(HH-VV)}}(\theta, \tau)|$, 舰船像素　　(c2) $|\hat{\gamma}_{\text{(HH+VV)-(HH-VV)}}(\theta, \tau)|$, 海杂波像素

图 5.2.12　平均曲率特征图

(a1) $|\hat{\gamma}_{\text{HH-HV}}(\theta, \tau)|$, 舰船像素　　(a2) $|\hat{\gamma}_{\text{HH-HV}}(\theta, \tau)|$, 海杂波像素

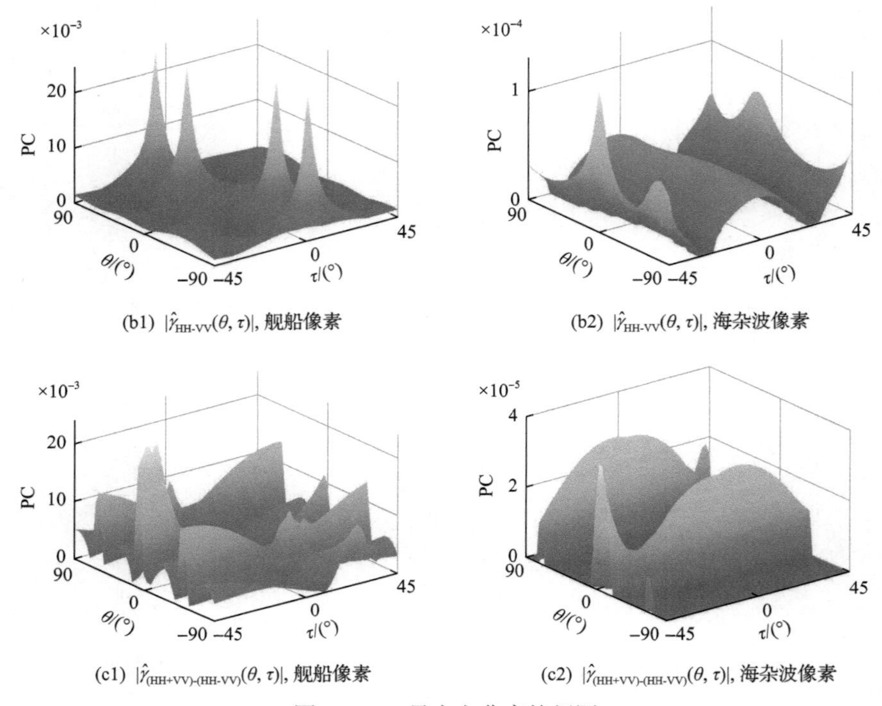

(b1) $|\hat{\gamma}_{\text{HH-VV}}(\theta,\tau)|$, 舰船像素　　(b2) $|\hat{\gamma}_{\text{HH-VV}}(\theta,\tau)|$, 海杂波像素

(c1) $|\hat{\gamma}_{\text{(HH+VV)-(HH-VV)}}(\theta,\tau)|$, 舰船像素　　(c2) $|\hat{\gamma}_{\text{(HH+VV)-(HH-VV)}}(\theta,\tau)|$, 海杂波像素

图 5.2.13　最大主曲率特征图

2. 三维极化相关方向图特征优选

对于三种三维极化相关方向图 $\left|\hat{\gamma}_{\text{HH-HV}}(\theta,\tau)\right|$、$\left|\hat{\gamma}_{\text{HH-VV}}(\theta,\tau)\right|$ 和 $\left|\hat{\gamma}_{\text{(HH+VV)-(HH-VV)}}(\theta,\tau)\right|$，由第 2 章可知，可以从中分别提取 34 种具有明确物理含义的三维极化相关方向图特征。因此，典型的三维极化相关方向图特征总数为 102。本节也采用 TCR 指标进行定量分析与极化特征优选。

对于中国香港海域，三维极化相关方向图特征的 TCR 对比结果如图 5.2.14 所示。其中，从上至下分别为三维极化相关方向图 $\left|\hat{\gamma}_{\text{HH-HV}}(\theta,\tau)\right|$、$\left|\hat{\gamma}_{\text{HH-VV}}(\theta,\tau)\right|$ 和 $\left|\hat{\gamma}_{\text{(HH+VV)-(HH-VV)}}(\theta,\tau)\right|$ 的极化特征分区。对于每一种三维极化相关方向图，从上至下依次为最大高斯曲率、最大平均曲率、最大主曲率、全局极化相关最大值、全局极化相关最小值、τ 分别为 0° 与 45° 以及 θ 分别为 0° 与 45° 时的切片极化相关初始值、切片极化相关度、切片极化相关起伏度、切片极化相关最大值、切片极化相关最小值、切片极化相关对比度、切片最大曲面曲率和极化相关差值特征。为便于比较，图 5.2.14 中虚线表示后向散射总能量 SPAN 特征的 TCR 取值。将 TCR 结果从大到小进行排序，TCR 取值最大的五种三维极化相关方向图特征和 SPAN 特征的 TCR 对比结果如图 5.2.15 所示。其中，三种最大高斯曲率特征的 TCR 取

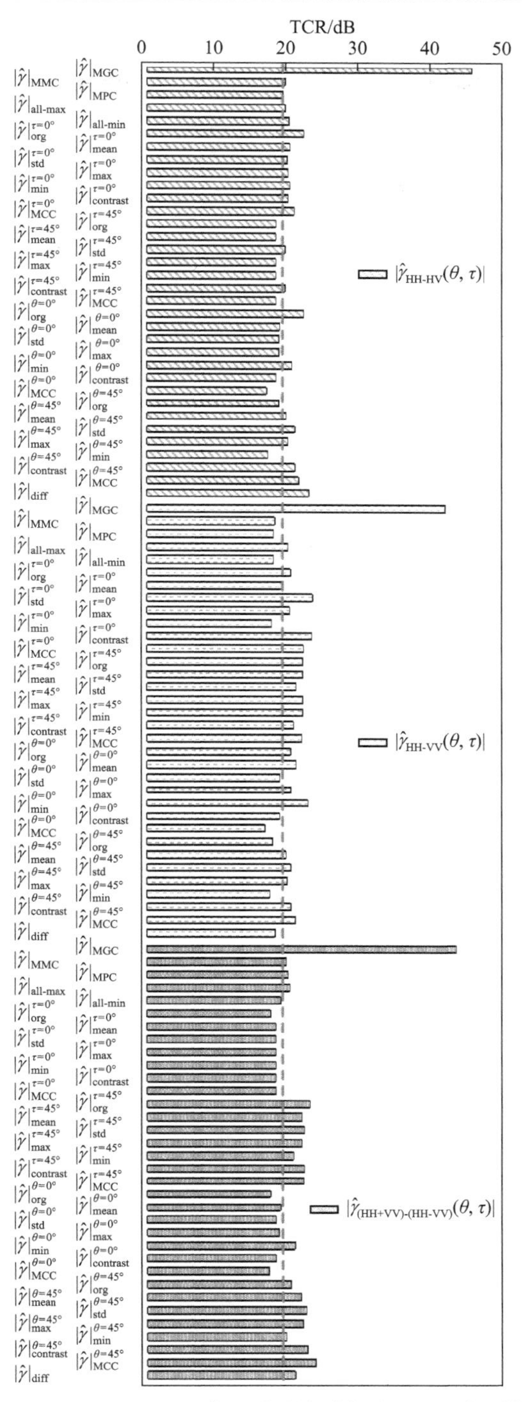

图 5.2.14　Radarsat-2 中国香港海域船海 TCR 对比结果

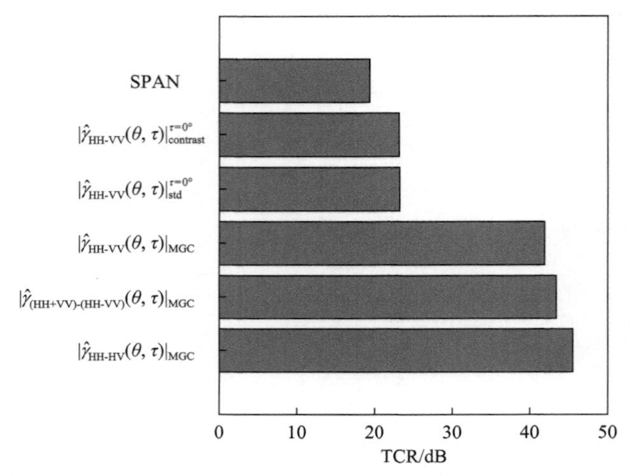

图 5.2.15　Radarsat-2 中国香港海域SPAN 特征和 TCR 取值最大的五种三维极化相关方向图特征的 TCR 对比结果

值优于其他极化特征。最大高斯曲率特征$\left|\hat{\gamma}_{\text{HH-HV}}(\theta,\tau)\right|_{\text{MGC}}$的 TCR 取值最大，达到 45.49dB，比SPAN 特征高 26.14dB。从中国香港海域 ROI 数据中得到的这六种极化特征如图 5.2.16 所示。其中，对于三种最大高斯曲率特征$\left|\hat{\gamma}_{\text{HH-HV}}(\theta,\tau)\right|_{\text{MGC}}$、$\left|\hat{\gamma}_{\text{(HH+VV)-(HH-VV)}}(\theta,\tau)\right|_{\text{MGC}}$和$\left|\hat{\gamma}_{\text{HH-VV}}(\theta,\tau)\right|_{\text{MGC}}$，海杂波更匀质，舰船和海杂波区分度也更高。

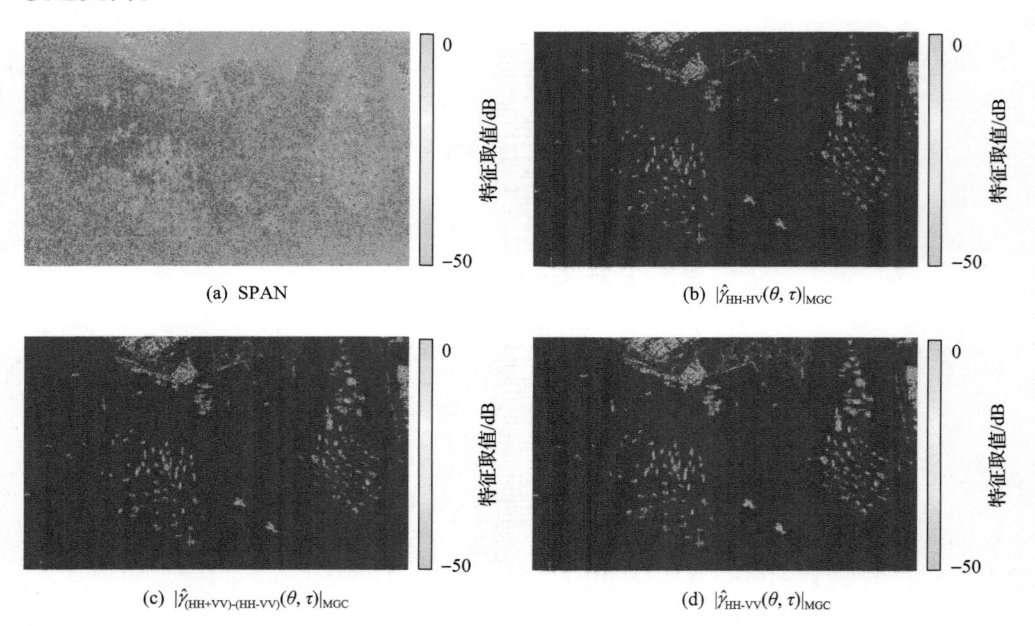

(a) SPAN　(b) $|\hat{\gamma}_{\text{HH-HV}}(\theta,\tau)|_{\text{MGC}}$

(c) $|\hat{\gamma}_{\text{(HH+VV)-(HH-VV)}}(\theta,\tau)|_{\text{MGC}}$　(d) $|\hat{\gamma}_{\text{HH-VV}}(\theta,\tau)|_{\text{MGC}}$

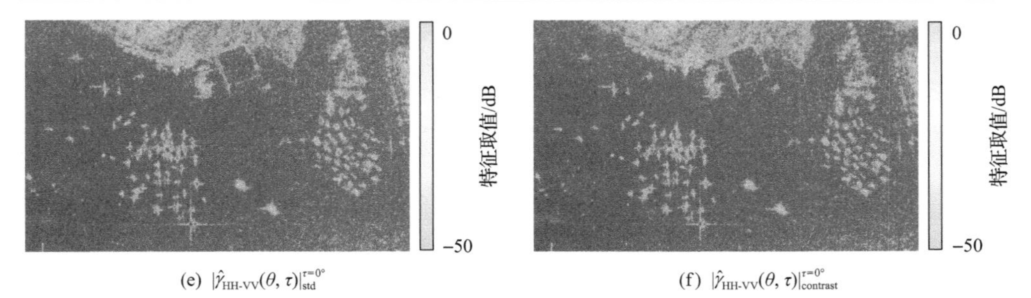

(e) $|\hat{\gamma}_{\text{HH-VV}}(\theta,\tau)|_{\text{std}}^{\tau=0°}$　(f) $|\hat{\gamma}_{\text{HH-VV}}(\theta,\tau)|_{\text{contrast}}^{\tau=0°}$

图 5.2.16　Radarsat-2 中国香港海域SPAN 特征和 TCR 取值最大的五种三维极化相关方向图特征

对于直布罗陀海峡，三维极化相关方向图特征的 TCR 对比结果如图 5.2.17 所示。其中，从上至下分别为三维极化相关方向图$\left|\hat{\gamma}_{\text{HH-HV}}(\theta,\tau)\right|$、$\left|\hat{\gamma}_{\text{HH-VV}}(\theta,\tau)\right|$和$\left|\hat{\gamma}_{\text{(HH+VV)-(HH-VV)}}(\theta,\tau)\right|$的极化特征分区。对于每一种三维极化相关方向图，从上至下依次为最大高斯曲率、最大平均曲率、最大主曲率、全局极化相关最大值、全局极化相关最小值、τ 分别为 0° 与 45° 以及 θ 分别为 0° 与 45° 时的切片极化相关初始值、切片极化相关度、切片极化相关起伏度、切片极化相关最大值、切片极化相关最小值、切片极化相关对比度、切片最大曲面曲率和极化相关差值特征。图 5.2.17 中虚线表示SPAN 特征的 TCR 取值。可以看到，与从 $\tau=0°$ 的极化椭圆率角剖面中提取的特征相比，从其他剖面(如 $\tau=45°$ 极化椭圆率角剖面)中提取的三维极化相关方向图特征可以取得更高的 TCR 值。其中，TCR 取值最大的五种三维极化相关方向图特征和SPAN 特征的 TCR 对比结果如图 5.2.18 所示。更进一步地，三种最大高斯曲率特征的 TCR 取值均优于其他极化特征。其中，最大高斯曲率特征$\left|\hat{\gamma}_{\text{(HH+VV)-(HH-VV)}}(\theta,\tau)\right|_{\text{MGC}}$的 TCR 取值最大，为 42.83dB，比SPAN 特征高 26.77dB。此外，从该区域数据中提取得到的极化特征如图 5.2.19 所示。可以看到，与中国香港海域 ROI 数据一致，在三种最大高斯曲率特征图中，海杂波更匀质，舰船和海杂波区分度也更高。

对于中国渤海海域，三维极化相关方向图特征的 TCR 对比结果如图 5.2.20 所示。其中，从上至下分别为三维极化相关方向图$\left|\hat{\gamma}_{\text{HH-HV}}(\theta,\tau)\right|$、$\left|\hat{\gamma}_{\text{HH-VV}}(\theta,\tau)\right|$和$\left|\hat{\gamma}_{\text{(HH+VV)-(HH-VV)}}(\theta,\tau)\right|$的极化特征分区。对于每一种三维极化相关方向图，从上至下依次为最大高斯曲率、最大平均曲率、最大主曲率、全局极化相关最大值、全局极化相关最小值、τ 分别为 0° 与 45° 以及 θ 分别为 0° 与 45° 时的切片极化相关初始值、切片极化相关度、切片极化相关起伏度、切片极化相关最大值、切片极化相关最小值、切片极化相关对比度、切片最大曲面曲率和极化相关差值特征。虚线也为SPAN 特征的 TCR 取值。TCR 取值最大的五种三维极化相关方向图特

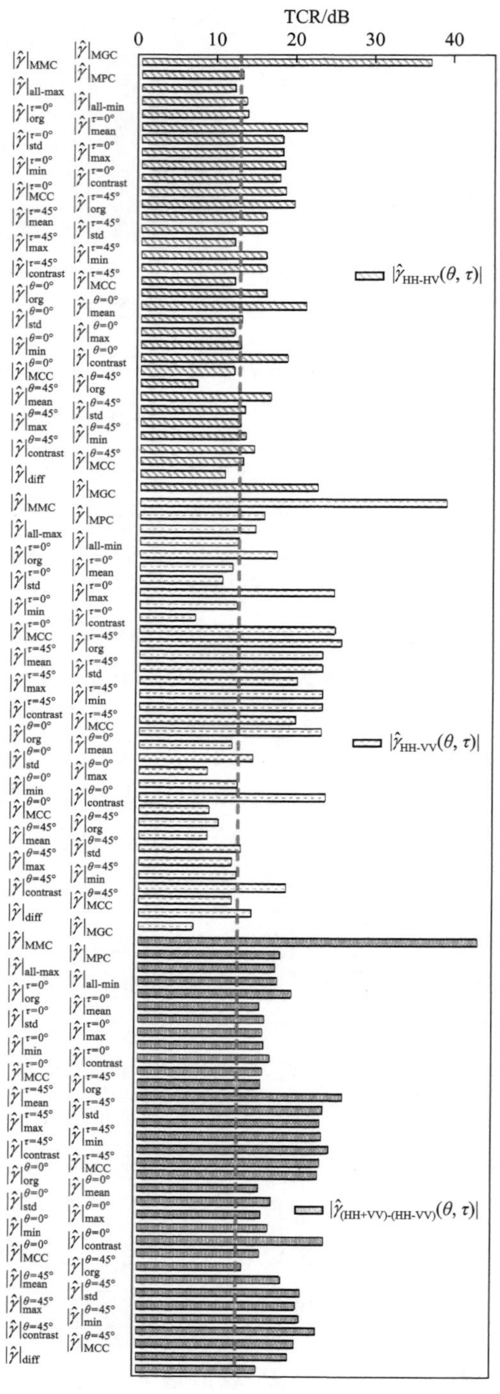

图 5.2.17　Radarsat-2 直布罗陀海峡船海 TCR 对比结果

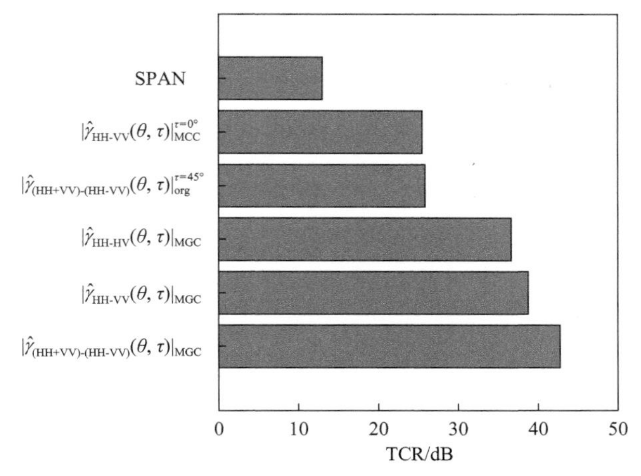

图 5.2.18　Radarsat-2 直布罗陀海峡 SPAN 特征和 TCR 取值最大的五种三维极化相关方向图特征的 TCR 对比结果

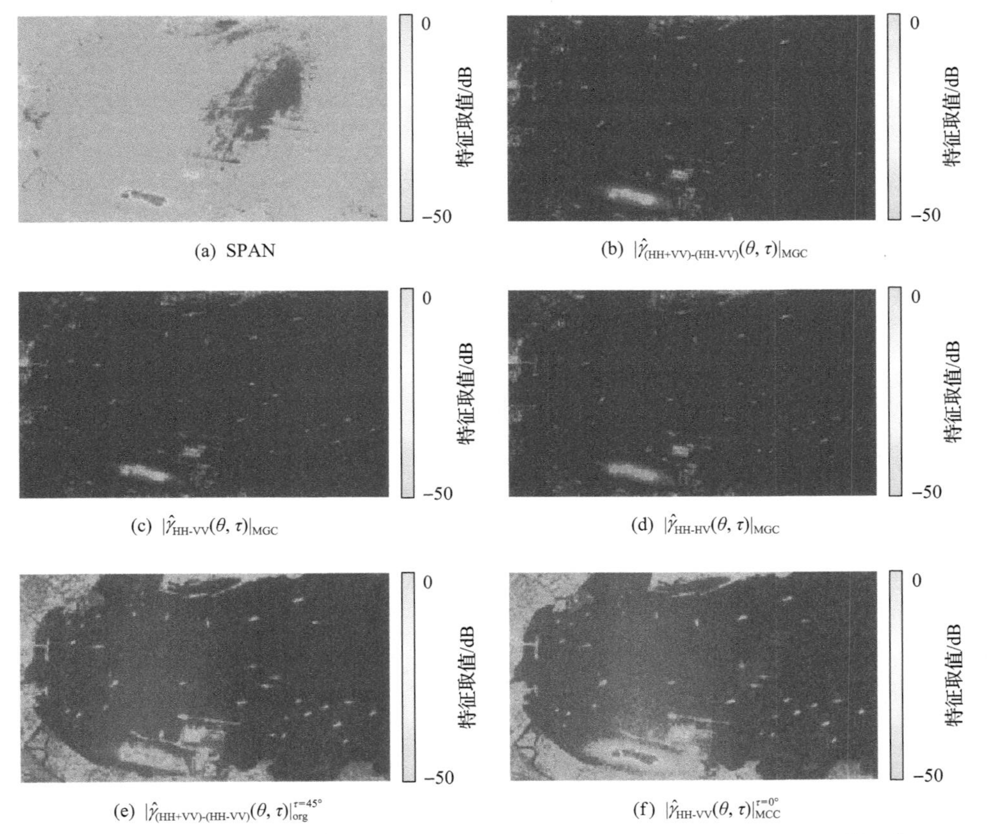

图 5.2.19　Radarsat-2 直布罗陀海峡 SPAN 特征和 TCR 取值最大的五种三维极化相关方向图特征

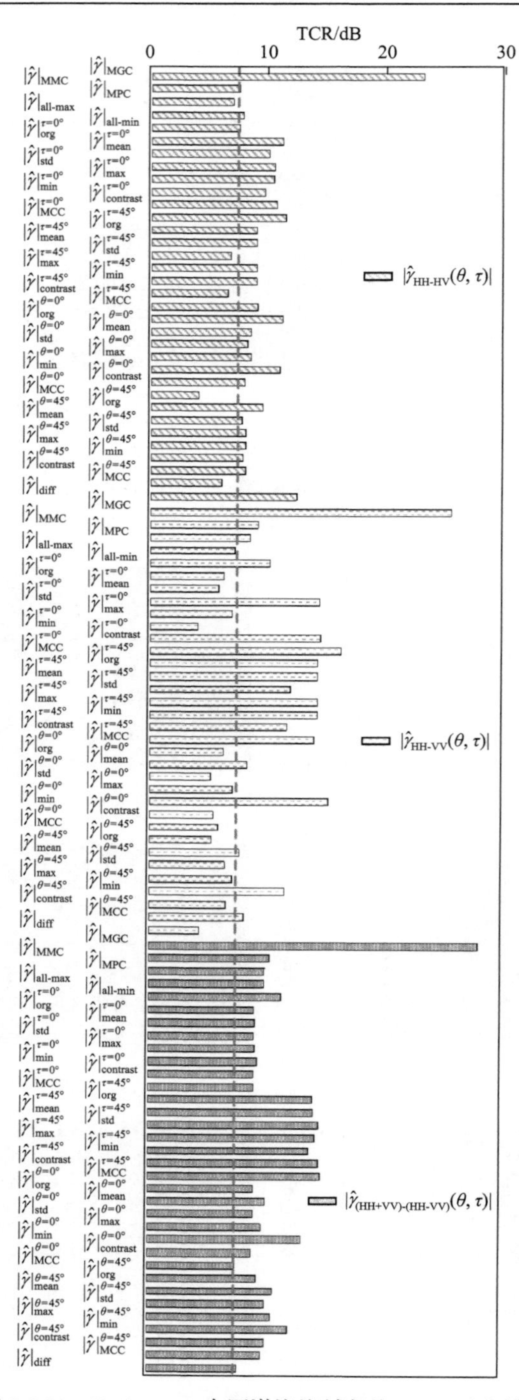

图 5.2.20　Radarsat-2 中国渤海海域船海 TCR 对比结果

征和SPAN特征的TCR对比结果如图5.2.21所示。与其他两个ROI一致，三种最大高斯曲率特征的TCR均优于其他特征。其中，最大高斯曲率特征$\left|\hat{\gamma}_{(\mathrm{HH+VV})\text{-}(\mathrm{HH-VV})}(\theta,\tau)\right|_{\mathrm{MGC}}$的TCR取值最大，为28.10dB，比SPAN特征高20.36dB。此外，从中国渤海海域ROI数据中得到的这六种极化特征如图5.2.22所示。值得注意的是，该场景中舰船目标后向散射能量相对较弱，SPAN特征的TCR取值只有7.74dB。

总之，对三景Radarsat-2极化SAR数据的分析结果表明，相比于传统的SPAN特征，三维极化相关方向图特征能够显著提升船海对比度。特别地，最大高斯曲率特征的TCR取值均远优于其他特征，舰船对比度更高。此外，相比于从$\tau=0°$极化椭圆率角剖面得到的极化特征，从$\tau=45°$极化椭圆率角剖面等其他剖面中得到的极化特征有望取得更优的性能。这进一步证实了三维极化相关方向图解译工具的信息优势和性能优势。

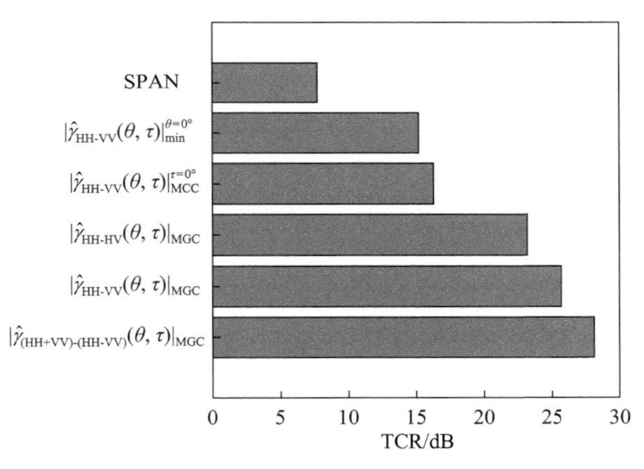

图 5.2.21　Radarsat-2 中国渤海海域SPAN特征和TCR取值最大的五种三维极化相关方向图特征的TCR对比结果

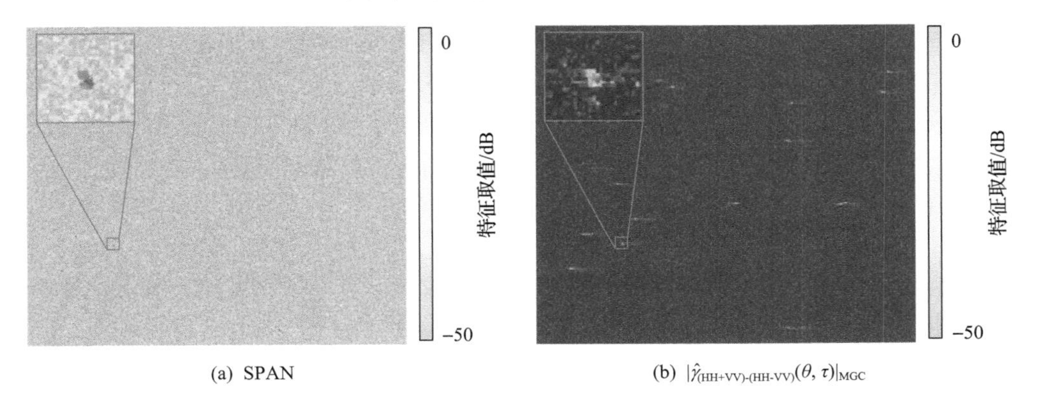

(a) SPAN　　(b) $|\hat{\gamma}_{(\mathrm{HH+VV})\text{-}(\mathrm{HH-VV})}(\theta,\tau)|_{\mathrm{MGC}}$

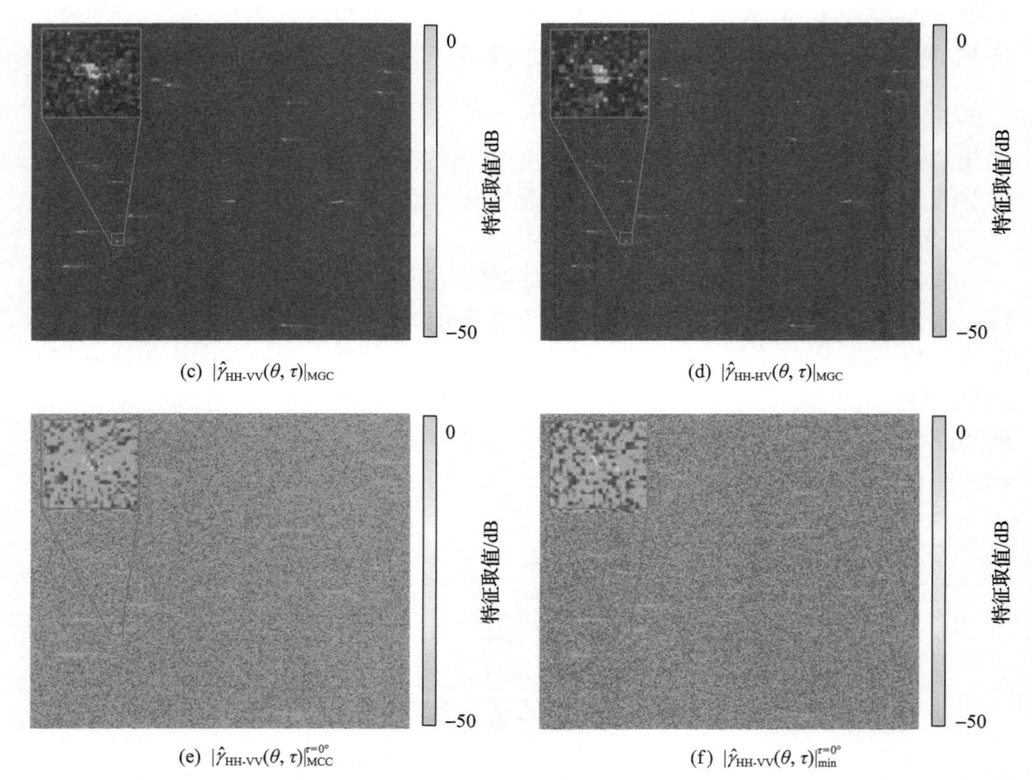

(c) $|\hat{\gamma}_{\text{HH-VV}}(\theta,\tau)|_{\text{MGC}}$　(d) $|\hat{\gamma}_{\text{HH-HV}}(\theta,\tau)|_{\text{MGC}}$

(e) $|\hat{\gamma}_{\text{HH-VV}}(\theta,\tau)|_{\text{MCC}}^{\tau=0^\circ}$　(f) $|\hat{\gamma}_{\text{HH-VV}}(\theta,\tau)|_{\min}^{\tau=0^\circ}$

图 5.2.22　Radarsat-2 中国渤海海域SPAN 特征和 TCR 取值最大的五种三维极化相关方向图特征

3. 结合三维极化相关方向图特征的舰船检测方法

对 Radarsat-2 极化 SAR 数据三个 ROI 进行分析可知，三种最大高斯曲率特征 $\left|\hat{\gamma}_{\text{HH-HV}}(\theta,\tau)\right|_{\text{MGC}}$、$\left|\hat{\gamma}_{\text{HH-VV}}(\theta,\tau)\right|_{\text{MGC}}$ 和 $\left|\hat{\gamma}_{(\text{HH+VV})\text{-}(\text{HH-VV})}(\theta,\tau)\right|_{\text{MGC}}$ 的 TCR 取值更大。因此，本节优选这三种最大高斯曲率特征用于舰船检测。为了充分发挥这些特征的性能优势，本节介绍一种超像素级非邻域对比度特征图[8] (non-local superpixel-level contrast measure, NSLCM) 方法。超像素具有良好的目标边缘保持能力，因此超像素级非邻域对比度特征图方法首先对特征图进行超像素分割。在此基础上，采用一种新的背景像素搜索方法来确定非邻域的纯净样本。然后，利用非邻域纯净的海杂波构建对比度特征图，并融合三种最大高斯曲率特征。最后，通过自适应阈值判决得到舰船检测结果。超像素级非邻域对比度特征图舰船检测方法流程图如图 5.2.23 所示。

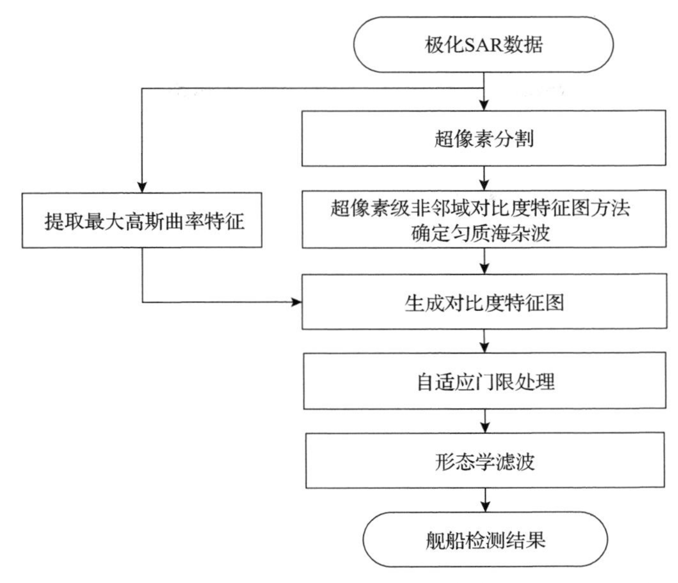

图 5.2.23　超像素级非邻域对比度特征图舰船检测方法流程图

超像素级非邻域对比度特征图舰船检测方法主要包含超像素分割、确定匀质海杂波、提取最大高斯曲率特征、生成对比度特征图、自适应门限处理以及形态学滤波等主要步骤。

(1) 超像素分割。利用简单线性迭代聚类(simple linear iterative clustering, SLIC)方法[9]对极化 SAR 数据的SPAN 特征进行超像素分割。SLIC 方法中的距离度量D定义为

$$\begin{cases} D=\sqrt{\left(\dfrac{d_{\mathrm{c}}}{N_{\mathrm{c}}}\right)^2+\left(\dfrac{d_{\mathrm{o}}}{N_{\mathrm{s}}}\right)^2} \\ d_{\mathrm{c}}=\sqrt{\left(l_p-l_q\right)^2} \\ d_{\mathrm{o}}=\sqrt{\left(x_p-x_q\right)^2+\left(y_p-y_q\right)^2} \end{cases} \tag{5.2.3}$$

其中，l_p和l_q为像素的特征取值；$\left(x_p,y_p\right)$和$\left(x_q,y_q\right)$为像素坐标，下标p和q为不同像素的索引；N_{c}为紧凑系数，取值通常为 2～10，本节采用$N_{\mathrm{c}}=10$；N_{s}为所需超像素数量，可根据最小舰船目标像素大小进行确定。在此基础上，可以得到超像素集合$\{\cdot\}_{\mathrm{All}}$。

(2) 确定匀质海杂波。超像素分割后，采用 K-means 无监督聚类方法将超像素分为两类。具有高方差的超像素构成候选超像素集合$\{\cdot\}_{\mathrm{candidate}}$。对于超像素集合

$\{\cdot\}_{\text{All}}$ 中的每一个超像素 $\text{sp}_{\text{target}}^{i}$，以其为中心向外搜索杂波超像素。其中，$i$ 表示目标超像素的索引。如图 5.2.24 所示，箭头指示搜索方向，搜索得到的杂波超像素构成非邻域海杂波样本集 $\{\cdot\}_{\text{clutter}}^{i}$。

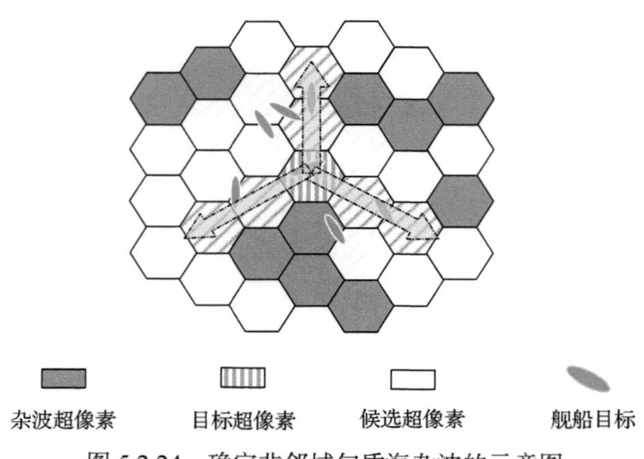

图 5.2.24　确定非邻域匀质海杂波的示意图

(3) 提取最大高斯曲率特征。提取三种最大高斯曲率特征 $\left|\hat{\gamma}_{\text{HH-HV}}(\theta,\tau)\right|_{\text{MGC}}$、$\left|\hat{\gamma}_{\text{HH-VV}}(\theta,\tau)\right|_{\text{MGC}}$ 和 $\left|\hat{\gamma}_{\text{(HH+VV)-(HH-VV)}}(\theta,\tau)\right|_{\text{MGC}}$，并分别记为 M_1、M_2 和 M_3。

(4) 生成对比度特征图。以 M_1 特征图为例，首先计算非邻域海杂波样本集 $\{\cdot\}_{\text{clutter}}^{i}$ 中每个杂波超像素 $\text{sp}_{\text{clutter}}^{j}$ 的平均特征值，表示为 $m_{i-M_1}^{j}$。上标 j 代表非邻域海杂波样本集 $\{\cdot\}_{\text{clutter}}^{i}$ 中杂波超像素索引。对于 $\text{sp}_{\text{clutter}}^{j}$ 中的第 k 个像素，其 M_1 特征取值记为 $f_{i-M_1}^{k}$。目标超像素 $\text{sp}_{\text{target}}^{i}$ 周围的杂波超像素数量记为 N_i，则 $\text{sp}_{\text{target}}^{i}$ 第 k 个像素的对比度 $C_{i-M_1}^{k}$ 为

$$C_{i-M_1}^{k}=\frac{1}{N_i}\sum_{j=1}^{N_i}f_{i-M_1}^{k}\Big/m_{i-M_1}^{j} \tag{5.2.4}$$

同理，可得到 M_2 和 M_3 的对比度，并分别记为 $C_{i-M_2}^{k}$ 和 $C_{i-M_3}^{k}$。

最终得到的融合对比度 $C_{i-\text{fusion}}^{k}$ 为

$$C_{i-\text{fusion}}^{k}=\max\left\{C_{i-M_1}^{k},C_{i-M_2}^{k},C_{i-M_3}^{k}\right\} \tag{5.2.5}$$

在计算得到超像素集合 $\{\cdot\}_{\text{All}}$ 中所有目标超像素的融合对比度后，可得到对比度特征图 M_{fusion}。

(5) 自适应门限处理。所有像素对比度特征 M_{fusion} 的均值和标准差记为 I 和 σ，则自适应阈值为

$$\text{Th} = I + w\sigma \tag{5.2.6}$$

其中，w 为调节参数，可根据不同场景预先设置。通常，$w \in [10,20]$ 推荐用于暗弱舰船场景，$w \in [80,105]$ 推荐用于其他场景。对于中国香港海域、直布罗陀海峡和中国渤海海域，调节参数 w 分别取为 90、90 和 15。

(6) 形态学滤波。经过自适应门限处理后，利用形态学滤波方法剔除检测结果中的孤立小区域，从而减少虚警。

通过上述处理，可得到最终的舰船检测结果。

4. 舰船检测对比研究

选取 SO-CFAR(smallest of CFAR) 方法[10]、一种新型的极化陷波滤波器(new form of the polarimetric notch filter, NPNF) 方法[11]和基于超像素的局部对比特征图(superpixel-based local contrast measure, SLCM) 方法[12]开展对比实验研究。对于 SO-CFAR 方法，选取 SPAN 特征进行舰船检测，并设置目标窗、保护窗和杂波窗的大小分别为 3×3、9×9 和 19×19。对于 NPNF 方法，在三个 ROI 中分别选择一个 50×50 区域作为海杂波样本先验信息。对于 SLCM 方法，同样选取 SPAN 特征进行舰船检测，且超像素分割参数和自适应门限中的调节参数与超像素级非邻域对比度特征图方法相同。采用 FoM 指标对舰船检测结果进行定量评估。

对于 5.2.1 节介绍的三景 Radarsat-2 极化 SAR 数据的 ROI，舰船检测结果分别如图 5.2.25～图 5.2.27 所示。舰船检测的定量对比结果如表 5.2.3 所示。对于三个 ROI，NSLCM 方法均取得最优的舰船检测性能。具体而言，对于中国香港海域，NSLCM 方法的 FoM 值为 96.38%，比最好的对比方法 NPNF 方法高 0.58 个百分点。尽管该 ROI 中舰船分布十分密集，但 NSLCM 方法检测结果中只有一个虚警。对于直布罗陀海峡，NSLCM 方法和 SLCM 方法检测性能最优，均没有漏检和虚警，FoM 值均达到 100%。然而，与 SLCM 方法相比，NSLCM 方法可以检测到更多的舰船像素且舰船轮廓也更完整，如图 5.2.26 中圆圈所示。对于中国渤海海域，NSLCM 方法的检测性能优于其他三种对比方法，检测结果中没有漏检，只有一个虚警，FoM 值达到 94.12%。在对比方法中，NPNF 方法的检测性能最优，其 FoM 值为 88.24%，但仍比 NSLCM 方法低 5.88 个百分点。值得指出的是，该渤海海域舰船目标后向散射强度较弱，SO-CFAR 方法的舰船检测结果中出现了很多漏检。

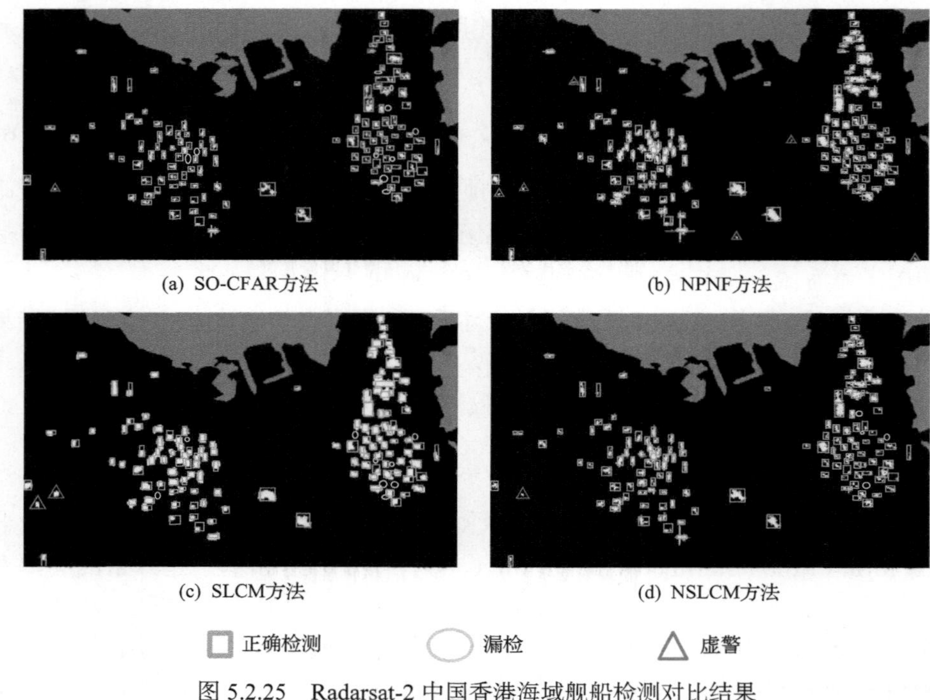

图 5.2.25　Radarsat-2 中国香港海域舰船检测对比结果

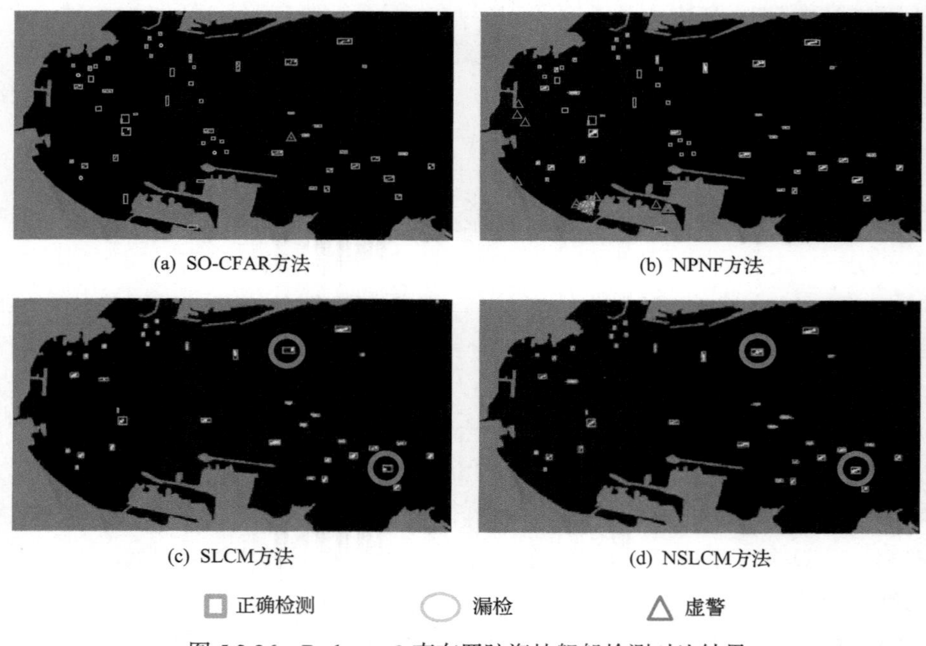

图 5.2.26　Radarsat-2 直布罗陀海峡舰船检测对比结果

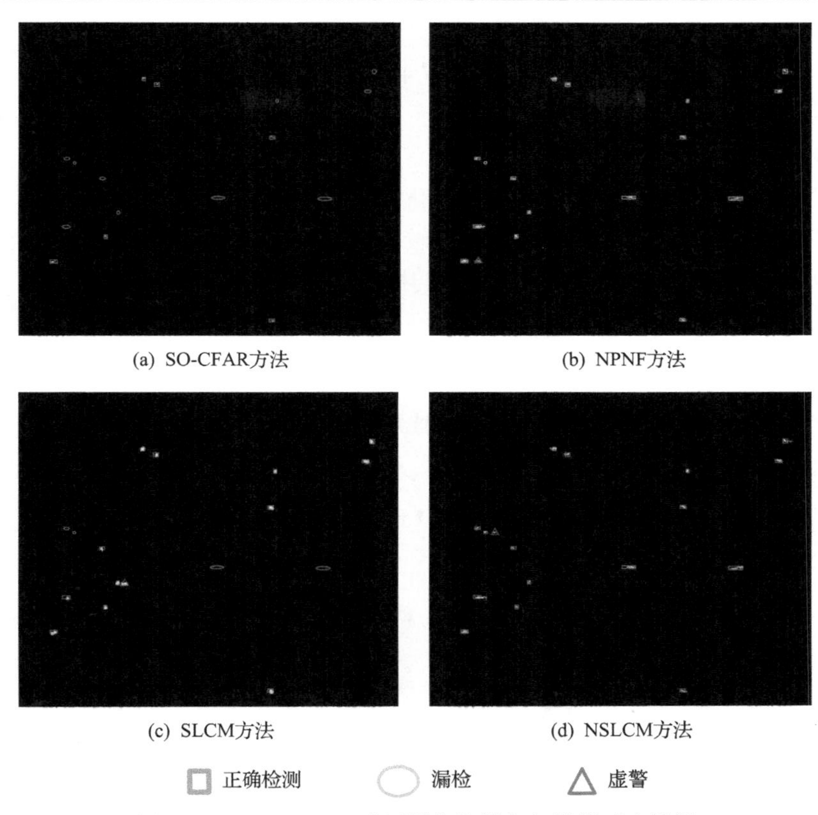

图 5.2.27　Radarsat-2 中国渤海海域舰船检测对比结果

表 5.2.3　舰船检测的定量对比结果

区域	方法	N_C	N_M	N_{FA}	FoM/%
中国香港海域	SO-CFAR 方法	126	11	1	91.30
	NPNF 方法	137	0	6	95.80
	SLCM 方法	128	9	2	92.09
	NSLCM 方法	133	4	1	96.38
直布罗陀海峡	SO-CFAR 方法	34	3	1	89.47
	NPNF 方法	36	1	7	81.82
	SLCM 方法	37	0	0	100.00
	NSLCM 方法	37	0	0	100.00
中国渤海海域	SO-CFAR 方法	6	10	0	37.50
	NPNF 方法	15	1	1	88.24
	SLCM 方法	12	4	1	70.59
	NSLCM 方法	16	0	1	94.12

5.3　极化旋转域建筑物检测

极化相干特征与散射体的类型和取向关系密切。对于具有散射对称性和旋转对称性的散射体，其极化相干特征在极化旋转域中相对不变。与此同时，平行建筑物的极化相干初始值特征的取值相对较高，倾斜建筑物的极化相干初始值特征的取值则明显降低，与森林等自然地物的极化相干初始值特征的取值相近。然而，倾斜建筑物通常不满足散射对称性和旋转对称性，因此在极化旋转域，可以增强其极化相干特征[13-15]，并实现建筑物检测。

5.3.1　结合极化相干方向图的建筑物对比增强

选取 PiSAR 在日本仙台区域获取的 X 波段极化 SAR 数据用于实验研究，该数据的信息已在 2.3.5 节中进行了介绍。该区域的光学图像、Pauli 彩图以及后向散射总能量 SPAN 特征图如图 5.3.1 所示。

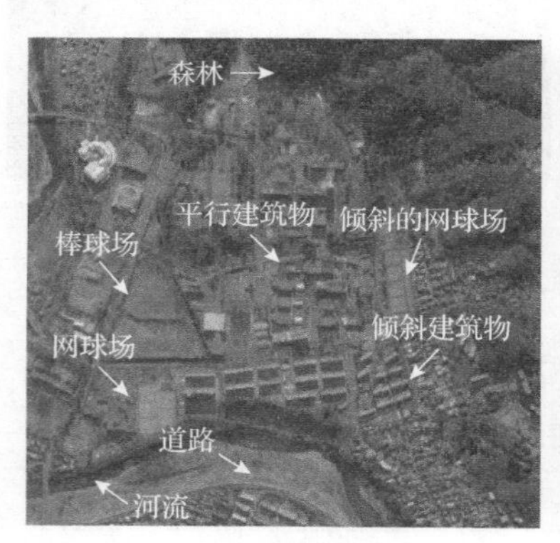

(a) 光学图像

(b) Pauli彩图

(c) SPAN特征图

图 5.3.1　PiSAR 极化 SAR 数据研究区域

与文献[13]保持一致，对于四种极化相干方向图$\left|\gamma_{\text{HH-VV}}(\theta)\right|$、$\left|\gamma_{\text{HH-HV}}(\theta)\right|$、$\left|\gamma_{(\text{HH+VV})\text{-}(\text{HV})}(\theta)\right|$和$\left|\gamma_{(\text{HH-VV})\text{-}(\text{HV})}(\theta)\right|$，其极化相干初始值特征和极化相干最大值特征的结果图和直方图分别如图 5.3.2 和图 5.3.3 所示。可以看到，相比于极化相干初始值特征，大部分地物的极化相干最大值特征得到了显著增强。在该研究区域中，极化相干初始值特征和极化相干最大值特征定量对比结果如表 5.3.1 所示。极化相干初始值特征$\left|\gamma_{\text{HH-VV}}(\theta)\right|_{\text{org}}$、$\left|\gamma_{\text{HH-HV}}(\theta)\right|_{\text{org}}$、$\left|\gamma_{(\text{HH+VV})\text{-}(\text{HV})}(\theta)\right|_{\text{org}}$和$\left|\gamma_{(\text{HH-VV})\text{-}(\text{HV})}(\theta)\right|_{\text{org}}$的均值分别为 0.54、0.34、0.32 和 0.32，而极化相干最大值特征$\left|\gamma_{\text{HH-VV}}(\theta)\right|_{\max}$、$\left|\gamma_{\text{HH-HV}}(\theta)\right|_{\max}$、$\left|\gamma_{(\text{HH+VV})\text{-}(\text{HV})}(\theta)\right|_{\max}$和$\left|\gamma_{(\text{HH-VV})\text{-}(\text{HV})}(\theta)\right|_{\max}$的均值分别提升至 0.71、0.59、0.51 和 0.49，提升百分比分别为 31.48%、73.53%、59.38% 和 53.13%。特别地，极化相干最大值特征$\left|\gamma_{(\text{HH-VV})\text{-}(\text{HV})}(\theta)\right|_{\max}$对建筑物(特别是倾斜建筑物)的增强效应十分显著。根据第 2 章介绍的统一的极化矩阵旋转理论方法，该增强效应是可以解释的。具体而言，极化相干方向图$\left|\gamma_{(\text{HH-VV})\text{-}(\text{HV})}(\theta)\right|$主要对应极化相干矩阵元素$\left|T_{23}(\theta)\right|^2$，而元素$\left|T_{23}(\theta)\right|^2$敏感于散射对称性条件，其表达式重写为

$$\begin{aligned}\left|T_{23}(\theta)\right|^2&=\frac{1}{4}(T_{33}-T_{22})^2\sin^2(4\theta)+\text{Re}^2[T_{23}]\cos^2(4\theta)+\frac{1}{2}(T_{33}-T_{22})\\&\quad\times\text{Re}[T_{23}]\sin(8\theta)+\text{Im}^2[T_{23}]\\&=\frac{1}{4}A^2\sin[8(\theta+\theta_0)]+\frac{1}{2}A+\text{Im}^2[T_{23}]\end{aligned}\tag{5.3.1}$$

其中，$A=\frac{1}{4}(T_{33}-T_{22})^2+\text{Re}^2[T_{23}]$为极化振荡幅度特征；$\theta_0=\frac{1}{8}\text{Angle}\left\{\frac{1}{2}(T_{33}-T_{22})\times\text{Re}[T_{23}]+\text{j}\frac{1}{2}\left[\text{Re}^2[T_{23}]-\frac{1}{4}(T_{33}-T_{22})^2\right]\right\}$为初始角特征。

利用极化散射矩阵元素，极化振荡幅度特征 A 可进一步表征为

$$\begin{aligned}A&=\frac{1}{4}(T_{33}-T_{22})^2+\text{Re}^2[T_{23}]\\&=\frac{1}{4}\left(\left\langle\left|S_{\text{HH}}-S_{\text{VV}}\right|^2-4\left|S_{\text{HV}}\right|^2\right\rangle\right)^2+4\left\{\text{Re}\left[\left\langle(S_{\text{HH}}-S_{\text{VV}})S_{\text{HV}}^*\right\rangle\right]\right\}^2\end{aligned}\tag{5.3.2}$$

这样，易知极化振荡幅度特征 A 敏感于散射对称性条件。因此，极化相干方向图$\left|\gamma_{(\text{HH-VV})\text{-}(\text{HV})}(\theta)\right|$及其极化相干最大值特征$\left|\gamma_{(\text{HH-VV})\text{-}(\text{HV})}(\theta)\right|_{\max}$均敏感于散射对称性条件。

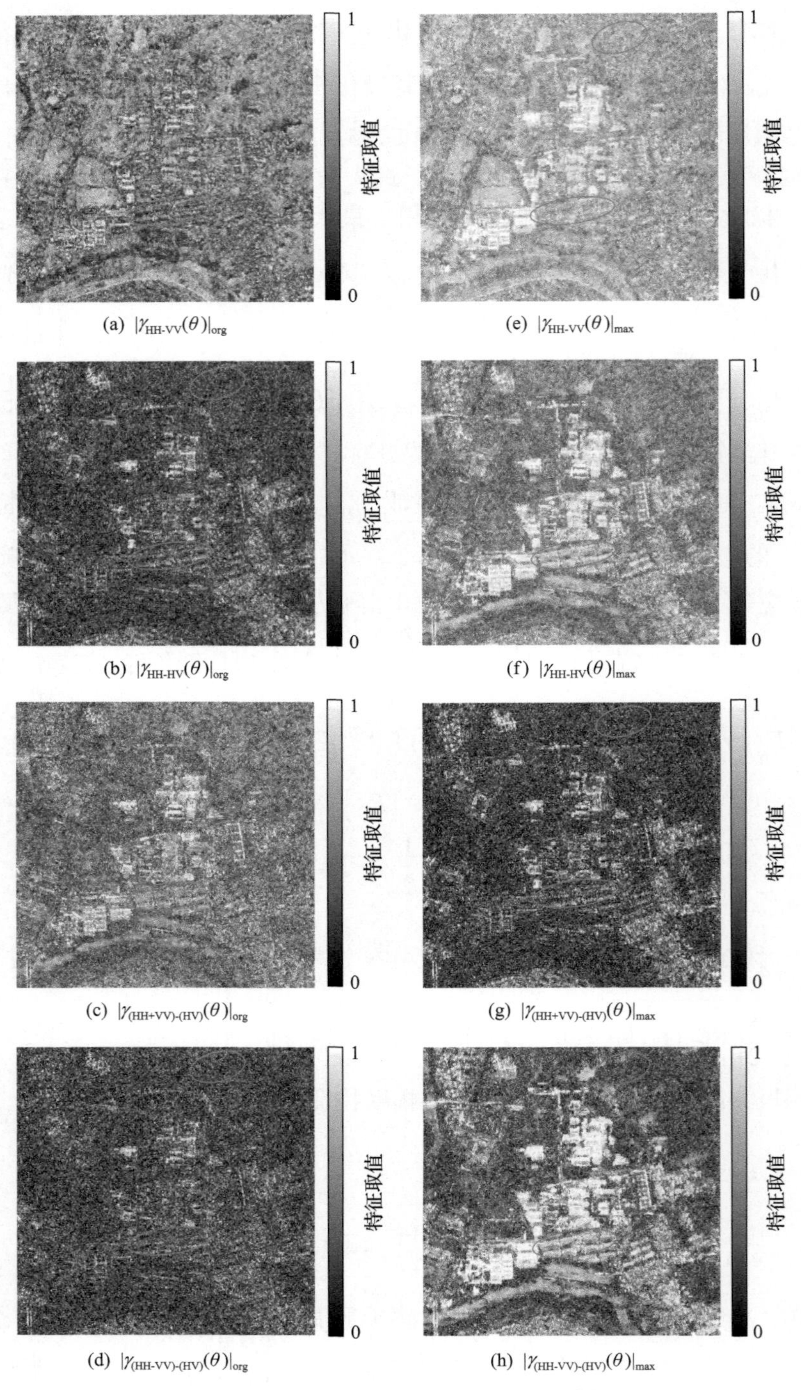

图 5.3.2　PiSAR 数据极化相干方向图特征图

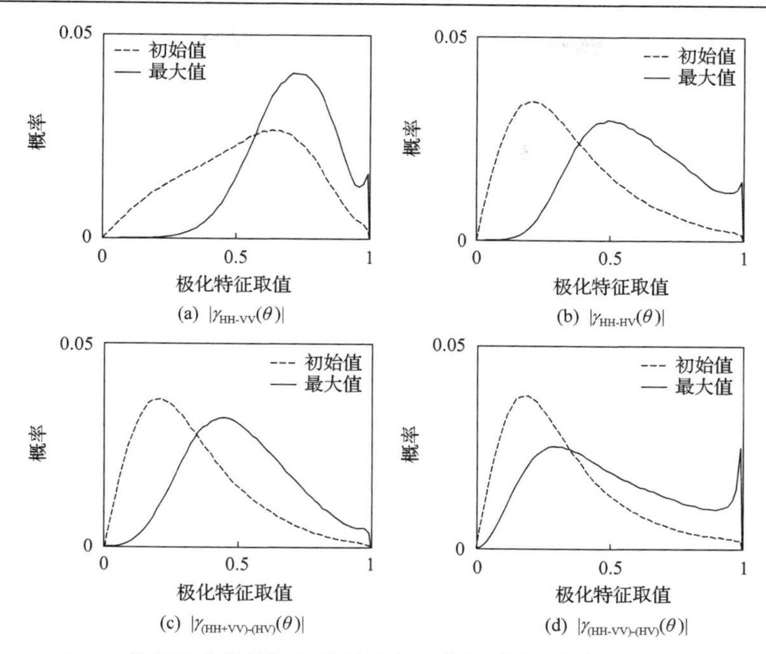

图 5.3.3　PiSAR 数据极化相干初始值特征和极化相干最大值特征的直方图对比结果

表 5.3.1　PiSAR 数据极化相干初始值特征和极化相干最大值特征定量对比结果

极化相干方向图	极化相干初始值特征的均值	极化相干最大值特征的均值	提升百分比/%
$\lvert\gamma_{\text{HH-VV}}(\theta)\rvert$	0.54	0.71	31.48
$\lvert\gamma_{\text{HH-HV}}(\theta)\rvert$	0.34	0.59	73.53
$\lvert\gamma_{\text{(HH+VV)-(HV)}}(\theta)\rvert$	0.32	0.51	59.38
$\lvert\gamma_{\text{(HH-VV)-(HV)}}(\theta)\rvert$	0.32	0.49	53.13

更进一步地，从图 5.3.1 中选取倾斜建筑物和森林，开展极化相干初始值特征和极化相干最大值特征直方图对比分析，结果如图 5.3.4 所示。对比结果进一步验

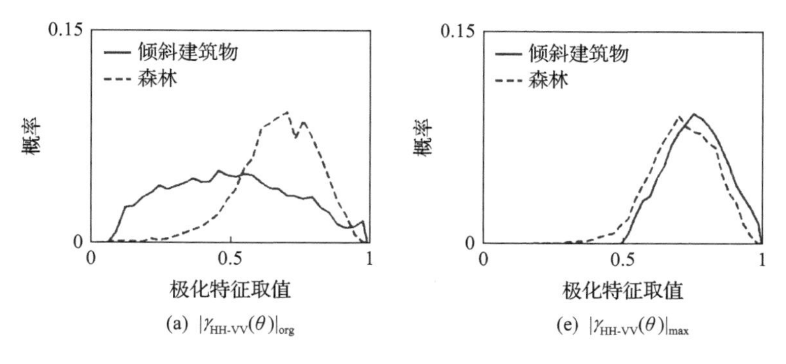

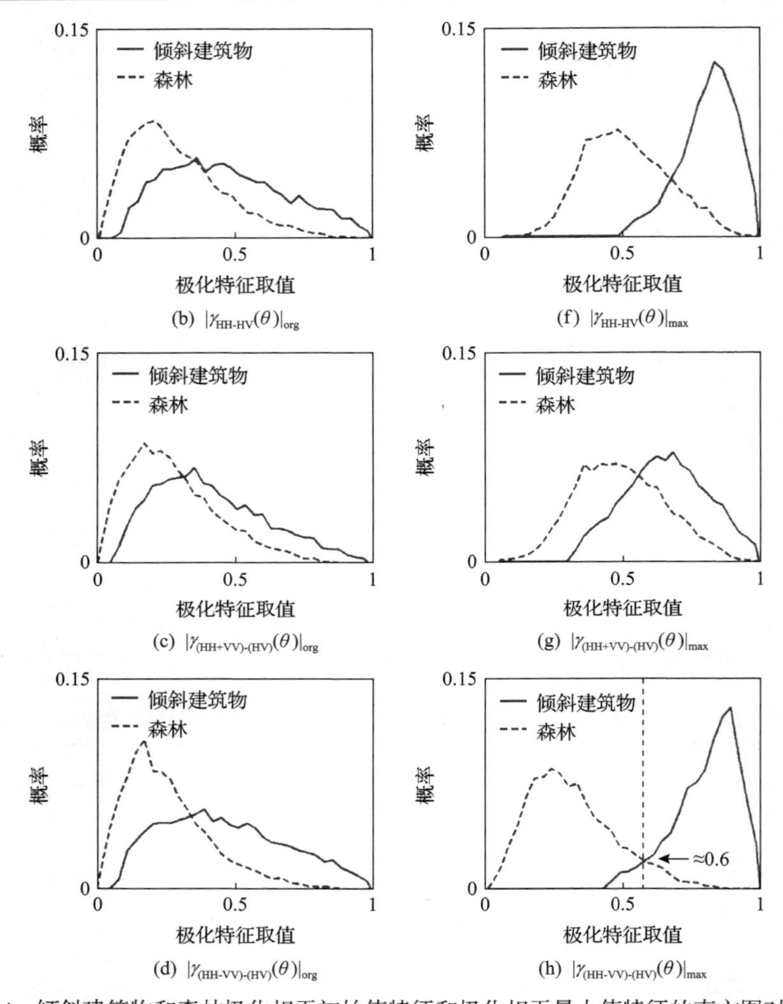

图 5.3.4　倾斜建筑物和森林极化相干初始值特征和极化相干最大值特征的直方图对比结果

证了极化相干最大值特征 $\left|\gamma_{(\text{HH-VV})\text{-}(\text{HV})}(\theta)\right|_{\max}$ 能够更好地区分倾斜建筑物和森林，如图 5.3.4(h)所示。同时，根据图 5.3.4(h)的直方图结果，可以确定最佳门限取值约为 0.6。

5.3.2　建筑物检测方法与实验验证

本节介绍一种基于极化相干最大值特征 $\left|\gamma_{(\text{HH-VV})\text{-}(\text{HV})}(\theta)\right|_{\max}$ 的建筑物检测方法[13]，并利用 PiSAR 极化 SAR 数据开展实验研究。该建筑物检测方法流程图如图 5.3.5 所示。首先，对极化 SAR 数据进行相干斑滤波，并提取极化相干最大值特

征$\left|\gamma_{(\mathrm{HH-VV})\text{-}(\mathrm{HV})}(\theta)\right|_{\max}$和SPAN特征。基于极化相干最大值特征$\left|\gamma_{(\mathrm{HH-VV})\text{-}(\mathrm{HV})}(\theta)\right|_{\max}$进行第一次自适应门限处理，得到候选建筑物目标。如图 5.3.4(h)所示，当极化相干最大值特征$\left|\gamma_{(\mathrm{HH-VV})\text{-}(\mathrm{HV})}(\theta)\right|_{\max}$取值为 0.6 时，可以最好地区分倾斜建筑物和森林。因此，对于选取的 PiSAR 数据，选取 0.6 为第一个阈值，得到的检测结果如图 5.3.6(a)所示。由图可知，建筑物和倾斜建筑物等人造目标都被很好地检测出来。与此同时，一些阴影和河流区域也会被错误检测到，主要原因为雷达波束照射不到的阴影区域和有镜像反射的河流区域后向散射能量较低，其极化相干最大值特征也得到了显著增强。为剔除这些虚警区域，可使用后向散射总能量SPAN特征进行第二次自适应门限处理。注意到的是，SAR 系统的本底噪声可作为衡量阴影区域散射能量的标准。对于河流区域，其后向散射能量取决于表面粗糙度。一般而言，河流区域的后向散射能量高于 SAR 系统本底噪声。通过分析图 5.3.1(c)所示区域，可选取第二个阈值为–10dB。得到的低后向散射区域掩膜如图 5.3.6(b)所示，能够很好地剔除阴影区域和河流区域。需要说明的是，两个阈值均可根据需要进行自适应调整。结合检测到的候选建筑物目标和虚警抑制掩膜，并利用形态学滤波方法来去除小孤立点等虚警，可得到最终的建筑物检测结果，如图 5.3.6(c)所示。为方便可视化对比，将建筑物目标的检测结果(红色)叠加在原始 PiSAR 数据的 Pauli 彩图上，如图 5.3.7 所示。可以看到，该方法能够检测出不同取向的建筑物目标，且检测结果准确。

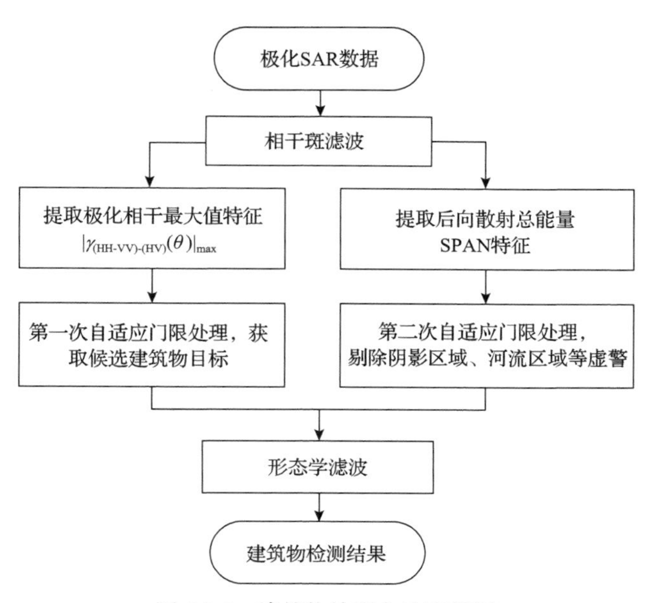

图 5.3.5　建筑物检测方法流程图

(a) 第一次自适应门限处理后得到的候选建筑物目标(白色像素)

(b) 第二次自适应门限处理后得到的虚警抑制结果(黑色像素)

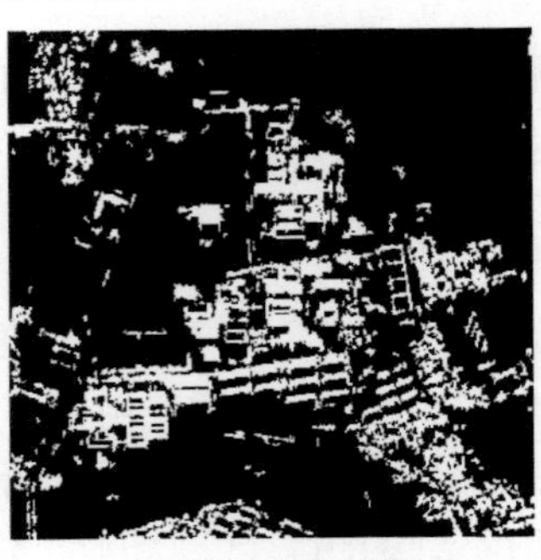
(c) 最终的建筑物检测结果

图 5.3.6　建筑物检测结果

图 5.3.7　叠加建筑物目标检测结果(红色)的 PiSAR 数据 Pauli 彩图(见彩图)

5.4　极化旋转域飞机目标检测

飞机目标检测是极化 SAR 的重要应用。飞机目标结构复杂，对其进行有效检测仍面临挑战。本节介绍一种基于二维极化相关方向图和超像素技术的飞机目标检测方法，着重利用二维极化相关方向图解译工具分析飞机目标的极化散射特性，并结合优选极化旋转域特征和超像素级 CFAR 检测器实现飞机目标检测。

5.4.1　飞机目标极化相关方向图解译与特征提取

利用 2009 年 5 月 3 日在美国亚利桑那州图森市飞机坟场获取的 Radarsat-2 极化 SAR 数据开展研究。研究区域极化 SAR 数据的 Pauli 彩图和飞机目标真值图分

别如图 5.4.1(a)和(b)所示。从图 5.4.1 中随机选取一个飞机目标像素和地杂波像素，其二维极化相关方向图$\left|\hat{\gamma}_{(\text{HH-VV})\text{-}(\text{HV})}(\theta)\right|$分别如图 5.4.2(a)和(b)所示，其中，二维极化相关方向图内的数字标识表示极化相关值的取值刻度。可以看到，飞机目标像素和地杂波像素的二维极化相关方向图具有显著差异，可用于飞机目标检测。与 5.2.2 节类似，选取二维极化相关方向图中导出的幅值类特征进行分析与优选。对于四种典型的二维极化相关方向图$\left|\hat{\gamma}_{\text{HH-VV}}(\theta)\right|$、$\left|\hat{\gamma}_{\text{HH-HV}}(\theta)\right|$、$\left|\hat{\gamma}_{(\text{HH+VV})\text{-}(\text{HH-VV})}(\theta)\right|$和$\left|\hat{\gamma}_{(\text{HH-VV})\text{-}(\text{HV})}(\theta)\right|$，可以分别得到 7 种幅值类特征，同时选取SPAN 特征进行对比分析。

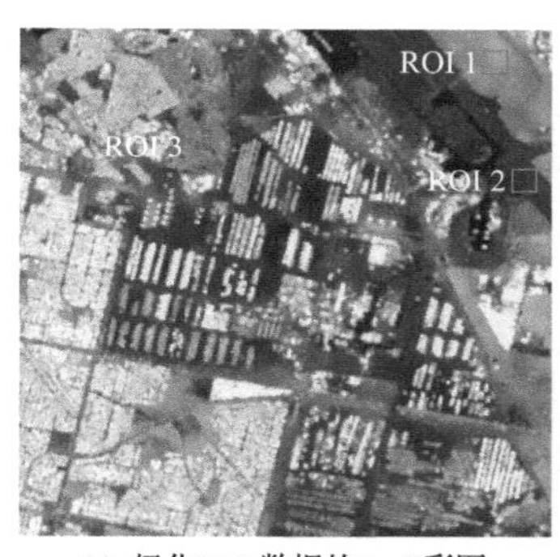

(a) 极化SAR数据的Pauli彩图　　(b) 飞机目标真值图

图 5.4.1　美国亚利桑那州图森市飞机坟场区域

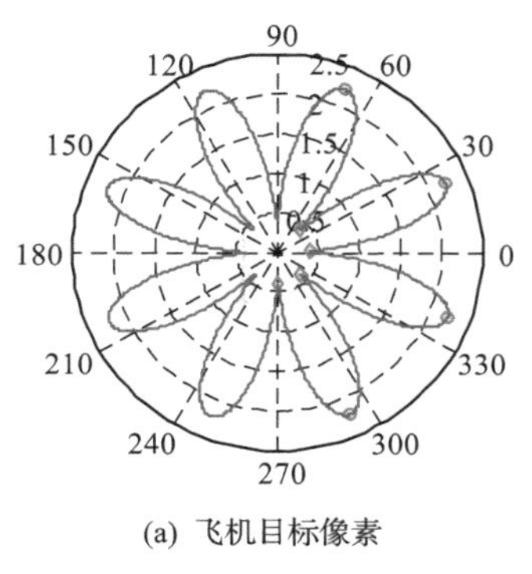

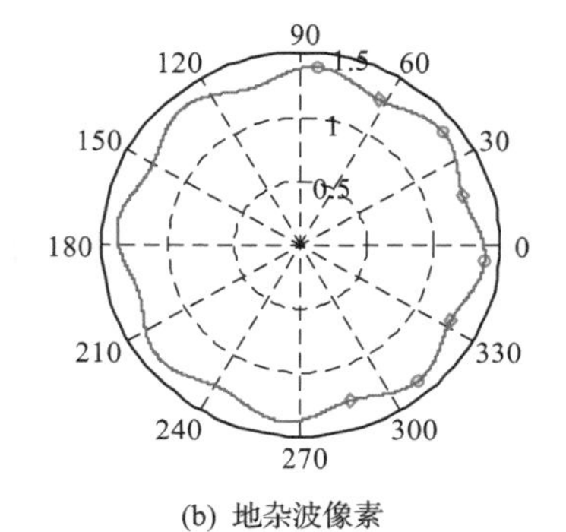

(a) 飞机目标像素　　(b) 地杂波像素

图 5.4.2　二维极化相关方向图$\left|\hat{\gamma}_{(\text{HH-VV})\text{-}(\text{HV})}(\theta)\right|$示例

对 28 种二维极化相关方向图特征和 SPAN 特征进行 TCR 分析以及特征优选。从图 5.4.1 中随机选择三个 20×20 大小的地杂波区域，并用红框进行标识。其中，ROI 1、ROI 2 和 ROI 3 分别代表森林、草地和建筑物区域。同时，从飞机目标区域中随机选择相等数量的飞机目标像素进行 TCR 计算。对于 28 种二维极化

相关方向图特征和 SPAN 特征，得到的 TCR 对比结果如图 5.4.3 所示。四个分区分别代表二维极化相关方向图$\left|\hat{\gamma}_{\text{HH-HV}}(\theta)\right|$、$\left|\hat{\gamma}_{\text{HH-VV}}(\theta)\right|$、$\left|\hat{\gamma}_{\text{(HH+VV)-(HH-VV)}}(\theta)\right|$和$\left|\hat{\gamma}_{\text{(HH-VV)-(HV)}}(\theta)\right|$。对于每一分区，从左到右依次为极化相关初始值、极化相关度、极化相关起伏度、极化相关最大值、极化相关最小值、极化相关对比度和极化相关反熵特征的 TCR 取值，虚线为 SPAN 特征的 TCR 取值。可以看到，极化相关对比度特征$\left|\hat{\gamma}_{\text{(HH-VV)-(HV)}}(\theta)\right|_{\text{contrast}}$的 TCR 取值最大，可选取该特征用于飞机目标检测。值得说明的是，其他二维极化相关方向图特征及其组合也有望用于飞机目标检测，本节不再赘述。

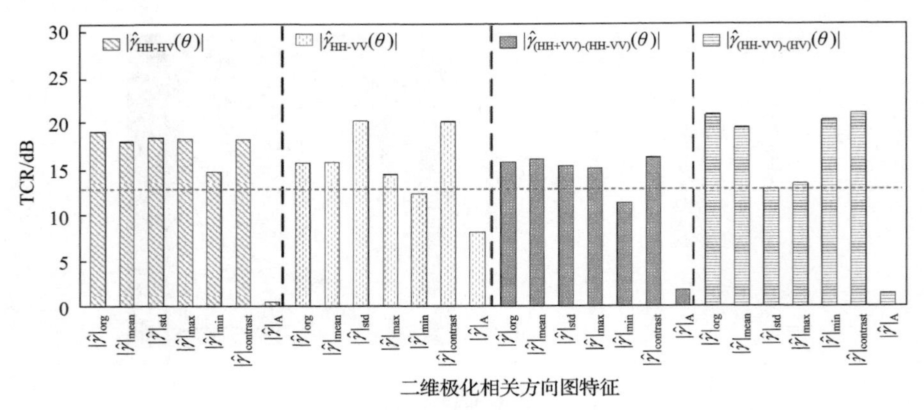

图 5.4.3　飞机目标区域极化特征 TCR 对比结果

5.4.2　飞机目标检测方法与实验验证

在极化特征对比分析基础上，本节介绍一种结合优选极化相关方向图特征和超像素级 CFAR 检测器的极化 SAR 飞机目标检测方法，简记为 SP-CFAR（superpixel-level CFAR）方法，其流程图如图 5.4.4 所示。

首先，优选二维极化相关方向图特征用于飞机目标检测。采用非邻域超像素方法自适应地确定匀质地杂波样本[8]，并基于二维极化相关方向图特征进行超像素分割。其中，紧凑系数N_{c}取值通常为 2～10，本节取$N_{\text{c}}=5$。N_{s}是所需的超像素数量，可根据待检测区域飞机大小进行设置，即

$$N_{\text{s}}=\frac{rc}{kA_{\min}} \tag{5.4.1}$$

其中，r和c分别为极化 SAR 数据距离向和方位向的像素数目；$A_{\min}$为区域中最小飞机可能占据的像素数目，可根据经验或先验信息确定；k为调节系数，通常

取 $k=2$。在超像素分割后，计算每个超像素中二维极化相关方向图特征的方差，并利用 K-means 聚类方法将所有超像素分为两类。其中，方差较大的一类为候选目标超像素，另一类为地杂波超像素。

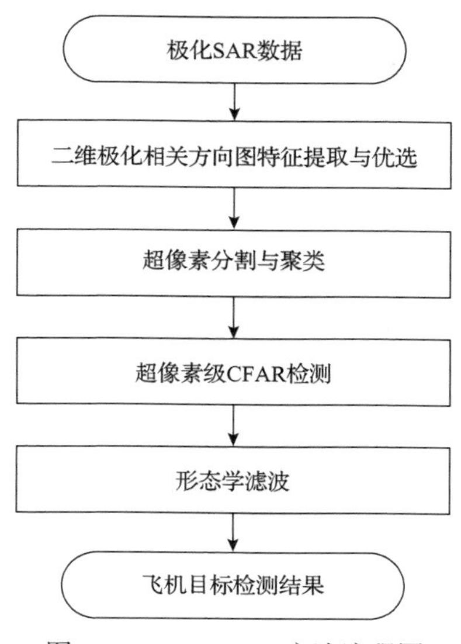

图 5.4.4　SP-CFAR 方法流程图

与传统超像素级 CFAR 拓扑结构不同，通过设计新的拓扑结构可以确定非邻域匀质地杂波样本，用于 CFAR 检测器的阈值估计。此外，采用对数正态分布模型进行 CFAR 检测器的阈值估计，并进行形态学滤波处理，得到最终的飞机目标检测结果。

同时，选取单极化特征 HH、HV、VV 的能量以及 SPAN 特征作为对比特征，并分别与 SO-CFAR 和 SP-CFAR 检测器结合作为对比方法。当虚警率为 10^{-4} 时，结合 SO-CFAR 和 SP-CFAR 检测器的飞机目标检测结果分别如图 5.4.5 和图 5.4.6 所示。每种方法的受试者特性(receiver operating characteristic, ROC)曲线如图 5.4.7 所示。ROC 曲线下面积(area under the curve，AUC)能够表征不同方法的检测性能。其中，AUC 越大，表示该曲线对应方法的检测性能越好。不同飞机检测方法的 AUC 取值如表 5.4.1 所示。

对于 SO-CFAR 检测器，从图 5.4.5(b)～(d)可以看到，结合单极化特征 HH、HV 和 VV 的飞机目标检测方法受强点干扰，检测结果漏检较多，其 AUC 值分别为 0.8515、0.8176 和 0.8524。结合 SPAN 特征的检测结果中同样出现了较多漏检，如图 5.4.5(e)所示。相比于 SPAN 特征和单极化特征，结合极化相关对比度特征 $\left|\hat{\gamma}_{(\mathrm{HH\text{-}VV})\text{-}(\mathrm{HV})}(\theta)\right|_{\mathrm{contrast}}$ 的方法能够检测到更多飞机目标像素，如图 5.4.5(f)所示。同时，该方法的 AUC 取值最高，达到了 0.8672。

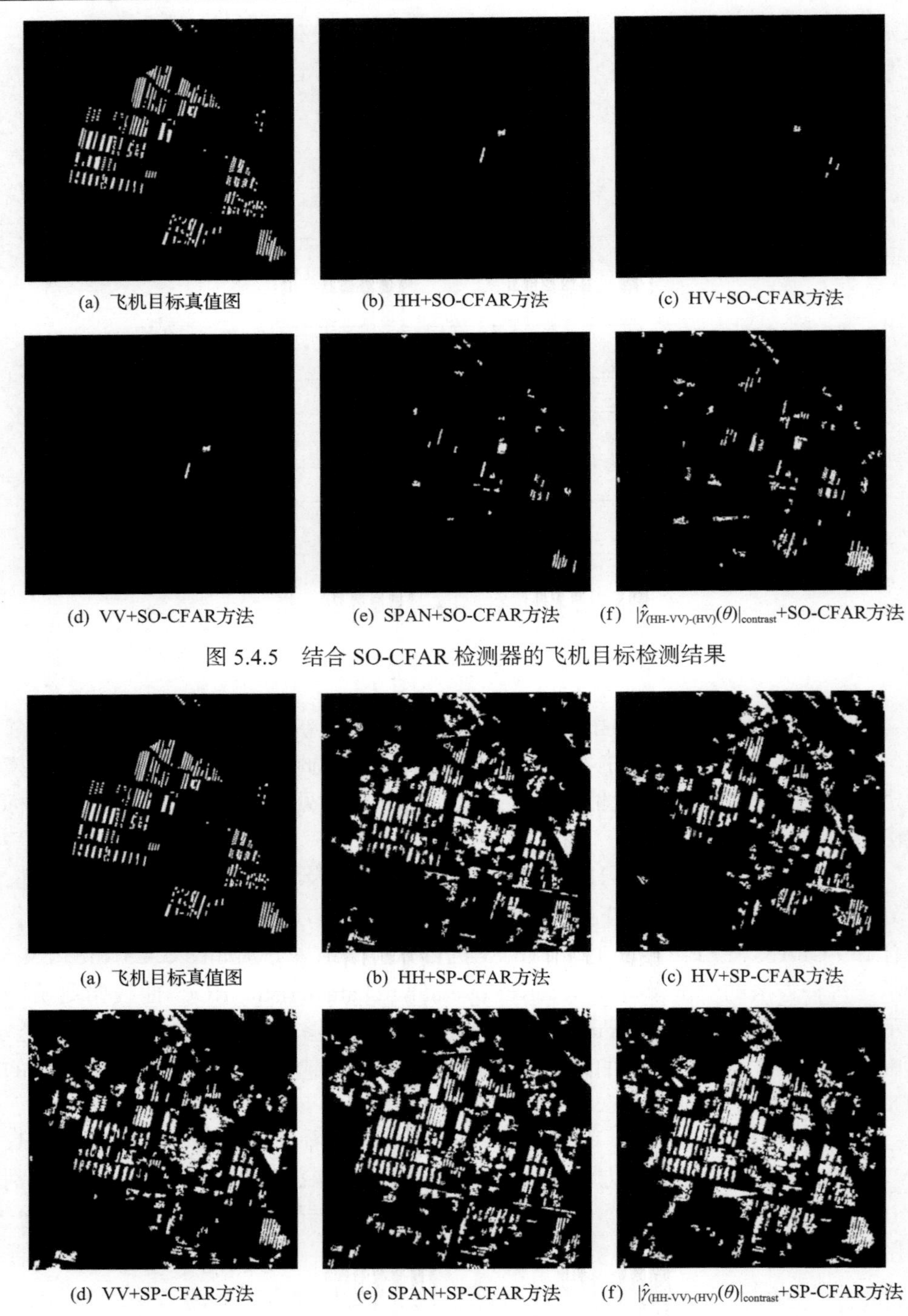

(a) 飞机目标真值图　(b) HH+SO-CFAR方法　(c) HV+SO-CFAR方法

(d) VV+SO-CFAR方法　(e) SPAN+SO-CFAR方法　(f) $|\hat{\gamma}_{(\mathrm{HH-VV})-(\mathrm{HV})}(\theta)|_{\mathrm{contrast}}$+SO-CFAR方法

图 5.4.5　结合 SO-CFAR 检测器的飞机目标检测结果

(a) 飞机目标真值图　(b) HH+SP-CFAR方法　(c) HV+SP-CFAR方法

(d) VV+SP-CFAR方法　(e) SPAN+SP-CFAR方法　(f) $|\hat{\gamma}_{(\mathrm{HH-VV})-(\mathrm{HV})}(\theta)|_{\mathrm{contrast}}$+SP-CFAR方法

图 5.4.6　结合 SP-CFAR 检测器的飞机目标检测结果

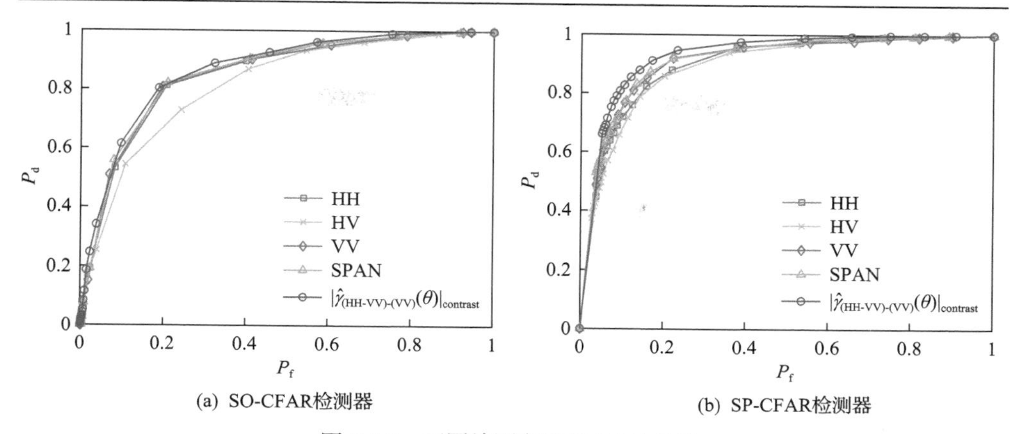

(a) SO-CFAR检测器

(b) SP-CFAR检测器

图 5.4.7　不同检测方法的 ROC 曲线

表 5.4.1　不同飞机检测方法的 AUC 取值

特征	SO-CFAR 方法	SP-CFAR 方法
HH	0.8515	0.9028
HV	0.8176	0.8939
VV	0.8524	0.9095
SPAN	0.8567	0.9134
$\left\|\hat{\gamma}_{(HH-VV)-(HV)}(\theta)\right\|_{contrast}$	0.8672	0.9297

相较于 SO-CFAR 检测器，对于每种极化特征，结合 SP-CFAR 检测器的飞机目标检测性能有明显提升，如图 5.4.6 所示。结合单极化特征 HH、HV、VV 和 SPAN 特征的飞机检测结果如图 5.4.6(b)～(e)所示。这四种方法在检测到大部分飞机目标像素的同时，也出现了较多虚警，其 AUC 取值分别为 0.9028、0.8939、0.9095 和 0.9134。结合极化相关对比度特征$\left|\hat{\gamma}_{(HH-VV)-(HV)}(\theta)\right|_{contrast}$的飞机检测结果如图 5.4.6(f)所示，可以看到，该方法的飞机目标检测结果更接近真值，其 AUC 取值达到 0.9297。

综上，极化旋转域飞机目标检测方法具有更优的检测性能。

5.5　本 章 小 结

本章介绍了极化旋转域解译理论方法在极化 SAR 舰船、建筑物和飞机等人造目标检测领域的应用研究。极化旋转域目标检测的核心思想是通过揭示目标和杂波在极化旋转域的散射机理差异，优选和融合极化旋转域特征增强目标，并结合多种检测器实现目标检测。对于极化 SAR 舰船检测，介绍了两种极化旋转域舰船检测方法。第一种方法基于二维极化相关方向图解译工具，通过 TCR 准则优选得到三种极化相关方向图特征，并设计自适应门限处理方法，实现舰船检测。第二种方法基于三维极化相关方向图解译工具，优选得到三种具有最高 TCR 取值的最大高斯曲率特征，并发展了一种超像素级非邻域对比度特征图方法，实现了舰船检测。利用三景 Radarsat-2 极化 SAR 数据分别开展了对比实验研究，证实了两种极化旋转域舰船检测方法的有效性和性能优势。对于极化 SAR 建筑物检测，介绍了一种基于极化相干方向图解译工具的极化旋转域建筑物检测方法。利用极化相干最大值特征可以显著增强建筑物(特别是倾斜建筑物)与森林等自然地物的对比度，从而实现了建筑物检测。利用机载 PiSAR 极化 SAR 数据验证了该方法的有效性。对于极化 SAR 飞机检测，介绍了一种基于极化相关方向图和超像素技术的飞机目标检测方法。该方法利用优选二维极化相关方向图特征进行超像素分割，实现超像素级飞机目标检测。基于 Radarsat-2 极化 SAR 数据的对比实验，证实了方法的性能优势。

参 考 文 献

[1] Cui X C, Tao C S, Su Y, et al. PolSAR ship detection based on polarimetric correlation pattern[J]. IEEE Geoscience and Remote Sensing Letters, 2021, 18(3): 471-475.

[2] 崔兴超, 粟毅, 陈思伟. 融合极化旋转域特征和超像素技术的极化SAR舰船检测[J]. 雷达学报, 2021, 10(1): 35-48.

[3] Zhai L, Li Y, Su Y. Inshore ship detection via saliency and context information in high-resolution SAR images[J]. IEEE Geoscience and Remote Sensing Letters, 2016, 13(12): 1870-1874.

[4] Velotto D, Nunziata F, Migliaccio M, et al. Dual-polarimetric TerraSAR-X SAR data for target at sea observation[J]. IEEE Geoscience and Remote Sensing Letters, 2013, 10(5): 1114-1118.

[5] Li M D, Xiao S P, Chen S W. Three-dimension polarimetric correlation pattern interpretation tool and its application[J]. IEEE Transactions on Geoscience and Remote Sensing, 2022, 60: 1-16.

[6] 李铭典, 肖顺平, 陈思伟. 三维极化旋转域解译工具及舰船检测研究[J]. 雷达科学与技术, 2022, 20(3): 245-254.

[7] Li M D, Guo Q W, Xiao S P, et al. A three-dimension polarimetric correlation pattern interpretation tool and its application[C]. CIE International Conference on Radar, Haikou, 2021: 582-585.

[8] Li M D, Cui X C, Chen S W. Adaptive superpixel-level CFAR detector for SAR inshore dense ship detection[J]. IEEE Geoscience and Remote Sensing Letters, 2022, 19: 1-5.

[9] Achanta R, Shaji A, Smith K, et al. SLIC superpixels compared to state-of-the-art superpixel methods[J]. IEEE Transactions on Pattern Analysis and Machine Intelligence, 2012, 34(11): 2274-2282.

[10] Hansen V G, Sawyers J H. Detectability loss due to "greatest of" selection in a cell-averaging CFAR[J]. IEEE Transactions on Aerospace and Electronic Systems, 1980, 16(1): 115-118.

[11] Liu T, Yang Z Y, Zhang T, et al. A new form of the polarimetric notch filter[J]. IEEE Geoscience and Remote Sensing Letters, 2022, 19: 1-5.

[12] Wang X L, Chen C X, Pan Z, et al. Superpixel-based LCM detector for faint ships hidden in strong noise background SAR imagery[J]. IEEE Geoscience and Remote Sensing Letters, 2019, 16(3): 417-421.

[13] Xiao S P, Chen S W, Chang Y L, et al. Polarimetric coherence optimization and its application for manmade target extraction in PolSAR data[J]. IEICE Transactions on Electronics, 2014, E97C(6): 566-574.

[14] Chen S W, Li Y Z, Wang X S. A visualization tool for polarimetric SAR data investigation[C]. The 11th European Synthetic Aperture Radar Conference, Beijing, 2016: 579-582.

[15] Chen S W, Wang X S, Xiao S P, et al. Target Scattering Mechanism in Polarimetric Synthetic Aperture Radar-Interpretation and Application[M]. Singapore: Springer, 2018.

第 6 章　极化旋转域结构辨识

6.1　引　　言

极化雷达能够全天时、全天候地对感兴趣区域进行观测，并能够获得目标的全极化信息，已经成为微波遥感领域的重要传感器[1,2]。人造目标识别是极化雷达的重要应用。人造目标典型结构辨识是人造目标识别的关键。然而，目标散射多样性给人造目标结构辨识带来了挑战。

极化信息为区分不同的典型目标结构提供了重要判据。当前，对人造目标散射结构辨识的研究主要有两类。第一类是基于散射中心模型的方法。该类方法从电磁散射特征出发，建立了多种散射中心的参数化模型，用于描述复杂人造目标的散射特性，包括几何绕射理论模型[3]、属性散射中心模型[4]和典型体散射中心模型[5]等。属性散射中心模型建立了雷达散射中心的后向散射与其物理属性之间的解析关系。通过参数反演可以得到目标结构的几何特征。随着研究的深入，属性散射中心模型不断改进，对目标散射特性的表征能力不断加强。然而，现有模型待估参数较多且较为复杂，对复杂人造目标散射结构的辨识性能有待进一步提高[6]。第二类是基于相干极化目标分解的方法。该类方法将目标的极化散射矩阵分解为多种典型散射机理的组合，代表性方法有 Pauli 分解[7]、Krogager 分解[8]和 Cameron 分解[9,10]等。相干极化目标分解的解译结果通常具有明确的物理含义，因此在人造目标结构辨识中得到了广泛应用[11-13]。其中，Cameron 分解通过提取极化散射矩阵的最大对称散射分量，并将其分解为三面角、二面角、圆柱体、偶极子、窄二面角和四分之一波器件等典型散射结构中的一种，实现对目标结构的辨识。值得注意的是，当 Cameron 分解用于结构辨识时，仅考虑最大对称散射分量，会产生极化信息损失，从而导致目标结构误判[14]。

本章介绍基于极化旋转域解译理论方法的两种人造目标结构辨识方法。第一种方法基于二维极化相关方向图，构建极化旋转不变特征编码矢量，用于人造目标结构辨识[15]。第二种方法提出在极化旋转域中探索零极化特征的研究思路，建立一种基于极化旋转域零极化响应方向图特征的人造目标结构辨识方法[16]。

6.2　基于极化旋转域特征编码的目标结构辨识

目标极化旋转域特征与目标几何结构类型等物理属性密切相关。挖掘目标极化旋转域特征有助于提升目标结构辨识性能。本节利用二维极化相关方向图解译工具分析典型散射结构的极化旋转域特征，以及极化测量误差对典型散射结构极化旋转域特征的影响机理。在此基础上，本节介绍一种基于极化旋转域特征编码的目标结构辨识方法。

6.2.1　目标结构辨识方法

1. 典型散射结构的二维极化相关方向图

二维极化相关方向图能够挖掘和表征不同极化通道之间蕴含的丰富目标信息[17,18]。根据第 2 章的介绍，在极化旋转域中，结合 Lexicographic 散射矢量，可以得到两种独立的二维极化相关方向图，分别为

$$\left|\hat{\gamma}_{\text{HH-HV}}(\theta)\right| = \left|S_{\text{HH}}(\theta)S_{\text{HV}}^{*}(\theta)\right|,\quad \theta\in\left[-\pi,\pi\right) \tag{6.2.1}$$

$$\left|\hat{\gamma}_{\text{HH-VV}}(\theta)\right| = \left|S_{\text{HH}}(\theta)S_{\text{VV}}^{*}(\theta)\right|,\quad \theta\in\left[-\pi,\pi\right) \tag{6.2.2}$$

由于不同典型散射结构的二维极化相关方向图的取值范围不同，可利用极化相关最大值特征对二维极化相关方向图做归一化处理。值得注意的是，这种处理不同于二维极化相干方向图定义中的归一化处理[19]。与 Cameron 分解方法类似，本章重点考虑三面角、二面角、偶极子、圆柱体、窄二面角、四分之一波器件和螺旋体等典型散射结构。这些典型散射结构的极化散射矩阵和归一化的二维极化相关方向图表达式如表 6.2.1 所示。其中，序号 1～7 分别代表三面角、二面角、偶极子、圆柱体、窄二面角、四分之一波器件和螺旋体。从表中可知，典型散射结构的二维极化相关方向图的解析表达式以三角函数形式为主，呈周期性变化。不同典型散射结构的二维极化相关方向图通常具有明显差异。为了进行直观对比，图 6.2.1 给出了典型散射结构的二维极化相关方向图可视化结果，并可观察到不同散射结构在极化旋转域中的起伏程度和方向性效应是不同的。以三面角和二面角为例，理论上三面角结构具有极化旋转不变性，而二面角结构具有明显的方向性效应，二者的共极化相关方向图 $\left|\hat{\gamma}_{\text{HH-VV}}(\theta)\right|$ 分别呈现圆形和四叶形，如图 6.2.1(b1) 和图 6.2.1(b2) 所示。因此，二维极化相关方向图可以有效地可视化表征典型散射结构在极化旋转域中的散射特性和演化规律。这些典型散射结构的极化旋转域特性差异为人造目标的结构辨识提供了重要判据。

表 6.2.1　典型散射结构的极化散射矩阵和归一化的二维极化相关方向图表达式

序号	散射结构	$\boldsymbol{S}$	$\left\|\hat{\gamma}_{\text{HH-HV}}(\theta)\right\|$	$\left\|\hat{\gamma}_{\text{HH-VV}}(\theta)\right\|$
1	三面角	$\begin{bmatrix}1 & 0\\0 & 1\end{bmatrix}$	0	1

续表

序号	散射结构	$\boldsymbol{S}$	$\lvert\hat{\gamma}_{\text{HH-HV}}(\theta)\rvert$	$\lvert\hat{\gamma}_{\text{HH-VV}}(\theta)\rvert$
2	二面角	$\begin{bmatrix}1 & 0\\0 & -1\end{bmatrix}$	$\lvert\sin(4\theta)\rvert$	$\lvert[1+\cos(4\theta)]/2\rvert$
3	偶极子	$\begin{bmatrix}1 & 0\\0 & 0\end{bmatrix}$	$\left\lvert\dfrac{2\sqrt{2}\sin(2\theta)+\sin(4\theta)}{2\sqrt{2}\sin 64^\circ+\sin 128^\circ}\right\rvert$	$\lvert[1-\cos(4\theta)]/2\rvert$
4	圆柱体	$\begin{bmatrix}1 & 0\\0 & 1/2\end{bmatrix}$	$\left\lvert\dfrac{6\sin(2\theta)+\sin(4\theta)}{6\sin 74^\circ+\sin 148^\circ}\right\rvert$	$\lvert 17/18-1/18\cos(4\theta)\rvert$
5	窄二面角	$\begin{bmatrix}1 & 0\\0 & -1/2\end{bmatrix}$	$\left\lvert\dfrac{2\sin(2\theta)+3\sin(4\theta)}{2\sin 52^\circ+3\sin 104^\circ}\right\rvert$	$\lvert 7/16+9/16\cos(4\theta)\rvert$
6	四分之一波器件	$\begin{bmatrix}1 & 0\\0 & \pm\mathrm{j}\end{bmatrix}$	$\lvert -1/2\sin(4\theta)+\mathrm{j}\sin(2\theta)\rvert$	$\lvert[1+\mathrm{j}\cos(2\theta)]^2/2\rvert$
7	螺旋体	$\begin{bmatrix}1 & \pm\mathrm{j}\\\pm\mathrm{j} & -1\end{bmatrix}$	1	1

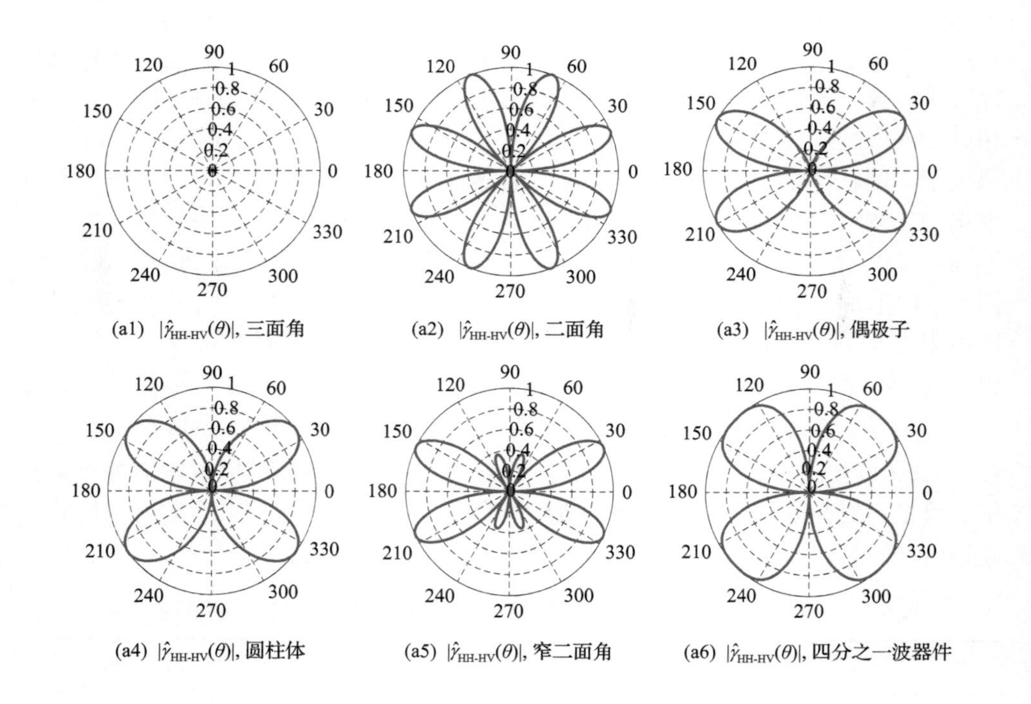

(a1) $\lvert\hat{\gamma}_{\text{HH-HV}}(\theta)\rvert$, 三面角　(a2) $\lvert\hat{\gamma}_{\text{HH-HV}}(\theta)\rvert$, 二面角　(a3) $\lvert\hat{\gamma}_{\text{HH-HV}}(\theta)\rvert$, 偶极子

(a4) $\lvert\hat{\gamma}_{\text{HH-HV}}(\theta)\rvert$, 圆柱体　(a5) $\lvert\hat{\gamma}_{\text{HH-HV}}(\theta)\rvert$, 窄二面角　(a6) $\lvert\hat{\gamma}_{\text{HH-HV}}(\theta)\rvert$, 四分之一波器件

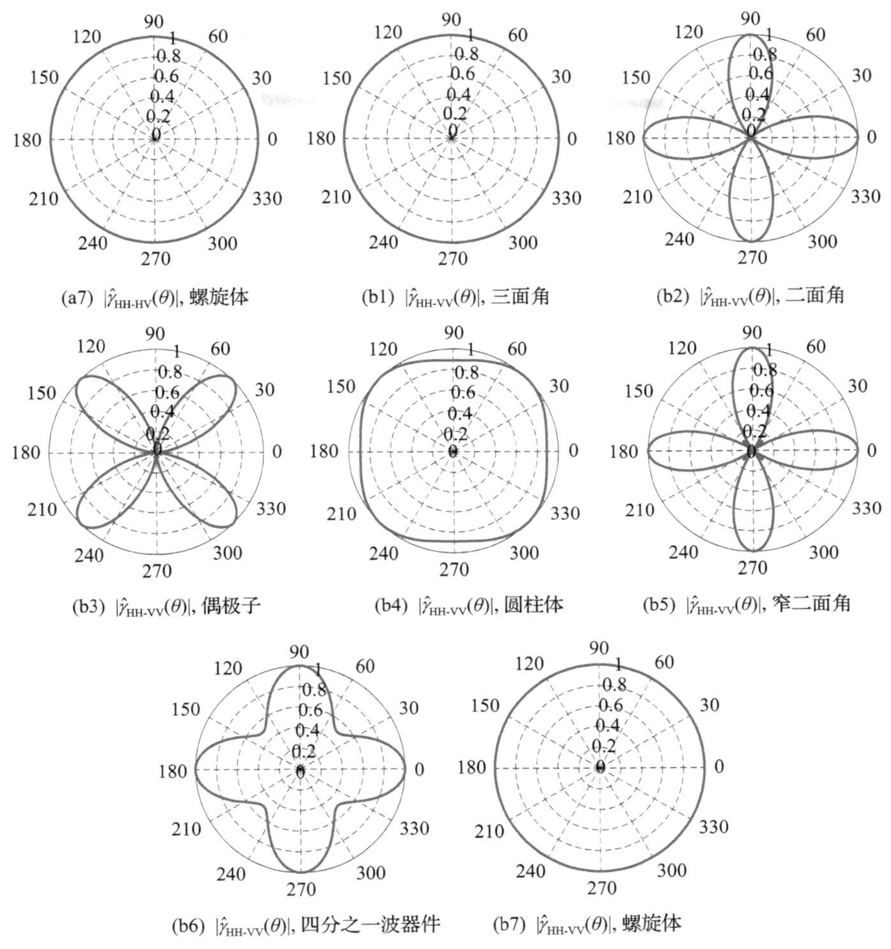

(a7) $|\hat{\gamma}_{\text{HH-HV}}(\theta)|$, 螺旋体　(b1) $|\hat{\gamma}_{\text{HH-VV}}(\theta)|$, 三面角　(b2) $|\hat{\gamma}_{\text{HH-VV}}(\theta)|$, 二面角

(b3) $|\hat{\gamma}_{\text{HH-VV}}(\theta)|$, 偶极子　(b4) $|\hat{\gamma}_{\text{HH-VV}}(\theta)|$, 圆柱体　(b5) $|\hat{\gamma}_{\text{HH-VV}}(\theta)|$, 窄二面角

(b6) $|\hat{\gamma}_{\text{HH-VV}}(\theta)|$, 四分之一波器件　(b7) $|\hat{\gamma}_{\text{HH-VV}}(\theta)|$, 螺旋体

图 6.2.1　典型散射结构的二维极化相关方向图可视化结果

2. 考虑极化测量误差的二维极化相关方向图

极化雷达作为多通道系统，在极化散射矩阵测量过程中通常会受到交叉耦合、通道不平衡等非理想因素的影响，从而影响目标散射结构解译。此外，通过极化校准，极化雷达系统的测量误差显著降低，但不会消失。因此，在目标结构辨识过程中，需要考虑极化测量误差因素带来的影响，从而建立更为鲁棒的目标结构辨识方法。考虑极化雷达各极化通道间存在交叉耦合和通道不平衡等情况，测量得到的极化散射矩阵可以表征为[20]

$$\boldsymbol{M}=\begin{bmatrix} M_{\text{HH}} & M_{\text{HV}} \\ M_{\text{VH}} & M_{\text{VV}} \end{bmatrix}=\begin{bmatrix} 1 & 0 \\ 0 & a \end{bmatrix}\begin{bmatrix} 1 & \delta \\ \delta & 1 \end{bmatrix}\begin{bmatrix} S_{\text{HH}} & S_{\text{HV}} \\ S_{\text{VH}} & S_{\text{VV}} \end{bmatrix}\begin{bmatrix} 1 & \delta \\ \delta & 1 \end{bmatrix}\begin{bmatrix} 1 & 0 \\ 0 & a \end{bmatrix}+\boldsymbol{N} \tag{6.2.3}$$

其中，δ 表示极化隔离度；a 表示极化通道幅度和相位不平衡；$\boldsymbol{N}$ 表示系统噪声，在后续分析中可省略。

这样，考虑极化测量误差的二维极化相关方向图 $\left|\tilde{\gamma}_{\text{HH-HV}}(\theta)\right|$ 和 $\left|\tilde{\gamma}_{\text{HH-VV}}(\theta)\right|$ 分别为

$$\left|\tilde{\gamma}_{\text{HH-HV}}(\theta)\right| = \left|M_{\text{HH}}(\theta)M_{\text{HV}}^{*}(\theta)\right|, \quad \theta \in [-\pi, \pi) \tag{6.2.4}$$

$$\left|\tilde{\gamma}_{\text{HH-VV}}(\theta)\right| = \left|M_{\text{HH}}(\theta)M_{\text{VV}}^{*}(\theta)\right|, \quad \theta \in [-\pi, \pi) \tag{6.2.5}$$

极化测量误差可以影响典型散射结构的二维极化相关方向图，对于完成了极化校准处理的极化雷达系统，式(6.2.4)和式(6.2.5)中的极化隔离度和极化通道不平衡参数为已知参量。

3. 极化旋转不变特征编码

由第 2 章可知，每种二维极化相关方向图各可导出 10 种极化旋转域特征[19]。从第 3 章可知，极化相关度特征、极化相关起伏度特征、极化相关最大值特征、极化相关最小值特征、极化相关对比度特征、极化相关反熵特征和极化相关宽度特征等为极化旋转不变特征。对于两种独立的二维极化相关方向图 $\left|\tilde{\gamma}_{\text{HH-HV}}(\theta)\right|$ 和 $\left|\tilde{\gamma}_{\text{HH-VV}}(\theta)\right|$，共有 14 种极化旋转不变特征。这些极化旋转不变特征不依赖目标与雷达的相对几何关系，适用于目标结构辨识。

在此基础上，以类间距离最大为准则，进一步开展极化特征优选。利用欧氏距离度量类间距离，选择使类间距离最大的极化特征并记录其被选中的频次。对三面角、二面角、偶极子、圆柱体、窄二面角、四分之一波器件和螺旋体等 7 种典型散射结构，将取值分别为–40～–5dB（步进 0.1dB）的极化隔离度、0～5dB（步进 0.1dB）的幅度不平衡和 0°～30°（步进 0.1°）的相位不平衡注入每种典型散射结构的理论极化散射矩阵中，可构建典型散射结构的样本数据集。这 7 种典型散射结构两两一对，可以形成 21 组散射结构对。极化特征优选结果如表 6.2.2 所示，括号中的数字表示特征被选频次。利用被选频次最高的 5 种极化旋转不变特征，可构建极化旋转域特征编码 $\boldsymbol{w}$，即

$$\boldsymbol{w} = \left[\left|\tilde{\gamma}_{\text{HH-HV}}(\theta)\right|_{\text{mean}} \ \left|\tilde{\gamma}_{\text{HH-HV}}(\theta)\right|_{\text{std}} \ \left|\tilde{\gamma}_{\text{HH-HV}}(\theta)\right|_{\text{bw0.95}} \ \left|\tilde{\gamma}_{\text{HH-VV}}(\theta)\right|_{\text{min}} \ \left|\tilde{\gamma}_{\text{HH-VV}}(\theta)\right|_{\text{A}}\right]^{\text{T}} \tag{6.2.6}$$

这 5 种极化旋转不变特征反映了极化旋转域给定极化通道间的丰富信息，将这些特征进行组合，则具备区分不同散射结构的能力。每种典型散射结构对应的极化旋转不变特征矢量定义为极化旋转不变特征编码矢量，简记为极化特征编码

矢量。在此基础上，可以得到不同测量误差下 7 种典型散射结构的理论极化特征编码矢量。以极化隔离度 –40dB 为例，7 种典型散射结构的理论极化特征编码矢量为

$$
\begin{bmatrix} \boldsymbol{v}_1 & \boldsymbol{v}_2 & \boldsymbol{v}_3 & \boldsymbol{v}_4 & \boldsymbol{v}_5 & \boldsymbol{v}_6 & \boldsymbol{v}_7 \end{bmatrix}
= \begin{bmatrix} 0.64 & 0.64 & 0.49 & 0.61 & 0.47 & 0.72 & 1 \\ 0.31 & 0.31 & 0.36 & 0.31 & 0.32 & 0.30 & 0 \\ 0.64 & 0.32 & 0.46 & 0.58 & 0.37 & 0.89 & 1.57 \\ 1 & 0 & 0 & 0.89 & 0.01 & 0.50 & 1 \\ 0 & 1 & 1 & 0.06 & 0.99 & 0.33 & 0 \end{bmatrix} \tag{6.2.7}
$$

其中，$\boldsymbol{v}_k$ 为第 k 种散射结构的极化特征编码矢量，序号 1～7 分别代表三面角、二面角、偶极子、圆柱体、窄二面角、四分之一波器件和螺旋体等 7 种典型散射结构。

表 6.2.2　极化特征优选结果

二维极化相关方向图	极化旋转域特征及选取频次
$\left\|\tilde{\gamma}_{\text{HH-HV}}(\theta)\right\|$	$\left\|\tilde{\gamma}_{\text{HH-HV}}(\theta)\right\|_{\text{bw0.95}}$（8）、$\left\|\tilde{\gamma}_{\text{HH-HV}}(\theta)\right\|_{\text{std}}$（2）、$\left\|\tilde{\gamma}_{\text{HH-HV}}(\theta)\right\|_{\text{mean}}$（2）、$\left\|\tilde{\gamma}_{\text{HH-HV}}(\theta)\right\|_{\text{min}}$（0）、$\left\|\tilde{\gamma}_{\text{HH-HV}}(\theta)\right\|_{\text{max}}$（0）、$\left\|\tilde{\gamma}_{\text{HH-HV}}(\theta)\right\|_{\text{contrast}}$（0）、$\left\|\tilde{\gamma}_{\text{HH-HV}}(\theta)\right\|_{\text{A}}$（0）
$\left\|\tilde{\gamma}_{\text{HH-VV}}(\theta)\right\|$	$\left\|\tilde{\gamma}_{\text{HH-VV}}(\theta)\right\|_{\text{A}}$（7）、$\left\|\tilde{\gamma}_{\text{HH-VV}}(\theta)\right\|_{\text{min}}$（2）、$\left\|\tilde{\gamma}_{\text{HH-VV}}(\theta)\right\|_{\text{bw0.95}}$（0）、$\left\|\tilde{\gamma}_{\text{HH-VV}}(\theta)\right\|_{\text{mean}}$（0）、$\left\|\tilde{\gamma}_{\text{HH-VV}}(\theta)\right\|_{\text{max}}$（0）、$\left\|\tilde{\gamma}_{\text{HH-VV}}(\theta)\right\|_{\text{contrast}}$（0）、$\left\|\tilde{\gamma}_{\text{HH-VV}}(\theta)\right\|_{\text{std}}$（0）

4. 人造目标结构辨识方法

通过极化特征编码矢量可以区分 7 类典型人造目标结构。在实际情况下，从实测数据中提取的特征值与理论值存在差异。将测量得到的极化特征编码矢量与理论值进行相似性距离度量，可确定与理论值最接近的极化特征编码矢量，其对应的结构类型即可判定为目标的结构类型。因此，散射结构类型判定表达式为

$$
d = \arg\min_{k} \left\| \boldsymbol{w} - \boldsymbol{v}_k \right\|^2 \tag{6.2.8}
$$

其中，$\boldsymbol{w}$ 为极化特征编码矢量；d 为使距离最小的极化特征编码矢量所对应的典型散射结构。

综上，可以发展一种基于极化特征编码矢量的人造目标结构辨识方法。首先，根据二维极化相关方向图解译工具，提取 $\left|\tilde{\gamma}_{\text{HH-HV}}(\theta)\right|_{\text{mean}}$、$\left|\tilde{\gamma}_{\text{HH-HV}}(\theta)\right|_{\text{std}}$、$\left|\tilde{\gamma}_{\text{HH-HV}}(\theta)\right|_{\text{bw0.95}}$、$\left|\tilde{\gamma}_{\text{HH-VV}}(\theta)\right|_{\text{min}}$ 和 $\left|\tilde{\gamma}_{\text{HH-VV}}(\theta)\right|_{\text{A}}$ 等 5 种优选极化旋转不变特征，构建极化特征编码矢量 $\boldsymbol{w}$。其次，根据极化测量误差参数得到典型散射结构的极

化特征编码矢量 $\boldsymbol{v}_k$ 。最后，根据极化特征编码矢量与各典型散射结构的极化特征编码矢量之间的差异确定目标结构类型，实现人造目标结构辨识。基于极化旋转域特征编码的结构辨识方法流程图如图 6.2.2 所示。

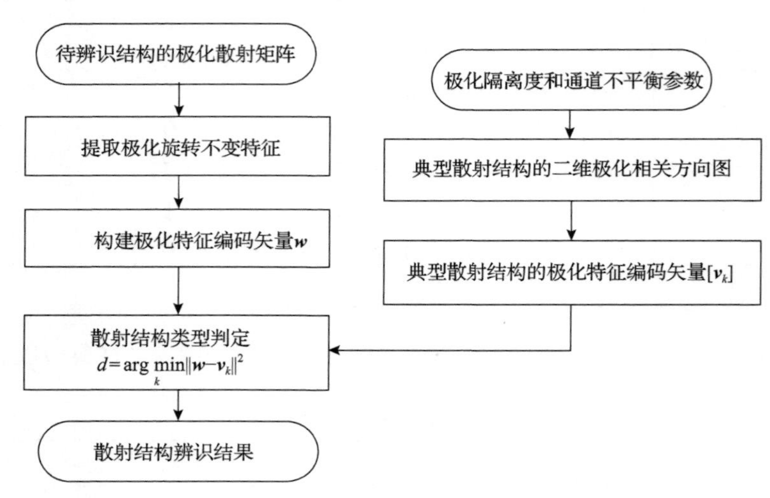

图 6.2.2　基于极化旋转域特征编码的结构辨识方法流程图

6.2.2　对比实验研究

本节利用典型散射结构、无人机电磁计算数据和舰船目标实测极化 SAR 数据进行对比实验研究，并选取 Cameron 分解方法[9]作为对比方法。

1. 结合典型散射结构电磁计算数据的结构辨识研究

首先以平板、三面角、二面角和圆柱体等四种典型散射结构为研究对象，其计算机辅助设计(computer aided design, CAD)仿真模型如图 6.2.3 所示。使用电磁计算软件仿真得到各种典型散射结构的极化散射矩阵数据，仿真参数设置为：频率 8～12GHz，步进 0.1GHz；俯仰角 30°～60°，步进 10°；方位角–45°～45°，步进 1°。散射结构尺寸 l 设置为 1m，r 为 0.25m。

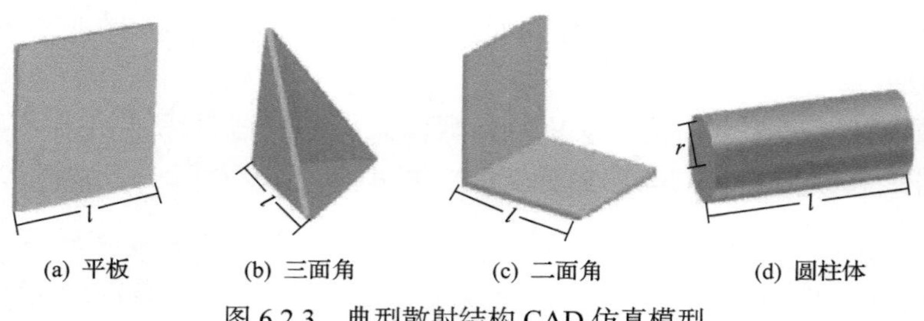

图 6.2.3　典型散射结构 CAD 仿真模型

结合电磁计算数据的典型散射结构辨识结果如图 6.2.4 所示。其中，投影平面是两种方法结构辨识精度的差值。可以看到，两种方法的辨识精度都随着方位角度和极化测量误差的增大而降低。当极化隔离度为–25dB、幅度不平衡为 3dB 和相位不平衡为 15°时，Cameron 分解方法的辨识精度开始降低。当极化隔离度为–15dB、幅度不平衡为 3.5dB 和相位不平衡为 25°时，极化旋转域方法的辨识精度开始降低。然而，极化旋转域方法的辨识精度下降幅度要小于 Cameron 分解方法。此外，极化旋转域方法对于方位角度的敏感性低于 Cameron 分解方法，辨识精度高于 Cameron 分解方法。对比实验结果表明，极化旋转域方法的目标结构辨识性能优于 Cameron 分解方法，且具有更强的鲁棒性。

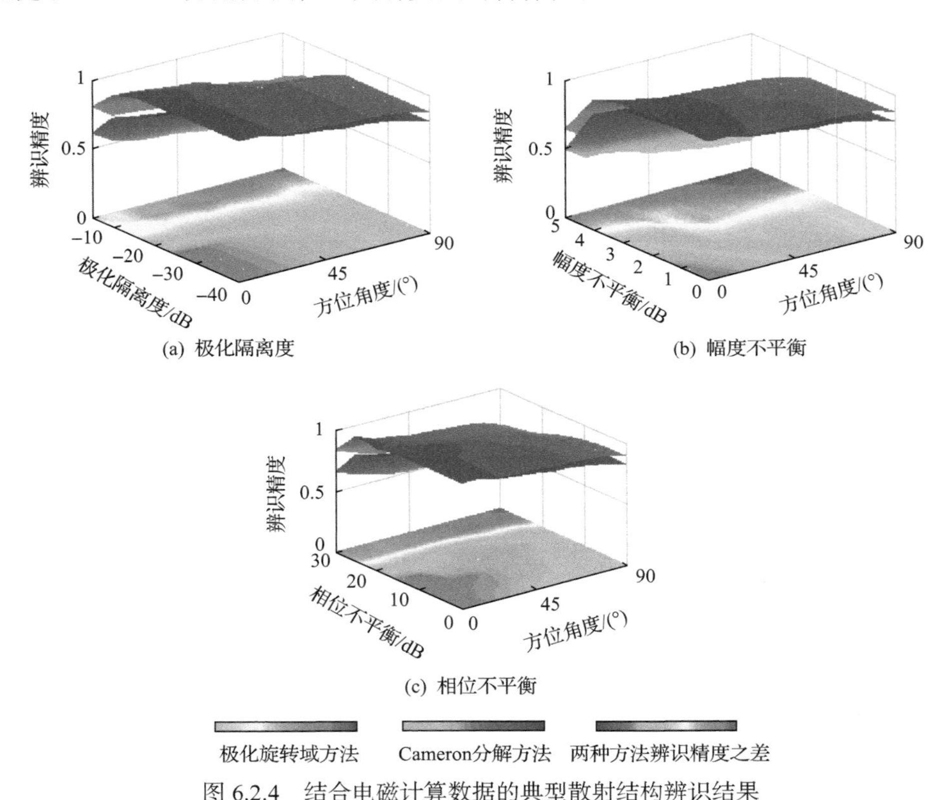

图 6.2.4　结合电磁计算数据的典型散射结构辨识结果

2. 结合无人机电磁计算数据的结构辨识研究

本节结合捕食者无人机 MQ-1 的电磁计算数据开展结构辨识研究。该无人机为全金属模型，如图 6.2.5(a)所示。电磁仿真的中心频率为 10GHz，带宽为 4GHz，俯仰角为 0°。图 6.2.5(b)和(c)分别为方位角 0°和 45°(即正视和斜视)时，无人机极化雷达图像对应的 Pauli 彩图。极化雷达图像中的散射中心表现为具有局部峰值强度的像素，因此将图像中各能量强点提取为散射中心。

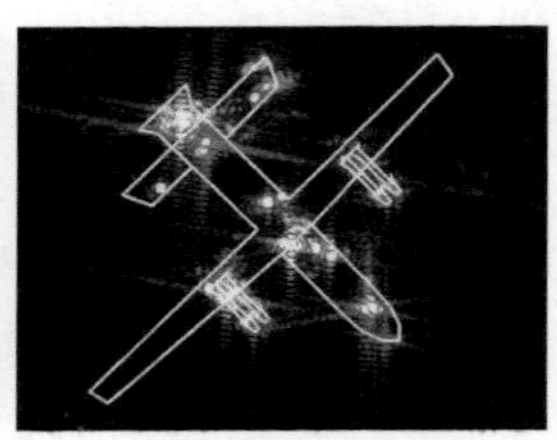

(a) 无人机模型　　(b) 0°正视时的Pauli彩图　　(c) 45°斜视时的Pauli彩图

图 6.2.5　捕食者无人机 MQ-1

无人机目标结构辨识结果对比如图 6.2.6 所示。极化旋转域方法和 Cameron 分解方法结构辨识结果的混淆矩阵如表 6.2.3 所示。对比极化旋转域方法与 Cameron 分解方法得到的辨识结果可知，两种方法得到的辨识结果一致的散射中心占比为 84.17%，不一致的占比为 15.83%。在正视图中，无人机目标以圆柱体结构为主。在斜视图中，无人机的散射机理变得更为复杂。其中，四分之一波器件结构最多，其他依次为圆柱体、窄二面角、三面角和偶极子。在正视图中，由于无人机模型整体为对称结构，机翼和机身连接处的 4 个散射中心理论上是一致的。Cameron 分解方法将其中一个散射中心判定为四分之一波器件，其余三个散射中心判定为窄二面角结构，如图 6.2.6(a) 所示。极化旋转域方法准确地将 4 个散射中心辨识为窄二面角结构，如图 6.2.6(b) 所示。在斜视图中，红色标注区域为无人机天线部件，应为偶极子结构。Cameron 分解方法将其部分散射中心判定为圆柱体结构。此外，两种方法的辨识结果在尾翼部分出现较多差异。由于尾翼结构较为复杂，结构对应关系并不明确，本节不进行分析。综上，极化旋转域方法的目标散射结构判别结果与实际结构更为符合，进一步验证了该方法对人造目标结构辨识的性能优势。

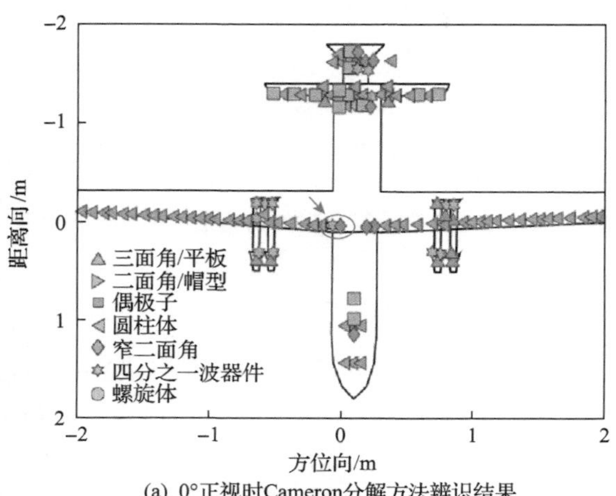

(a) 0°正视时Cameron分解方法辨识结果

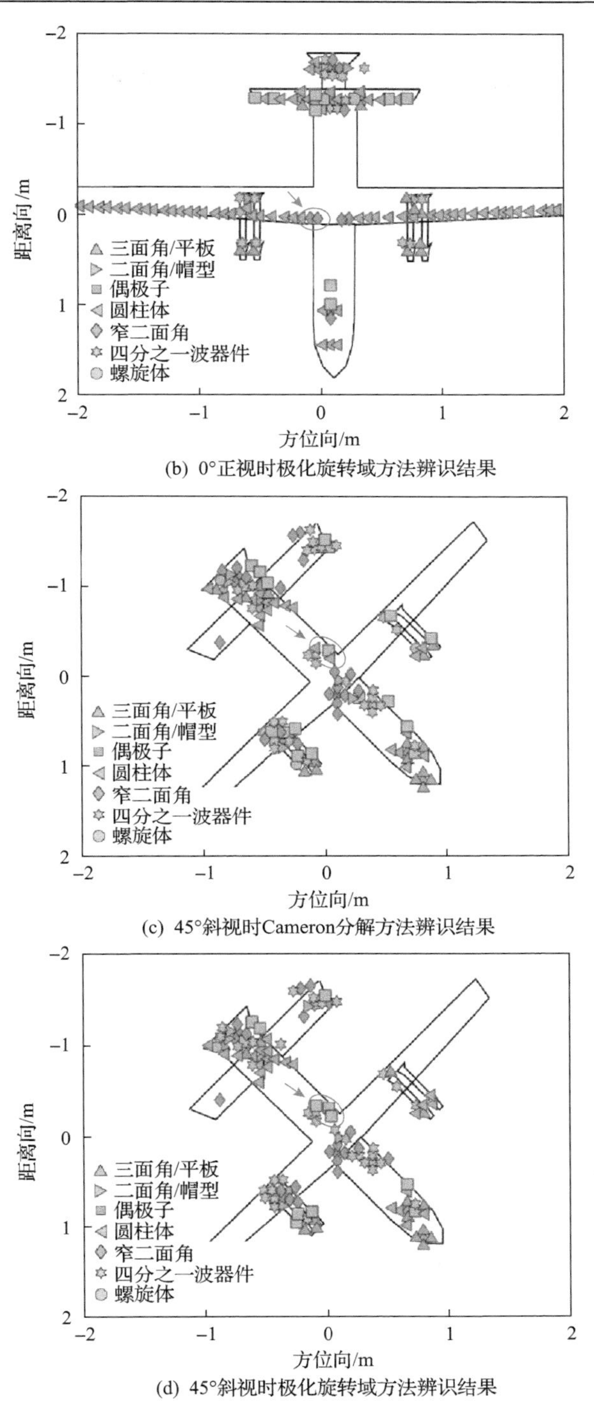

(b) 0°正视时极化旋转域方法辨识结果

(c) 45°斜视时Cameron分解方法辨识结果

(d) 45°斜视时极化旋转域方法辨识结果

图 6.2.6　无人机目标结构辨识结果对比(见彩图)

表 6.2.3 极化旋转域方法与 Cameron 分解方法结构辨识结果的混淆矩阵

视角	Cameron 分解方法	极化旋转域方法						
		三面角	二面角	偶极子	圆柱体	窄二面角	四分之一波器件	螺旋体
0°正视	三面角	10	0	0	0	0	0	0
	二面角	0	0	0	0	0	0	0
	偶极子	0	0	9	1	0	4	0
	圆柱体	0	0	1	69	0	1	0
	窄二面角	0	1	0	0	9	0	0
	四分之一波器件	0	2	0	0	1	12	0
	螺旋体	0	0	0	0	0	0	0
45°斜视	三面角	15	0	0	2	0	0	1
	二面角	0	4	1	0	0	0	0
	偶极子	1	0	10	3	3	1	0
	圆柱体	1	0	2	21	0	0	0
	窄二面角	0	0	1	0	18	4	0
	四分之一波器件	0	1	0	0	2	25	0
	螺旋体	0	0	3	0	0	1	0

3. 结合舰船目标实测极化 SAR 数据的结构辨识研究

为了评估极化旋转域方法对实测人造目标数据的辨识性能，选取 L 波段 ALOS/PALSAR-2 的极化 SAR 数据开展实验验证。该数据获取于 2018 年 8 月 21 日，覆盖了旧金山区域，数据的标称分辨率为 5.1m×4.3m(距离向×方位向)。从数据中选取一个含有舰船目标的区域，大小为 50×120，光学图像如图 6.2.7(a)所示。

Cameron 分解方法与极化旋转域方法的目标结构辨识结果分别如图 6.2.7(b)和(c)所示。舰船的尾部和侧面主要由偶次散射机理组成，对应于二面角和窄二面角结构。舰船的甲板上有圆柱体结构，同时一些局部结构为四分之一波器件结构。在光学图像中，红色椭圆标记的区域分别为平台和输油管道，对应平板结构和圆柱体结构。Cameron 分解方法将平台误判为四分之一波器件，将输油管道部分误判为三面角和偶极子。极化旋转域方法则准确地辨识出平板结构和圆柱体结构。综上，相比于 Cameron 分解方法，极化旋转域方法具有更优的人造目标结构辨识性能。

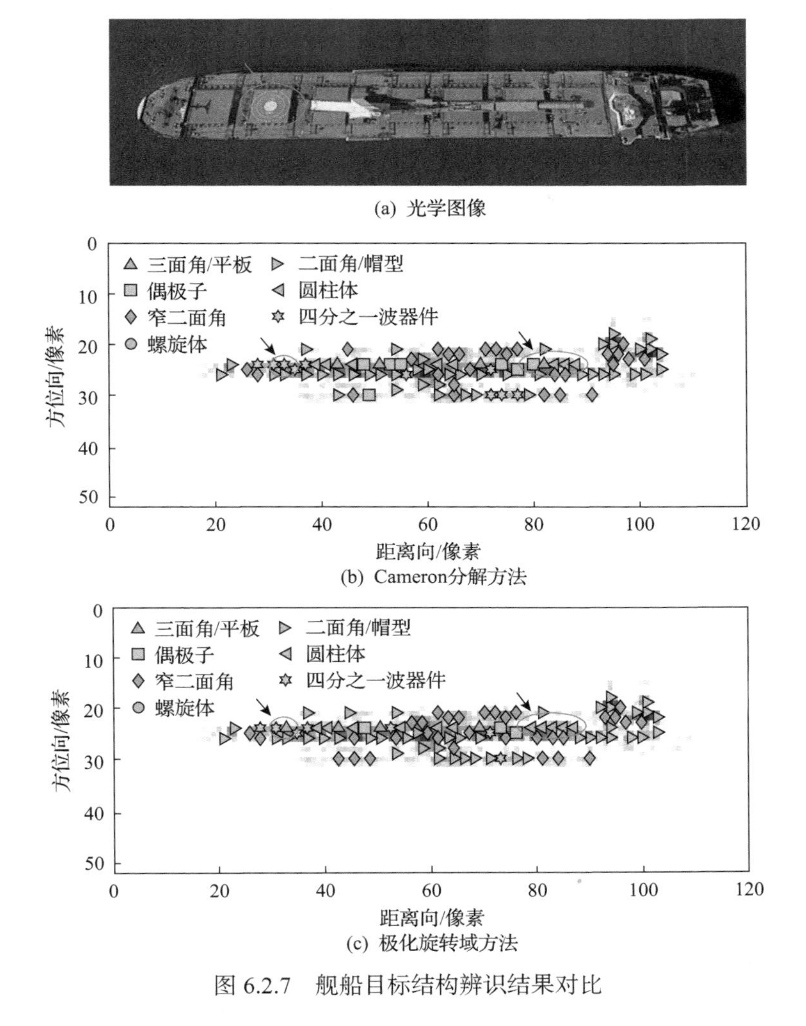

(a) 光学图像

(b) Cameron分解方法

(c) 极化旋转域方法

图 6.2.7　舰船目标结构辨识结果对比

6.3　基于极化旋转域零极化响应方向图的目标结构辨识

全极化信息的获取对目标散射特性解译具有重要意义[1,21]。目标最优极化是指能够使极化雷达接收功率达到最大值或最小值的收发天线最优极化状态组合。目标最优极化的概念最早由 Kennaugh 于 1952 年提出，最初主要针对单站互易性情形[22]。Huynen 进一步提出了雷达目标唯象学理论方法，并利用 Poincaré 极化球和 Stokes 矢量来表征电磁波的极化状态，提出了目标特征极化的“极化叉”概念[23,24]。Boerner 等将目标最优极化的概念拓展到双站、非互易以及非相干等情形[25-30]。此后，目标最优极化理论不断发展完善[31-33]。共极化零点又称零极化，是一种特殊的本征极化，在目标最优极化中占有相当重要的地位。利用一对共极化零点可以恢复出除绝对能量之外极化散射矩阵的全部信息，也即可以利用共极化零点来重建极化散射矩阵[33,34]。然而，对零极化的研究主要集中在基本概念和理论研究层面[32]，应用研究报道较少。本节介绍在极化旋转域挖掘零极化特征的研究思路，并介绍一种基于极化旋转域零极化响应方向图特征的人造目标结构辨识方法[16]。

6.3.1 零极化响应方向图解译工具

1. 目标零极化理论

对于给定目标极化散射矩阵，极化雷达接收到的回波功率可以表示为

$$P=\left|\boldsymbol{h}_{\mathrm{r}}^{\mathrm{T}}\boldsymbol{S}\boldsymbol{h}_{\mathrm{t}}\right|^2 \tag{6.3.1}$$

其中，$\boldsymbol{h}_{\mathrm{t}}$ 和 $\boldsymbol{h}_{\mathrm{r}}$ 分别为发射天线和接收天线的极化状态。当 $\boldsymbol{h}_{\mathrm{t}}=\boldsymbol{h}_{\mathrm{r}}=\boldsymbol{h}$ 成立时，极化响应 $P_{\mathrm{co}}=\left|\boldsymbol{h}^{\mathrm{T}}\boldsymbol{S}\boldsymbol{h}\right|^2$ 称为共极化响应。通过调节发射天线和接收天线的极化状态，目标极化响应可以达到极值，并称为目标最优极化。在目标最优极化状态中，共极化零点又称为零极化，是使共极化响应等于零的状态，即 $P_{\mathrm{co}}=0$。

表 6.3.1 给出了 10 种典型散射结构的极化散射矩阵和零极化矢量。这些典型散射结构在人造目标结构辨识中应用广泛。从表 6.3.1 可知，除了水平/垂直偶极子和左/右螺旋体外，其他结构的极化散射矩阵都有两个零极化矢量。此外，左螺旋体和右螺旋体的零极化矢量分别与三面角的一种零极化矢量相同。因此，对于这 10 种典型散射结构，共有 14 种零极化矢量。

表 6.3.1 典型散射结构的极化散射矩阵和零极化矢量

散射结构	极化散射矩阵	零极化矢量
三面角	$\begin{bmatrix}1 & 0\\ 0 & 1\end{bmatrix}$	$\boldsymbol{h}_1=\frac{1}{\sqrt{2}}\begin{bmatrix}1\\ \mathrm{j}\end{bmatrix}$，$\boldsymbol{h}_2=\frac{1}{\sqrt{2}}\begin{bmatrix}1\\ -\mathrm{j}\end{bmatrix}$
二面角	$\begin{bmatrix}1 & 0\\ 0 & -1\end{bmatrix}$	$\boldsymbol{h}_3=\frac{1}{\sqrt{2}}\begin{bmatrix}1\\ 1\end{bmatrix}$，$\boldsymbol{h}_4=\frac{1}{\sqrt{2}}\begin{bmatrix}1\\ -1\end{bmatrix}$
圆柱体	$\begin{bmatrix}1 & 0\\ 0 & 1/2\end{bmatrix}$	$\boldsymbol{h}_5=\frac{1}{\sqrt{3}}\begin{bmatrix}1\\ \sqrt{2}\mathrm{j}\end{bmatrix}$，$\boldsymbol{h}_6=\frac{1}{\sqrt{3}}\begin{bmatrix}1\\ -\sqrt{2}\mathrm{j}\end{bmatrix}$
窄二面角	$\begin{bmatrix}1 & 0\\ 0 & -1/2\end{bmatrix}$	$\boldsymbol{h}_7=\frac{1}{\sqrt{3}}\begin{bmatrix}1\\ \sqrt{2}\end{bmatrix}$，$\boldsymbol{h}_8=\frac{1}{\sqrt{3}}\begin{bmatrix}1\\ -\sqrt{2}\end{bmatrix}$
四分之一波器件-1	$\begin{bmatrix}1 & 0\\ 0 & \mathrm{j}\end{bmatrix}$	$\boldsymbol{h}_9=\frac{1}{2}\begin{bmatrix}\sqrt{2}\\ 1+\mathrm{j}\end{bmatrix}$，$\boldsymbol{h}_{10}=\frac{1}{2}\begin{bmatrix}\sqrt{2}\\ -(1+\mathrm{j})\end{bmatrix}$

续表

散射结构	极化散射矩阵	零极化矢量
四分之一波器件-2	$\begin{bmatrix}1 & 0\\0 & -\mathrm{j}\end{bmatrix}$	$\boldsymbol{h}_{11}=\frac{1}{2}\begin{bmatrix}\sqrt{2}\\1-\mathrm{j}\end{bmatrix}$，$\boldsymbol{h}_{12}=\frac{1}{2}\begin{bmatrix}\sqrt{2}\\-(1-\mathrm{j})\end{bmatrix}$
水平偶极子	$\begin{bmatrix}1 & 0\\0 & 0\end{bmatrix}$	$\boldsymbol{h}_{13}=\begin{bmatrix}0\\1\end{bmatrix}$
垂直偶极子	$\begin{bmatrix}0 & 0\\0 & 1\end{bmatrix}$	$\boldsymbol{h}_{14}=\begin{bmatrix}1\\0\end{bmatrix}$
左螺旋体	$\begin{bmatrix}1 & \mathrm{j}\\\mathrm{j} & -1\end{bmatrix}$	$\boldsymbol{h}_{1}=\frac{1}{\sqrt{2}}\begin{bmatrix}1\\\mathrm{j}\end{bmatrix}$
右螺旋体	$\begin{bmatrix}1 & -\mathrm{j}\\-\mathrm{j} & -1\end{bmatrix}$	$\boldsymbol{h}_{2}=\frac{1}{\sqrt{2}}\begin{bmatrix}1\\-\mathrm{j}\end{bmatrix}$

2. 极化旋转域零极化响应方向图

从第 2 章可知，将极化散射矩阵绕雷达视线方向进行旋转，可以得到极化旋转域中的目标极化散射矩阵。将雷达目标极化响应拓展到极化旋转域，可以得到极化旋转域的共极化响应，即

$$P_{\mathrm{co}}(\theta)=\left|\boldsymbol{h}^{\mathrm{T}}\boldsymbol{S}(\theta)\boldsymbol{h}\right|^{2},\quad \theta\in[-\pi,\pi) \tag{6.3.2}$$

将 $\boldsymbol{h}$ 替换为典型散射结构的零极化矢量 $\boldsymbol{h}_i, i=1,2,\cdots,14$，如表 6.3.1 所示，则 $P_{\mathrm{co}}(\theta)$ 为目标的极化旋转域零极化响应。因此，可进一步得到一种极化旋转域解译工具，即极化旋转域零极化响应方向图 $\left|\gamma_i(\theta)\right|^{\mathrm{NP}}$，用于表征极化旋转域中的零极化响应特性，定义为

$$\left|\gamma_i(\theta)\right|^{\mathrm{NP}}=\frac{P_{\mathrm{co}}(\theta)}{P_{\mathrm{co}}^{\max}}=\frac{\left|\boldsymbol{h}_i^{\mathrm{T}}\boldsymbol{S}(\theta)\boldsymbol{h}_i\right|^{2}}{P_{\mathrm{co}}^{\max}},\quad \theta\in[-\pi,\pi) \tag{6.3.3}$$

其中，$P_{\mathrm{co}}^{\max}$ 表示共极化响应的最大值，且 $\left|\gamma_i(\theta)\right|^{\mathrm{NP}}\in[0,1]$。

可以证明，对于同一目标，当零极化矢量满足 $\boldsymbol{h}_m=\boldsymbol{R}(\theta_j)\boldsymbol{h}_n$ 时，极化旋转域零极化响应方向图 $\left|\gamma_m(\theta)\right|^{\mathrm{NP}}$ 和 $\left|\gamma_n(\theta)\right|^{\mathrm{NP}}$ 等价。根据表 6.3.1 中的零极化矢量，可得到如下等价关系式：

$$\boldsymbol{h}_3=\boldsymbol{R}(\theta_1)\boldsymbol{h}_7,\quad \boldsymbol{h}_4=\boldsymbol{R}(\theta_2)\boldsymbol{h}_8 \tag{6.3.4}$$

$$\boldsymbol{h}_3 = \boldsymbol{R}(\theta_3)\boldsymbol{h}_{13}, \quad \boldsymbol{h}_4 = \boldsymbol{R}(\theta_4)\boldsymbol{h}_{14} \tag{6.3.5}$$

$$\boldsymbol{h}_9 = \boldsymbol{R}(\theta_5)\boldsymbol{h}_{11}, \quad \boldsymbol{h}_{10} = \boldsymbol{R}(\theta_6)\boldsymbol{h}_{12} \tag{6.3.6}$$

其中，$\boldsymbol{R}(\theta_j)$为旋转矩阵，且有$\theta_1 \approx 9.7°$、$\theta_2 \approx -9.7°$、$\theta_3=45°$、$\theta_4=-45°$、$\theta_5 \approx 70.5°$和$\theta_6 \approx 70.5°$。

因此，极化旋转域零极化响应方向图$|\gamma_3(\theta)|^{\mathrm{NP}}$、$|\gamma_4(\theta)|^{\mathrm{NP}}$、$|\gamma_7(\theta)|^{\mathrm{NP}}$、$|\gamma_8(\theta)|^{\mathrm{NP}}$、$|\gamma_{13}(\theta)|^{\mathrm{NP}}$和$|\gamma_{14}(\theta)|^{\mathrm{NP}}$以及$|\gamma_9(\theta)|^{\mathrm{NP}}$、$|\gamma_{10}(\theta)|^{\mathrm{NP}}$、$|\gamma_{11}(\theta)|^{\mathrm{NP}}$和$|\gamma_{12}(\theta)|^{\mathrm{NP}}$是分别等价的。这样，表 6.3.1 中的 14 种零极化矢量中，可重点考虑$\boldsymbol{h}_1$、$\boldsymbol{h}_2$、$\boldsymbol{h}_3$、$\boldsymbol{h}_4$、$\boldsymbol{h}_5$、$\boldsymbol{h}_6$、$\boldsymbol{h}_9$和$\boldsymbol{h}_{10}$这 8 种独立的零极化矢量，可构建 8 种独立的极化旋转域零极化响应方向图$|\gamma_i(\theta)|^{\mathrm{NP}}$，$i=1,2,\cdots,8$。

3. 可视化与特征表征

类似于极化相干方向图和极化相关方向图，极化旋转域零极化响应方向图也是一种极化旋转域可视化解译与表征工具，对目标散射机理的刻画具有重要意义。对于同一目标，典型散射结构的 8 种独立零极化矢量可构建 8 种独立的极化旋转域零极化响应方向图。例如，以窄二面角为例，其 8 种独立的极化旋转域零极化响应方向图如图 6.3.1 所示。可以看到，不同极化旋转域零极化响应方向图具有显著差异。

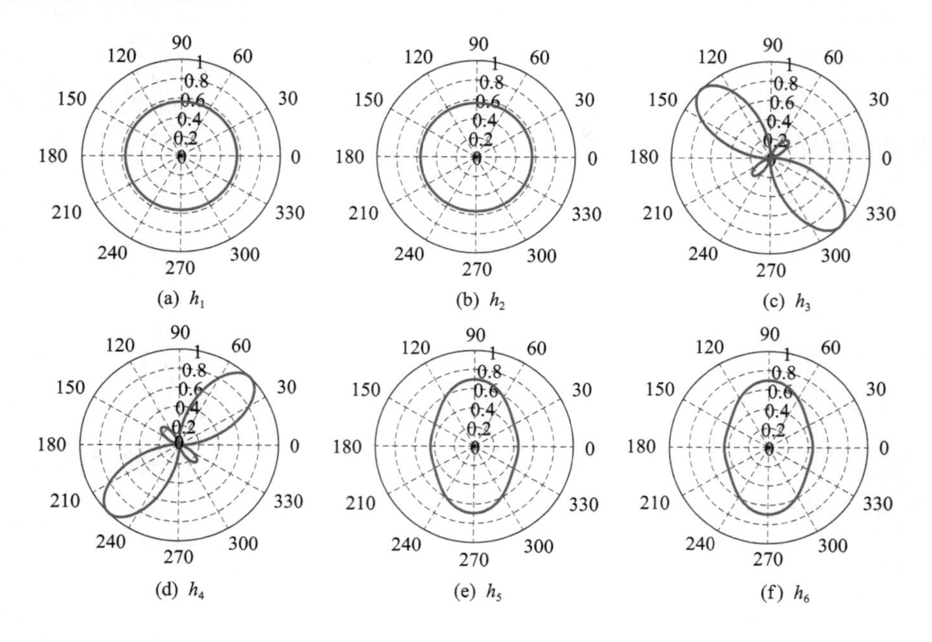

(a) h_1　(b) h_2　(c) h_3

(d) h_4　(e) h_5　(f) h_6

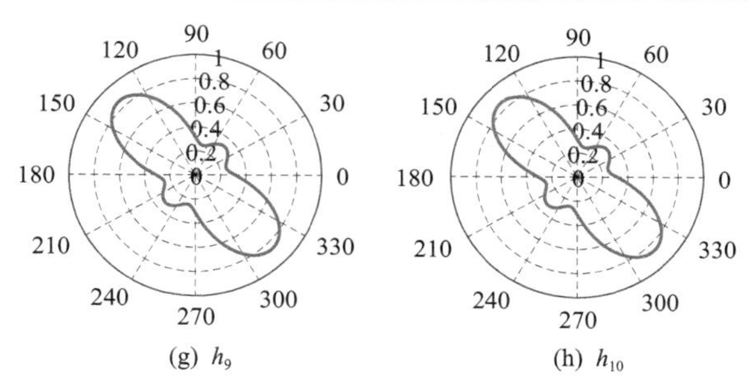

图 6.3.1　窄二面角结构的极化旋转域零极化响应方向图

为便于定量刻画极化旋转域零极化响应方向图，类似于极化相干方向图，可以定义 10 种极化特征量，分别如下。

(1) 零极化响应初始值特征 $\left|\gamma_i(\theta)\right|_{\text{org}}^{\text{NP}}$：定义为没有经过任何旋转处理，在 $\theta=0°$ 处的极化旋转域零极化响应取值，即

$$\left|\gamma_i(\theta)\right|_{\text{org}}^{\text{NP}}=\left|\gamma_i(0)\right|^{\text{NP}} \tag{6.3.7}$$

(2) 零极化响应均值特征 $\left|\gamma_i(\theta)\right|_{\text{mean}}^{\text{NP}}$：定义为极化旋转域零极化响应取值的均值，即

$$\left|\gamma_i(\theta)\right|_{\text{mean}}^{\text{NP}}=\frac{1}{2\pi}\int_{-\pi}^{\pi}\left|\gamma_i(\theta)\right|^{\text{NP}}\mathrm{d}\theta \tag{6.3.8}$$

(3) 零极化响应起伏度特征 $\left|\gamma_i(\theta)\right|_{\text{std}}^{\text{NP}}$：定义为极化旋转域零极化响应取值的标准差，即

$$\left|\gamma_i(\theta)\right|_{\text{std}}^{\text{NP}}=\sqrt{\frac{1}{2\pi}\int_{-\pi}^{\pi}\left(\left|\gamma_i(\theta)\right|^{\text{NP}}-\left|\gamma_i(\theta)\right|_{\text{mean}}^{\text{NP}}\right)^2\mathrm{d}\theta} \tag{6.3.9}$$

(4) 零极化响应最大值特征 $\left|\gamma_i(\theta)\right|_{\max}^{\text{NP}}$：定义为极化旋转域零极化响应取值的最大值，即

$$\left|\gamma_i(\theta)\right|_{\max}^{\text{NP}}=\max\left(\left|\gamma_i(\theta)\right|^{\text{NP}}\right) \tag{6.3.10}$$

(5) 零极化响应最小值特征 $\left|\gamma_i(\theta)\right|_{\min}^{\text{NP}}$：定义为极化旋转域零极化响应取值的最小值，即

$$\left|\gamma_i(\theta)\right|_{\min}^{\mathrm{NP}} = \min\left(\left|\gamma_i(\theta)\right|^{\mathrm{NP}}\right) \tag{6.3.11}$$

(6) 零极化响应对比度特征 $\left|\gamma_i(\theta)\right|_{\mathrm{contrast}}^{\mathrm{NP}}$：定义为极化旋转域零极化响应最大值特征与最小值特征之差，即

$$\left|\gamma_i(\theta)\right|_{\mathrm{contrast}}^{\mathrm{NP}} = \left|\gamma_i(\theta)\right|_{\max}^{\mathrm{NP}} - \left|\gamma_i(\theta)\right|_{\min}^{\mathrm{NP}} \tag{6.3.12}$$

(7) 零极化响应反熵特征 $\left|\gamma_i(\theta)\right|_{\mathrm{A}}^{\mathrm{NP}}$：定义为极化旋转域零极化响应最大值特征与最小值特征之差和极化旋转域零极化响应最大值特征与最小值特征之和的比值，即

$$\left|\gamma_i(\theta)\right|_{\mathrm{A}}^{\mathrm{NP}} = \frac{\left|\gamma_i(\theta)\right|_{\max}^{\mathrm{NP}} - \left|\gamma_i(\theta)\right|_{\min}^{\mathrm{NP}}}{\left|\gamma_i(\theta)\right|_{\max}^{\mathrm{NP}} + \left|\gamma_i(\theta)\right|_{\min}^{\mathrm{NP}}} \tag{6.3.13}$$

(8) 零极化响应宽度特征 $\left|\gamma_i(\theta)\right|_{\mathrm{bw0.95}}^{\mathrm{NP}}$：定义为极化旋转域零极化响应方向图主值区间中零极化响应取值不低于 $0.95\times\left|\gamma_i(\theta)\right|_{\max}^{\mathrm{NP}}$ 的旋转角度范围，即

$$\left|\gamma_i(\theta)\right|_{\mathrm{bw0.95}}^{\mathrm{NP}} = \left\{\theta \,\middle|\, \left|\gamma_i(\theta)\right|_{\max}^{\mathrm{NP}} \geqslant \left|\gamma_i(\theta)\right| \geqslant 0.95\times\left|\gamma_i(\theta)\right|_{\max}^{\mathrm{NP}}\right\} \tag{6.3.14}$$

(9) 最大旋转角特征 $\theta_{\left|\gamma_i(\theta)\right|_{\max}^{\mathrm{NP}}}$：定义为极化旋转域零极化响应方向图主值区间中零极化响应最大值特征 $\left|\gamma_i(\theta)\right|_{\max}^{\mathrm{NP}}$ 对应的旋转角，即

$$\theta_{\left|\gamma_i(\theta)\right|_{\max}^{\mathrm{NP}}} = \left\{\theta \,\middle|\, \left|\gamma_i(\theta)\right|^{\mathrm{NP}} = \left|\gamma_i(\theta)\right|_{\max}^{\mathrm{NP}}\right\} \tag{6.3.15}$$

(10) 最小旋转角特征 $\theta_{\left|\gamma_i(\theta)\right|_{\min}^{\mathrm{NP}}}$：定义为极化旋转域零极化响应方向图主值区间中零极化响应最小值特征 $\left|\gamma_i(\theta)\right|_{\min}^{\mathrm{NP}}$ 对应的旋转角，即

$$\theta_{\left|\gamma_i(\theta)\right|_{\min}^{\mathrm{NP}}} = \left\{\theta \,\middle|\, \left|\gamma_i(\theta)\right|^{\mathrm{NP}} = \left|\gamma_i(\theta)\right|_{\min}^{\mathrm{NP}}\right\} \tag{6.3.16}$$

6.3.2　目标结构辨识方法

1. 目标零极化响应方向图的极化特征编码

在极化旋转域零极化响应方向图特征中，最大旋转角特征、最小旋转角特征以及零极化响应宽度特征等 3 种极化特征为角度类特征，其他 7 种极化特征为幅值类特征。由于两类极化特征量纲不同，本节重点考虑 7 种幅值类特征。此外，

由于零极化响应对比度特征和零极化响应反熵特征可通过零极化响应最大值特征和零极化响应最小值特征得到，所以可暂不考虑。因此，本节选取零极化响应初始值特征 $\left|\gamma_i(\theta)\right|_{\text{org}}^{\text{NP}}$、零极化响应均值特征 $\left|\gamma_i(\theta)\right|_{\text{mean}}^{\text{NP}}$、零极化响应起伏度特征 $\left|\gamma_i(\theta)\right|_{\text{std}}^{\text{NP}}$、零极化响应最大值特征 $\left|\gamma_i(\theta)\right|_{\max}^{\text{NP}}$ 和零极化响应最小值特征 $\left|\gamma_i(\theta)\right|_{\min}^{\text{NP}}$ 等 5 种特征来构建极化特征编码矢量。此外，典型散射结构的不同零极化矢量对应 8 种极化旋转域零极化响应方向图。因此，极化旋转域零极化响应方向图的极化特征编码矢量 $\boldsymbol{F}$ 为

$$\boldsymbol{F}=\left\{\left|\gamma_i(\theta)\right|_{\text{org}}^{\text{NP}},\left|\gamma_i(\theta)\right|_{\text{mean}}^{\text{NP}},\left|\gamma_i(\theta)\right|_{\text{std}}^{\text{NP}},\left|\gamma_i(\theta)\right|_{\max}^{\text{NP}},\left|\gamma_i(\theta)\right|_{\min}^{\text{NP}}\right\},\quad i=1,2,\cdots,8 \tag{6.3.17}$$

易知，$\boldsymbol{F}$ 是一个 5 行 8 列的矩阵。以圆柱体为例，其极化旋转域零极化响应方向图的极化特征编码矢量 $\boldsymbol{F}$ 如表 6.3.2 所示。

表 6.3.2　圆柱体极化旋转域零极化响应方向图的极化特征编码矢量

极化特征	极化旋转域零极化响应方向图							
	$\left\|\gamma_1(\theta)\right\|^{\text{NP}}$	$\left\|\gamma_2(\theta)\right\|^{\text{NP}}$	$\left\|\gamma_3(\theta)\right\|^{\text{NP}}$	$\left\|\gamma_4(\theta)\right\|^{\text{NP}}$	$\left\|\gamma_5(\theta)\right\|^{\text{NP}}$	$\left\|\gamma_6(\theta)\right\|^{\text{NP}}$	$\left\|\gamma_7(\theta)\right\|^{\text{NP}}$	$\left\|\gamma_8(\theta)\right\|^{\text{NP}}$
$\left\|\gamma_i(\theta)\right\|_{\text{org}}^{\text{NP}}$	0.06	0.06	0.56	0.56	0	0	0.31	0.31
$\left\|\gamma_i(\theta)\right\|_{\text{mean}}^{\text{NP}}$	0.06	0.06	0.59	0.59	0.12	0.12	0.33	0.33
$\left\|\gamma_i(\theta)\right\|_{\text{std}}^{\text{NP}}$	0	0	0.27	0.27	0.09	0.09	0.19	0.19
$\left\|\gamma_i(\theta)\right\|_{\max}^{\text{NP}}$	0.06	0.06	1	1	0.25	0.25	0.61	0.61
$\left\|\gamma_i(\theta)\right\|_{\min}^{\text{NP}}$	0.06	0.06	0.25	0.25	0	0	0.08	0.08

2. 人造目标结构辨识方法

本节介绍基于极化旋转域零极化响应方向图极化特征编码矢量的目标散射结构辨识方法（简称为极化旋转域零极化辨识方法），其核心思想是利用不同散射结构之间极化旋转域零极化响应方向图特征的距离来辨识散射结构类型[16]。极化旋转域零极化辨识方法的流程图如图 6.3.2 所示。

对于输入的目标极化散射矩阵，可根据式（6.3.3）构造极化旋转域零极化响应方向图。这样，目标对应的极化旋转域零极化响应方向图的极化特征编码矢量为 $\boldsymbol{F}$。为了分析目标与典型散射结构之间的散射特性差异，采用 Frobenius 范数作为距离度量。将测量得到的极化特征编码矢量 $\boldsymbol{F}$ 与典型散射结构的理论值 $\boldsymbol{F}_m^{\text{c}}$ 进行相似性距离度量，可确定与理论值最接近的极化特征编码矢量，其对应的典型散

射结构类型即可判定为目标的结构类型。因此，散射结构类型的判定表达式为

$$d = \arg\min_{m}\left\{\left\|\boldsymbol{F} - \boldsymbol{F}_m^{\mathrm{c}}\right\|_{\mathrm{F}}\right\} \tag{6.3.18}$$

其中，$\|\cdot\|_{\mathrm{F}}$ 表示矩阵的 Frobenius 范数；$\boldsymbol{F}_m^{\mathrm{c}}$ 表示第 m 种典型散射结构极化特征编码矢量的理论值，$m=1,2,\cdots,10$；d 表示使距离最小的极化特征编码矢量所对应的典型散射结构。

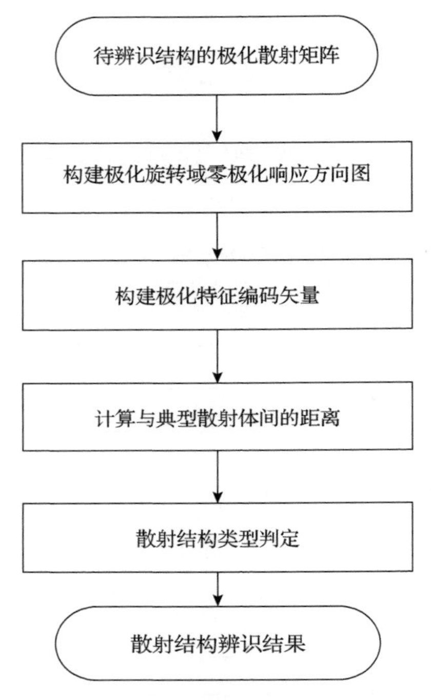

图 6.3.2　极化旋转域零极化辨识方法的流程图

6.3.3　对比实验研究

利用典型散射体电磁计算数据、无人机目标电磁计算数据和暗室测量数据开展对比实验，同样选取 Cameron 分解方法作为对比方法。

1. 结合典型散射体电磁计算数据的结构辨识研究

典型散射体电磁计算数据包含 10 种典型散射结构，分别为三面角、二面角、圆柱体、窄二面角、四分之一波器件、水平偶极子、垂直偶极子、左螺旋体和右螺旋体等散射结构。电磁计算数据的 Pauli 彩图和典型散射结构真值图分别如图 6.3.3(a)和(b)所示。极化旋转域零极化辨识方法和 Cameron 分解方法的散射结

构辨识结果如图 6.3.4 所示。可以看到，Cameron 分解方法将水平偶极子和垂直偶极子均判定为水平偶极子，并将左螺旋体和右螺旋体判定为非对称散射体，从而导致结构误判。极化旋转域零极化辨识方法则能够正确辨识这 10 种散射结构。

(a) Pauli彩图

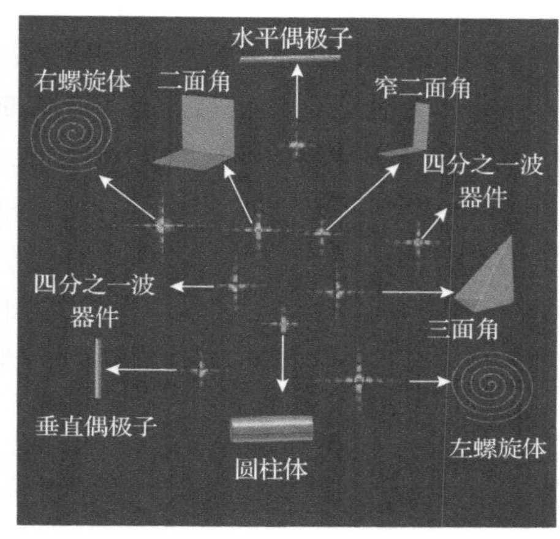

(b) 典型散射结构真值图

图 6.3.3　点目标仿真数据

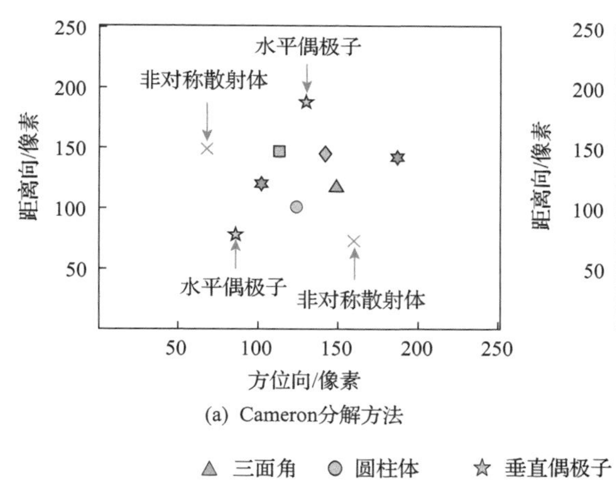

(a) Cameron分解方法

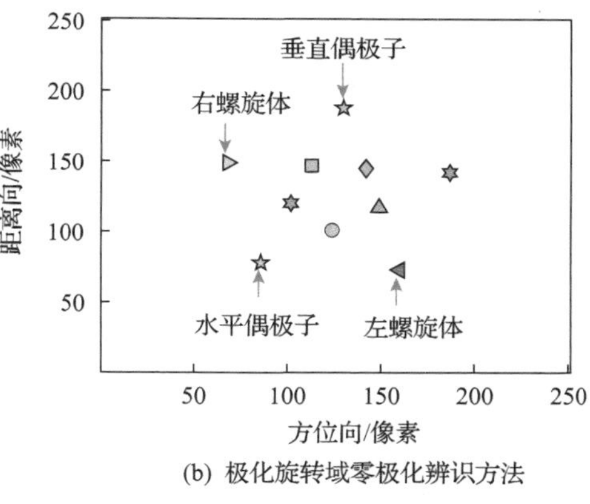

(b) 极化旋转域零极化辨识方法

△ 三面角　○ 圆柱体　☆ 垂直偶极子　◁ 左螺旋体　✡ 四分之一波器件
□ 二面角　◇ 窄二面角　☆ 水平偶极子　▷ 右螺旋体　× 非对称散射体

图 6.3.4　点目标仿真数据的散射结构辨识结果

为了进一步验证极化旋转域零极化辨识方法在不同极化测量误差下的辨识性能，本节还构建了一个不同极化测量误差下的典型散射结构极化散射矩阵仿真数据集，用于进一步分析。对于极化隔离度、幅度不平衡和相位不平衡等三种极化测量误差，在四种信噪比 SNR = 15dB，20dB，25dB，30dB 条件下，对 10 种典型散射结构分别生成 1000 个极化散射矩阵样本，用于构建仿真样本集。不同极化测量误差和信噪比条件下典型散射体仿真数据的结构辨识结果如图 6.3.5 所示。从图 6.3.5(a)可知，当极化隔离度小于–15dB 时，两种方法辨识精度均比较稳定。然而，由于 Cameron 分解方法无法分辨垂直偶极子和螺旋体，其辨识精度为 0.7，而极化旋转域零极化辨识方法的辨识精度保持为 1。当极化隔离度大于–15dB 时，两种方法的辨识精度均开始下降，但极化旋转域零极化辨识方法的辨识精度始终高于 Cameron 分解方法。从图 6.3.5(b)可知，两种方法均受到幅度不平衡误差的显著影响。两种方法只在很小范围内(幅度不平衡小于 0.5dB 时)能够保持最高辨识精度。当幅度不平衡等于 2dB 时，两种方法的辨识精度均小于 0.5，但是极化旋转域零极化辨识方法的辨识精度始终更高。从图 6.3.5(c)可知，两种方法受相位不平衡的影响均较小。总体而言，相比于 Cameron 分解方法，极化旋转域零极化辨识方法具有更高的辨识精度和稳健性。

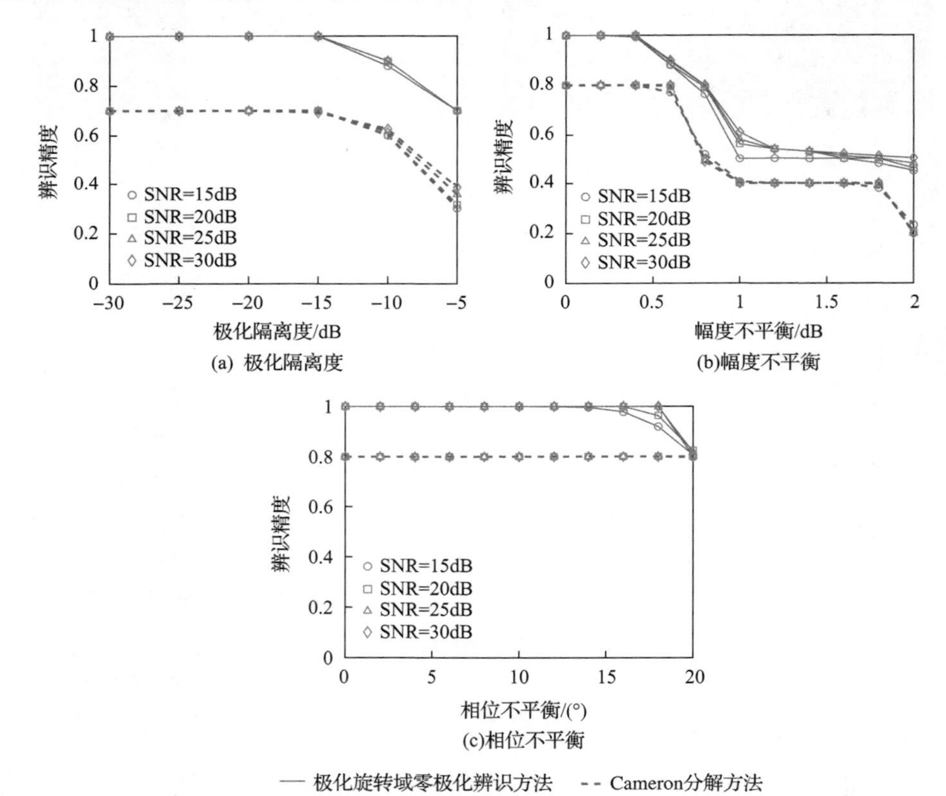

图 6.3.5　不同极化测量误差和信噪比条件下典型散射体仿真数据的结构辨识结果

2. 结合无人机电磁计算数据的结构辨识研究

本节利用 6.2.2 节介绍的无人机目标电磁计算数据进一步开展对比研究。

Cameron 分解方法和极化旋转域零极化辨识方法的辨识结果如图 6.3.6 所示。相比于 Cameron 分解方法，对于飞机目标的对称结构(如实线箭头所示)，极化旋转域零极化辨识方法的辨识结果呈现的对称性更好，更符合目标的实际散射结构类型。对于虚线箭头指示的散射中心，Cameron 分解方法辨识为水平偶极子，而极化旋转域零极化辨识方法辨识为垂直偶极子。由该散射中心的归一化极化散射矩阵可知，其更接近于垂直偶极子。由无人机目标散射结构辨识结果可以看到，两种方法对大多数散射结构的辨识结果基本一致，但是极化旋转域零极化辨识方法的辨识结果更加符合实际目标的散射结构类型，并且对目标对称部件的辨识结果更加一致。

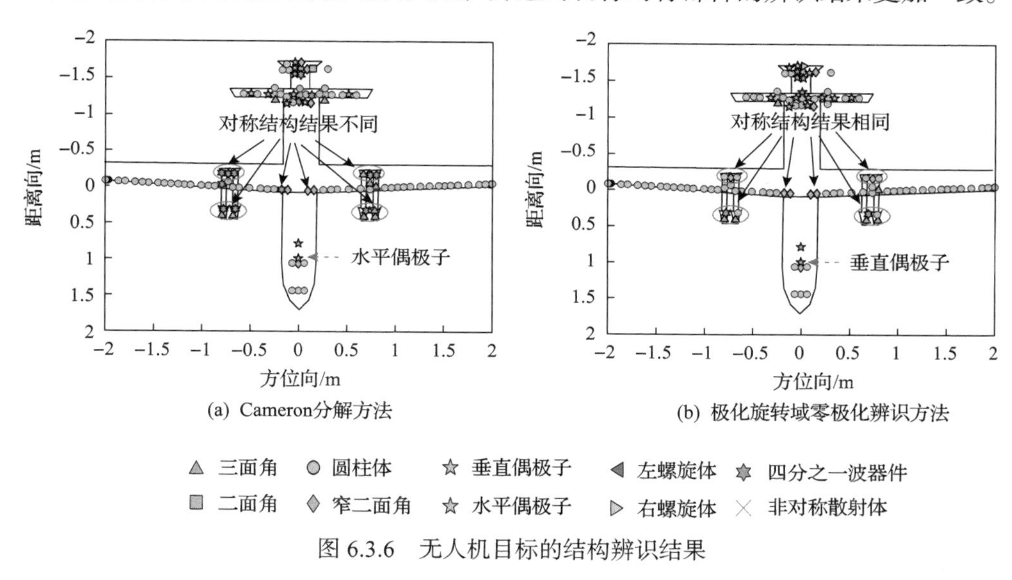

图 6.3.6 无人机目标的结构辨识结果

3. 结合无人机暗室测量数据的结构辨识研究

本节采用“开拓者”无人机目标暗室测量数据开展对比实验。“开拓者”无人机的长度为 2.3m，翼展为 2.9m。当暗室测量时，中心频率为 10GHz，带宽为 4GHz。暗室测量场景与无人机模型如图 6.3.7 所示。Cameron 分解方法和极化旋转域零极化辨识方法的结果如图 6.3.8 所示。从辨识结果可以看出，极化旋转域零极化辨识方法能够将无人机头部和尾翼之间的两个圆柱体连杆正确辨识为圆柱体结构。Cameron 分解方法则将多个散射体误判为三面角结构，与实际情况不符。对于无人机头部和机翼结构，极化旋转域零极化辨识方法得到的相同散射结构类型的分布更加紧密，而 Cameron 分解方法得到的散射结构类型相对紊乱。因此，对比实验进一步证实了极化旋转域零极化辨识方法在辨识相同结构散射部件时具有更加稳健的性能。

(a) 暗室测量场景

(b) 无人机模型

图 6.3.7　暗室测量场景与无人机模型

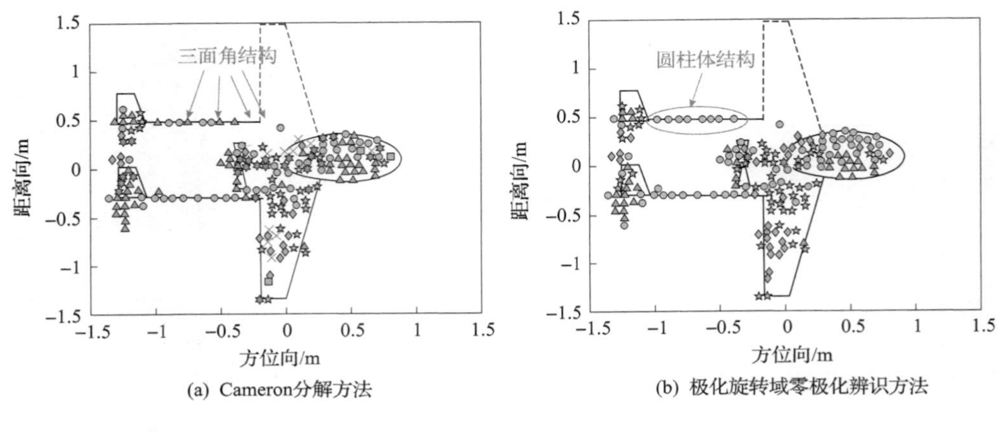

图 6.3.8　暗室测量无人机数据的结构辨识结果(见彩图)

6.4　本 章 小 结

本章介绍了两种极化旋转域人造目标结构辨识方法。第一种方法是基于二维极化相关方向图，通过构建极化特征编码矢量，实现人造目标结构辨识。第二种方法是基于极化旋转域零极化响应方向图，并设计极化特征编码矢量，实现人造目标结构辨识。两种方法的核心思想都是挖掘和利用极化旋转域解译中得到的具有高区分度极化特征组合，构建极化旋转域特征编码矢量，通过距离度量等准则完成人造目标结构辨识。综合利用电磁仿真数据、暗室测量数据和极化 SAR 实测数据等，开展了对比实验与验证，证实了两种极化旋转域人造目标结构辨识方法的有效性和性能优势。

参 考 文 献

[1] Lee J S, Pottier E. Polarimetric Radar Imaging: From Basics to Applications[M]. Boca Raton: CRC Press, 2009.

[2] Yamaguchi Y. Polarimetric SAR Imaging: Theory and Applications[M]. Boca Raton: CRC Press, 2020.

[3] Potter L C, Chiang D M. A GTD-based parametric model for radar scattering[J]. IEEE Transactions on Antennas and Propagation, 1995, 43(10): 1058-1067.

[4] Potter L C, Moses R L. Attributed scattering centers for SAR ATR[J]. IEEE Transactions on Image Processing, 1997, 6(1): 79-91.

[5] Jackson J A, Rigling B D, Moses R L. Canonical scattering feature models for 3D and bistatic SAR[J]. IEEE Transactions on Aerospace and Electronic Systems, 2010, 46(2): 525-541.

[6] Gerry M J, Potter L C, Gupta I J, et al. A parametric model for synthetic aperture radar measurements[J]. IEEE Transactions on Antennas and Propagation, 1999, 47(7): 1179-1188.

[7] Cloude S R, Pottier E. A review of target decomposition theorems in radar polarimetry[J]. IEEE Transactions on Geoscience and Remote Sensing, 1996, 34(2): 498-518.

[8] Krogager E. New decomposition of the radar target scattering matrix[J]. Electronics Letters, 1990, 26(18): 1525-1527.

[9] Cameron W L, Youssef N N, Leung L K. Simulated polarimetric signatures of primitive geometrical shapes[J]. IEEE Transactions on Geoscience and Remote Sensing, 1996, 34(3): 793-803.

[10] Cameron W L, Rais H. Conservative polarimetric scatterers and their role in incorrect extensions of the Cameron decomposition[J]. IEEE Transactions on Geoscience and Remote Sensing, 2006, 44(12): 3506-3516.

[11] Xing M, Guo R, Qiu C W, et al. Experimental research of unsupervised Cameron/Maximum-likelihood classification method for fully polarimetric synthetic aperture radar data[J]. IET Radar Sonar and Navigation, 2010, 4(1): 85-95.

[12] Martorella M, Giusti E, Capria A, et al. Automatic target recognition by means of polarimetric ISAR images and neural networks[J]. IEEE Transactions on Geoscience and Remote Sensing, 2009, 47(11): 3786-3794.

[13] Giusti E, Martorella M, Capria A. Polarimetrically-persistent-scatterer-based automatic target recognition[J]. IEEE Transactions on Geoscience and Remote Sensing, 2011, 49(11): 4588-4599.

[14] Paladini R, Ferro-Famil L, Pottier E, et al. Point target classification via fast lossless and sufficient Ω-ψ-Φ decomposition of high-resolution and fully polarimetric SAR/ISAR data[J].

Proceedings of the IEEE, 2013, 101(3): 798-830.

[15] Li H L, Li M D, Cui X C, et al. Man-made target structure recognition with polarimetric correlation pattern and roll-invariant feature coding[J]. IEEE Geoscience and Remote Sensing Letters, 2022, 19: 1-5.

[16] Wu G Q, Chen S W, Li Y Z, et al. Null-pol response pattern in polarimetric rotation domain: Characterization and application[J]. IEEE Geoscience and Remote Sensing Letters, 2022, 19: 1-5.

[17] Cui X C, Tao C S, Su Y, et al. PolSAR ship detection based on polarimetric correlation pattern[J]. IEEE Geoscience and Remote Sensing Letters, 2021, 18(3): 471-475.

[18] Li M D, Xiao S P, Chen S W. Three-dimension polarimetric correlation pattern interpretation tool and its application[J]. IEEE Transactions on Geoscience and Remote Sensing, 2022, 60: 1-16.

[19] Chen S W. Polarimetric coherence pattern: A visualization and characterization tool for PolSAR data investigation[J]. IEEE Transactions on Geoscience and Remote Sensing, 2018, 56(1): 286-297.

[20] van Zyl J J V. Calibration of polarimetric radar images using only image parameters and trihedral corner reflector responses[J]. IEEE Transactions on Geoscience and Remote Sensing, 1990, 28(3): 337-348.

[21] Chen S W, Wang X S, Xiao S P, et al. Target Scattering Mechanism in Polarimetric Synthetic Aperture Radar-Interpretation and Application[M]. Singapore: Springer, 2018.

[22] Kennaugh M E. Polarization properties of radar reflections[D]. Columbus: The Ohio State University, 1952.

[23] Huynen J R. The Stokes matrix parameters and their interpretation in terms of physical target properties[J]. Proceedings of the SPIE, 1990, 1317: 195-207.

[24] Pottier E, Dr J R. Huynen's main contributions in the development of polarimetric radar techniques and how the 'radar targets phenomendogical concept'becomes a theory[J]. Proceedings of the SPIE, 1993, (1784): 72-85.

[25] Boerner W M. Use of polarization in electromagnetic inverse scattering[J]. Radio Science, 1981, 16(6): 1037-1045.

[26] Davidovitz M, Boerner W M. Extension of Kennaugh's optimal polarization concept to the asymmetric scattering matrix case[J]. IEEE Transactions on Antennas and Propagation, 1986, 34(4): 569-574.

[27] Agrawal A P, Boerner W M. Redevelopment of Kennaugh target characteristic polarization state theory using the polarization transformation ration formalism for the coherent case[J]. IEEE Transactions on Geoscience and Remote Sensing, 1989, 27(1): 2-14.

[28] Boerner W M, Xi A Q. The characteristic radar target polarization state theory for the coherent monostatic and reciprocal case using the generalized polarization transformation ratio formulation[J]. Aeu-Archiv Fur Elektronik Und Ubertragungstechnik-International Journal of Electronics and Communications, 1990, 44(4): 273-281.

[29] Boerner W M, Yan W L, Xi A Q, et al. On the basic principles of radar polarimetry-the target characteristic polarization state theory of Kennaugh, Huynen's polarization fork concept, and its extension to the partially polarized case[J]. Proceedings of the IEEE, 1991, 79(10): 1538-1550.

[30] Yamaguchi Y, Boerner W M, Eom H J, et al. On characteristic polarization states in the cross-polarized radar channel[J]. IEEE Transactions on Geoscience and Remote Sensing, 1992, 30(5): 1078-1080.

[31] Yang J, Peng Y N, Yamaguchi Y, et al. Optimal polarisation problem for the multistatic radar case[J]. Electronics Letters, 2000, 36(19): 1647-1649.

[32] Yang J, Yamaguchi Y, Yamada H, et al. Development of target null theory[J]. IEEE Transactions on Geoscience and Remote Sensing, 2001, 39(2): 330-338.

[33] Yang J, Yamaguchi Y, Yamada H, et al. The characteristic polarization states and the equi-power curves[J]. IEEE Transactions on Geoscience and Remote Sensing, 2002, 40(2): 305-313.

[34] 庄钊文, 肖顺平, 王雪松. 雷达极化信息处理及其应用[M]. 北京: 国防工业出版社, 1999.

第 7 章　极化旋转域损毁评估

7.1　引　　言

极化 SAR 能够获取成像区域的全极化信息，已成为微波遥感领域的主流传感器[1,2]。由于具备全天时工作、穿透云雨雾和宽测绘带等优势，极化 SAR 非常适合用于自然灾害监测与评估[3-5]。

大规模自然灾害的发生通常会给灾区人民带来巨大损失。建筑物与人们的生活和工作直接相关，成为损毁评估和救援的重点关注对象。受损建筑物范围和损毁程度是开展救援行动和制订灾后重建计划至关重要的信息。利用恰当的目标散射机理建模与解译工具，可以从极化 SAR 观测数据中感知和识别由灾害引发的诸如建筑物等目标的损毁变化信息。基于特征值-特征矢量、物理模型的极化目标分解方法[6-10]已成功应用于建筑物损毁分析[4,5,11-14]。从极化目标分解方法中导出的极化特征能够实现建筑物损毁区域检测。文献[15]开展了对比研究，分析了一系列传统极化特征在建筑物损毁检测方面的性能。此外，国内外也报道了仅利用灾后极化 SAR 数据开展建筑物损毁分析的案例研究[16]。总体而言，这些研究进展证实了利用极化 SAR 能够实现受灾建筑物范围的检测和提取。

然而，如何准确和快速获取受灾建筑物的损毁程度或损毁等级等精细信息是当前面临的技术挑战。由于具有更大的成像幅宽，中低分辨率极化 SAR 更适于广域建筑物损毁监测。在中低分辨率条件下，受灾建筑物的显著变化特征是地面-墙体二面角结构的损毁和减少。从雷达极化视角，地面-墙体二面角结构损毁将导致该建筑物二次散射机理下降，并破坏极化方位角的匀质特性[17]。通过深入揭示损毁建筑物的极化调制机理，文献[17]首次提出了两种极化倒损因子，实现了建筑物区块倒损率的定量估计。在此基础上，文献[18]发展了一种快速的广域建筑物倒损率制图方法，能够自动检测损毁建筑物范围，并提供精细的建筑物倒损率信息。

除了上述极化特征量，不同极化通道间的极化相干特征也具备表征成像场景物理特性的潜能[19]。极化相干特征主要取决于极化通道组合方式、散射体类型和目标取向与极化雷达观测视角的相对几何关系等。尽管目标姿态不同(体现为目标散射多样性)会导致散射机理建模和解译的多义性[20]，但目标散射多样性也给物理参数反演提供了独特信息[21-24]。为了更好地表征、理解和利用目标散射多样性，第 2 章介绍了极化旋转域解译理论方法。其中，极化相干方向图解译工具可以有效刻画极化相干特征在极化旋转域中的特性和规律，并导出了一系列极化旋转域特征[25-27]。部分极化旋转域特征已应用于农作物类型识别[28]、地物分类[29,30]、人造目标检测[31,32]、人造目标结构辨识[33,34]等。第 4～6 章介绍了部分应用研究成果。

本章重点研究利用极化旋转域解译技术开展建筑物倒损率的评估与制图。如前所述，完好建筑物和损毁建筑物的一个重要区别在于地面-墙体二面角结构的变化。对中低分辨率的低频段极化 SAR，倒损建筑物区块可形成一些粗糙表面[17]。在极化旋转域，地面-墙体二面角结构和粗糙表面的平板结构有极为不同的方向性效应。相比于粗糙表面，地面-墙体二面角结构的方向性效应更加显著，即其只在一个比较窄的角度范围内有强的后向散射能量。这样，建筑物倒损前后的极化相干方向图是可区分的。这就给极化旋转域建筑物损毁评估提供了理论依据。此外，地面-墙体二面角结构和粗糙表面的平板结构主要表现为二次散射机理和奇次散射机理。从 Pauli 极化目标分解的角度，这两种散射机理直接与极化散射矩阵的共极化分量相关。因此，本章介绍基于共极化相干方向图的极化旋转域建筑物损毁评估方法，提出新的极化倒损因子和倒损率定量反演公式，发展极化旋转域广域建筑物倒损率估计与制图方法[35]。相比于基于极化目标分解等的技术方法[6,17,18]，极化旋转域损毁评估为建筑物倒损定量分析提供了新途径。该技术方法的巧妙之处是合理利用目标散射多样性，从而有效破解极化目标分解方法由目标散射多样性带来的解译模糊难题。

7.2　共极化相干方向图解译技术

7.2.1　共极化相干方向图

对于 Pauli 极化目标分解，共极化分量组合 $S_{\mathrm{HH}}+S_{\mathrm{VV}}$ 和 $S_{\mathrm{HH}}-S_{\mathrm{VV}}$ 分别表征奇次散射机理和二次散射机理。因此，共极化分量 S_{HH} 和 S_{VV} 将作为研究重点，其在极化旋转域的表达式分别为

$$S_{\mathrm{HH}}(\theta)=S_{\mathrm{HH}}\cos^2\theta+S_{\mathrm{HV}}\cos\theta\sin\theta+S_{\mathrm{VH}}\cos\theta\sin\theta+S_{\mathrm{VV}}\sin^2\theta \tag{7.2.1}$$

$$S_{\mathrm{VV}}(\theta)=S_{\mathrm{HH}}\sin^2\theta-S_{\mathrm{HV}}\cos\theta\sin\theta-S_{\mathrm{VH}}\cos\theta\sin\theta+S_{\mathrm{VV}}\cos^2\theta \tag{7.2.2}$$

通常利用相似样本的集合平均处理来估计极化相干特征[19,36]。这样，共极化相干特征为

$$\left|\gamma_{\text{HH-VV}}\right|=\frac{\left|\left\langle S_{\mathrm{HH}}S_{\mathrm{VV}}^{*}\right\rangle\right|}{\sqrt{\left\langle\left|S_{\mathrm{HH}}\right|^2\right\rangle\left\langle\left|S_{\mathrm{VV}}\right|^2\right\rangle}} \tag{7.2.3}$$

其中，S_{VV}^{*}代表S_{VV}的共轭；$\langle\cdot\rangle$代表样本集合平均处理。共极化相干特征$\left|\gamma_{\mathrm{HH\text{-}VV}}\right|$的值域为$[0,1]$。

根据文献[25]～[27]和第 2 章的介绍，共极化相干方向图$\left|\gamma_{\mathrm{HH\text{-}VV}}(\theta)\right|$的定义为

$$\left|\gamma_{\mathrm{HH\text{-}VV}}(\theta)\right|=\frac{\left|\left\langle S_{\mathrm{HH}}(\theta)S_{\mathrm{VV}}^{*}(\theta)\right\rangle\right|}{\sqrt{\left\langle\left|S_{\mathrm{HH}}(\theta)\right|^{2}\right\rangle\left\langle\left|S_{\mathrm{VV}}(\theta)\right|^{2}\right\rangle}},\quad \theta\in[-\pi,\pi) \tag{7.2.4}$$

可以看到，旋转角θ的取值覆盖整个极化旋转域。在相干斑得到有效抑制后，共极化相干方向图的特性完全取决于$S_{\mathrm{HH}}(\theta)$和$S_{\mathrm{VV}}(\theta)$。此外，容易证明，共极化相干方向图$\left|\gamma_{\mathrm{HH\text{-}VV}}(\theta)\right|$在极化旋转域的周期为$\dfrac{\pi}{2}$。

7.2.2　验证与分析

本节利用 X 波段 PiSAR 极化 SAR 数据验证和分析共极化相干方向图的特性，该数据信息已在 2.3.5 节进行了介绍。该区域的光学图像如图 7.2.1(a)所示。PiSAR 极化 SAR 数据 Pauli 彩图如图 7.2.1(b)所示。同时，利用 SimiTest 滤波器[36]进行相干斑抑制和极化相干特征估计。

(a) 光学图像

(b) PiSAR 极化SAR数据 Pauli彩图

图 7.2.1　研究区域

如前所述，完好建筑物和损毁建筑物最显著的区别是地面-墙体二面角结构的变化。对于一个完全损毁建筑物，地面-墙体二面角结构被完全破坏。特别是对适于广域监测的中低分辨率极化 SAR 而言，损毁建筑物区块在极化 SAR 图像中呈现相对粗糙的面散射结构。为验证该推断并分析共极化相干方向图解译工具对建筑物倒损前后的响应机理，从图 7.2.1 随机选取来自粗糙表面和建筑物区块的两个

样本像素。对于粗糙表面和用于建模描述建筑物地面-墙体二面角结构的角反射器，二者的几何结构明显不同。因此，二者在极化旋转域中的极化相干特征是可区分的。理论上，粗糙表面的后向散射可以是极化旋转不变的。在极化旋转域，其共极化相干方向图近似为圆形，因而共极化相干起伏度特征取值非常小。作为对比，二面角结构的后向散射则具有明显的方向性效应。因此，其共极化相干方向图将不是圆形，而呈现明显的方向性效应。二者对应的共极化相干方向图$\left|\gamma_{\text{HH-VV}}(\theta)\right|$如图 7.2.2 所示。与理论分析一致，对于粗糙表面样本像素，共极化相干方向图的形状近似为圆形，起伏非常小。与此同时，建筑物样本像素的共极化相干方向图主要表现为四叶形，并有一些微弱的副瓣。因此，二者的共极化相干起伏度特征明显不同。根据第 2 章的介绍，共极化相干起伏度特征$\left|\gamma_{\text{HH-VV}}(\theta)\right|_{\text{std}}$的定义为

$$\left|\gamma_{\text{HH-VV}}(\theta)\right|_{\text{std}}=\sqrt{\frac{1}{2\pi}\int_{-\pi}^{\pi}\left(\left|\gamma_{\text{HH-VV}}(\theta)\right|-\left|\gamma_{\text{HH-VV}}(\theta)\right|_{\text{mean}}\right)^2\mathrm{d}\theta}\tag{7.2.5}$$

对于图 7.2.1(b)所示的 PiSAR 极化 SAR 数据，得到的共极化相干起伏度特征$\left|\gamma_{\text{HH-VV}}(\theta)\right|_{\text{std}}$如图 7.2.3 所示。可以看到，$\left|\gamma_{\text{HH-VV}}(\theta)\right|_{\text{std}}$在建筑物的取值总体上远高于在运动场等粗糙表面的取值。因此，结合实测极化 SAR 数据的结果进一步验证了理论分析的结果。共极化相干方向图$\left|\gamma_{\text{HH-VV}}(\theta)\right|$解译工具确实蕴含了目标在极化旋转域的独特信息，导出的共极化相干起伏度特征$\left|\gamma_{\text{HH-VV}}(\theta)\right|_{\text{std}}$具备区分完好建筑物和损毁建筑物的潜力。本节着重从原理上证实了共极化相干方向图技术途径的有效性。后续将利用共极化相干方向图及其导出的极化特征对实际的建筑物倒损区域进行分析。

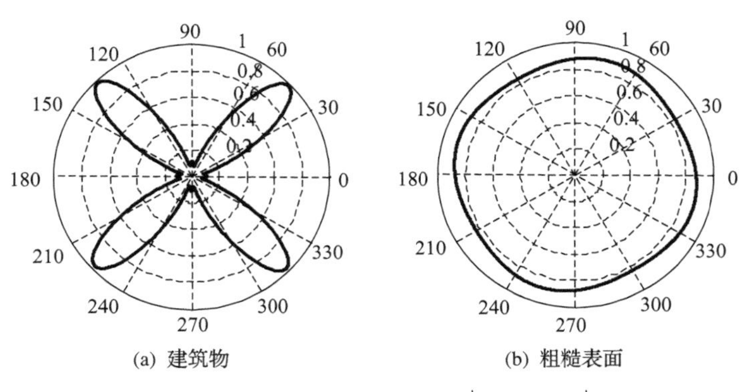

(a) 建筑物　　(b) 粗糙表面

图 7.2.2　共极化相干方向图$\left|\gamma_{\text{HH-VV}}(\theta)\right|$

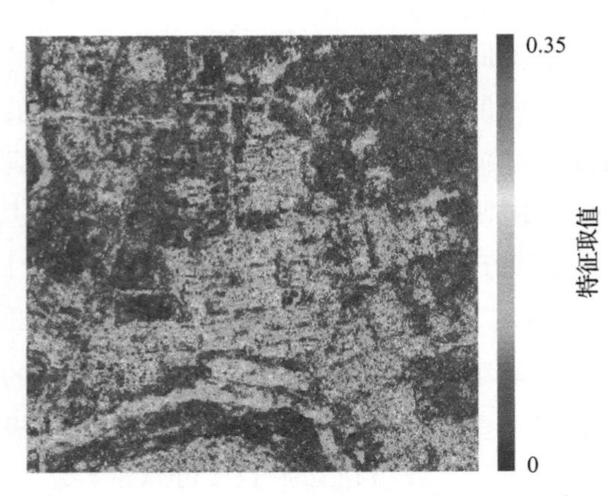

图 7.2.3　共极化相干起伏度特征 $\left|\gamma_{\text{HH-VV}}(\theta)\right|_{\text{std}}$

7.3　建筑物损毁分析

7.3.1　研究区域与数据介绍

2011 年 3 月 11 日发生的东日本大地震和大海啸给沿海区域造成了巨大破坏[5]。超过 128000 栋建筑物被完全损毁。本节选取受灾严重的宫城县进行分析。该区域的多时相 ALOS/PALSAR 极化 SAR 数据经过配准后用于研究分析。这些极化 SAR 数据也完成了辐射校准和极化校准，校准信息可参考文献[37]。获取于 2010 年 11 月 21 日的震前极化 SAR 数据如图 7.3.1(a)所示。获取于 2011 年 4 月 8 日的震后极化 SAR 数据如图 7.3.1(b)所示。矩形框分别对应石卷市、女川町和南三陆町三个严重受损区域。对于 ALOS/PALSAR 全极化模式，极化 SAR 图像的方位向分辨率和距离向分辨率分别为 4.45m 和 23.14m[37]。为保持距离向分辨率和方位向分辨率相对一致，在方位向对极化 SAR 图像进行 8 视处理。在此基础上，利用 SimiTest 滤波器[36]进行相干斑抑制和共极化相干特征估计。SimiTest 滤波器能够选取数量更多的具有相似特性的样本进行集合平均处理，能够得到具有更小偏差值的极化相干特征的无偏估计[19]。为了选取更多的相似样本像素，需要采用更大尺寸的滑窗。然而，采用大尺寸滑窗的挑战在于如何有效排除与待滤波像素特性不同的候选像素，SimiTest 滤波器具备了这一性能。SimiTest 滤波器通过对样本像素极化矩阵的相似性检验来选取相似样本像素并排除具有不同散射特性的候选像素。这样，SimiTest 滤波器可以在一个更大范围内(即非邻域内)进行相似像素的筛选。

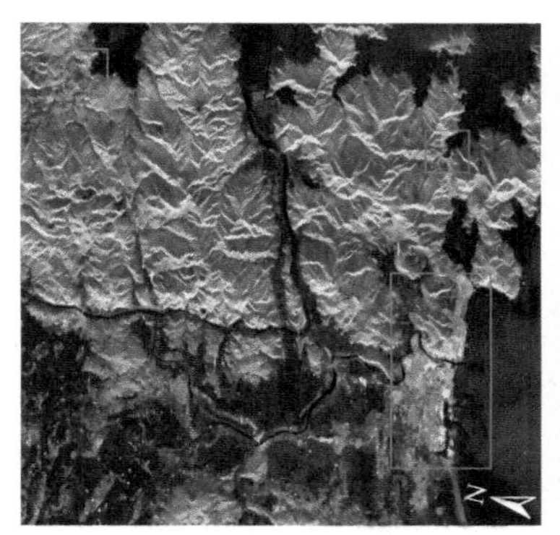

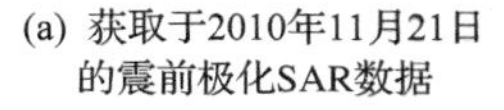

(a) 获取于2010年11月21日的震前极化SAR数据

(b) 获取于2011年4月8日的震后极化SAR数据

图 7.3.1　ALOS/PALSAR 极化 SAR 数据

7.3.2　损毁建筑物共极化相干方向图分析

中低分辨率极化 SAR 难以辨别每一栋建筑物。因此，本节采用建筑物区块作为基本研究单元。与文献[17]和[18]保持一致，将一个建筑物区块中损毁建筑物的比例定义为建筑物倒损率。严重受损的石卷市包含大量具有不同倒损率的建筑物区块，将用于开展损毁建筑物分析并发展有效的极化倒损因子。为了更好地了解建筑物损毁情况，利用 ALOS 搭载的光学传感器 PRISM 和 AVNIR-2 获取的数据，制作生成距离向分辨率和方位向分辨率均为 2.5m 的光学真彩图像[38]。震前和震后光学传感器数据分别获取于 2010 年 11 月 21 日和 2011 年 4 月 8 日。通过与相应的极化 SAR 数据配准，震前和震后光学图像分别如图 7.3.2(a)和(b)所示。通过对比震前和震后光学图像，可以看到石卷市的大致损毁情况。此外，建筑物倒损真值图如图 7.3.2(c)所示。其中，蓝色代表完好建筑物，红色代表损毁建筑物，灰色代表海啸淹没区域。

从图 7.3.2 中选取 10 个建筑物区块用于定量分析。这 10 个建筑物区块由矩形框进行标示，倒损率范围为 5%～95%。与此同时，为进行对比分析，进一步从图 7.3.2 中选取了 5 个受淹未倒损建筑物区块，这些建筑物区块的真值图分别如图 7.3.3 和图 7.3.4 所示。受淹未损毁建筑物区块的共极化相干方向图 $\left|\gamma_{\text{HH-VV}}(\theta)\right|$ 如图 7.3.5 所示。损毁建筑物区块的共极化相干方向图 $\left|\gamma_{\text{HH-VV}}(\theta)\right|$ 如图 7.3.6 所示。对于受淹未损毁建筑物区块，由于没有地面-墙体二面角结构的损毁，震前和震后的共极化相干方向图 $\left|\gamma_{\text{HH-VV}}(\theta)\right|$ 的形状保持一致。同时，这些共极化相干方向图基本呈现为四叶形。极化相干特征取值在极化旋转域具有很强的起伏特性，如图 7.3.5 所示。

(a) 震前光学图像(2010年8月23日)

(b) 震后光学图像(2011年4月10日)

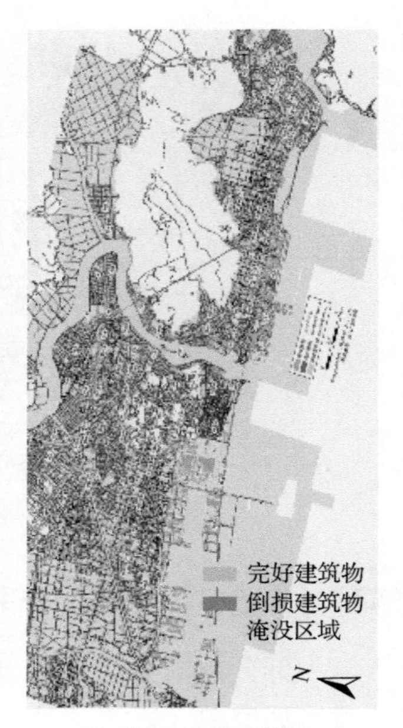

(c) 建筑物倒损真值图

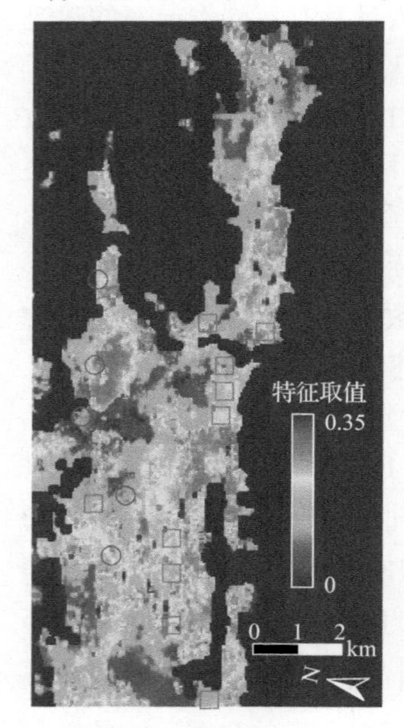

(d) 震前极化SAR数据(2010年11月21日)的共极化相干起伏度特征 $|\gamma_{\text{HH-VV}}(\theta)|_{\text{std}}^{\text{pre}}$

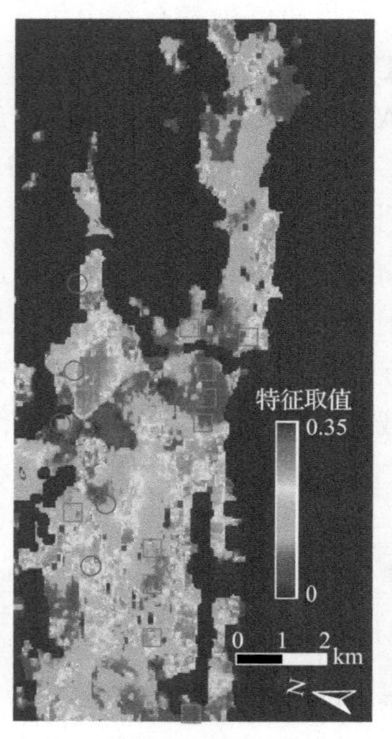

(e) 震后极化SAR数据(2011年4月8日)的共极化相干起伏度特征 $|\gamma_{\text{HH-VV}}(\theta)|_{\text{std}}^{\text{post}}$

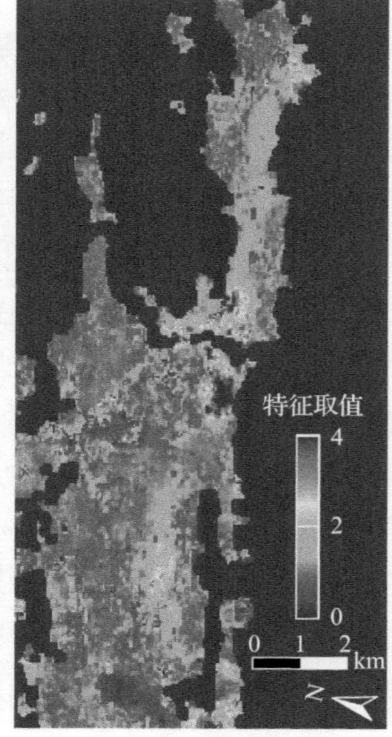

(f) 极化倒损因子$\text{Ratio}_{\text{std}}$

图 7.3.2　日本宫城县石卷市损毁情况分析(见彩图)

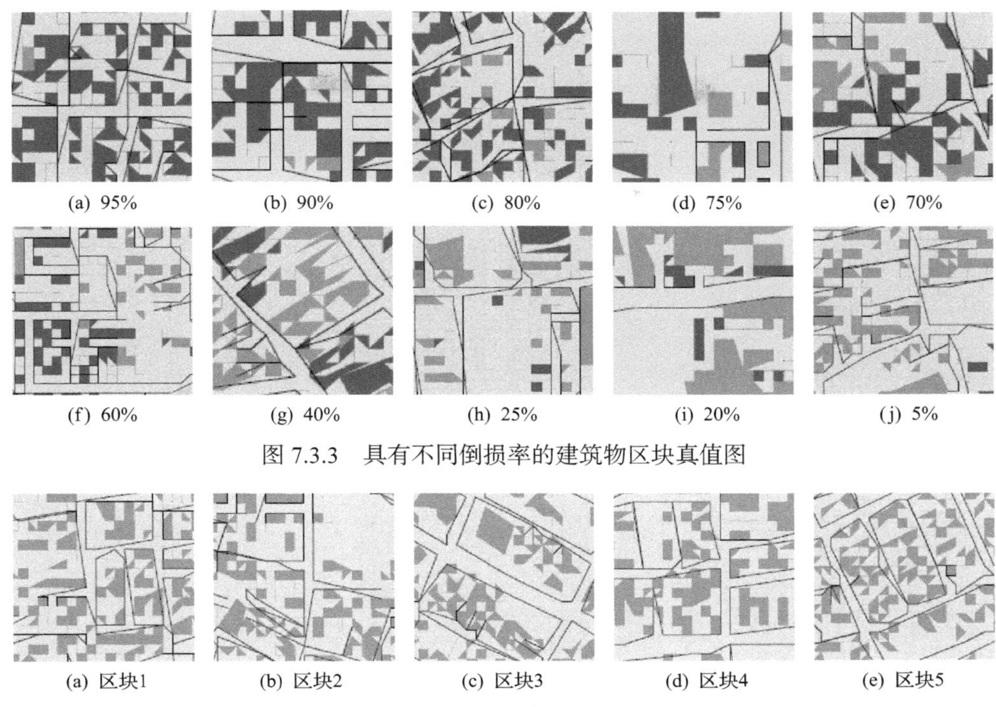

(a) 95%　(b) 90%　(c) 80%　(d) 75%　(e) 70%

(f) 60%　(g) 40%　(h) 25%　(i) 20%　(j) 5%

图 7.3.3　具有不同倒损率的建筑物区块真值图

(a) 区块1　(b) 区块2　(c) 区块3　(d) 区块4　(e) 区块5

图 7.3.4　受淹未损毁建筑物区块真值图

这种四叶形是可以解释的，主要由地面-墙体二面角结构相对较窄的方向性决定。相对而言，经过地震等灾害损毁，被破坏的地面-墙体建筑物区块主要变为相对粗糙的表面区域。粗糙表面后向散射的方向敏感性远低于二面角结构。因此，对于损毁建筑物区块，震后共极化相干起伏度特征 $\left|\gamma_{\text{HH-VV}}(\theta)\right|_{\text{std}}$ 的取值将明显降低，这一推断可以从图 7.3.6 得到证实。更进一步，可以看到共极化相干起伏度特征 $\left|\gamma_{\text{HH-VV}}(\theta)\right|_{\text{std}}$ 的变化程度与损毁建筑物区块的倒损率具有密切联系。当倒损率增大时，共极化相干起伏度特征 $\left|\gamma_{\text{HH-VV}}(\theta)\right|_{\text{std}}$ 的变化更加显著。这就给建筑物倒损率定量反演提供了理论依据。

7.3.3　极化倒损因子与倒损率定量反演

对于中低分辨率极化 SAR，由于具有大量地面-墙体二面角结构，建筑物区块主要呈现主二次散射机理。在地震、海啸等自然灾害中，随着建筑物损毁，地面-墙体二面角结构减少。这样，对于损毁建筑物区块，主散射机理将从二次散射转变为面散射。从雷达极化角度，二次散射机理和面散射机理的变化主要由共极化分量 S_{HH} 和 S_{VV} 的变化表征。在极化旋转域，主散射机理的变化将对应不同的

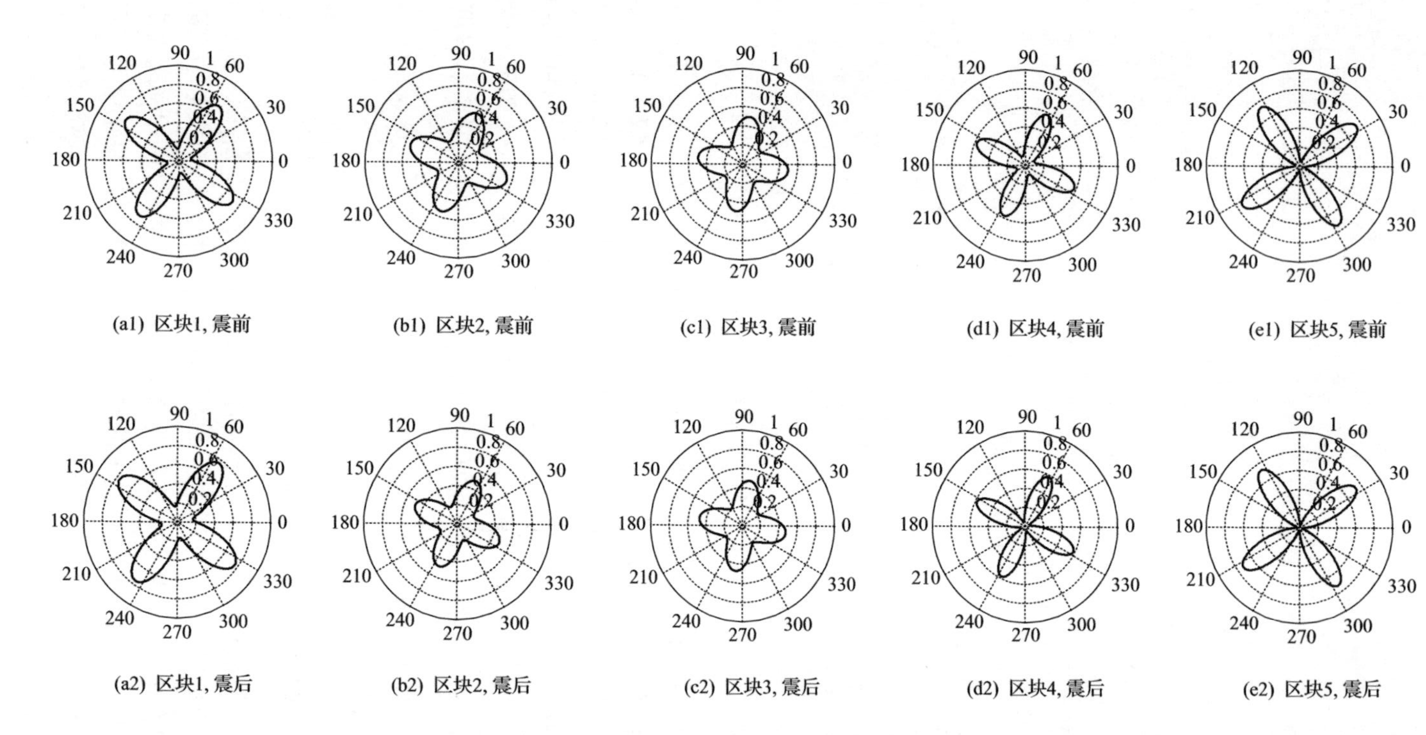

(a1) 区块1, 震前　(b1) 区块2, 震前　(c1) 区块3, 震前　(d1) 区块4, 震前　(e1) 区块5, 震前

(a2) 区块1, 震后　(b2) 区块2, 震后　(c2) 区块3, 震后　(d2) 区块4, 震后　(e2) 区块5, 震后

图 7.3.5　受淹未损毁建筑物区块的共极化相干方向图$\left|\gamma_{\text{HH-VV}}(\theta)\right|$

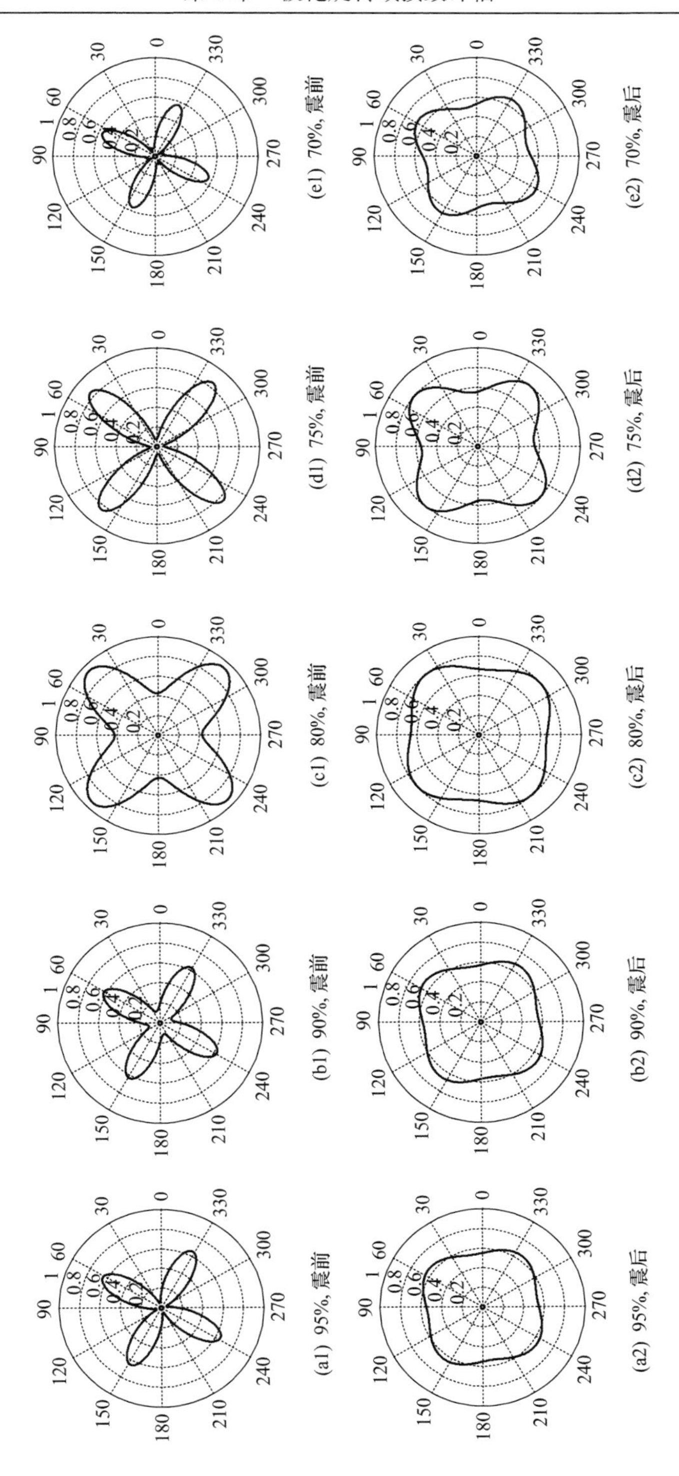

(a1) 95%, 震前　(a2) 95%, 震后

(b1) 90%, 震前　(b2) 90%, 震后

(c1) 80%, 震前　(c2) 80%, 震后

(d1) 75%, 震前　(d2) 75%, 震后

(e1) 70%, 震前　(e2) 70%, 震后

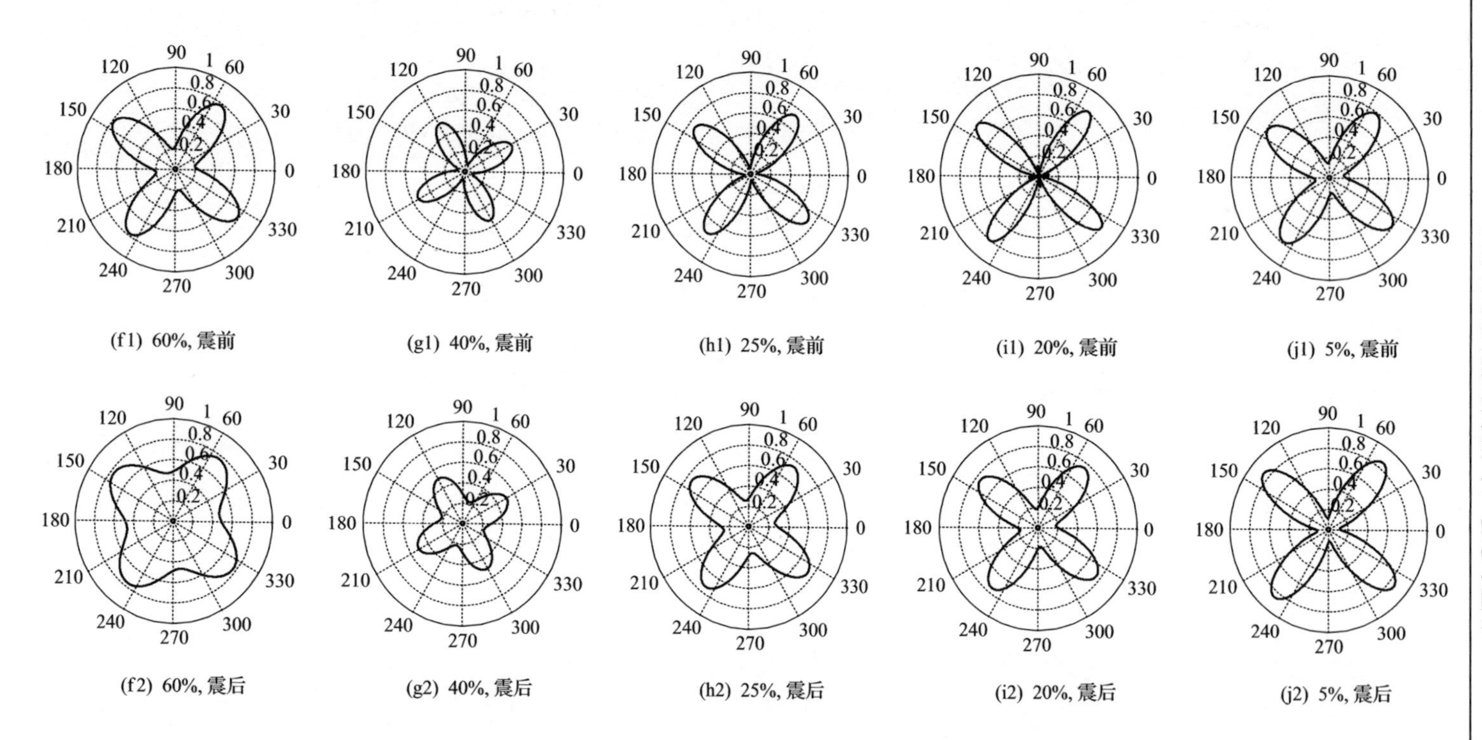

图 7.3.6　损毁建筑物区块的共极化相干方向图$\left|\gamma_{\text{HH-VV}}(\theta)\right|$

共极化相干方向图。对于完好建筑物，地面-墙体二面角结构可以由二面角角反射器建模。理论上，二面角角反射器在极化旋转域具有明显的后向散射方向敏感性。对于损毁建筑物，损毁后的地面-墙体二面角结构在一定程度上转变为粗糙表面。通常，粗糙表面后向散射的方向敏感性远低于地面-墙体二面角结构。因此，对于损毁建筑物区块，其共极化相干方向图$\left|\gamma_{\text{HH-VV}}(\theta)\right|$的起伏显著降低，如图 7.3.6 所示。这样，共极化相干方向图$\left|\gamma_{\text{HH-VV}}(\theta)\right|$能够清楚地揭示建筑物区块在倒损前后的极化调制机理。

共极化相干起伏度特征$\left|\gamma_{\text{HH-VV}}(\theta)\right|_{\text{std}}$可以有效刻画共极化相干特征在极化旋转域的起伏特性。利用文献[18]和[31]提出的方法（5.3 节已介绍）可以提取极化 SAR 图像中的建筑物，并生成建筑物掩模。对于震前和震后石卷市区域的极化 SAR 数据，可以分别得到共极化相干起伏度特征$\left|\gamma_{\text{HH-VV}}(\theta)\right|_{\text{std}}^{\text{pre}}$和$\left|\gamma_{\text{HH-VV}}(\theta)\right|_{\text{std}}^{\text{post}}$，如图 7.3.2(d)和图 7.3.2(e)所示。相比于震前极化 SAR 数据，从震后极化 SAR 数据中得到的共极化相干起伏度特征$\left|\gamma_{\text{HH-VV}}(\theta)\right|_{\text{std}}^{\text{post}}$取值显著下降。同时，与理论估计一致，共极化相干起伏度特征$\left|\gamma_{\text{HH-VV}}(\theta)\right|_{\text{std}}$取值的降幅与相应建筑物区块的倒损率呈现强相关特性。为了参数化表征该相关特性，本节介绍一种极化倒损因子$\text{Ratio}_{\text{std}}$，即震前和震后共极化相干起伏度特征$\left|\gamma_{\text{HH-VV}}(\theta)\right|_{\text{std}}^{\text{pre}}$和$\left|\gamma_{\text{HH-VV}}(\theta)\right|_{\text{std}}^{\text{post}}$的比值，用于建筑物倒损率估计[35]。

$$\text{Ratio}_{\text{std}} = \frac{\left|\gamma_{\text{HH-VV}}(\theta)\right|_{\text{std}}^{\text{pre}}}{\left|\gamma_{\text{HH-VV}}(\theta)\right|_{\text{std}}^{\text{post}}} \tag{7.3.1}$$

其中，$\left|\gamma_{\text{HH-VV}}(\theta)\right|_{\text{std}}^{\text{pre}}$和$\left|\gamma_{\text{HH-VV}}(\theta)\right|_{\text{std}}^{\text{post}}$分别为震前和震后的共极化相干起伏度特征。易知，对于完好建筑物区块或只有非常轻微损毁的建筑物区块，极化倒损因子$\text{Ratio}_{\text{std}}$取值趋近于 1；对于其他损毁建筑物区块，$\text{Ratio}_{\text{std}}$取值则大于 1。

对于损毁的石卷市区域，得到的极化倒损因子$\text{Ratio}_{\text{std}}$如图 7.3.2(f)所示。与图 7.3.2(c)所示的建筑物倒损真值图相比较，极化倒损因子$\text{Ratio}_{\text{std}}$能够清晰地辨别损毁建筑物区块。更进一步地，可以观察到极化倒损因子$\text{Ratio}_{\text{std}}$与建筑物倒损率有明显的趋同关系。利用选取的 10 个具有不同倒损率的建筑物区块和 5 个受淹未损毁的建筑物区块进行定量对比验证。利用 3×3 滑窗可以计算得到极化倒损因子$\text{Ratio}_{\text{std}}$的均值和标准差。极化倒损因子$\text{Ratio}_{\text{std}}$与建筑物区块真实倒损率关系图如图 7.3.7 所示。对于损毁建筑物区块，极化倒损因子$\text{Ratio}_{\text{std}}$的取值随着倒损率的增加而增加。与此同时，对于受淹未损毁建筑物区块，极化倒损因子 $\mathrm{Ratio}_{\mathrm{std}}$ 的取值在 1 附近。这一结果表明，这些区域基本没有建筑物倒损，与真值一致。此外，对倒损率为 5%的建筑物区块，其震前和震后共极化相干方向图基本保持不变，如图 7.3.6(j1) 和 (j2) 所示。这样，该建筑物区块对应的极化倒损因子 $\mathrm{Ratio}_{\mathrm{std}}$ 取值约为 1，如图 7.3.7(a) 所示。另外，对于损毁最严重的建筑物区块(倒损率为 95%)，其极化倒损因子 $\mathrm{Ratio}_{\mathrm{std}}$ 取值约为 5.3，充分反映了图 7.3.6(a1) 和 (a2) 所示震前和震后共极化相干方向图的显著变化差异。总体而言，从图 7.3.7 可知，极化倒损因子 $\mathrm{Ratio}_{\mathrm{std}}$ 能够非常有效地辨识倒损率超过 20%的建筑物区块。当建筑物区块的倒损率低于 20%时，极化倒损因子 $\mathrm{Ratio}_{\mathrm{std}}$ 的灵敏性可能不足以反映真实损毁情况。这些分析结果进一步验证了极化倒损因子 $\mathrm{Ratio}_{\mathrm{std}}$ 的有效性。

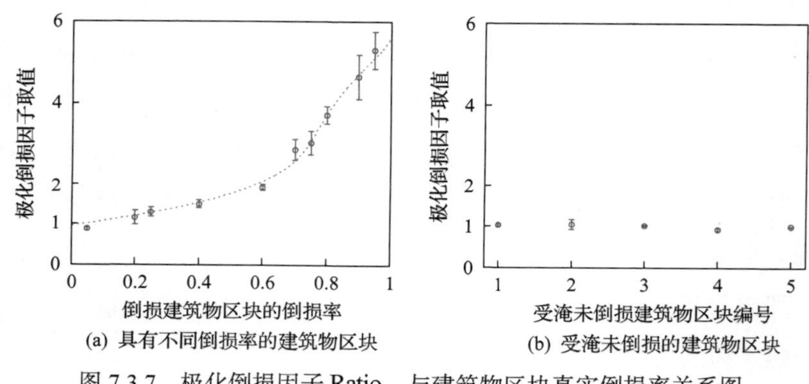

(a) 具有不同倒损率的建筑物区块　　(b) 受淹未倒损的建筑物区块

图 7.3.7　极化倒损因子 $\mathrm{Ratio}_{\mathrm{std}}$ 与建筑物区块真实倒损率关系图

为得到解析的建筑物倒损率反演表达式，本节采用多项式模型进行数据拟合[35]，即

$$\mathrm{DL}=\begin{cases} p_1x^4+p_2x^3+p_3x^2+p_4x+p_5, & \mathrm{Ratio}_{\mathrm{std}}>1 \\ 0, & \mathrm{Ratio}_{\mathrm{std}}\leqslant 1 \end{cases} \tag{7.3.2}$$

其中，DL 为建筑物区块的倒损率；x 为极化倒损因子 $\mathrm{Ratio}_{\mathrm{std}}$；$p_i$ 为拟合参数，$i=1,2,\cdots,5$。

利用选取的 10 个具有不同倒损率的建筑物区块(图 7.3.3)估计得到的一组拟合参数为 $p_1=-0.0076$、$p_2=0.1254$、$p_3=-0.7532$、$p_4=-2.0360$ 和 $p_5=-1.3560$。拟合曲线如图 7.3.7(a) 中的虚线所示。总体而言，拟合性能是恰当的，值得指出的是，由于缺乏最优拟合模型的可信判据，本节采用相对简单的多项式拟合模型。当然，其他拟合模型也可能是有效的，值得尝试。

7.4　广域建筑物倒损评估

7.4.1　广域建筑物倒损率估计与制图

基于极化倒损因子 $\text{Ratio}_{\text{std}}$ 和倒损率反演表达式(7.3.2)，本节介绍一种广域建筑物倒损评估与制图方法[35]，该方法的流程图如图 7.4.1 所示。输入是经过配准的震前和震后极化 SAR 数据。为确保极化 SAR 图像的距离向分辨率和方位向分辨率相当，多视处理是一个可选处理步骤。为实现极化相干特征的无偏和准确估计，样本集合平均处理是必要的处理步骤。本节将 SimiTest 相干斑滤波器[36]用于相干斑抑制和极化相干特征估计。在此基础上，利用震前极化 SAR 数据提取建筑物区块的二值化掩模。以开运算和闭运算为代表的形态学滤波可作为后处理方法，填补二值化掩模图中的空洞和独立的微小区域。本节采用文献[18]和[31]方法生成建筑物区块的二值化掩模。这样，对于震前和震后极化 SAR 数据，就可以分别计算建筑物区块的共极化相干方向图 $|\gamma_{\text{HH-VV}}(\theta)|$，并提取共极化相干起伏度特征 $|\gamma_{\text{HH-VV}}(\theta)|_{\text{std}}^{\text{pre}}$ 和 $|\gamma_{\text{HH-VV}}(\theta)|_{\text{std}}^{\text{post}}$。最后，通过计算极化倒损因子 $\text{Ratio}_{\text{std}}$，并利用建筑物区块的倒损率反演表达式(7.3.2)，可以得到建筑物倒损率的定量估计并实现广域建筑物倒损率制图。

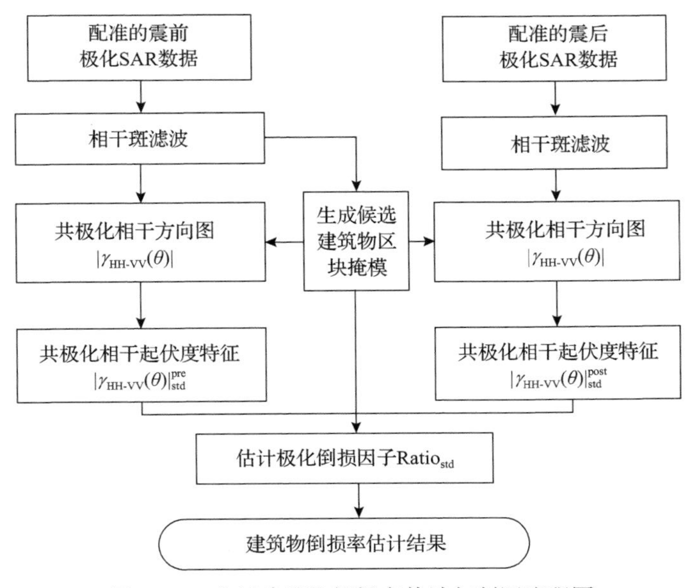

图 7.4.1　广域建筑物倒损率估计与制图流程图

7.4.2 广域建筑物倒损率制图与实验验证

利用广域建筑物倒损率估计与制图方法，可以自动得到整个研究区域的建筑物倒损情况制图，如图 7.4.2 所示。结合后向散射总能量SPAN 特征图，进行建筑物倒损率估计结果的展示。如图 7.3.7 所示，极化倒损因子 $\text{Ratio}_{\text{std}}$ 可能不具备足够的灵敏性去区分受淹未倒损建筑物区块和倒损率低于 20%的建筑物区块。因此，本节将建筑物区块倒损率的有效估计范围限定为 20%～100%。可以看到，该方法能够成功识别出损毁建筑物区块的位置和范围。同时，该方法还能进一步得到这些区块的准确倒损率信息。在图 7.4.2 中，分别对受损严重的石卷市、女川町和南三陆町的建筑物倒损率估计结果进行了放大显示。与其对应的建筑物倒损真值图相比，广域建筑物倒损率估计与制图方法得到的结果是非常准确的。此外，该方法还成功识别出几乎完全损毁的大川小学。大川小学的位置在图 7.4.2 中用圆圈进行了标示，其损毁照片也在图 7.4.2 中进行了展示。

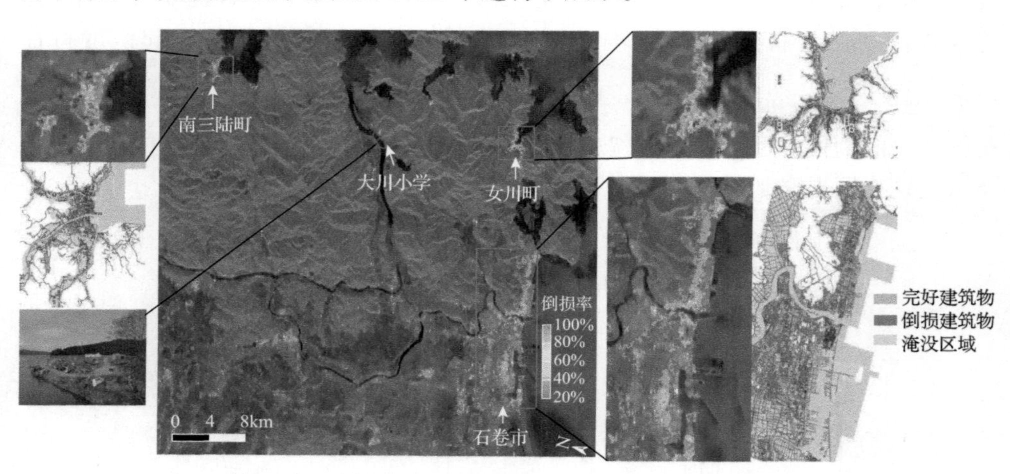

图 7.4.2 广域建筑物倒损率估计与制图结果(见彩图)

选取女川町和南三陆町区域开展进一步定量分析。震前、震后光学图像和共极化相干起伏度特征，以及建筑物倒损真值图和极化倒损因子 $\text{Ratio}_{\text{std}}$ 结果图分别如图 7.4.3 和图 7.4.4 所示。从女川町和南三陆町区域分别选取三个倒损率范围为 35%～80%和 65%～90%的损毁建筑物区块。这些选取的损毁建筑物区块在图 7.4.3 和图 7.4.4 中用矩形框进行标示。这六个具有不同倒损率的建筑物区块真值图分别如图 7.4.5 和图 7.4.6 所示。同样，利用3×3滑窗可以计算得到这六个损毁建筑物区块极化倒损因子 $\text{Ratio}_{\text{std}}$ 的均值和标准差。极化倒损因子 $\text{Ratio}_{\text{std}}$ 与建筑物区块真实倒损率关系图如图 7.4.7 所示。图中，虚线代表建筑物倒损率反演表达式(7.3.2)。可以看到，建筑物倒损率估计性能准确，从而进一步验证了本节方法的有效性。

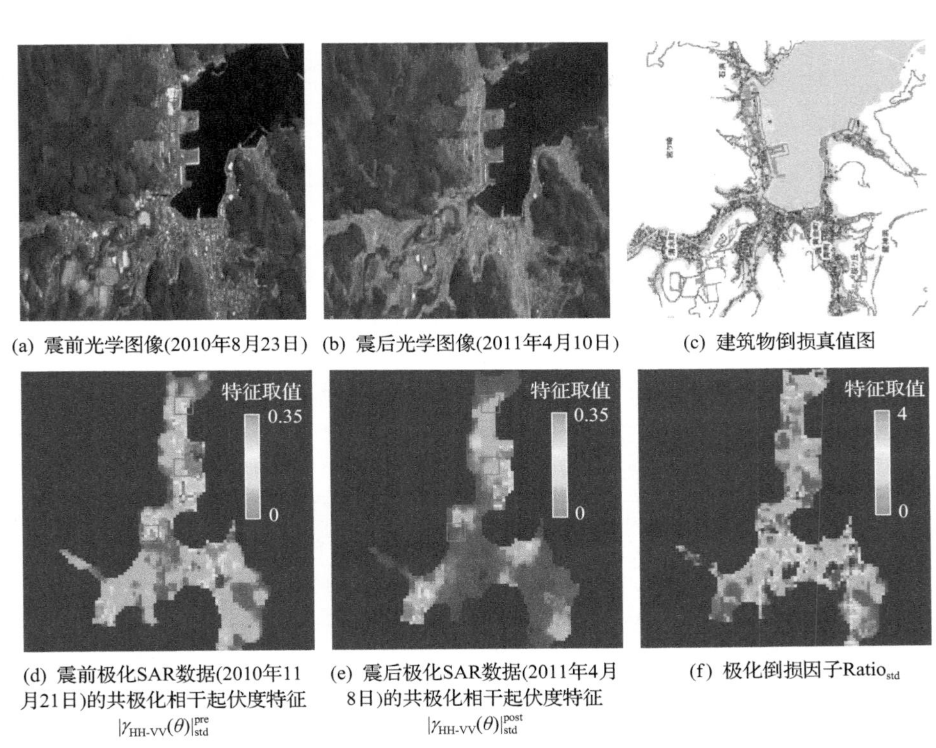

(a) 震前光学图像(2010年8月23日)　(b) 震后光学图像(2011年4月10日)　(c) 建筑物倒损真值图

(d) 震前极化SAR数据(2010年11月21日)的共极化相干起伏度特征 $|\gamma_{\text{HH-VV}}(\theta)|_{\text{std}}^{\text{pre}}$　(e) 震后极化SAR数据(2011年4月8日)的共极化相干起伏度特征 $|\gamma_{\text{HH-VV}}(\theta)|_{\text{std}}^{\text{post}}$　(f) 极化倒损因子$\text{Ratio}_{\text{std}}$

图 7.4.3　日本宫城县女川町损毁情况分析

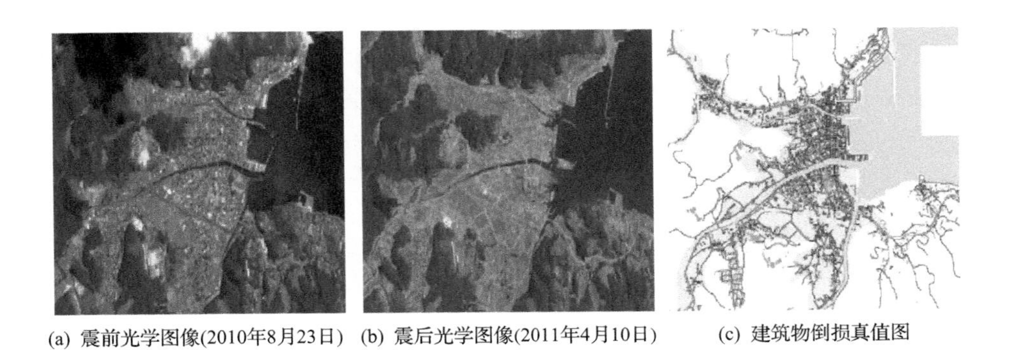

(a) 震前光学图像(2010年8月23日)　(b) 震后光学图像(2011年4月10日)　(c) 建筑物倒损真值图

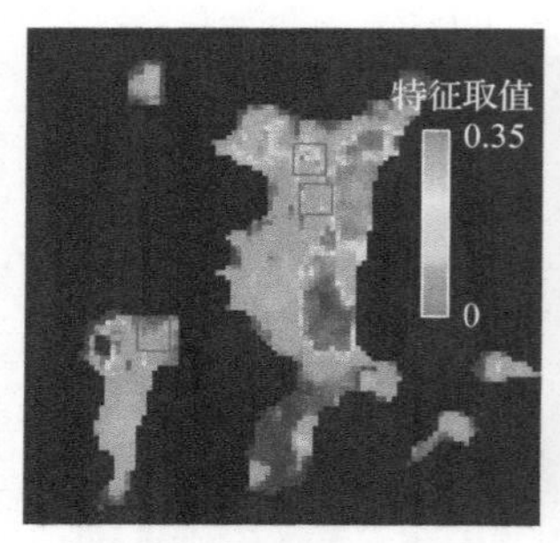

(d) 震前极化SAR数据(2010年11月21日)的共极化相干起伏度特征 $|\gamma_{\text{HH-VV}}(\theta)|_{\text{std}}^{\text{pre}}$

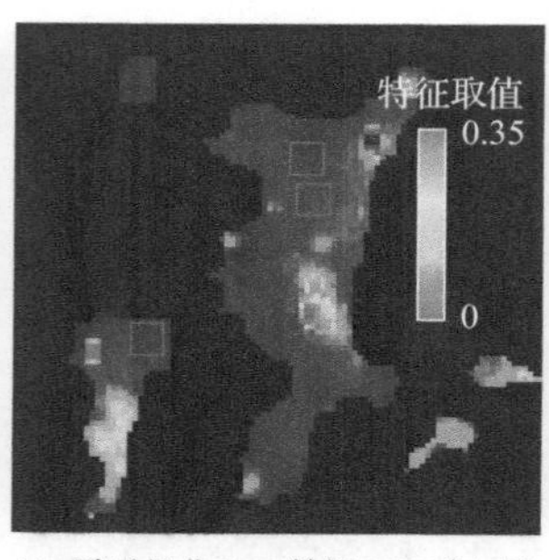

(e) 震后极化SAR数据(2011年4月8日)的共极化相干起伏度特征 $|\gamma_{\text{HH-VV}}(\theta)|_{\text{std}}^{\text{post}}$

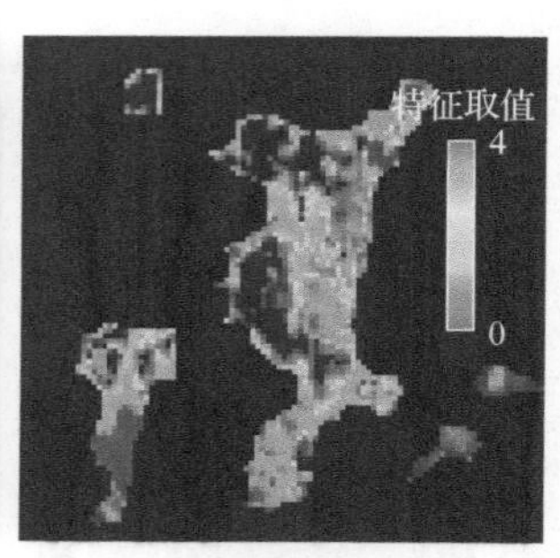

(f) 极化倒损因子 $\text{Ratio}_{\text{std}}$

图 7.4.4　日本宫城县南三陆町损毁情况分析

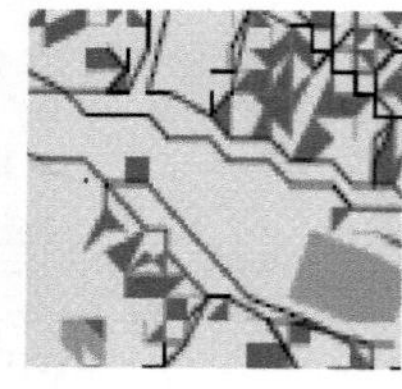

(a) 80%

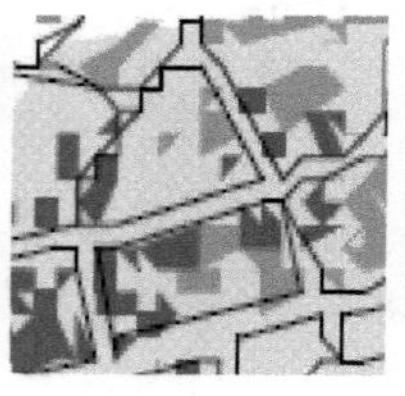

(b) 55%

(c) 35%

图 7.4.5　女川町具有不同倒损率的建筑物区块真值图

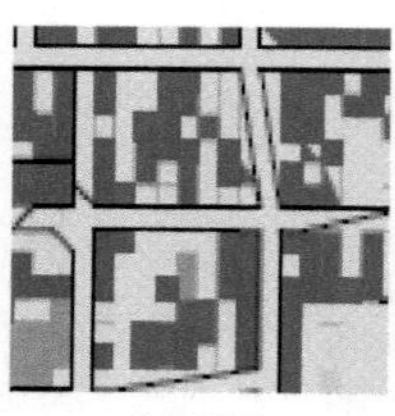

(a) 90%

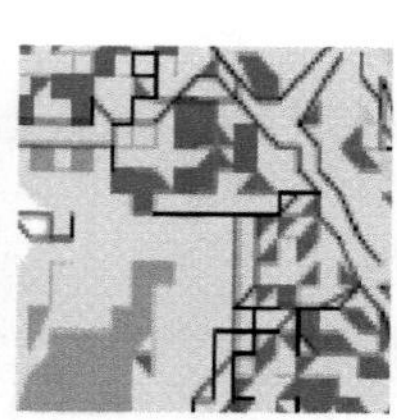

(b) 75%

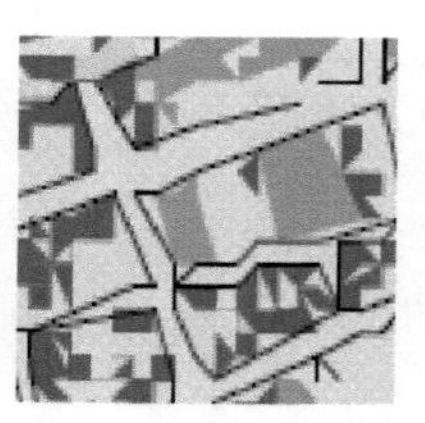

(c) 65%

图 7.4.6　南三陆町具有不同倒损率的建筑物区块真值图

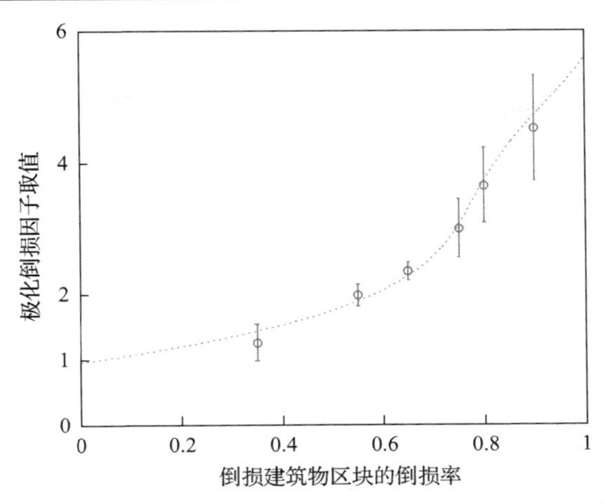

图 7.4.7　极化倒损因子 $Ratio_{std}$ 与建筑物区块真实倒损率关系图

7.5　讨论与展望

目标散射多样性给散射机理建模和解译带来了困难和挑战[6]。结合方位向补偿处理在一定程度上能够增强极化目标分解的性能[9,39]。然而，正如文献[20]所指出的，即使结合方位向补偿处理，对于具有大取向角的建筑物区块，散射机理解译模糊或错误依然存在。与此同时，目标散射多样性中蕴含了丰富的目标高价值信息。第 2 章介绍的极化旋转域解译理论方法正是挖掘利用目标散射多样性信息的有力工具。作为极化目标分解技术方法的补充，本章研究并证实了以共极化相干方向图解译工具为代表的极化旋转域解译理论方法在建筑物损毁评估与制图方面的实用价值和性能优势。

在本章研究中，ALOS/PALSAR 震前和震后极化 SAR 数据对的时间基线和空间基线分别为 138 天和 1747m。这样的基线组合通常会导致严重的去相干效应，进而难以形成有效的干涉信息。值得指出的是，当基线组合能够形成有效的干涉 SAR 成像模式时，干涉数据对的复干涉相干特征也能用于灾害损毁情况分析[40]。更进一步地，作为极化 SAR 和干涉 SAR 的组合，极化干涉 SAR 能够获取损毁区域更完整的观测信息。融合极化干涉 SAR 信息的极化目标分解技术[41]，是另一种值得期待的建筑物损毁评估技术。

7.6　本 章 小 结

本章介绍了一种极化旋转域建筑物倒损率估计与制图方法。该方法适用于对诸如地震、海啸等大规模自然灾害引发的灾损情况进行分析和评估。该方法的核心思想是挖掘利用极化旋转域共极化相干方向图解译工具蕴含的丰富信息。通过揭示损毁建筑物在极化旋转域的调制机理，发现了共极化相干方向图敏感于损毁建筑物的物理原理。在此基础上，提出了以震前和震后共极化相干起伏度特征的比值为定义的极化倒损因子。同时，利用震区实测数据和建筑物倒损真值数据，建立了极化倒损因子与建筑物区块倒损率的定量反演表达式，从而发展出一种全自动的广域建筑物倒损率估计与制图方法。该方法能够同时获得建筑物受损范围和损毁程度的定量信息，结合实测数据的对比实验，验证了方法的有效性和准确性。该方法的物理原理清晰，实现简便快捷。本章的研究进一步证实了目标散射多样性中蕴含了丰富的高价值信息，同时也证实了极化旋转域解译理论方法的有效性。

参 考 文 献

[1] Lee J S, Pottier E. Polarimetric Radar Imaging: From Basics to Applications[M]. Boca Raton: CRC Press, 2009.

[2] Chen S W, Wang X S, Xiao S P, et al. Target Scattering Mechanism in Polarimetric Synthetic Aperture Radar-Interpretation and Application[M]. Singapore: Springer, 2018.

[3] Dell'Acqua F, Gamba P. Remote sensing and earthquake damage assessment: Experiences, limits, and perspectives[J]. Proceedings of the IEEE, 2012, 100(10): 2876-2890.

[4] Yamaguchi Y. Disaster monitoring by fully polarimetric SAR data acquired with ALOS-PALSAR[J]. Proceedings of the IEEE, 2012, 100(10): 2851-2860.

[5] Sato M, Chen S W, Satake M. Polarimetric SAR analysis of tsunami damage following the March 11, 2011 East Japan earthquake[J]. Proceedings of the IEEE, 2012, 100(10): 2861-2875.

[6] Chen S W, Li Y Z, Wang X S, et al. Modeling and interpretation of scattering mechanisms in polarimetric synthetic aperture radar: Advances and perspectives[J]. IEEE Signal Processing Magazine, 2014, 31(4): 79-89.

[7] Cloude S R, Pottier E. An entropy based classification scheme for land applications of polarimetric SAR[J]. IEEE Transactions on Geoscience and Remote Sensing, 1997, 35(1): 68-78.

[8] Freeman A, Durden S L. A three-component scattering model for polarimetric SAR data[J]. IEEE Transactions on Geoscience and Remote Sensing, 1998, 36(3): 963-973.

[9] Yamaguchi Y, Sato A, Boerner W M, et al. Four-component scattering power decomposition with rotation of coherency matrix[J]. IEEE Transactions on Geoscience and Remote Sensing, 2011, 49(6): 2251-2258.

[10] Chen S W, Wang X S, Xiao S P, et al. General polarimetric model-based decomposition for coherency matrix[J]. IEEE Transactions on Geoscience and Remote Sensing, 2014, 52(3):

1843-1855.

[11] Guo H D, Wang X Y, Li X W, et al. Yushu earthquake synergic analysis using multimodal SAR datasets[J]. Chinese Science Bulletin, 2010, 55(31): 3499-3503.

[12] Watanabe M, Motohka T, Miyagi Y, et al. Analysis of urban areas affected by the 2011 off the pacific coast of Tohoku earthquake and Tsunami with L-band SAR full-polarimetric mode[J]. IEEE Geoscience and Remote Sensing Letters, 2012, 9(3): 472-476.

[13] Singh G, Yamaguchi Y, Boerner W M, et al. Monitoring of the March 11, 2011, off-Tohoku 9.0 earthquake with super-tsunami disaster by implementing fully polarimetric high-resolution POLSAR techniques[J]. Proceedings of the IEEE, 2013, 101(3): 831-846.

[14] Park S E, Yamaguchi Y, Kim D J. Polarimetric SAR remote sensing of the 2011 Tohoku earthquake using ALOS/PALSAR[J]. Remote Sensing of Environment, 2013, 132: 212-220.

[15] Shi L, Sun W D, Yang J, et al. Building collapse assessment by the use of postearthquake Chinese VHR airborne SAR[J]. IEEE Geoscience and Remote Sensing Letters, 2015, 12(10): 2021-2025.

[16] Zhai W, Huang C L. Fast building damage mapping using a single post-earthquake PolSAR image: A case study of the 2010 Yushu earthquake[J]. Earth Planets and Space, 2016, 68(1): 1-12.

[17] Chen S W, Sato M. Tsunami damage investigation of built-up areas using multitemporal spaceborne full polarimetric SAR images[J]. IEEE Transactions on Geoscience and Remote Sensing, 2013, 51(4): 1985-1997.

[18] Chen S W, Wang X S, Sato M. Urban damage level mapping based on scattering mechanism investigation using fully polarimetric SAR data for the 3.11 East Japan earthquake[J]. IEEE Transactions on Geoscience and Remote Sensing, 2016, 54(12): 6919-6929.

[19] Touzi R, Lopes A, Bruniquel J, et al. Coherence estimation for SAR imagery[J]. IEEE Transactions on Geoscience and Remote Sensing, 1999, 37(1): 135-149.

[20] Chen S W, Ohki M, Shimada M, et al. Deorientation effect investigation for model-based decomposition over oriented built-up areas[J]. IEEE Geoscience and Remote Sensing Letters, 2013, 10(2): 273-277.

[21] Schuler D L, Lee J S, Kasilingam D, et al. Measurement of ocean surface slopes and wave spectra using polarimetric SAR image data[J]. Remote Sensing of Environment, 2004, 91(2): 198-211.

[22] Lee J S, Schuler D L, Ainsworth T L, et al. On the estimation of radar polarization orientation shifts induced by terrain slopes[J]. IEEE Transactions on Geoscience and Remote Sensing, 2002, 40(1): 30-41.

[23] Kimura H. Radar polarization orientation shifts in built-up areas[J]. IEEE Geoscience and

Remote Sensing Letters, 2008, 5(2): 217-221.

[24] Iribe K, Sato M. Analysis of polarization orientation angle shifts by artificial structures[J]. IEEE Transactions on Geoscience and Remote Sensing, 2007, 45(11): 3417-3425.

[25] Chen S W, Li Y Z, Wang X S. A visualization tool for polarimetric SAR data investigation[C]. The 11th European Synthetic Aperture Radar Conference, Hamburg, 2016: 579-582.

[26] Chen S W, Wang X S. Polarimetric coherence pattern: A visualization tool for PolSAR data investigation[C]. IEEE International Geoscience and Remote Sensing Symposium, Beijing, 2016: 7509-7512.

[27] Chen S W. Polarimetric coherence pattern: A visualization and characterization tool for PolSAR data investigation[J]. IEEE Transactions on Geoscience and Remote Sensing, 2018, 56(1): 286-297.

[28] Chen S W, Li Y Z, Wang X S. Crop discrimination based on polarimetric correlation coefficients optimization for PolSAR data[J]. International Journal of Remote Sensing, 2015, 36(16): 4233-4249.

[29] Tao C S, Chen S W, Li Y Z, et al. PolSAR land cover classification based on roll-invariant and selected hidden polarimetric features in the rotation domain[J]. Remote Sensing, 2017, 9(7): 660.

[30] Chen S W, Tao C S. PolSAR image classification using polarimetric-feature-driven deep convolutional neural network[J]. IEEE Geoscience and Remote Sensing Letters, 2018, 15(4): 627-631.

[31] Xiao S P, Chen S W, Chang Y L, et al. Polarimetric coherence optimization and its application for manmade target extraction in PolSAR data[J]. IEICE Transactions on Electronics, 2014, E97.C(6): 566-574.

[32] Cui X C, Tao C S, Su Y, et al. PolSAR ship detection based on polarimetric correlation pattern[J]. IEEE Geoscience and Remote Sensing Letters, 2021, 18(3): 471-475.

[33] Li H L, Li M D, Cui X C, et al. Man-made target structure recognition with polarimetric correlation pattern and roll-invariant feature coding[J]. IEEE Geoscience and Remote Sensing Letters, 2022, 19: 1-5.

[34] Wu G Q, Chen S W, Li Y Z, et al. Null-pol response pattern in polarimetric rotation domain: Characterization and application[J]. IEEE Geoscience and Remote Sensing Letters, 2022, 19: 1-5.

[35] Chen S W, Wang X S, Xiao S P. Urban damage level mapping based on co-polarization coherence pattern using multitemporal polarimetric SAR data[J]. IEEE Journal of Selected Topics in Applied Earth Observations and Remote Sensing, 2018, 11(8): 2657-2667.

[36] Chen S W, Wang X S, Sato M. PolInSAR complex coherence estimation based on covariance

matrix similarity test[J]. IEEE Transactions on Geoscience and Remote Sensing, 2012, 50(11): 4699-4710.

[37] Shimada M, Isoguchi O, Tadono T, et al. PALSAR radiometric and geometric calibration[J]. IEEE Transactions on Geoscience and Remote Sensing, 2009, 47(12): 3915-3932.

[38] Tadono T, Shimada M, Murakami H, et al. Calibration of PRISM and AVNIR-2 onboard ALOS 'Daichi'[J]. IEEE Transactions on Geoscience and Remote Sensing, 2009, 47(12): 4042-4050.

[39] An W T, Xie C H, Yuan X Z, et al. Four-component decomposition of polarimetric SAR images with deorientation[J]. IEEE Geoscience and Remote Sensing Letters, 2011, 8(6): 1090-1094.

[40] Arciniegas G A, Bijker W, Kerle N, et al. Coherence- and amplitude-based analysis of seismogenic damage in Bam, Iran, using ENVISAT ASAR data[J]. IEEE Transactions on Geoscience and Remote Sensing, 2007, 45(6): 1571-1581.

[41] Chen S W, Wang X S, Li Y Z, et al. Adaptive model-based polarimetric decomposition using PolInSAR coherence[J]. IEEE Transactions on Geoscience and Remote Sensing, 2014, 52(3): 1705-1718.

彩　　图

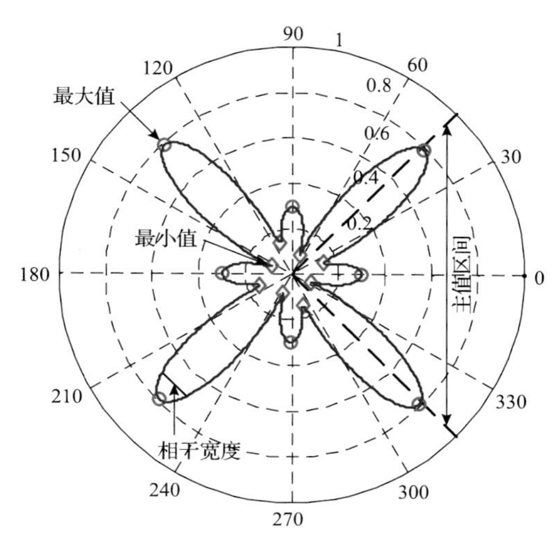

图 2.4.1　共极化通道极化相干方向图 $\left|\gamma_{\text{HH-VV}}(\theta)\right|$ 的示例

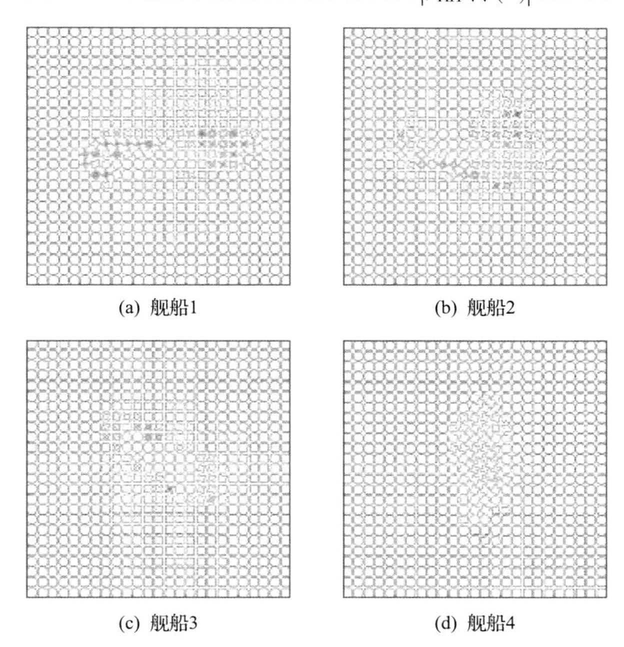

图 2.5.3　舰船 ROI 的二维极化相关方向图 $\left|\hat{\gamma}_{\text{HH-VV}}(\theta)\right|$ 示例

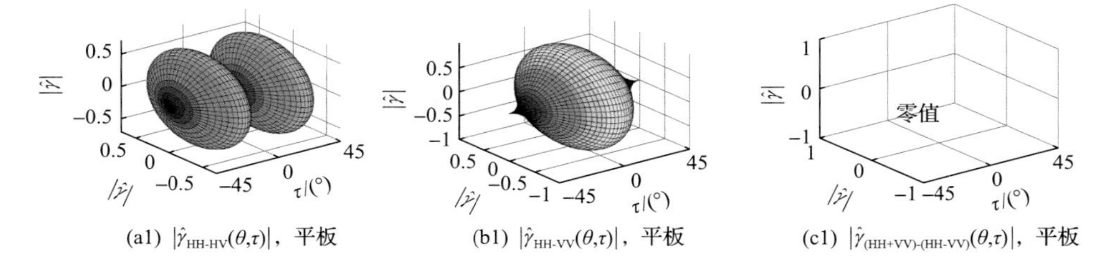

(a1) $|\hat{\gamma}_{\text{HH-HV}}(\theta,\tau)|$，平板　(b1) $|\hat{\gamma}_{\text{HH-VV}}(\theta,\tau)|$，平板　(c1) $|\hat{\gamma}_{(\text{HH+VV})-(\text{HH-VV})}(\theta,\tau)|$，平板

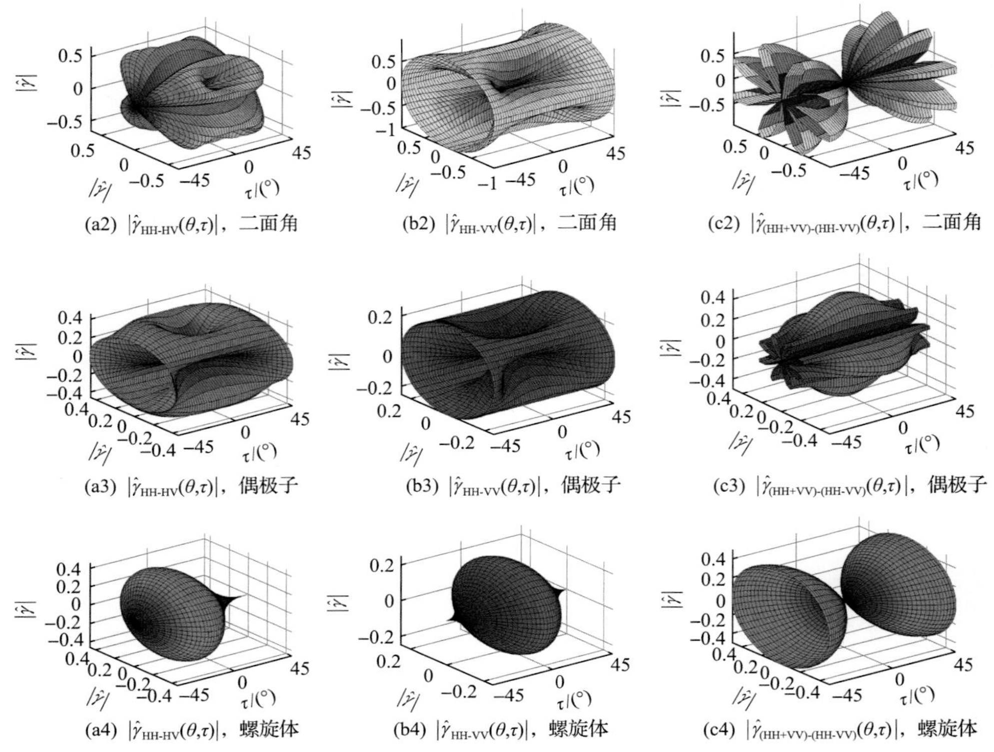

(a2) $|\hat{\gamma}_{\text{HH-HV}}(\theta,\tau)|$，二面角　(b2) $|\hat{\gamma}_{\text{HH-VV}}(\theta,\tau)|$，二面角　(c2) $|\hat{\gamma}_{\text{(HH+VV)-(HH-VV)}}(\theta,\tau)|$，二面角

(a3) $|\hat{\gamma}_{\text{HH-HV}}(\theta,\tau)|$，偶极子　(b3) $|\hat{\gamma}_{\text{HH-VV}}(\theta,\tau)|$，偶极子　(c3) $|\hat{\gamma}_{\text{(HH+VV)-(HH-VV)}}(\theta,\tau)|$，偶极子

(a4) $|\hat{\gamma}_{\text{HH-HV}}(\theta,\tau)|$，螺旋体　(b4) $|\hat{\gamma}_{\text{HH-VV}}(\theta,\tau)|$，螺旋体　(c4) $|\hat{\gamma}_{\text{(HH+VV)-(HH-VV)}}(\theta,\tau)|$，螺旋体

图 2.6.2　典型散射结构的三维极化相关方向图

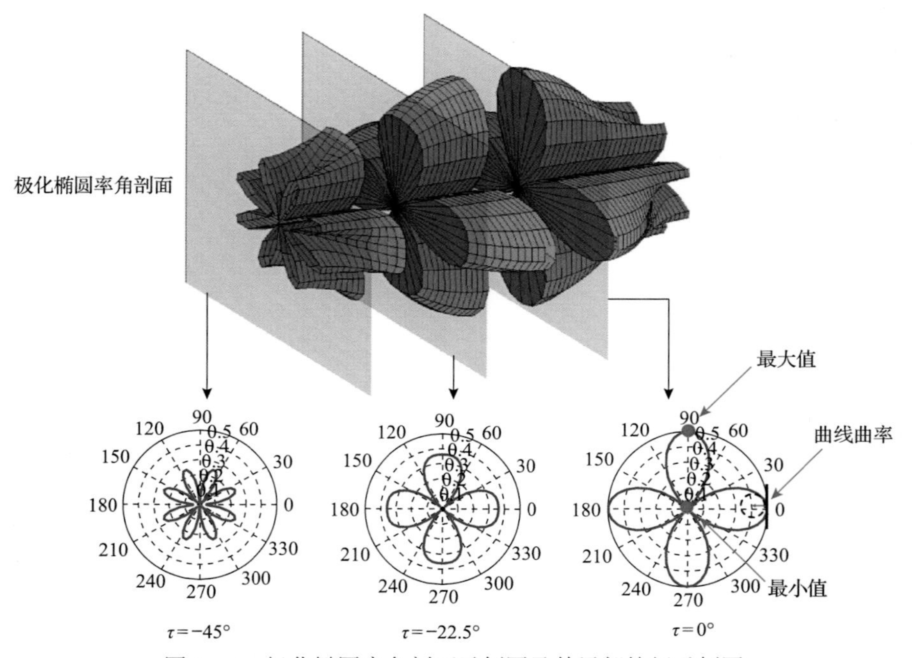

图 2.6.8　极化椭圆率角剖面示例图及其局部特征示例图

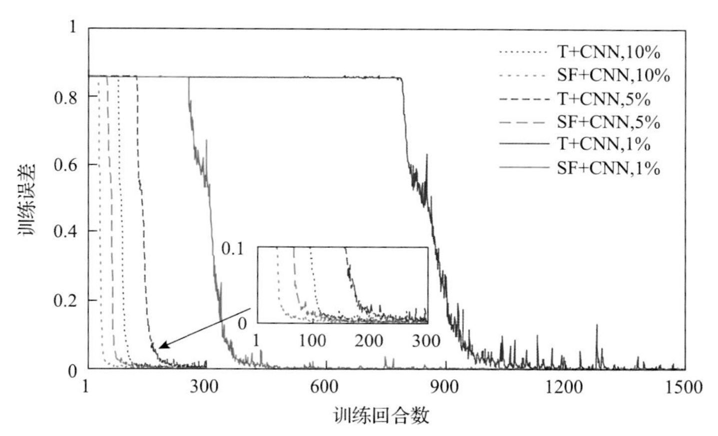

图 4.3.9　不同方法的模型训练收敛速度对比结果

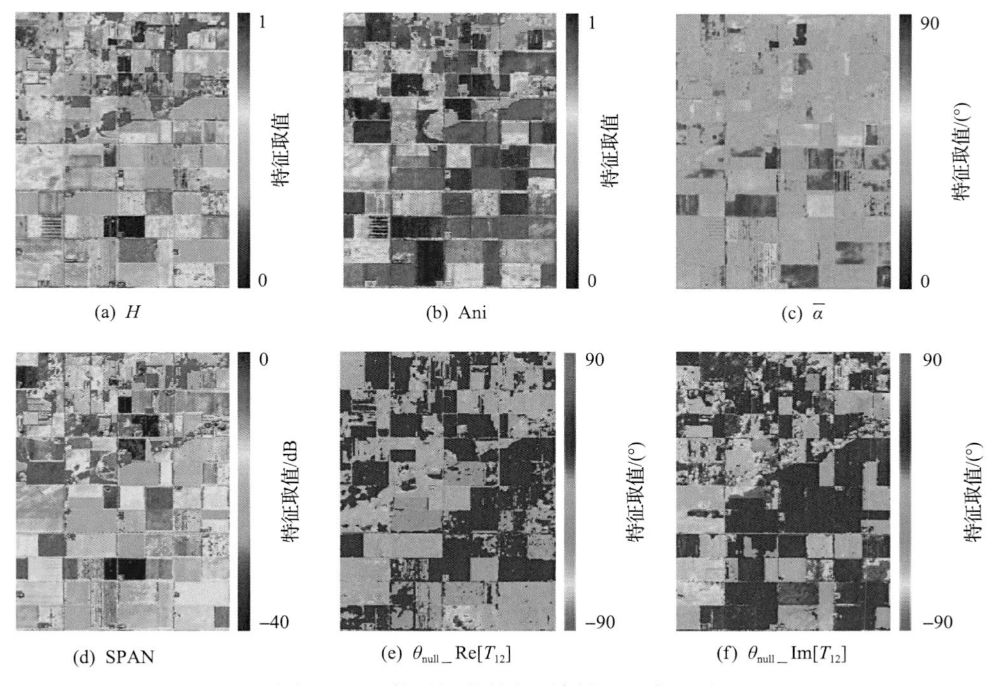

(a) H　(b) Ani　(c) $\overline{\alpha}$

(d) SPAN　(e) θ_{null}_Re$[T_{12}]$　(f) θ_{null}_Im$[T_{12}]$

图 4.3.11　优选极化特征示例(DoY 为 174)

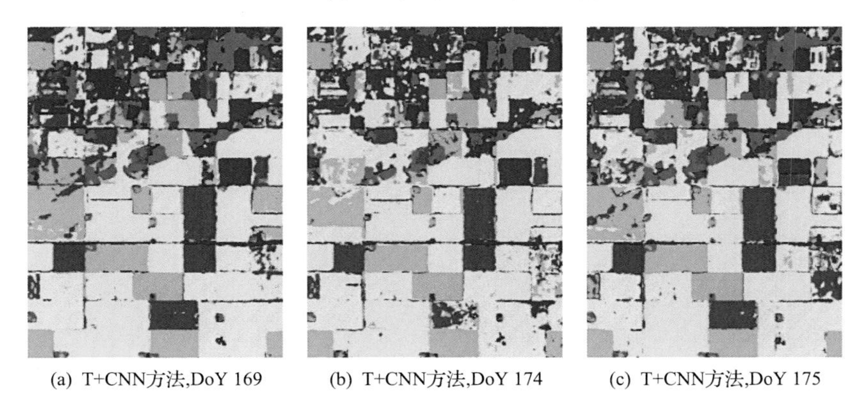

(a) T+CNN方法,DoY 169　(b) T+CNN方法,DoY 174　(c) T+CNN方法,DoY 175

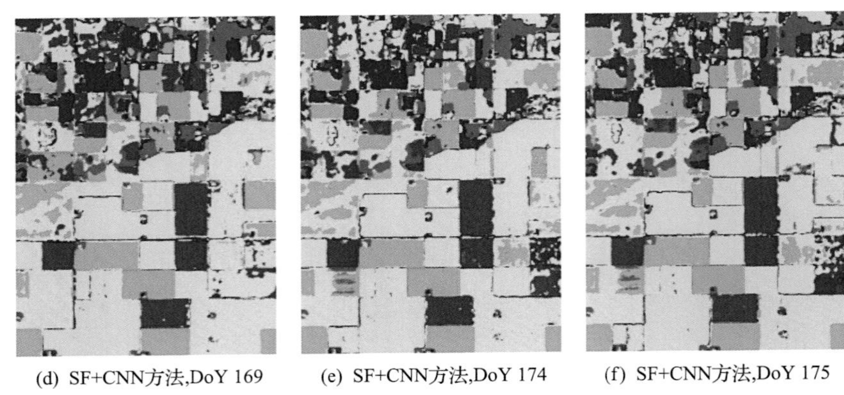

(d) SF+CNN方法,DoY 169　(e) SF+CNN方法,DoY 174　(f) SF+CNN方法,DoY 175

图 4.3.17　训练率为 1%时多时相 UAVSAR 极化 SAR 数据全图地物分类结果

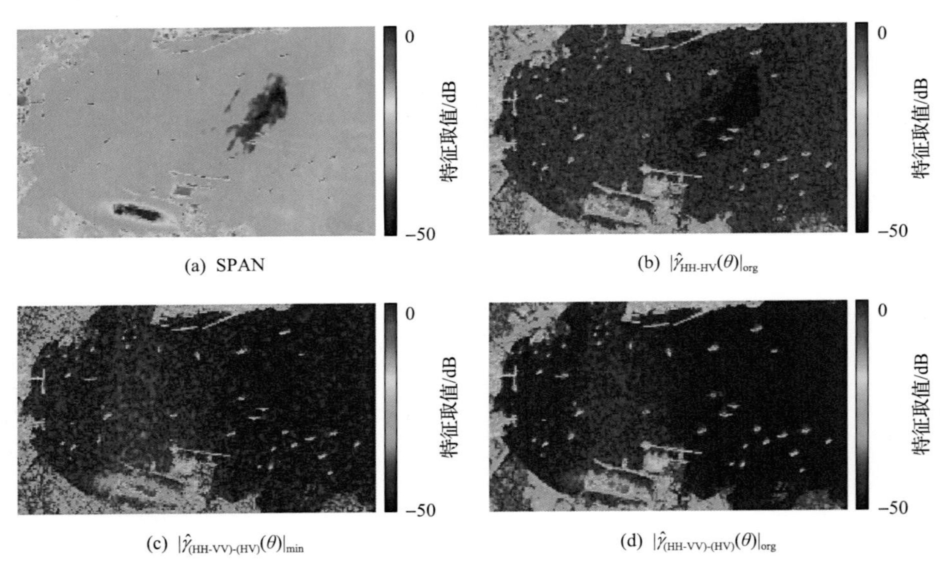

(a) SPAN　(b) $|\hat{\gamma}_{\text{HH-HV}}(\theta)|_{\text{org}}$

(c) $|\hat{\gamma}_{\text{(HH-VV)-(HV)}}(\theta)|_{\min}$　(d) $|\hat{\gamma}_{\text{(HH-VV)-(HV)}}(\theta)|_{\text{org}}$

图 5.2.5　直布罗陀海峡极化 SAR 数据中得到的极化特征图

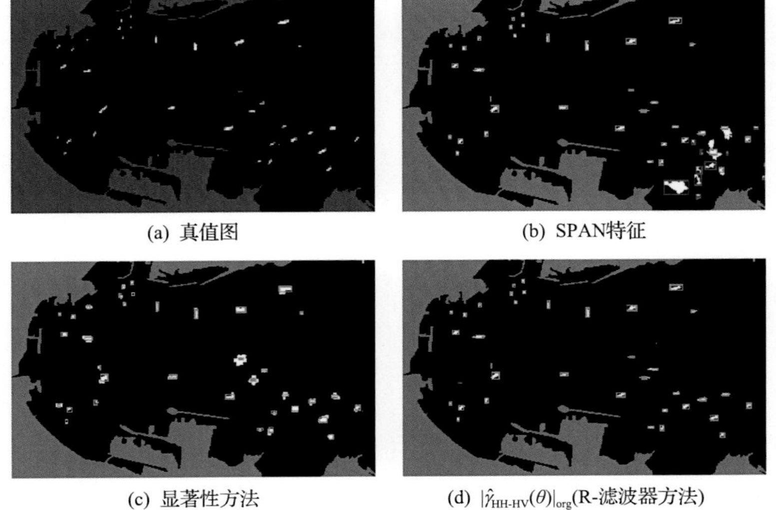

(a) 真值图　(b) SPAN特征

(c) 显著性方法　(d) $|\hat{\gamma}_{\text{HH-HV}}(\theta)|_{\text{org}}$(R-滤波器方法)

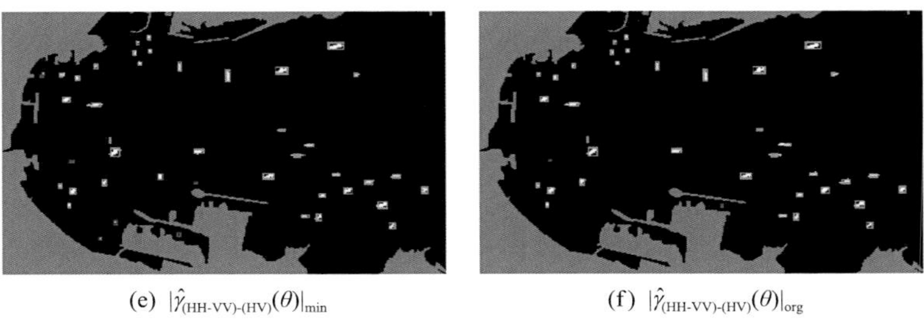

(e) $|\hat{\gamma}_{(\text{HH-VV})\text{-(HV)}}(\theta)|_{\min}$　　(f) $|\hat{\gamma}_{(\text{HH-VV})\text{-(HV)}}(\theta)|_{\text{org}}$

□ 正确检测　◯ 漏检　△ 虚警

图 5.2.8　Radarsat-2 直布罗陀海峡舰船检测对比结果

图 5.3.7　叠加建筑物目标检测结果(红色)的 PiSAR 数据 Pauli 彩图

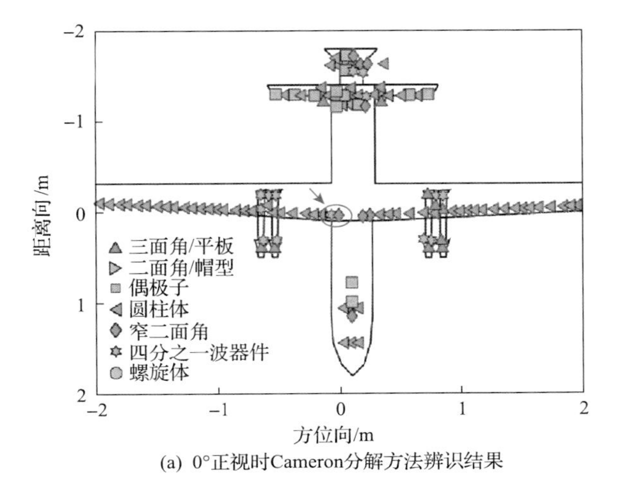

(a) 0°正视时Cameron分解方法辨识结果

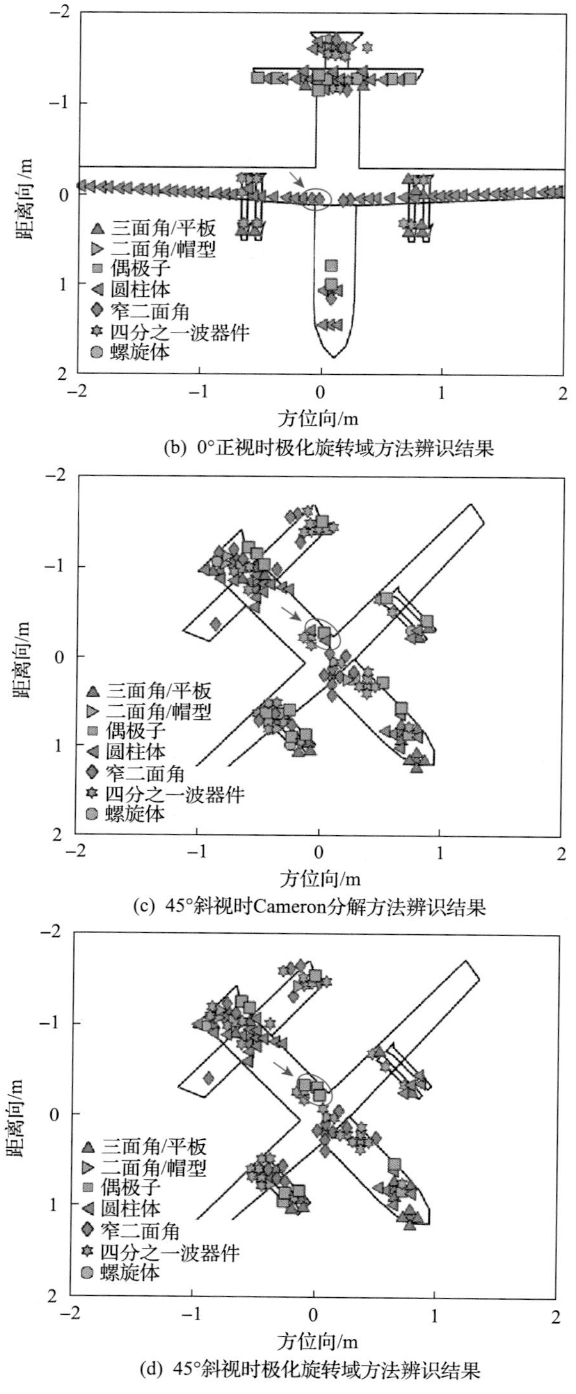

(b) 0°正视时极化旋转域方法辨识结果

(c) 45°斜视时Cameron分解方法辨识结果

(d) 45°斜视时极化旋转域方法辨识结果

图 6.2.6 无人机目标结构辨识结果对比

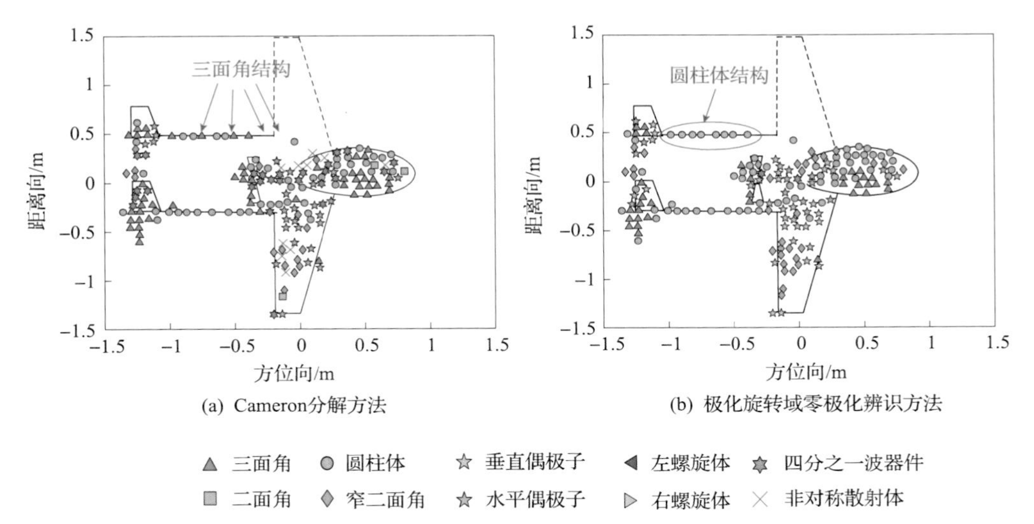

图 6.3.8　暗室测量无人机数据的结构辨识结果

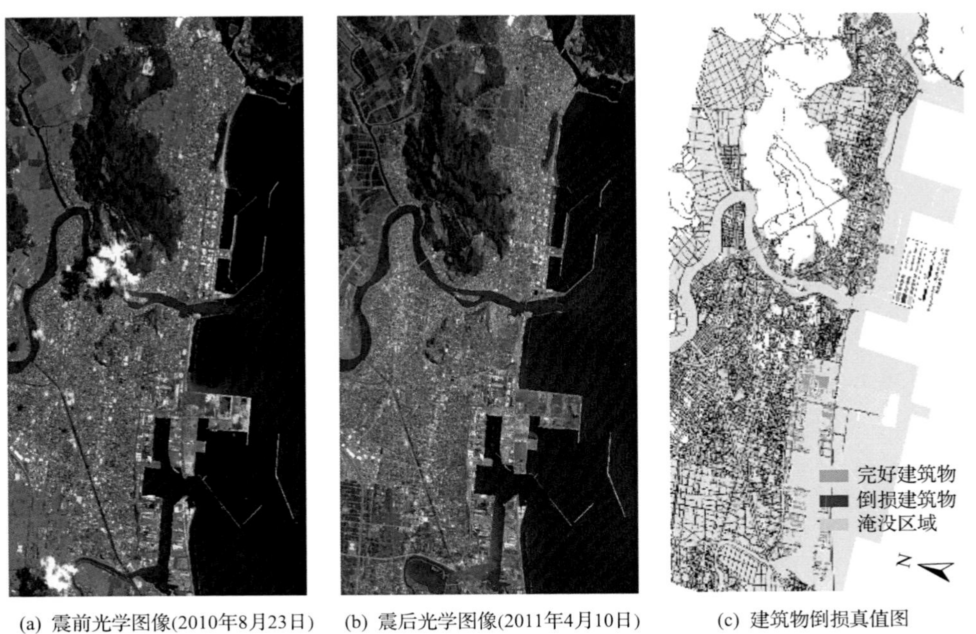

(a) 震前光学图像(2010年8月23日)　(b) 震后光学图像(2011年4月10日)　(c) 建筑物倒损真值图

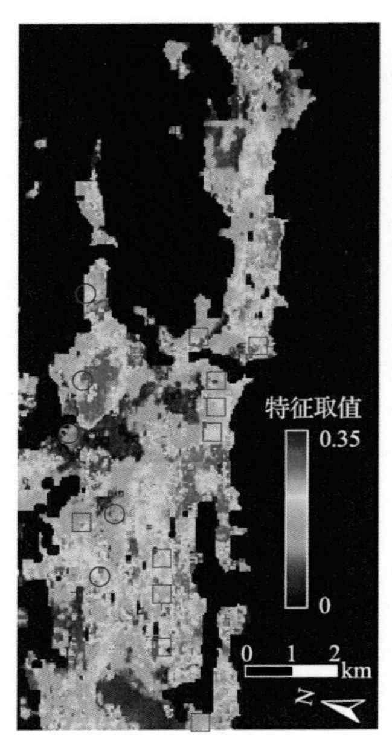

(d) 震前极化SAR数据(2010年11月21日)的共极化相干起伏度特征 $|\gamma_{\text{HH-VV}}(\theta)|_{\text{std}}^{\text{pre}}$

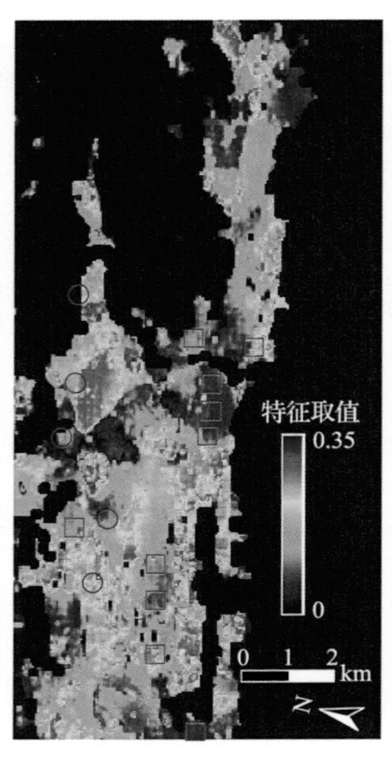

(e) 震后极化SAR数据(2011年4月8日)的共极化相干起伏度特征 $|\gamma_{\text{HH-VV}}(\theta)|_{\text{std}}^{\text{post}}$

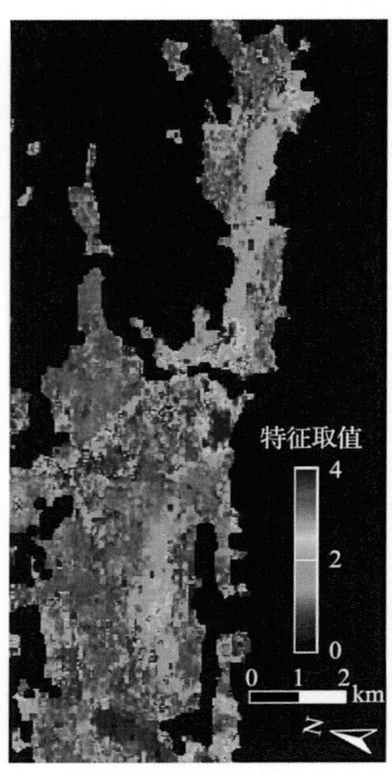

(f) 极化倒损因子$\text{Ratio}_{\text{std}}$

图 7.3.2　日本宫城县石卷市损毁情况分析

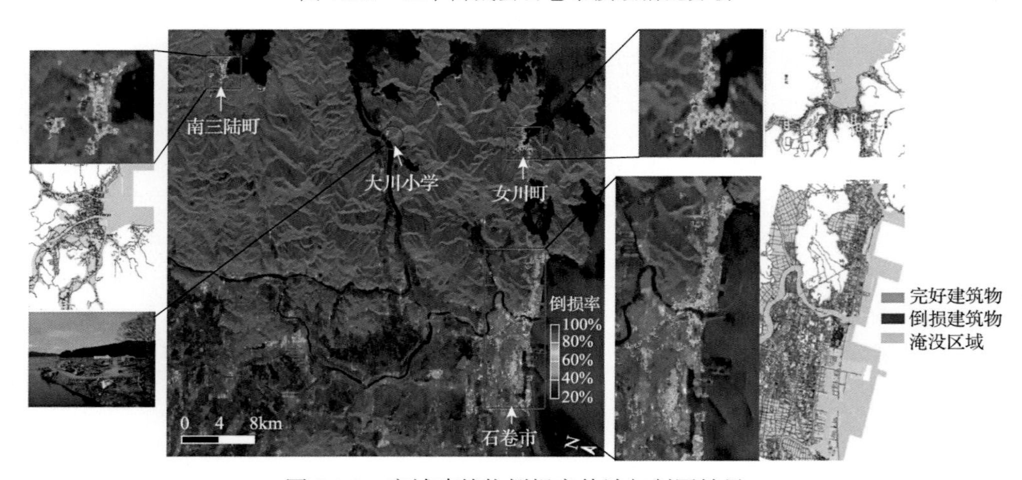

图 7.4.2　广域建筑物倒损率估计与制图结果